美姑河流域地质灾害与防灾减灾研究

殷志强　孙　东　魏昌利等　著

科学出版社

北　京

内 容 简 介

本书对金沙江下游美姑河流域的地质灾害成生机制、成灾模式以及重点场镇、典型小流域灾害地质调查评价进行了系统研究。全书共13章。涉及区域地质地貌与气候背景、新构造活动特征、地质灾害时空展布特征及成生机制和成灾模式、地质灾害防灾减灾等内容。书中系统研究了流域地质灾害的主控因素和综合成灾模式，绘制了流域地质灾害综合成灾模式分布图；揭示了断层、褶皱、节理的几何学、运动学、变形学差异控制滑坡时空分布特征及其活动性，提出顺构造地貌控制下的砂泥岩互层区为流域地质灾害的高易发部位；建立了高原隆升区构造—地貌—滑坡演化过程、孕灾模式及成生机制研究方法，总结了大比例尺的场镇和小流域灾害地质调查评价模式，提升了美姑河河谷区滑坡灾害防范水平。

本书是系统研究美姑河流域地质灾害与防灾减灾的专著。图文并茂，理论与实践结合，可供从事滑坡崩塌泥石流调查研究及灾害防治等领域的科研和专业技术人员使用，也可作为相关专业的研究生读本。

图书在版编目（CIP）数据

美姑河流域地质灾害与防灾减灾研究 / 殷志强等著. —北京：科学出版社，2018.10

ISBN 978-7-03-059157-9

Ⅰ.①美…　Ⅱ.①殷…　Ⅲ.①地质灾害–灾害防治–研究–四川

Ⅳ.①P694

中国版本图书馆CIP数据核字（2018）第241003号

责任编辑：韦　沁 / 责任校对：张小霞

责任印制：肖　兴 / 封面设计：北京东方人华科技有限公司

科学出版社 出版

北京东黄城根北街16号

邮政编码:100717

http://www.sciencep.com

北京汇瑞嘉合文化发展有限公司 印刷

科学出版社发行　各地新华书店经销

*

2018年10月第　一　版　开本：787×1092　1/16

2018年10月第一次印刷　印张：19 1/2

字数：462 000

定价：268.00元

（如有印装质量问题，我社负责调换）

作 者 名 单

殷志强　孙　东　魏昌利　钟　东
张　瑛　邵　海　陈　亮　张鸣之
马　娟　张洪林　李大猛　王志刚

序

美姑河流域位于我国西南乌蒙山区。那里地质构造复杂，生态环境脆弱，人类工程活动强烈，滑坡、崩塌、泥石流等灾害时有发生，成为河谷区道路交通、乡村振兴、水电工程和城镇建设的严重障碍和重大安全隐患，是当地特困扶贫攻坚必须解决的难题。

在国家地质调查项目的支持下，殷志强博士应用第四纪地质学、构造地质学与工程地质学等学科方法，对美姑河流域的地质灾害主控因素、成生机制、综合成灾模式、重点场镇和典型小流域灾害评价以及防灾减灾措施等进行了系统研究，取得了丰富的原创性成果，揭示了断层、褶皱、节理的几何学、运动学、变形学差异控制滑坡时空分布特征及其活动性，建立了高原隆升区构造—地貌—滑坡演化过程、孕灾模式及成生机制研究方法，提升了美姑河河谷区滑坡灾害防范水平，完成了《美姑河流域地质灾害与防灾减灾研究》论著，为研究与防范我国西南高原隆升区地质灾害提供了范例，具有重大理论和现实意义。

希望作者继续以国家重大需求为导向，为我国地质灾害防灾减灾做出更突出的成绩。

中国科学院院士

刘嘉麒

二〇一八年六月二十三日

前　言

美姑河位于我国四川西南横断山区的东部边缘区，属金沙江水系的一级支流，源头位于大凉山南麓美姑县的依果觉乡，自北向南流经美姑县境内的洪溪、维其沟、觉洛至巴普镇后折向西南流，于牛牛坝乡与连渣洛河汇合，至美姑大桥汇入竹核河后折向东流，至柳洪改向东南，经雷波县的莫红、老牟沟等地后汇入金沙江。流域内最高峰为东北部的大风顶，海拔4042m，最低处为美姑河与金沙江汇合口，海拔440m，一般区域高程在2000m左右，流域面积约3234km^2，干流长度约170km，河口多年平均流量59.4m^3/s，多年平均径流量18.7亿m^3，上游河谷多为“U”型，下游河谷为“V”型。

美姑河流域同时是我国集中连片特殊困难地区，行政区划上均位于四川省，包括四川省凉山州美姑县的大部、昭觉县、雷波县和金阳县的部分乡镇区，也是国家新一轮扶贫攻坚的重点地区（图0.1）。按照《国务院关于对乌蒙山片区区域发展与扶贫攻坚规划（2011～2020年）》（简称“规划”）要求，要把乌蒙山片区建设成为扶贫、生态与人口统筹发展创新区、国家重要能源基地、面向西南开放的重要通道、民族团结进步示范区和长江上游重要生态安全屏障。但这里大型滑坡灾害频发高发，危害严重，已成为制约区域经济社会发展与扶贫攻坚的重要因素之一，河谷区分布的大型、特大型和巨型滑坡堆积体严重影响道路建设和城镇规划，亟需进行科学应对，服务乌蒙山区扶贫攻坚重大需求。

美姑河流域地质环境条件脆弱，地质灾害频发高发，流域内河流冲刷侵蚀强烈，褶皱、断层发育，岩体破碎，人类工程活动强烈，降雨集中且多为暴雨，滑坡泥石流广布，危害巨大，尤其是2016年6月26日发生在流域佐戈依达乡的八千洛村四组滑坡造成8户41人受灾，5人失踪，26户112人受滑坡体影响，需异地搬迁安置。最新的调查表明流域内共有地质灾害及隐患点252处，其中滑坡161处，崩塌16处，泥石流75处，地质灾害点主要沿着美姑河干流、连渣洛河和井叶特西河干流两岸呈密集分布。

美姑河流域大型滑坡的存在不仅改变了区域地形地貌，而且对美姑县城、牛牛坝等乡镇的可持续发展和坪头水电站、柳洪水电站等大型水电工程的安全运营构成了极大危险，严重制约了乌蒙山区的可持续发展和扶贫开发工作的时效性。因此，研究该地区滑坡的演化机制、成灾模式和防灾减灾工作能为乌蒙山区扶贫开发、搬迁避让安全选址提供基础地质依据，也可指导高原隆升区滑坡灾害的防治工作。

2014～2015年度，金沙江支流美姑河流域陆续完成了美姑县幅、觉洛幅、比尔幅、申果庄幅和上田坝幅等5个1:5万国际标准分幅的地质灾害调查和美姑县、雷波县、昭觉县、金阳县4个县的县域地质灾害详细调查，并对牛牛坝乡、侯古莫乡、巴普镇等重点场镇斜坡，一些大型的滑坡、危岩带和泥石流沟等开展了详细的勘查测绘工作，积累了丰富的第一手资料，但美姑河流域均是零散开展各种类型的调查评价，尚未开展流域整体性的地质灾害调查评价工作，然而美姑河流域属于中央关心的扶贫攻坚地区，流域性地质灾害调查评价作为扶贫攻坚的基础先行工作急需开展。

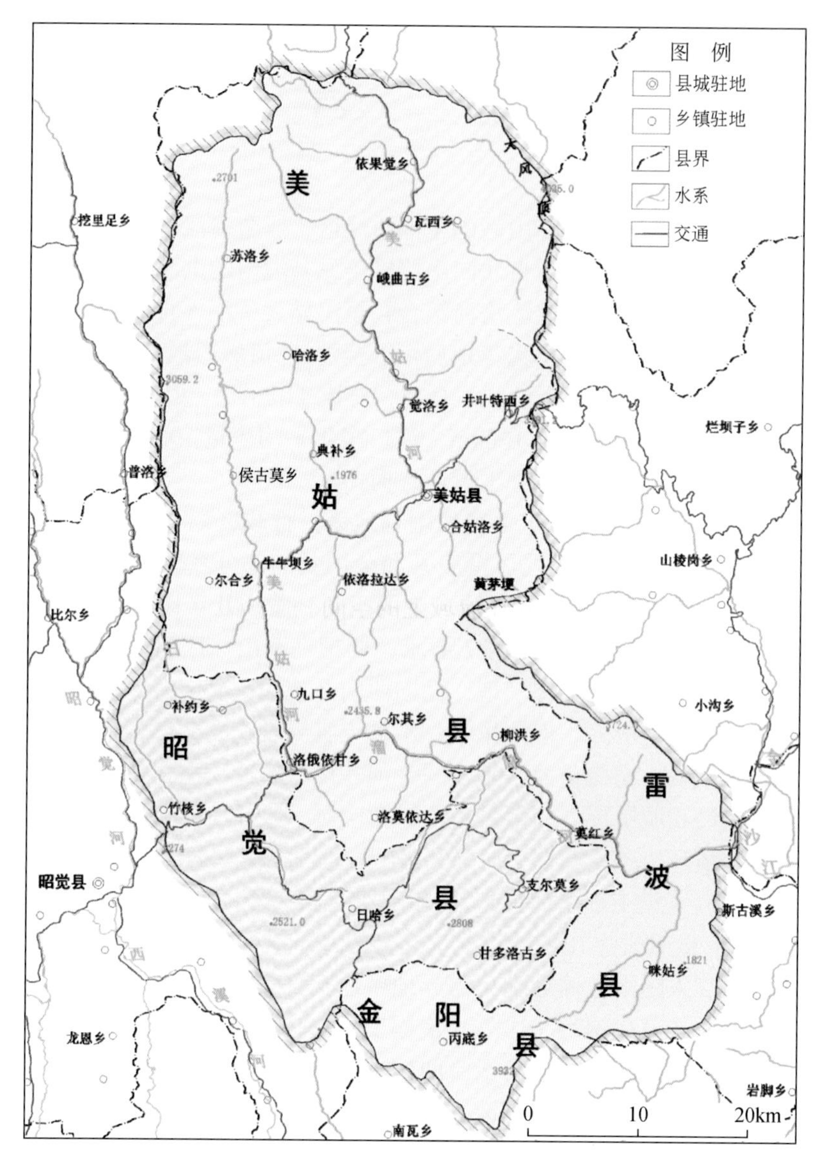

图 0.1 美姑河流域行政区划图

一、主要研究内容

本专著是在全面收集图幅和县域地质灾害调查成果及其它相关调查、勘查、评估资料的基础上，进一步研究了美姑河流域地质灾害时空展布规律、孕灾模式和成灾背景，解剖了典型地质灾害体的成灾机理，总结了流域地质灾害的综合成灾模式；分析了美姑河流域河岸斜坡演化及稳定性，开展了重点场镇和典型小流域地质灾害易发性、危险性评价与区划和编图示范，提出了流域滑坡土地开发利用和重要交通工程防灾减灾对策建议。主要研究内容如下：

第 1 章从地形地貌、地层岩性、活动构造与地震、岩土体类型及特征、水文地质特征、人类工程活动类型及影响、气候和气象特征、主要环境地质问题等八个方面总结了研究区的区域地质环境背景。

第 2 章阐述了美姑河流域新构造运动背景、新构造运动特征及分区，总结了区内主要断裂构造的时空演化特征及活动性规律。

第 3 章讨论了美姑河流域地质灾害时空展布特征，主要研究了地质灾害的发育类型和时空展布规律。

第 4 章开展了美姑河流域典型滑坡研究。结合流域河谷区滑坡崩塌泥石流的发育特点和区域断裂、褶皱构造规律，分上、中、下游分别开展了典型滑坡的发育特征、稳定性评价和滑动过程的数值模拟研究。

第 5 章研究了美姑河流域地质灾害成生机制。主要从以下 5 个方面开展了具体的研究工作：活动构造与滑坡研究现状、活动构造对地质灾害控制、褶皱地貌对地质灾害控制、其它地质背景条件对地质灾害控制和气候变化对地质灾害控制。

第 6 章讨论了美姑河流域滑坡崩塌泥石流成灾模式。主要从地质灾害单体、流域地质灾害综合成灾模式以及综合成灾模式在流域上的空间分布等方面开展了具体的研究工作，首次绘制了综合地质灾害成灾模式流域分布图。

第 7 章在泥石流时空展布及危险性预测研究现状的基础上，开展了美姑河流域泥石流时空展布规律及危险性预测研究，建立了泥石流危险范围预测模型，最后选取典型案例开展了基于 CFX 的约乌乐泥石流沟数值分析。

第 8 章和第 9 章分别以美姑河流域的洛高依达小流域和美姑县城驻地巴普镇为例，在查清地质灾害发育特征的基础上，开展了 1:1 万比例尺的地质灾害易发性、危险性、风险性评价和防治分区建议，通过总结评价方法和认识，为美姑河流域内的其它小流域和场镇地质灾害评价和防灾减灾提供示范。

第 10 章开展了美姑河流域斜坡稳定性及地质安全评价。主要包括斜坡结构类型划分和斜坡稳定性评价等内容。

第 11 章开展了无人机倾斜摄影测量与三维建模新技术新方法示范应用。主要包括无人飞行器应用现状、无人机倾斜摄影测量关键技术、倾斜摄影测量系统组成与作业流程、倾斜摄影测量在滑坡泥石流灾害调查示范和无人机倾斜摄影测量优劣势等五个方面。

第 12 章为地质灾害搬迁选址与精准扶贫。主要包括避险搬迁安置选址、流域滑坡土地开发利用、服务流域重大交通工程建设和未来流域地质灾害防治重点 4 个部分内容。

第 13 章为创新性认识及研究展望。

二、专著创新点

（1）在 1:5 万灾害地质图幅调查的基础上，以地质灾害调查评价示范引领为目标，提炼了流域上、中、下游滑坡崩塌泥石流的孕灾因子及其组合规律，厘定了流域地质灾害的主控因素和综合成灾模式，绘制了流域地质灾害综合成灾模式分布图。

（2）运用地貌动态变化的观点，从区域顺构造地貌长期演化过程和特征入手，揭示断层、褶皱、节理的几何学、运动学、变形学差异控制滑坡时空分布特征及其活动性，提出顺构造地貌控制下的砂泥岩互层区为流域地质灾害的高易发部位，探讨了深切“V”型河谷、顺构造地貌、坚硬岩层夹软弱层耦合条件下的大型、巨型滑坡孕灾模式以及地震的激发作用，为高原隆升区不稳定斜坡预测评价提供了参考依据。

（3）利用最新的数据获取技术和交叉学科的研究手段，建立了高原隆升区构造—地貌—滑坡演化过程、孕灾模式及成生机制研究方法，提升了美姑河河谷区滑坡灾害防范水平。

（4）首次将无人机倾斜摄影测量与三维建模新技术新方法应用到地质灾害常规调查中，并总结了无人机倾斜摄影测量技术的适用范围和优劣势，对其他地区开展地质灾害高精度调查提供了示范。

三、编写人员及致谢

本专著是美姑河流域滑坡泥石流与防灾减灾的综合性研究成果，涉及 5 个 1:5 万标准图幅调查和 4 个县域详细调查的内容集成，前期参与调查的主要骨干人员均参与了本专著的编写工作，专著编写组成员均拥有丰富的野外调查经验和知识积累，学历以中青年博士、硕士为主、整体学术能力强。

专著总体由殷志强负责；其中前言及第 1 章由殷志强编写，陈亮参与部分图件制作；第 2 章由孙东、殷志强编写；第 3 章由殷志强、邵海编写；第 4 章由殷志强、张瑛、孙东、张洪林、李大猛编写；第 5 章和第 6 章由孙东、殷志强编写；第 7 章由王志刚、殷志强编写；第 8 章由张瑛、魏昌利编写；第 9 章由魏昌利、张瑛、陈亮编写；第 10 章由殷志强、张瑛编写；第 11 章由张鸣之、马娟、殷志强编写；第 12 章由殷志强、孙东、钟东编写；第 13 章由殷志强编写；专著最终由殷志强统稿、修改和审订。

中国地质环境监测院山地丘陵区地质灾害调查工程首席李媛教授级高工对专著提出了宝贵的意见和建议。本专著编写过程中始终得到了中国地质环境监测院（自然资源部地质灾害防治技术指导中心）殷跃平研究员、张作辰研究员、褚洪斌教授级高工、陈红旗教授级高工，中国地质调查局水文地质环境地质部郝爱兵主任、石菊松处长等专家的大力支持和指导，他们为专著的最终完成做出了贡献。

凉山州国土资源局、凉山州气象局、凉山州地质环境监测站、美姑县国土资源局、昭觉县国土资源局、雷波县国土资源局等提供了部分数据并参与了协调和帮助，在此对所有提供指导和帮助的同志表示衷心感谢！

由于编者学术水平有限，书中难免有不妥之处，敬请读者批评指正。

作　者

2018 年 5 月于北京

目　录

第1章　美姑河流域地质地貌与气候环境

1.1　地形地貌

1.1.1　地形地貌特征

美姑河发源于大凉山南麓，干流全长约170km，落差约2983m，流域面积约3234km^2。流域周长313.8km。流域总体属于大凉山中山山地地貌，处于青藏高原东南横断山脉与四川盆地西南边缘交汇处。境内大部分地域处于2000～2500m，最高点大风顶海拔4036m；最低点为金沙江入口处，仅为440m，相对高差3602m。在外营力的剥蚀和切割及内动力造成的构造变形的耦合作用下，整个流域的地貌类型可划分为山地、谷地和阶地类型。山地呈现南北差异，北部主要以中山浅中切割为主，山体海拔多在3000m以上；南部以中山深切割为主，山体海拔稍低，几乎都在3000m以下（图1.1）。

根据河谷地形地貌特征，美姑河可分为两段，以美姑县洛俄依甘乡为界，上为宽谷区，下为峡谷区。其中洒库至洛俄依甘乡段河道长约65km，沿河河谷地形束放相间、水流平缓，平均比降9.7‰，有修建水库的地形地质条件。洛俄依甘乡至金沙江河口段，河道长约55km，平均比降18‰，河流穿行于高山峡谷之中，水流湍急，跌水连续不断，其中尤以尔其至柳洪13km河段，比降高达30.5‰，呈现明显的“V”型谷，构成了水电开发的有利条件。

美姑河源头切割较浅，越往下游随着集水面积增加和侵蚀基准面降低，水流下切力增强，切割加强，河流下游多峡谷，沿河阶地发育有3～4级，但第三、四级多遭侵蚀不甚明显，一、二级阶地规模较小，一般宽30～150m，长200～300m，最大的洒库坝长仅1500m，最宽50m上下。

流域内山脉走向与构造线展布大体一致，呈SN和NE向延伸，地势陡峻，高低悬殊，深切“V”型谷发育。洛俄依甘乡以上区域属于高原丘陵山区。流域内除河源区有部分森林外，其余地区植被覆盖率较低，土壤裸露面积大，水土流失现象严重。汛期雨季时，地表径流对地表裸露土层的冲蚀、泥石流沟谷两侧岸坡的塌方为公路泥石流灾害的主要固体物质来源。

根据美姑河流域DEM制作完成了流域坡度图（图1.2）和坡向图（图1.3），由图1.2和图1.3可以看出，美姑河下游坡度和地势高差比上游大。美姑河流域的新构造应力场主压应力方向为43°、两个剪切带方向分别为73°和347°（陈远川和陈洪凯，2012），美姑河流域主要构造线受SN构造控制，兼有NE向、NW向、NNW向及NNE向构造，美姑河流域坡向分布规律受流域的上述构造特征和断层分布控制。

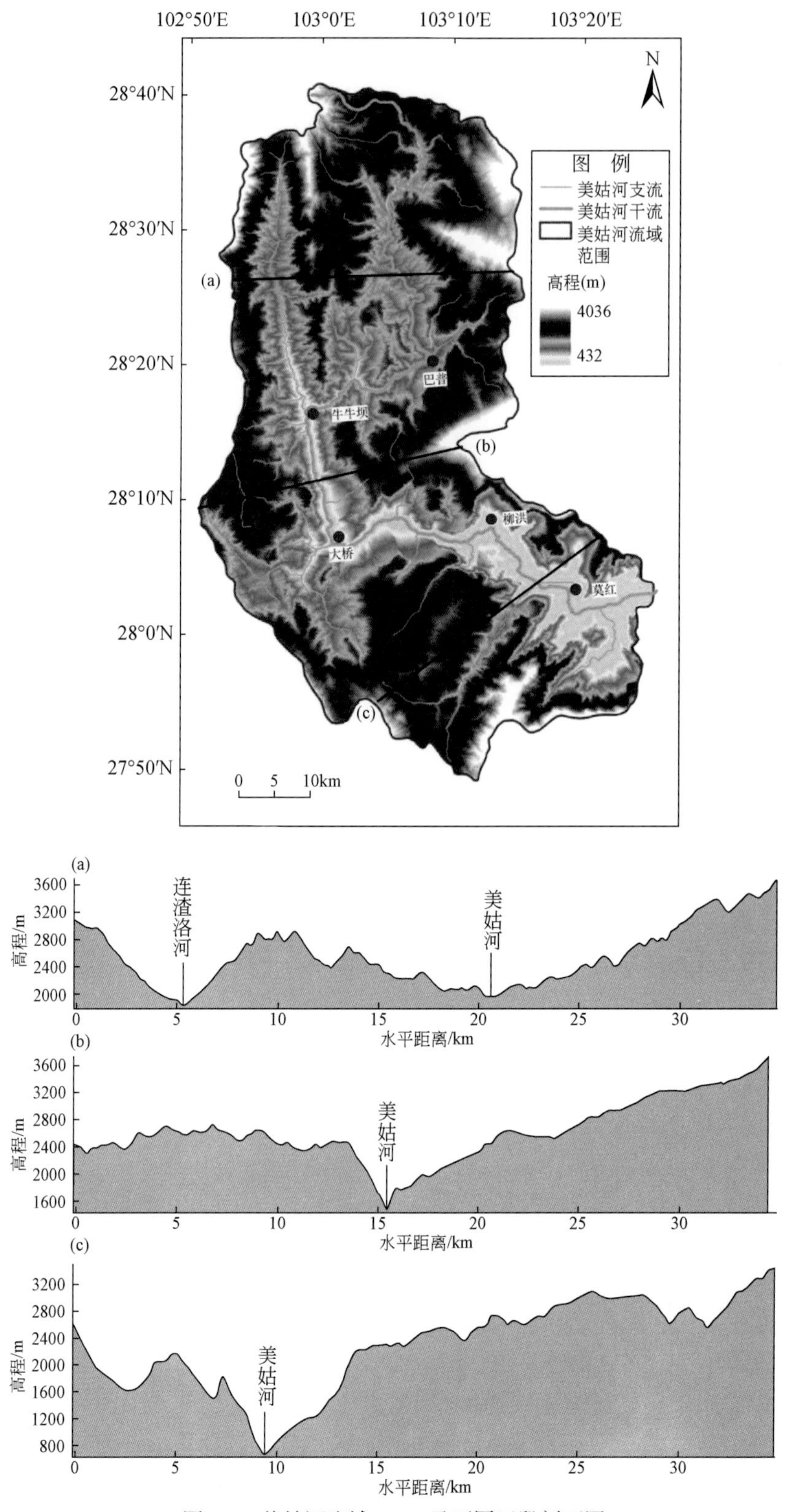

图 1.1　美姑河流域 DEM 及不同区段剖面图

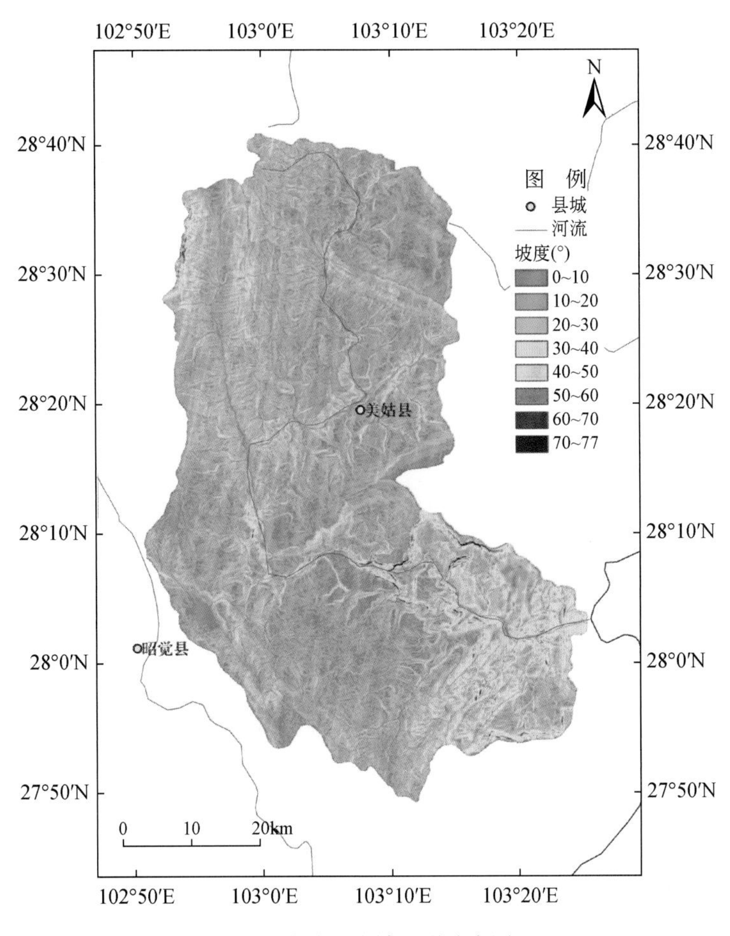

图 1.2　美姑河流域地形坡度图

1.1.2　区域地貌及河谷演化

区域地貌特征显示，美姑河流域所在区域的新构造活动以差异性升降运动为主，总体表现为大面积的、整体性的、间歇震荡性急速抬升。自上新世末夷平面解体以来，河谷地貌经历了宽谷期、峡谷期两个阶段的发展。

（1）宽谷期：夷平期以后，本区地壳呈现阶段性的间歇性隆升运动，发育了两级宽谷地貌，宽谷期河流的平均下切速率约为 0.5mm/a。Ⅰ级宽谷面（1600 ～ 2000m）形成于早更新世早中期（相当于区域上的“元谋运动”），至 1.2Ma 左右；此后，地壳快速抬升使得本区进入了Ⅱ级宽谷面（1400 ～ 1200m）形成时期；

（2）峡谷期：进入中更新世后由于本区地壳隆升速率增大，金沙江开始强烈下切，本区进入峡谷期，总体表现为间歇性的快速隆升，在河谷中形成四级河谷阶地。峡谷期河流的平均下切速率约为 1.2mm/a。

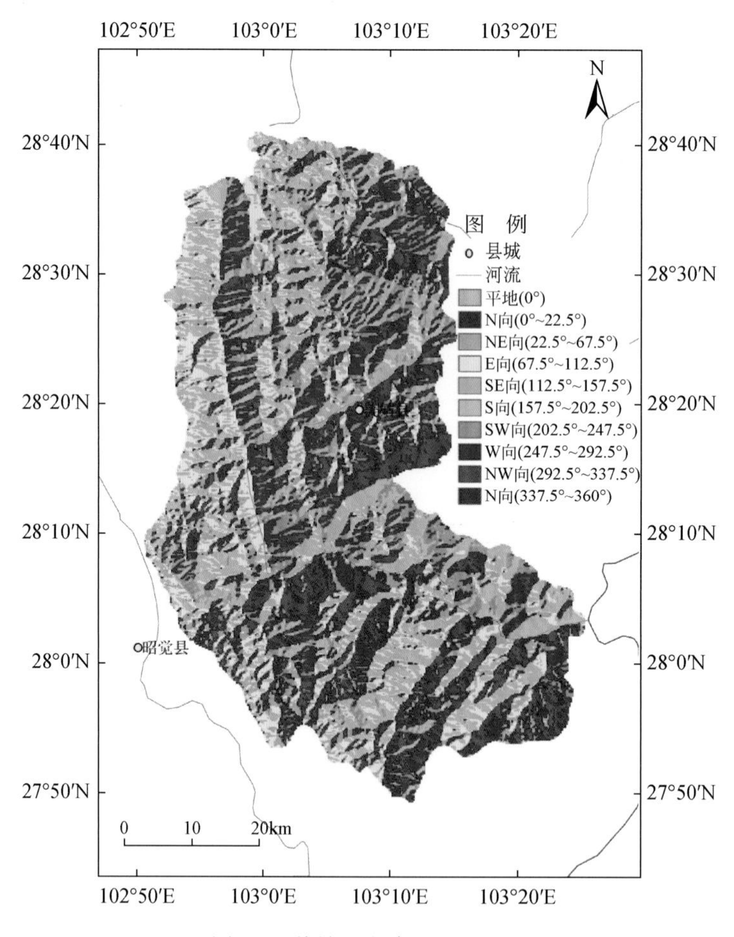

图 1.3　美姑河流域地形坡向图

区域内夷平面以下可归为两组宽谷或两级山麓剥蚀面，一般为侵蚀阶地或基座阶地。河谷阶地沿宽谷、峡谷河段两岸零星分布，一般可见 3 ～ 5 级阶地残留，其中Ⅰ、Ⅱ级阶地以堆积阶地为主，Ⅱ级以上多为基座阶地，区域内部分河段阶地分布及拔河高度见表 1.1。

表 1.1　美姑河流域及附近区域河流阶地对照表（据崔杰，2009）

阶地级序	阶地拔河高程 /m				
	美姑河	昭觉河	龙思河	普雄河	上田坝（金沙江）
Ⅰ	5 ～ 10	±2	7 ～ 10	±2	
Ⅱ	25 ～ 40	12 ～ 20	5 ～ 15	30	62
Ⅲ	65 ～ 150	73	30	65 ～ 90	110 ～ 150
Ⅳ	94 ～ 190	135	85	140 ～ 180	
Ⅴ			185	±260	

美姑河流域自洛俄依甘乡向上游普遍为宽谷，地貌上为“U”型谷，这段上游宽谷的原因可能与洛俄依甘乡往下的下游“V”型谷发生的滑坡堵塞堰塞湖有关，滑坡堵塞堰塞

湖后抬升侵蚀基准面，上游宽谷形成。在美姑河河谷区上游、中游和下游各取两条剖面，明显发现上游、中游为“U”型谷，而下游为“V”型谷的地貌特征（图1.4）。

这种地貌特征可能与下游的滑坡堰塞湖关系密切，这些滑坡堰塞湖地貌效应显著，河床纵断面方面，它抑制了高山峡谷区河流侵蚀，堰塞坝上游河谷区横断面形态普遍呈平缓宽谷，堰塞湖沉积区营造了开阔的河谷区大多都可开垦为农田。因此，区内的滑坡堰塞湖在长期影响区域地貌演化的同时，也为人类在高山峡谷区生活创造了若干宜居场所。

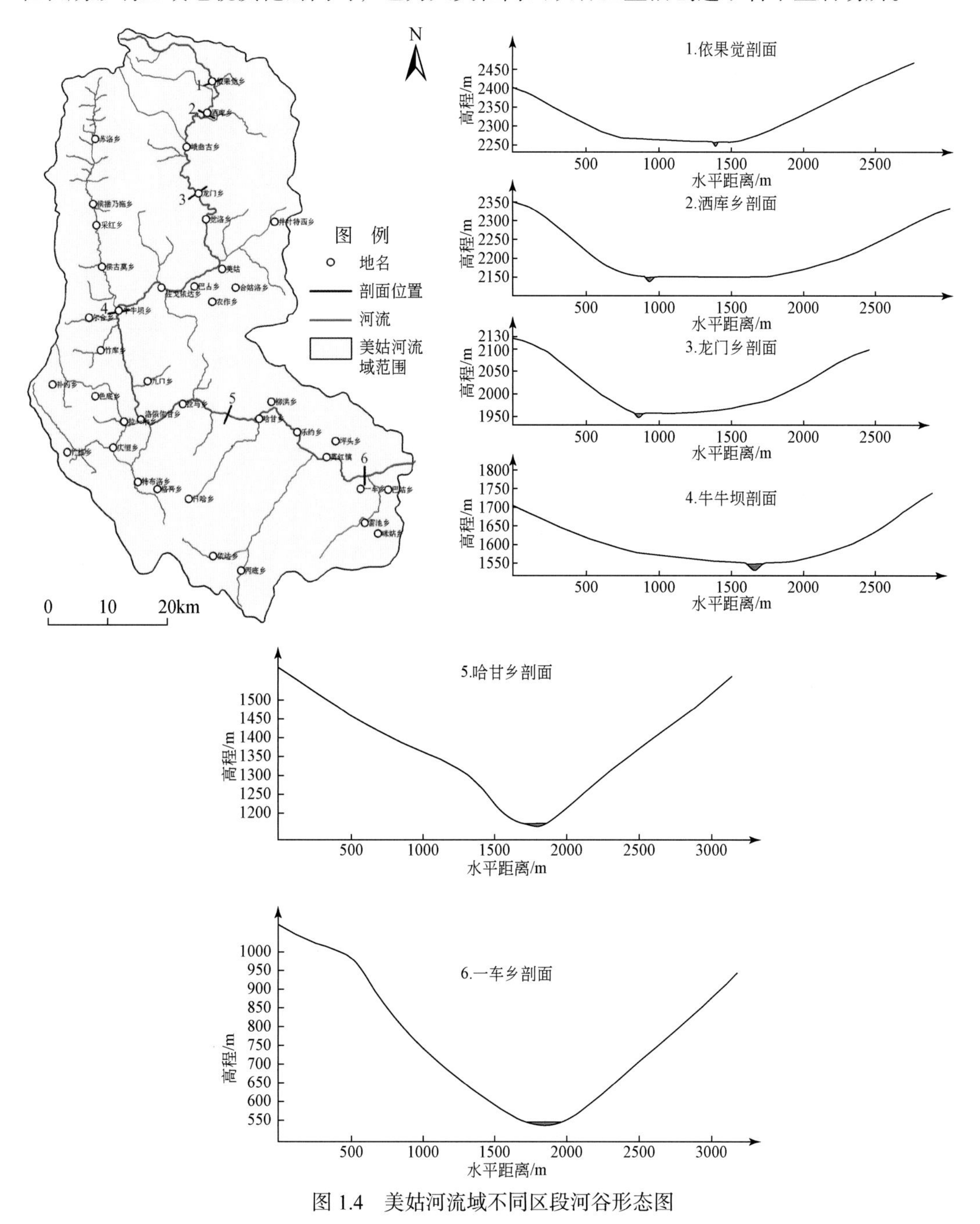

图1.4　美姑河流域不同区段河谷形态图

1.2　地层岩性

据《四川省岩石地层》（1997）的地层区划方案，美姑河流域区域地层属上扬子地层区峨眉小区，西侧接康定地层区。区域内出露地层，除缺失泥盆系、石炭系及古近系、新近系外，其余各系地层均有分布，其中以下古生界分布最为广泛，越到下游，流域出露地层越老（图 1.5、图 1.6），岩性为砂岩、石灰岩、泥岩、玄武岩、白云岩、白云质灰岩、泥质灰岩、泥质砂岩、砂质泥岩、钙质泥岩等，岩层含石灰岩、砂岩及易被风化侵蚀的泥岩和粉砂岩。P 和 T 多分布在背斜构造上，侏罗系则广泛分布在向斜构造中，第四系冲洪积物则分布在河流阶地及河漫滩上（表 1.2）。

1）新元古界

新元古界主要出露于流域内南、东缘部位；下游主要出露上震旦统灯影组中、上段地层，该组为一套滨海、浅海相碳酸盐岩，顶部为碎屑岩沉积，岩性为白云岩或白云质灰岩、含磷硅质灰岩及细晶白云岩。灯影组顶部地层仅在区域东缘金沙江沿岸局部出露。

2）下古生界

区域上下古生界出露分布最为广泛。其中，寒武系为一套滨海、浅海相碎屑岩及碳酸盐沉积的砂页岩夹石灰岩及粉砂岩、白云质灰岩；奥陶系和志留系研究区范围内局部出露，下统及中统为滨海碎屑岩－浅海碳酸盐岩的页岩、砂岩夹石灰岩；志留系为浅海笔石页岩－浅海相泥岩，页岩、石灰岩沉积；二叠系下统以浅海碳酸盐岩沉积的石灰岩为主，上统为大规模的玄武岩流喷发形成的玄武岩及海陆交替相沉积的铁铝质泥岩、含煤碎屑岩组成，二叠系在研究区北部沿黄茅埂山脉大面积出露。

3）中生界

中生界发育从三叠系至白垩系均有分布。三叠系为一套滨海至浅海相碎屑岩、碳酸盐岩沉积的岩屑砂岩、粉砂岩、页岩、白云质灰岩夹泥灰岩等；侏罗系为一套陆相碎屑岩－碳酸盐岩的砂岩、页岩夹煤层及砂岩、泥岩互层等；白垩系为河流相粗碎屑岩沉积的砂岩夹页岩、砾岩等。

流域区内的易滑地层三叠系须家河组（T_3xj）由砂岩、泥岩和粉砂岩等互层旋回构成，因含软弱夹层和煤屑，非常易发顺层滑坡。

4）第四系

流域内第四系包括各种成因分布的崩坡积、冲洪积、残坡积和滑坡堆积物，主要分布于沟谷和边坡地带。依据构造地貌、古气候标志、生物化石、同位素年龄测定，区内第四系根据时代可分为：

（1）下更新统（Q_1）：主要为沿金沙江分布的重力堆积，大多由三叠系飞仙关组砂页岩岩块组成，滑坡往往沿上二叠统宣威组页岩岩层发生，如美姑县城所在地即是一个砂页岩古滑坡堆积体。

（2）中更新统（Q_2）：主要是河流冲积物，组成美姑河的Ⅲ、Ⅳ级阶地。Ⅳ级阶地沉积物保存较少，Ⅲ级阶地沉积物分布普遍。呈二元结构，下部是砾石层，上部为棕红色亚黏土和亚砂土。

（3）上更新统（Q_3）：主要为河流冲积物，局部地段分布有堰塞湖沉积。地貌上是河流Ⅱ级阶地，同样具清晰的二元结构，下部为砾石层，上部为黄棕色亚砂土，广布于各主要河流中下游河谷两岸，一般拔河高度为20m。

（4）全新统（Q_4）：主要是河流Ⅰ级阶地及河漫滩沉积。其实河漫滩并不发育，因为河谷大多呈峡谷状态，仅在一些河床弯曲部位和支流汇入地带见有河漫滩存在。Ⅰ级阶地多为基座阶地，由砾石层和浅黄色粉砂土组成。

表1.2　美姑河流域区域地层特征简表

<table>
<tr><th colspan="4">地层分级</th><th colspan="2" rowspan="2">地层代码</th><th rowspan="2">地层厚度/m</th><th colspan="2" rowspan="2">岩性特征</th></tr>
<tr><th>系</th><th>统</th><th colspan="2">组</th></tr>
<tr><td rowspan="2">第四系</td><td>全新统</td><td colspan="2"></td><td colspan="2">Q_4^{al}</td><td>0～87</td><td colspan="2">残积、坡积、洪积；砂、黏土、岩块</td></tr>
<tr><td>更新统</td><td colspan="2"></td><td colspan="2">Q_3^{fhl}</td><td>0～77</td><td colspan="2">河漫滩及阶地堆积，砾石、砂、半胶结的砾石层、砂砾层</td></tr>
<tr><td>白垩系</td><td>下统</td><td colspan="2">天马山组</td><td colspan="2">K_1t</td><td>>46</td><td colspan="2">褐色砾岩、紫灰色砂砾岩、含砾长石石英砂岩，夹鲜红色页岩</td></tr>
<tr><td rowspan="6">侏罗系</td><td rowspan="3">上统</td><td colspan="2">蓬莱镇组</td><td colspan="2">J_3p</td><td>>57</td><td colspan="2">底部为鲜红色细粒砂质石英砂岩，其上为灰紫色钙质粉砂岩、泥岩</td></tr>
<tr><td colspan="2" rowspan="2">遂宁组</td><td colspan="2" rowspan="2">J_3sn</td><td rowspan="2">1050</td><td colspan="2">上部：紫红色钙质泥岩夹灰绿色泥灰岩、薄层状粉砂岩</td></tr>
<tr><td colspan="2">下部：棕红色、鲜红色泥岩为主，夹薄层状粉砂岩及灰色泥岩，底部为砖红色细粒石英砂岩</td></tr>
<tr><td rowspan="2">中统</td><td colspan="2" rowspan="2">沙溪庙组</td><td colspan="2">J_2s^2</td><td rowspan="2">949～960</td><td colspan="2">灰紫色细粒长石石英砂岩、紫红色粉砂岩、砂质泥岩互层</td></tr>
<tr><td colspan="2">J_2s^1</td><td colspan="2">块状长石石英岩屑砂岩，局部含砾石</td></tr>
<tr><td>下统</td><td colspan="2">自流井组</td><td colspan="2">J_1z</td><td>144～269</td><td colspan="2">紫红色泥岩，紫红色、暗紫色泥质粉砂岩、粉砂质泥岩夹钙质泥岩</td></tr>
<tr><td rowspan="6">三叠系</td><td rowspan="2">上统</td><td colspan="2">须家河组</td><td colspan="2">T_3xj</td><td>450～1180</td><td colspan="2">深灰色、灰白色中粗粒岩屑长石石英砂岩、细粒长石英砂岩、灰黑色粉砂岩、灰色泥岩、黑色炭质页岩和煤层组成正向韵律，底部为砂砾岩会岩屑粗砂岩</td></tr>
<tr><td colspan="2">垮洪洞组</td><td colspan="2">T_3k</td><td>5.7～38</td><td colspan="2">深灰色灰岩、泥岩、杂色钙质泥岩，黑色页岩，底为砾岩</td></tr>
<tr><td>中统</td><td rowspan="4">东川组</td><td>雷口坡组</td><td rowspan="4">$T_{1-2}d$</td><td>T_2l</td><td>299～242</td><td rowspan="4">浅紫色砾质细粒长石石英砂岩、泥质粉砂岩、粉砂质泥岩</td><td>上深灰色白云岩、白云质灰岩，紫、灰绿色等杂色细粒岩屑砂岩、粉砂岩不等厚互层夹泥灰岩，底部为水云母黏土岩</td></tr>
<tr><td rowspan="3">下统</td><td>嘉陵江组</td><td>T_1j</td><td>192</td><td>深灰色中厚层状灰岩、生物碎屑灰岩、泥灰岩</td></tr>
<tr><td>铜街子组</td><td>T_1t</td><td>80～60</td><td>紫红色泥岩，夹中厚层状长石石英砂岩、粉砂岩</td></tr>
<tr><td>飞仙关组</td><td>T_1f</td><td>265～114</td><td>紫红色中－厚层状含砾岩屑细砂岩、岩屑细砂岩夹紫灰色薄－中层状粉砂岩、粉砂质泥岩</td></tr>
</table>

续表

地层分级			地层代码		地层厚度 /m	岩性特征
系	统	组				
二叠系	上统	宜威组	P_3x		136 ～ 18	灰绿色岩屑砂岩、凝灰质砂岩，黏土岩夹页岩及薄煤层
		峨眉山玄武岩	P_3em		191 ～ 1345	上部致密块状玄武岩、杏仁状玄武岩组成多个厚度不等的韵律层；中部灰绿色、灰黑色致密块状、斑状、杏仁状玄武岩组成的多个厚度不等的喷发旋回；下部灰绿色、灰黑色致密块状、斑状、杏仁状玄武岩组成的多个厚度不等的喷发旋回，底为杂色复成分火山角砾集块岩
	下统	茅口组	P_2y		200 ～ 517	上部灰白色至深灰岩块层状石灰岩，白云质灰岩，下部灰至深灰色块层状石灰岩生物灰岩，偶夹炭质页岩。柳洪一带近底部有辉绿玢岩岩床侵入
		梁山组	P_2l		≤ 27.7	深灰色中－厚层状细粒石英砂岩、夹薄层状粉砂岩及薄煤层
志留系	下统	回星哨组	S_1 未分	S_1hx	15 ～ 50.6	紫红色泥岩，粉砂质泥岩夹薄－中层状灰绿色粉砂岩
		大路寨组		S_1d	30 ～ 400	灰色中－厚层状泥质条带状灰岩、生物碎屑灰岩、细晶白云岩夹黄灰色、黄绿色砂质页岩、泥质粉砂岩
		嘶风崖组		S_1sf	20 ～ 88	灰绿色、深灰色夹紫红色等杂色钙质页岩、粉砂质页岩
		黄葛溪组		S_1hg	30 ～ 342	灰色、深灰色中厚层状绘制白云岩、白云质灰岩
		龙马溪组		S_1l	44 ～ 337	灰色、深灰色笔石页岩，薄层状粉砂岩、泥岩
奥陶系	上统	宝塔组	$O_{2-3}b$		40 ～ 180	灰色厚层瘤状灰岩、生物碎屑灰岩
	中统	巧家组	$O_{1-2}q$		21 ～ 212	深灰色中厚层状粉砂岩、泥岩，薄－中层状灰岩、白云岩
	下统	红崖石组	O_1hs		115 ～ 200	紫红色中－厚层状粉砂岩、灰绿色泥岩、细粒长石石英砂岩
寒武系	上统	娄关组	ϵOl		78 ～ 300	灰色至深灰色薄－厚层状微－粉晶白云岩、绘制白云岩、白云质灰岩
		西王庙组	ϵ_3 未分	ϵ_3x	60 ～ 180	紫红色、灰色、绿色粉砂质泥岩夹紫红色、灰绿色中厚层状粉砂岩
		陡坡寺组		ϵ_3d	43 ～ 71	灰绿色页岩、鲕状灰岩、白云质灰岩夹石灰岩
	中统	石龙洞组	ϵ_2 未分	ϵ_2sl	113 ～ 258	灰色、灰白色厚层状、块状白云岩，下部为灰绿色钙质粉砂岩
		沧浪铺组		ϵ_2c	20 ～ 90	紫红色、灰绿色泥岩、粉砂岩、粗砂岩夹石英砂岩
		筇竹寺组		ϵ_2q	80 ～ 446	深灰色、灰黑色粉砂质泥岩夹薄、中层状长石石英粉砂岩、含白云质粉砂岩
	下统	灯影组	$Z\epsilon d$		825 ～ 1009	深灰色薄层状泥质白云岩与白云质泥岩、燧石条带状白云岩；深灰色厚－块状细晶白云岩夹砾屑白云岩、泥质白云岩等
震旦系	上统					
	中下统	观音崖组	$Z_{1-2}g$		20 ～ 183	灰白色中－厚层状含砾石英砂岩、粉砂岩，上部为泥灰岩

流域内破碎岩体的残坡积物一般厚 0.5 ～ 10m，由强风化砂岩、粉砂岩、泥岩等未固结的块碎石土组成，粒径一般 3 ～ 12cm，棱角状，粒间充填细小颗粒及黏土，透水性较好。

因流域内除河源区有部分森林外，其余地区植被覆盖率较低，土壤裸露面积大，水土流失现象严重。汛期雨季时，地表径流对地表裸露土层的冲蚀、河谷两岸的泥石流及塌方为河道泥沙的主要物质来源。

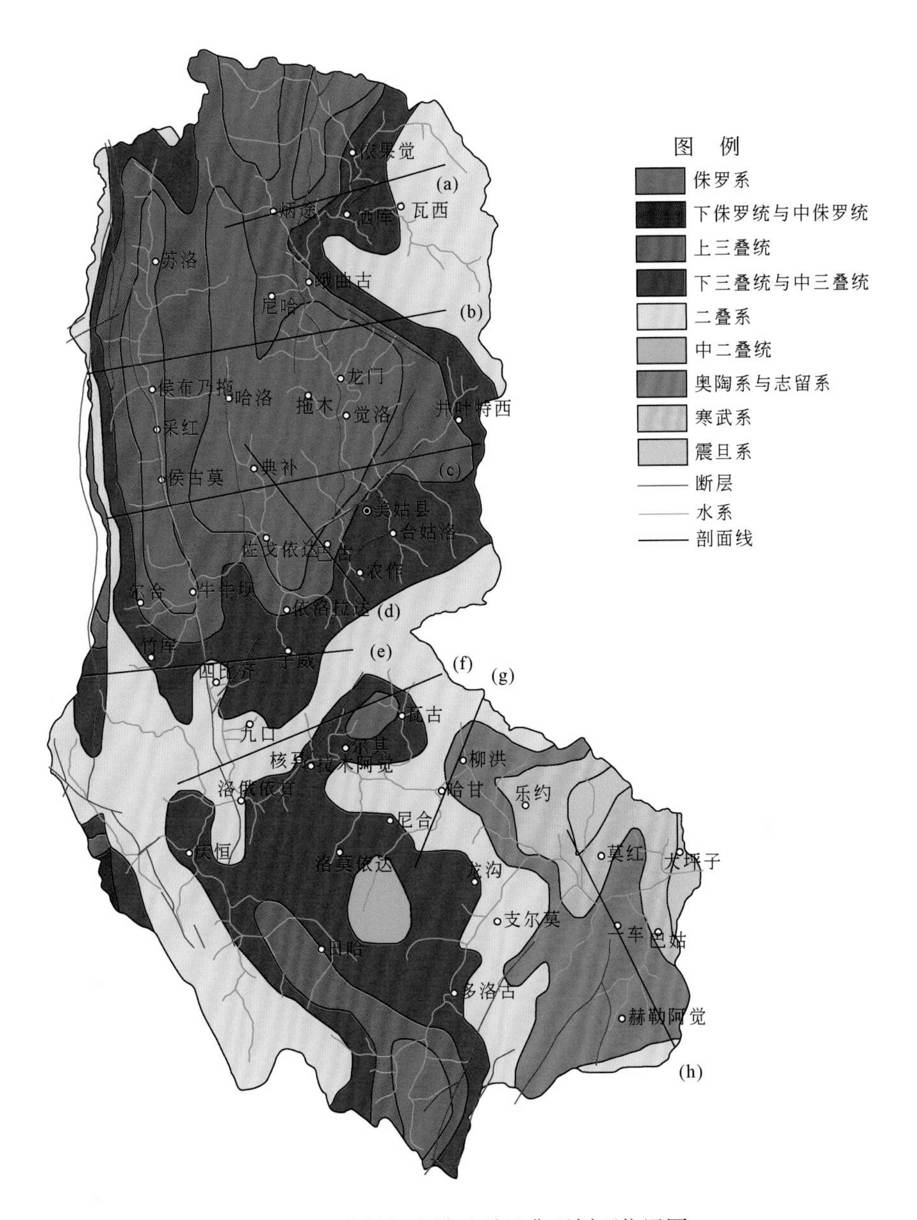

图 1.5　美姑河流域地质及典型剖面位置图

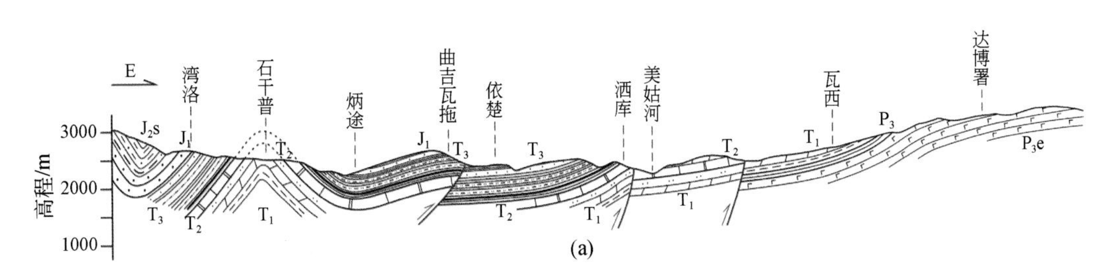

图 1.6　美姑河流域不同部位地质剖面图

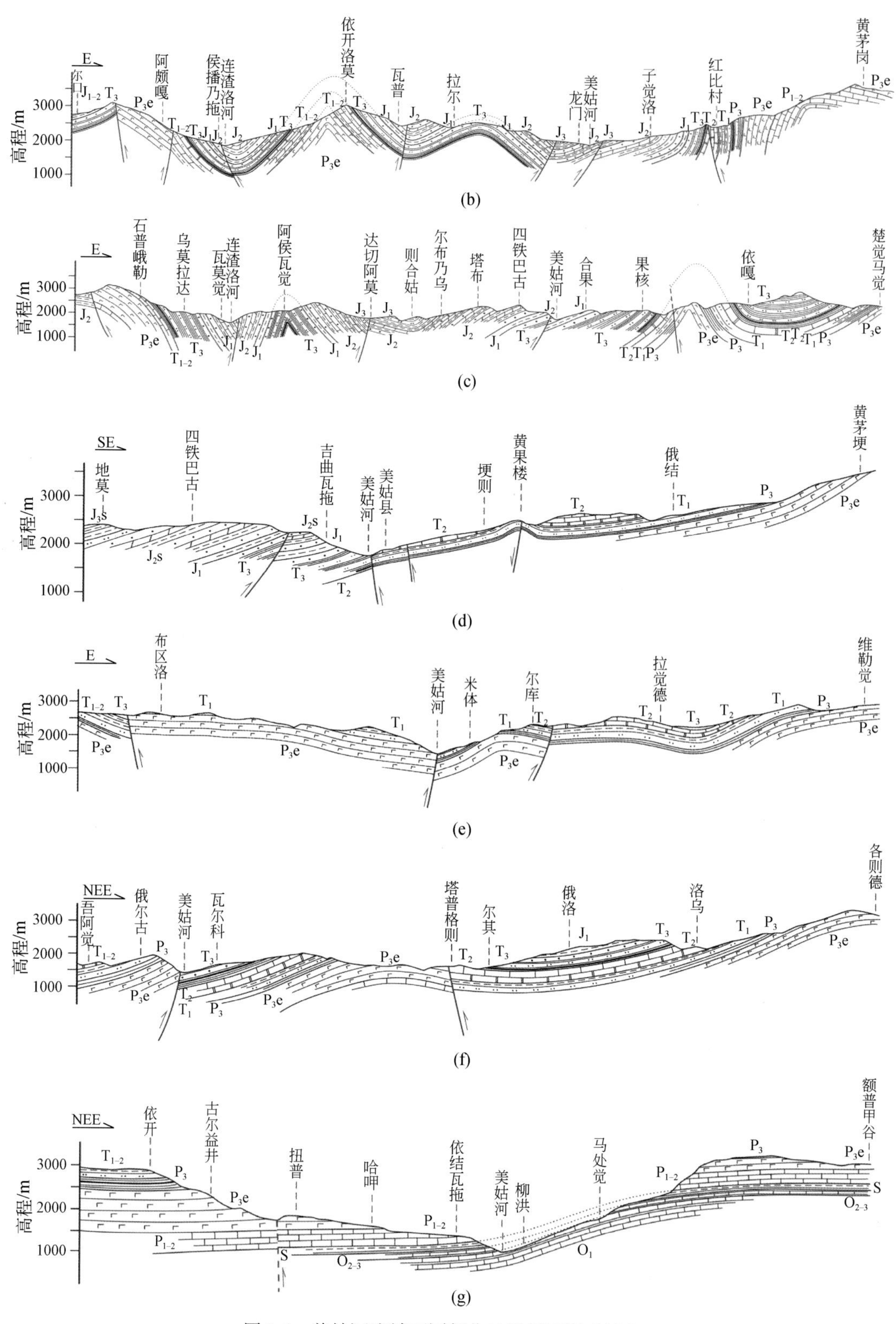

图 1.6 美姑河流域不同部位地质剖面图（续）

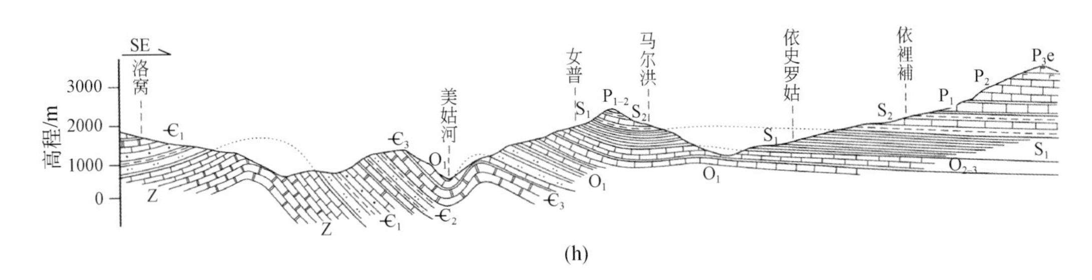

(h)

图 1.6　美姑河流域不同部位地质剖面图（续）

1.3　新构造运动与地震

美姑河流域区域构造上属于川滇南北构造东沿部分的凉山褶断带，位于东侧以峨边 - 金阳大断裂与西侧的汉源 - 甘洛大断裂围限的次级块体内。其特点是褶皱多，断层发育；背斜紧密，一般宽 3 ～ 5km；向斜开阔，一般 6 ～ 10km；褶皱枢纽走向，在北段以 SN 向为主，脊线在走向上呈波状起伏，两翼较对称；中部则以 SN 向，NE 向及 NW 向相互叠加，沿皱褶轴部走向断层发育。

1.3.1　区域地质构造演化

构造上流域挟持于刹水坝 - 马颈子断裂与普雄河断裂之间，主要构造线受南北构造控制，兼有 NE 向、NW 向、NNW 向及 NNE 向构造。其中 SN 向和 NWW 向是挤压形成的顺构造的背斜、向斜长轴的长沟谷；而 NEE 向沟谷以短小为主，张裂隙，应该是主压应力方向（图 1.7）。

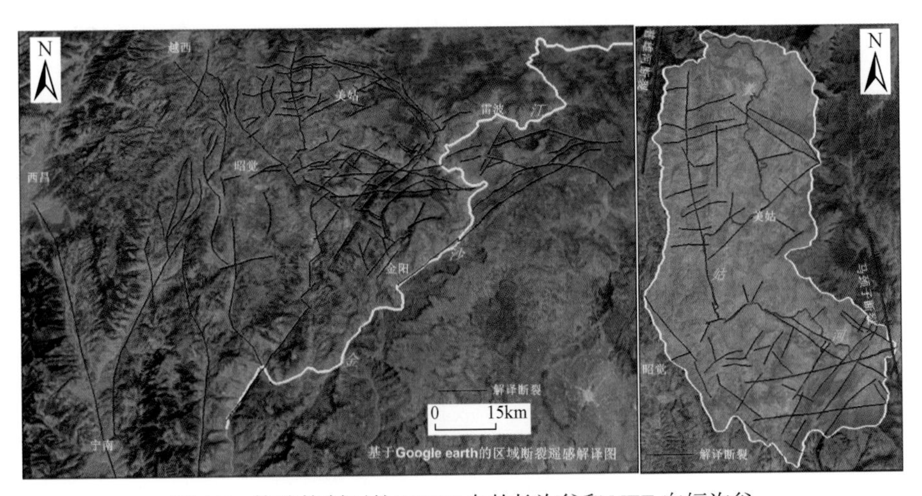

图 1.7　构造控制下的 NWW 向的长沟谷和 NEE 向短沟谷

1.3.2　区域构造地应力演化特征

美姑河流域区域地层历经多次构造活动改造，形成现今 SN 向构造带菱形块体东部构造地貌单元。菱形块体内部构造以 NE 向褶皱构造为主，背斜紧闭，向斜开阔，NE 向褶皱之上可见 NW 向褶皱的叠加，东西两侧的 SN 向主断裂两侧则以发育 SN 向褶皱为主。

自海西运动形成峨眉山玄武岩（$P_2\beta$）以来，经历了多次构造活动的影响。其中喜马拉雅构造活动对流域内岩层构造改造作用最为强烈。根据区域资料对比，本区的喜马拉雅构造活动可分为三幕，对应的区域构造应力场方向：Ⅰ幕为 NW 向，Ⅱ幕为近 EW 向，Ⅲ幕为 NE 向，分别形成了研究区上述 NE、SN 和 NW 向构造，现代的区域构造应力场主要为 NWW 向（图 1.8）。

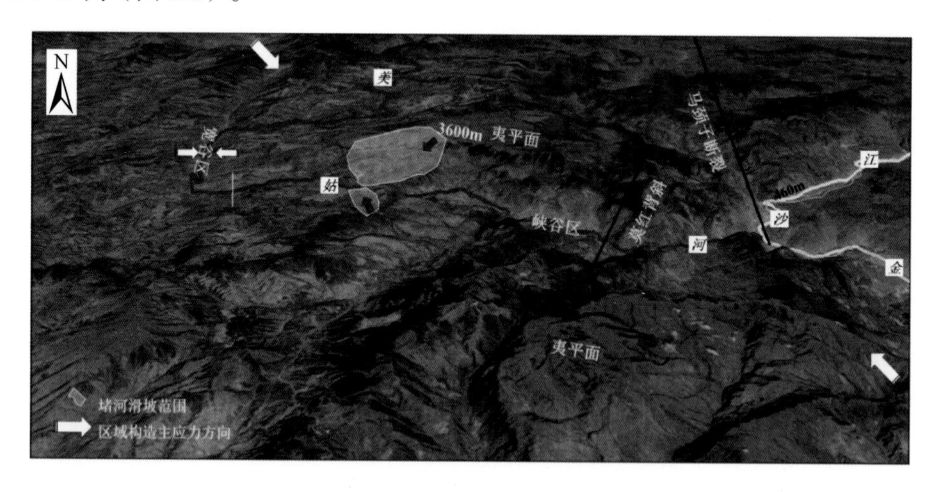

图 1.8　美姑河流域现代构造应力场方向

流域内沟谷发育宏观上与新构造应力场的剪切带方向一致（图 1.9），符合沙伊德格尔提出的地貌发育对抗性原理。对抗性原理指出，新构造应力场的剪切带方向地表破碎，易于发生地表径流作用下的泥石流等水土流失现象，而新构造应力场的主压应力方向则易于发生崩塌、滑坡灾害，因此泥石流沟的两侧边坡多易于发生崩滑灾害。

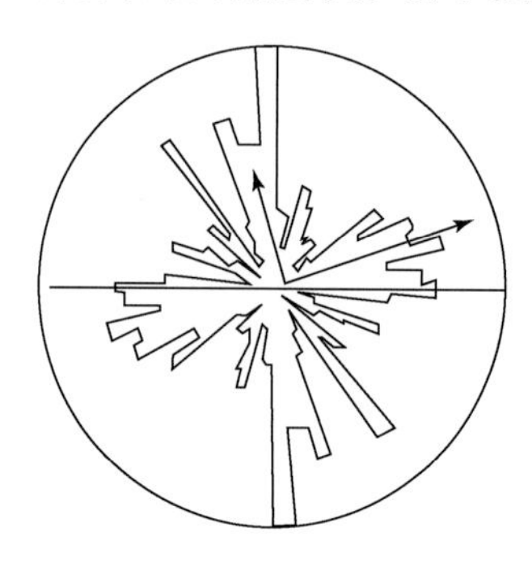

图 1.9　美姑河流域水系分布玫瑰图

1.3.3　美姑河流域内褶皱空间特征

流域内褶皱分为 SN 向、NE 向、NW 向 3 个褶皱系，褶皱组合呈梳状隔挡式，背斜紧闭，向斜开阔，其中 SN 向规模大。

SN 向的主要有美姑河河向斜、苏堡背斜、三合向斜、石干普背斜、拖木向斜等，其构成了流域西部的总体构造格局，多呈线状褶皱，约占全区面积的 1/3（图 1.10）。

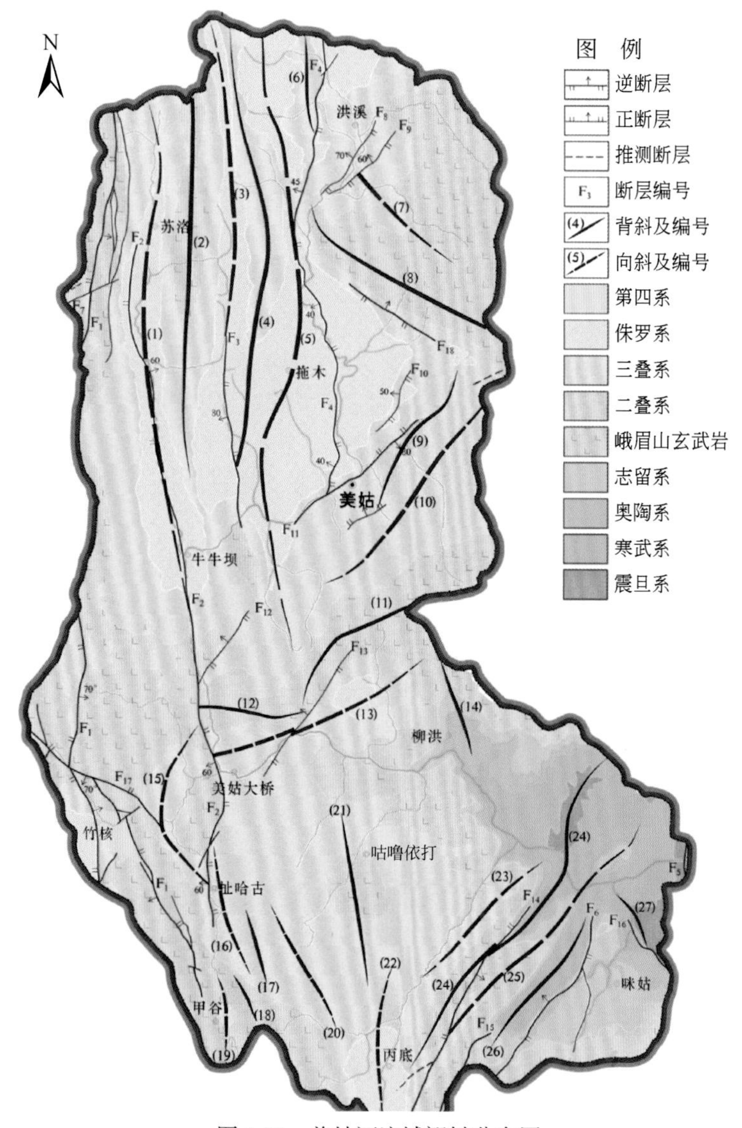

图 1.10　美姑河流域褶皱分布图

（1）美姑河向斜；（2）苏堡背斜；（3）三合向斜；（4）石干普背斜；（5）拖木向斜；（6）椅子河坝背斜；（7）挖西向斜；（8）斯依阿莫倒转背斜；（9）俄支背斜；（10）黄果楼向斜；（11）黄茅埂背斜；（12）九口背斜；（13）瓦洛向斜；（14）柳洪背斜；（15）乌坡向斜；（16）扯哈古向斜；（17）扎尼约背斜；（18）坚呷背斜；（19）甲谷向斜；（20）甲布拉木向斜；（21）咕噜依打背斜；（22）丙底向斜；（23）支耳木向斜；（24）莫红背斜；（25）马切洛布向斜；（26）瓦尼觉背斜；（27）巴姑背斜

美姑河向斜（1）：为区内最大的向斜构造之一，北段基本沿美姑河支流连渣洛河分布，南段沿美姑河分布，延伸长度约40km。构成褶皱的地层为侏罗系，两翼产状中等倾角，基本对称。向斜总体构成河谷地貌，向斜核部发育美姑河断裂（图1.10）。

苏堡背斜（2）：SN走向，轴部主要由峨眉山玄武岩组成，两翼为三叠系岩层组成，背斜延长约50km。其北段两翼对称，倾角为50°，南段两翼倾角60°～70°，两翼不对称。

三合向斜（3）：SN走向，为北窄南宽，褶皱紧密，两翼对称，全长30km，主要由侏罗系紫色岩层所组成。

石干普背斜（4）：SN走向，轴部主要由三叠系须家河组组成，两翼为侏罗系，背斜延长约46km。石干普以南的背斜较开阔，宽3～4km，两翼不对称发育，东翼陡，倾角40°～60°，西翼缓，倾角30°～40°；背斜北段紧密，宽1～2km，两翼较对称，倾角50°～70°。

拖木向斜（5）：SN走向，长约50km，椅子垭口—炳途一段两翼对称，往南向斜渐渐变宽，两翼不对称，东翼缓，西翼陡，局部地层倒转，峨曲古—炳途一段，因受美姑-洪溪断层影响，出露岩层主要是侏罗系岩层。

NE向构造是区内的主要的构造形迹之一，除了表现为断裂外，还表现为一些褶皱，主要分布在美姑县城、美姑大桥及流域东南部（图1.10）。

俄支背斜（9）：位于美姑县城南东侧，走向NE，与井叶特西河斜交，长约10km，北东被三河断裂切割，核部出露二叠系玄武岩，表现为一紧闭的对称褶皱。

黄果楼向斜（10）：位于美姑县城南东侧，与俄支背斜平行展布，走向NE，长约30km，背斜呈向北东倾伏、向南东扬起的斜歪褶皱，西翼陡，东翼缓。北东段核部为上三叠统至下侏罗统，南东段核部局部出露中-下三叠统。

黄茅埂背斜（11）：基本沿美姑县城南东侧的黄茅埂一带呈NE向分布，长约25～30km，褶皱约2/3面积出露的是峨眉山玄武岩，其余部分主要为三叠系泥岩、砂岩、石灰岩等组成。由于黄茅埂大背斜形成了工作区东部的高大山体，阻止了盆地内湿润空气进入区内，使得工作区的气候具有湿润、半湿润的气候特征。

九口背斜（12）：位于美姑大桥北侧，褶皱为短小的宽缓的圆弧形背斜，长度小于10km，西侧北美姑河断裂带切割。核部地层主要为上二叠统宣威组泥岩，两翼逐渐过渡为中-下三叠统。

瓦洛向斜（13）：位于美姑大桥北侧至瓦洛一带，向斜核部由上三叠统至下侏罗统组成，两翼为中-下三叠统。总体表现为一斜歪的开阔向斜，北西翼略陡于南东翼，长约20km，受后期断裂的改造，该褶皱被分隔为两段，造成是两个斜向雁行排列的假象。尤其是北东段可能受到了后期NW向构造的叠加，现今表现为一倾斜的“构造盆地（长宽比＜1/3）”。

除上述较为分散的NE向褶皱外，在流域南东一带，有数个较为集中分布且平行展布的褶皱构造，包括支耳木向斜（23）、莫红背斜（24）、马切洛布向斜（25）、瓦尼觉背斜（26），其长度在20～30km（图1.10）。褶皱表现为背斜紧闭，向斜略为开阔的梳状组合样式，背斜的核部和两翼多为古生界，极个别背斜地层更老，向斜地层更新，如莫红背斜核部为新元古界震旦系灯影组，支耳木向斜核部为下三叠统。值得注意的是，其中的莫红背斜在其核部又断裂与之伴生，个别地段破坏了背斜的完整性或者切割了背斜。

流域内还发育了大量的 NW 向及 NNW 向褶皱构造，其中 NW 向主要分布在流域的东北部，NNE 向的主要分布在西南部（图 1.10）。

流域东北的 NW 向褶皱主要为挖西向斜（7）、斯依阿莫倒转背斜（8），褶皱表现为不对称的短轴状褶皱。挖西向斜（7）为一向 SN 扬起的直立倾伏褶皱，长度约 10km，向 NW 被与褶皱近于垂直的沙枯断裂、洪溪 - 美姑断裂破坏，在沙枯一带核部地层为中 - 下三叠统，向 NW 过渡为上三叠统及下侏罗统，向斜的南东扬起端附近主要为上二叠统。斯依阿莫倒转背斜（8）是流域内较大的北西向褶皱构造，位于千哈一带，该背斜表现为南西翼倒转的倒转褶皱，长度约 30km，背斜核部在千哈一带出露中二叠统，其余地段为上三叠统，北东翼以上二叠统玄武岩为主，南东翼包含了三叠系和中 - 下侏罗统，且在该倒转翼上被千哈断裂切割改造。该倒转背斜构成了地貌高点，最高处海拔近 3500m。

NNW 向褶皱构造主要分布在流域西南部，包括了乌坡向斜（15）、扯哈古向斜（16）、扎尼约背斜（17）、坚呷背斜（18）、甲谷向斜（19）、甲布拉木向斜（20）、咕噜依打背斜（21）、丙底向斜（22）等，受多期构造叠加的影响，个别褶皱在局部方向有所偏转，如乌坡向斜（15）和丙底向斜（22）在北段均发生了向 N 或 NE 的偏转，使得乌坡向斜表现为一弧形褶皱。构成 NW 向褶皱的地层以三叠系为主，个别背斜核部有上二叠统出露，丙底向斜核部有下侏罗统分布。NNW 向的皱褶一般均为短轴状的直立开阔褶皱。

孙东、王道永（2008）曾对该区域多个方向褶皱的叠加过程进行了研究，认为区内的 SN 向皱褶形成时间最早，NE 向的次之，NW 及 NNW 向最晚。

1.3.4　美姑河流域地震

美姑河流域挟持于西部则木河 - 西昌 - 冕宁强地震带和东部马边 - 盐津 - 大关强地震带之间，区内据有历史地震记载以来，并无强震发生（$M > 6$ 级），属外围西部及东部两强震带的影响波及区。

根据 GB18306 — 2001《中国地震动参数区划图》。研究区地震基本烈度为Ⅶ度，地震动峰值加速度为 0.10g，地震动反应谱特征周期为 0.45s。

流域内复杂的地形和地质构造，强烈的新构造活动，频繁的地震影响，使地层遭受强烈切割挤压而破碎，山体稳定性遭到破坏，为崩塌、滑坡、泥石流等地质灾害发生提供了条件，造成区内地质灾害频发，危害严重。

1.4　岩土体类型及特征

1.4.1　岩土类型及工程性质

前期地质调查过程中，对流域内的典型岩土体进行了工程地质剖面实测，剖面长度为 200 ～ 500m，剖面比例尺为 1 ∶ 500（图 1.11、图 1.12），在此基础上结合收集资料，室内试验等，对研究区岩土类型及工程性质进行分析。

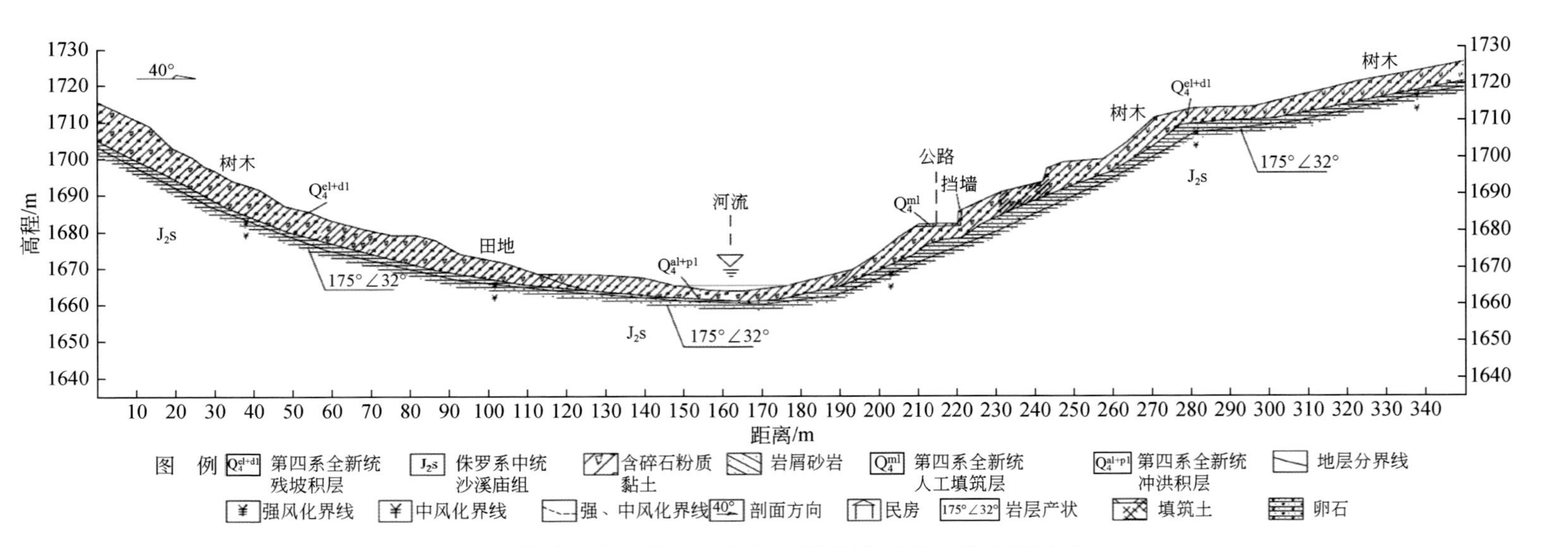

图1.11　美姑河支流采红-侯古莫乡段斜坡岩土体工程地质剖面图

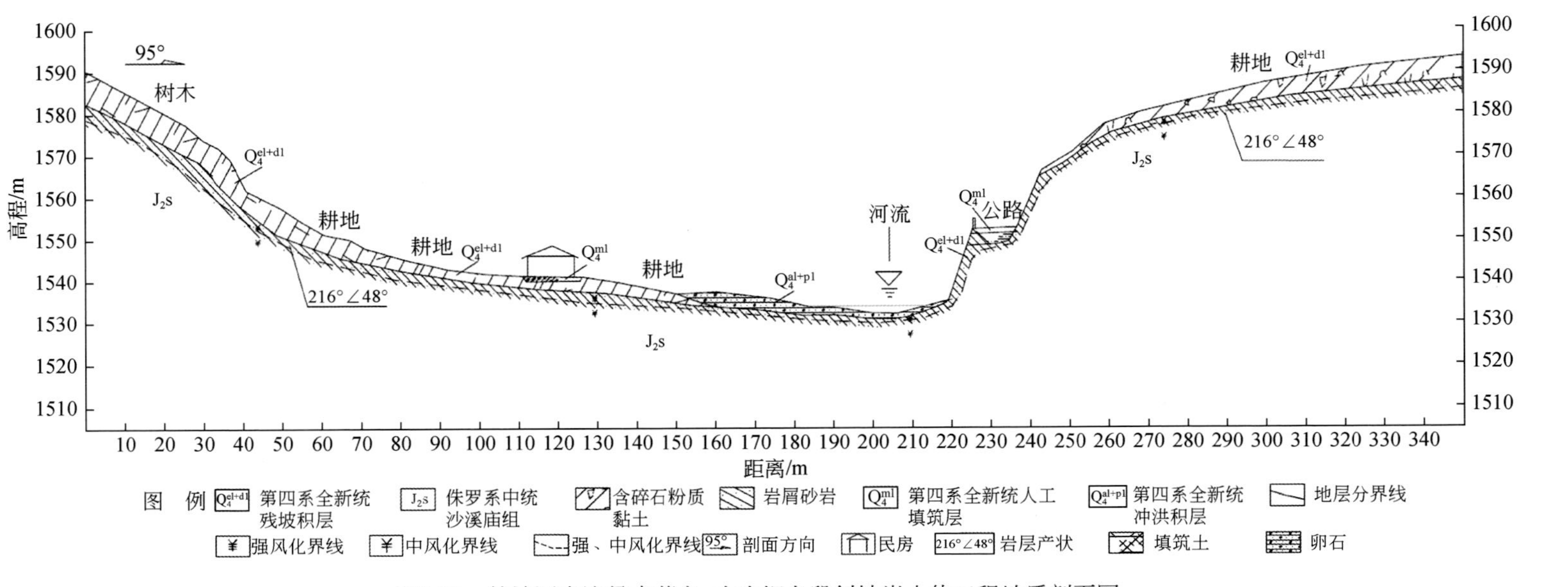

图1.12 美姑河支流侯古莫乡–牛牛坝乡段斜坡岩土体工程地质剖面图

1.4.1.1 土体类型及工程性质

1）冲积卵砾石、砂砾石土

主要分布于美姑河河谷区，岩性为松散的卵砾石层、砂砾石层、泥砂层及砂质黏土，具二元结构特点，厚5～10m，该层地下水埋深一般0.30～2.0m，富水性差，允许承载力12～14t/m^2。

2）冲洪积砾石、卵石、碎块石土

主要分布于美姑河各支流水系的较平缓地段，呈长条形、扇形，厚0～15m。岩性为松散的砾石、卵石、碎块石、砂泥混杂堆积，分选性差，结构疏松，渗透系数一般值4～38m/d，允许承载力25～35t/m^2。

3）残坡积碎块石土

主要分布于河谷两侧斜坡及坡脚地带，厚0～30m，为棱角状碎块石与砂质黏土混杂堆积而成，多为耕地及居民点，结构混杂，较松散，多具架空现象，允许承载力10～45t/m^2。

4）滑坡、崩塌堆积碎块石土

滑坡堆积层一般分布于河流沟谷或斜坡地带，平面上多呈椭圆形、半圆形、舌形等，厚5～400m，无分选、松散。

1.4.1.2 岩体类型及工程性质

震旦系：区内出露主要为灯影组，仅在莫红一带出露，岩性为深灰色薄层状泥质白云岩与白云质泥岩、燧石条带状白云岩，深灰色厚－块状细晶白云岩夹砾屑白云岩、泥质白云岩等，白云岩较硬，强度较高，但表层受风化及地下水作用易砂化。

寒武系：主要分布在流域东南部，岩性组合为一套薄－厚层状白云岩、石灰岩夹薄层－中层状粉砂岩、泥岩，局部夹中层状砂岩。白云岩、石灰岩较硬，强度较高，粉砂岩、泥岩质软易风化。

奥陶系：主要分布在流域东南部，下部为一套中－厚层状粉砂岩、砂岩夹泥岩，上部为一套厚层石灰岩。石灰岩、砂岩较硬，强度较高，泥岩、粉砂岩质软易风化。

志留系：主要为龙马溪组，出露于柳洪－咪姑一带，上部为灰色－绿灰色页岩及粉砂岩，下部以黑色笔石页岩为主，含黄灰色粉砂岩及粉砂质页岩，钙质胶结，中厚层状结构，粉砂岩、砂砾岩较硬，强度较高，页岩质软易风化。

二叠系阳新组多分布背斜核部及两翼，岩性为灰色－深灰色中－厚层状粉－微晶灰岩、生物碎屑灰岩组成；中部含燧石条带及团块，上部见眼球状灰岩，厚层块状、质地坚硬、溶蚀作用强烈，抗压强度较大。

二叠系峨眉山玄武岩组分布面积较广，岩性为灰色－灰绿色熔结火山角砾岩、斑状、致密块状、杏仁状玄武岩以及凝灰岩、熔结凝灰岩，角砾岩、玄武岩、凝灰岩坚硬，抗压强度大于880MPa。

二叠系宣威组在流域内呈条带状广泛分布，岩性上部为灰绿色－黄色粉砂岩、黏土岩，中部由灰色砾岩、岩屑砂岩、粉砂岩、黏土岩，下部由杂色凝灰质砂岩、粉砂岩、黏土岩、铁铝质黏土岩组成，泥、钙质胶结，中厚层状结构，砂岩、粉砂岩、砂砾岩较硬，强度较高，黏土岩质软易风化，是区内的易滑地层。

三叠系东川组广泛分布，岩性上部由紫红色岩屑砂岩、粉砂岩、黏土岩组成，中部由紫红色含砾砂岩、岩屑砂岩、粉砂岩及黏土岩组成，下部由紫红色含砾砂岩、砂岩、粉砂岩及含钙质黏土岩组成，底部以紫红色黏土岩、粉砂岩、砂岩或砾岩、砂岩、粉砂岩、黏土岩组成，钙质胶结，中厚层状结构，砂岩、砂砾岩较硬，强度较高，黏土岩质软易风化。

三叠系铜街子组、嘉陵江组在区内呈条带状分布，岩性为砂屑灰岩、石灰岩、黏土岩、砾屑灰岩、白云岩等组成，厚层 - 块状、质地坚硬、溶蚀作用强烈，抗压强度较大。

三叠系雷口坡组由灰色 - 深灰色砾屑灰岩、石灰岩、砂屑灰岩（白云岩），纹层状白云岩，膏盐角砾岩组成的基本层序构成，具交错层理，斜层理，微波状层理及龟裂构造，厚层块状、质地坚硬、溶蚀作用强烈，抗压强度较大。

三叠系须家河组岩性由灰色 - 深灰色含砾砂岩、长石石英砂岩、粉砂岩、黏土岩及煤线组成，钙质胶结，中厚层状结构，砂岩、砂砾岩较硬，强度较高，黏土岩、煤层质软易风化，是区内的易滑地层。

侏罗系自流井组分布于流域北部，岩性为紫红色粉砂岩、黏土岩、灰绿色长石石英砂岩、粉砂岩、灰绿色 - 紫红色黏土岩，泥、钙质胶结，中厚层状结构，砂岩、粉砂岩较硬，强度较高，黏土岩质软易风化。

侏罗系沙溪庙组分布于流域北部，岩性为黄灰色 - 紫红色 - 灰绿色岩屑砂岩、粉砂岩、灰色岩屑砂岩、紫红色 - 灰色 - 绿灰色粉砂岩、黏土岩、泥灰岩等，钙质胶结，块 - 中厚层状结构，砂岩、砂砾岩较硬，强度较高，泥灰岩、黏土岩质软易风化。

侏罗系遂宁组主要分布于流域北部，岩性为鲜红色泥岩、粉砂岩，泥、钙质胶结，中 - 薄层状结构，粉砂岩较硬，强度较高，泥岩较软易风化。

侏罗系蓬莱镇组主要分布于流域北部洛呷一带，分布有限，底部为鲜红色细粒砂质石英砂岩，其上为灰紫色钙质粉砂岩、泥岩，石英砂岩钙质、硅质胶结，硬度较高，粉砂岩、泥岩较软易风化。

1.4.2　工程地质岩组类型划分

根据岩相建造、岩体结构、强度和岩性进行工程地质岩组划分，划分为 6 个岩组（图 1.13），部分岩组物理和力学强度见表 1.3。

1.4.2.1　第四系冲洪积砂砾卵石土松散岩组

1）残坡积碎石角砾土

主要分布于河谷两侧及坡脚地带，厚 0 ～ 30m，为棱角状基岩块与砂质黏土混杂堆积而成，多为耕地及居民点，结构不均匀，较松散，多具架空现象，允许承载力 10 ～ 45t/m^2。

2）崩坡积碎块石土

一般分布于河流沟谷及沟谷深切地段，堆积厚 5 ～ 400m，由岩体、岩块等堆积而成，岩石杂乱、疏松。

3）冲洪积泥砾卵石土

主要分布于美姑河各支流水系的较平缓地段，呈长条形、扇形，厚0～15m。岩性为松散的砾石、卵石、岩块、砂泥混杂堆积，分选性差，结构疏松，渗透系数一般值4～38m/d，容许承载力一般值12～14t/m^2。

4）冲洪积砂砾卵石土

主要分布在美姑河谷，岩性为松散的卵砾石层、砂砾石层、泥砂层及砂质黏土层，具二元结构特点，厚5～10m，该层地下水埋深一般0.30～2.0m，富水性差，容许承载力一般值25～35t/m^2。

1.4.2.2　软弱－半坚硬砂泥岩岩组

主要为侏罗系遂宁组（J_3sn）沙溪庙组（J_2s）、自流井组（J_1z）、三叠系飞仙关组（T_1f）、二叠系宣威组（P_3x）和志留系（S_1未分），分布与流域北部SN向向斜核部及两翼以及东南部一带，岩性为泥岩、泥页岩、粉砂岩及石英砂岩、灰色黏土岩、煤线，泥、钙质胶结，中－薄层状结构，粉砂岩、砂岩硬度较硬，半坚硬，泥岩、泥页岩软易风化，该岩组为工作区内的易滑岩组。

1.4.2.3　半坚硬砂泥岩岩组

主要为须家河组（T_3xj）和极少的侏罗系蓬莱镇组（J_3p）。该岩组在区内广泛分布，主要的岩性为粉砂岩、粉砂质页岩、页岩、砾岩、岩屑砂岩等组成，须家河组中局部夹煤层。中－厚层状结构，砂岩、粉砂岩、砂砾岩较硬，强度较高，粉砂质页岩、页岩、煤层质软易风化。该岩组为工作区内的易滑岩组。

1.4.2.4　坚硬－半坚硬白云岩、石灰岩砂岩岩组

主要为寒武系（∈未分）、奥陶系（O未分）和中－下三叠统铜街子组（T_1t）、嘉陵江组（T_1j）、雷口坡组（T_2l）：在区内呈条带状分布，岩性为岩屑砂岩、石英砂岩、粉砂岩、生物碎屑灰岩、鲕粒灰岩、白云岩、白云质灰岩等，局部夹黏土岩薄层状页岩、泥岩。总体呈中厚层－块状结构、质地半坚硬－坚硬、溶蚀作用较强烈，岩石抗压强度较大。

1.4.2.5　坚硬中厚层白云岩、石灰岩岩组

主要为二叠系阳新组（P_2y）和震旦系灯影组组成，岩性为厚层状石灰岩、白云质灰岩、细晶白云岩等，厚层－块状结构、质地坚硬、溶蚀作用强烈，抗压强度较大。

1.4.2.6　坚硬玄武岩岩组

二叠系峨眉山玄武岩组（P_3em）岩性为灰色－灰绿色熔结火山角砾岩、斑状、致密块状、杏仁状玄武岩以及凝灰岩、熔结凝灰岩，块状构造、质地坚硬，抗压强度大于880MPa。

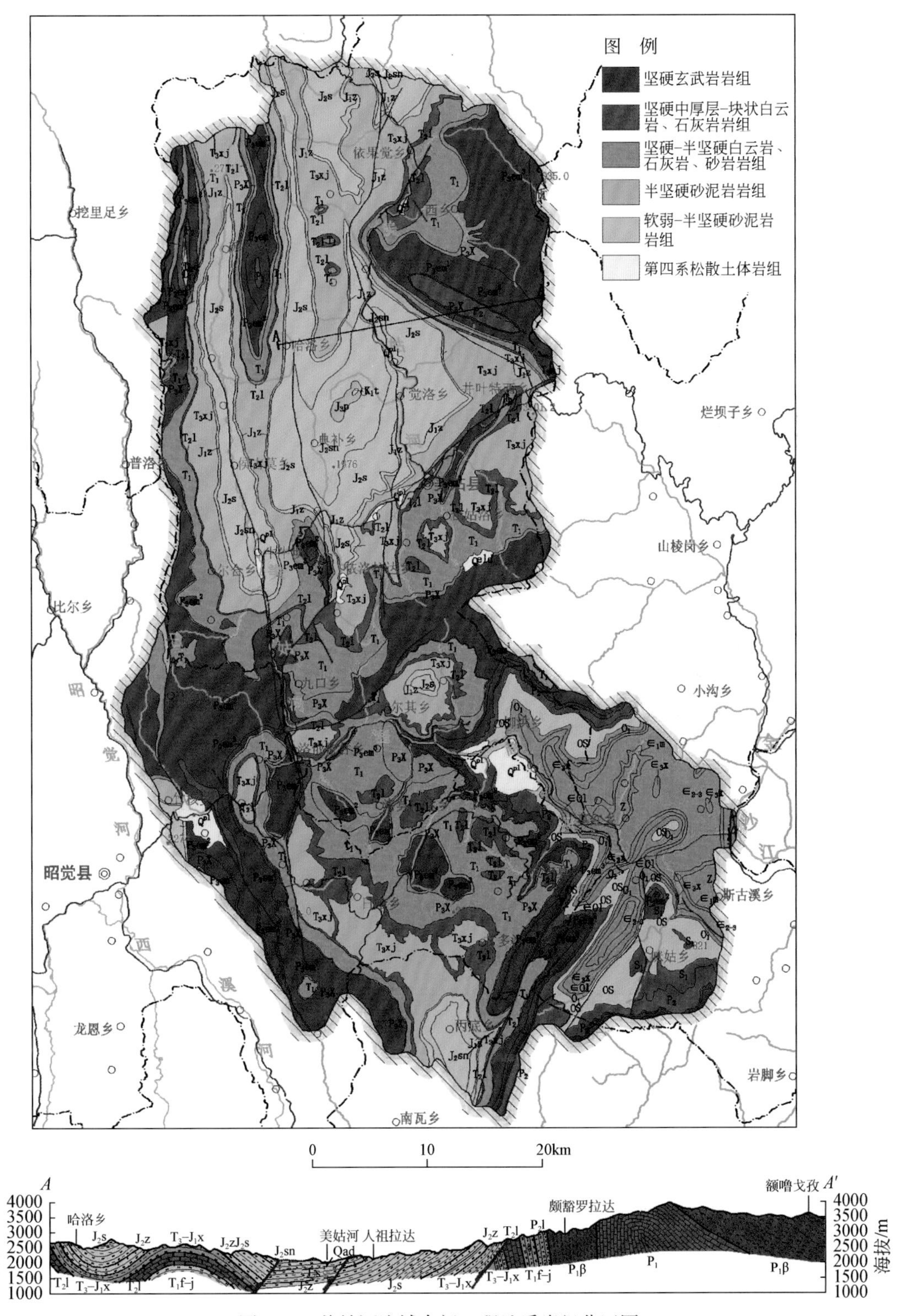

图 1.13　美姑河流域专门工程地质岩组分区图

表 1.3 美姑河流域专门工程地质岩组物理和力学性质表

编号	岩性	物理性质		力学性质							
		天然密度（ρ_0）/(g/cm³)	自由吸水率（Ω_a）/%	单轴抗压强度 /MPa 天然 R			抗拉强度 /MPa 天然			抗剪断（天然）	
				1	2	3	1	2	3	内聚力（c）/MPa	内摩擦角（φ）/(°)
YZ-01	T_3xj 砂岩	2.39	0.91	19.2	16.4	17.04	4.73	5.51	5.14	2.21	25
YZ-02	T_3xj 长石石英砂岩	2.39	1	15.5	16.8	19.67	6.88	5.25	5.35	2.05	26.8
YZ-03	T_3xj 碳质泥岩	2.42	1.03	24.4	26.7	31.9	4.25	3.18	4.30	1.99	29.2
YZ-04	T_3xj 煤线	2.45	1.01	23.3	29.7	31.9	4.75	5.53	5.16	2.32	24.6
YZ-05	J_2x 泥质砂岩	2.43	0.97	15.4	16.6	19.9	3.98	3.24	4.54	2.37	25.2
YZ-06	J_3sn 泥岩	2.53	0.99	25.1	26.6	32.3	4.70	5.62	5.60	1.92	29.8
YZ-07	P_3em 峨眉山玄武岩组	2.40	0.86	24.4	29.6	31.4	4.33	5.13	5.52	2.09	25.3
YZ-08	$T_{1-2}d$ 长石石英砂岩	2.38	1.65	35.7	27.2	30.0	5.34	6.38	5.55	1.94	23.3
YZ-09	$T_{1-2}d$ 粉砂质泥岩	2.38	0.93	25.4	26.7	32.6	4.77	6.18	5.32	2.26	22.9
YZ-10	$T_{1-2}d$ 泥岩	2.39	1.08	25.0	30.3	31.5	5.15	5.07	5.87	2.37	21.8
YZ-11	$T_{1-2}d$ 中细粒砂岩	2.32	0.96	23.8	24.7	19.7	4.54	3.88	4.93	2.07	23.9
YZ-12	T_3xj 砂岩	2.51	0.95	25.0	20.6	18.8	3.43	2.68	2.79	1.83	25.4

1.5 水文地质特征

1.5.1 地下水类型及特征

根据地下水赋存条件，将美姑河流域的地下水划分为松散岩类孔隙水、碎屑岩类裂隙孔隙水、碳酸盐岩类裂隙溶洞水、基岩裂隙水四大类（图 1.14）。

1）松散岩类孔隙水

零星分布于美姑河阶地及河漫滩，含水岩组由全新统冲洪积砂砾石夹块石组成。水量中等，单井涌水量 100 ～ 500t/d。孔隙水在汇集、运移和排泄过程中，使土体中细粒物质被潜蚀，形成孔洞，降低土体的稳定性。

2）碎屑岩类裂隙孔隙水

主要赋存于长石石英砂岩、岩屑砂岩、页岩等裂隙孔隙之中，分布于美姑构造斜坡等地。水量中等，单井涌水量 100 ～ 500t/d，石干普背斜等地水量贫乏，单井涌水量小于 100t/d。

3）碳酸盐岩类裂隙溶洞水

主要富集于岩溶管道、裂隙及孔洞中，根据碳酸盐岩在地层中的含量可进一步划分为碳酸盐岩类裂隙洞水和碳酸盐岩与碎屑岩互层裂隙岩溶水。岩溶水分布不均，裂隙岩溶水富水性较差，降水汇集于岩溶洼地沟谷中，经落水洞或溶隙下渗补给地下水，沿岩溶管道径流，在沟谷岸边以暗河、大泉形式排泄，动态较稳定。隧洞、矿山井巷遇含水裂隙、溶洞时，常有突水事件发生。

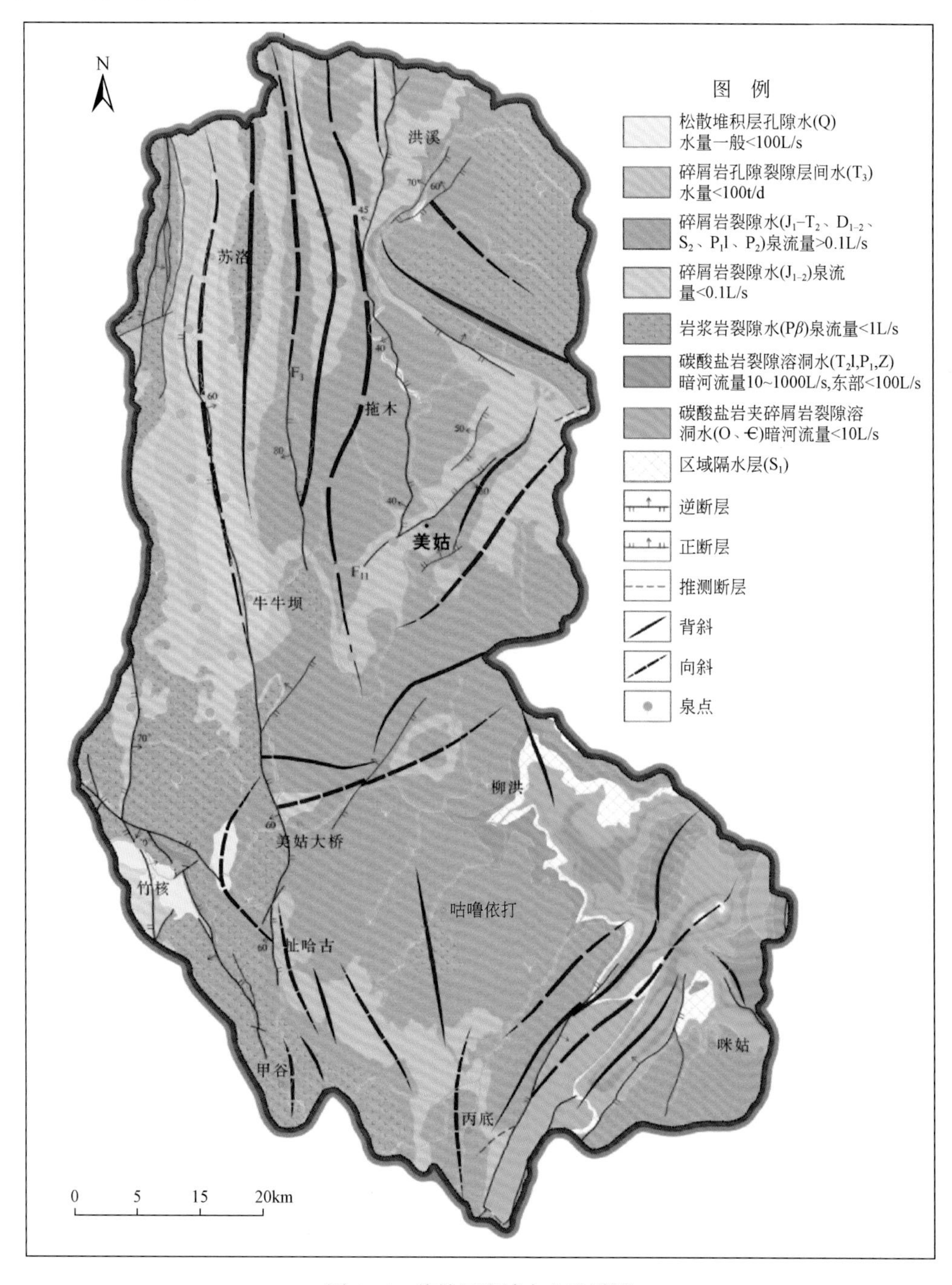

图 1.14　美姑河流域水文地质图

4）基岩裂隙水

根据其赋存特征的不同可分为构造基岩裂隙水、玄武岩类孔洞裂隙水、浅部风化带裂隙水。在美姑县主要以玄武岩类孔隙水为主，主要赋存于二叠系上统峨眉山玄武岩中，为高中山、高山区，泉流量多 0.1 ～ 1L/s，径流模数 1 ～ 3L/（s • km^2）。

1.5.2　地下水水化学特征

美姑河流域的地下水水化学特征以 HCO_3-Ca • Mg、HCO_3-Ca 型水为主，在玄武岩分布地区尚有 HCO_3 • Cl-Ca • Na、HCO_3-Ca • Na 型水。此外，由于地下水交替强烈，径流条件好，所以矿化度普遍较低，大部分地区为 0.1 ～ 0.3g/L，部分地区小于 0.1g/L。大部分地区为中性水，pH 6.5 ～ 8.0，小部分地区 pH 小于 5，强酸性水多分布在玄武岩地区，与玄武岩含硫化物 - 黄铁矿等有关。

1.5.3　地表水系特征

美姑河河流流域属金沙江水系，河流大部分沿断层发育，河道狭窄，部分宽缓地带发育有河流堆积和基座阶地。河流落差较大，流水湍急，洪枯水位变化明显。水网成羽毛状向主流汇聚，支流短促。流域内面积大于 100km^2 的河流有美姑河、连渣洛河、瓦候河、井叶特西河、若哈河、尔觉河共 7 条（图 1.15）。美姑河流域内的干流以及众多一、二级支流（图 1.16）内泥石流灾害发育频繁，历年来是流域内地质灾害发生的重灾区。

美姑河的径流主要由降雨形成，也有一定的高山融雪补给。降雨的年内分布是：4 月降雨开始增多，5 ～ 10 月降雨约占全年 87%，10 月以后直至翌年 3 月，降水逐渐减少。径流随降雨和气温的变化而变化：4 ～ 5 月由降雨及融雪补给，6 ～ 10 月主要由降雨形成，11 月后渐以地下水补给为主。

据美姑水文站 1959 ～ 2015 年资料统计，多年平均流量为 33.7m^3/s，折合年径流量 $10.6 \times 10^8 m^3$。丰水期 6 ～ 10 月占全年径流的 78.6%，11 月至翌年 5 月仅占全年的 21.4%。最小水流量多发生于 3、4 月，历年实测最小流量 4.02m^3/s（1963 年）。年最大流量最早出现在 5 月（1978 年 5 月 26 日），最晚发生于 9 月（1982 年 9 月 19 日），历年中年最大洪水发生于 5 月 1 次、6 月 11 次、7 月 14 次、8 月 4 次、9 月 5 次。以 6、7 两月最多，约占总次数的 71.4%。实测年最大流量系列的最大值为 1410m^3/s（1987 年 7 月 20 日），最小值为 326m^3/s（1961 年 8 月 2 日和 1978 年 5 月 26 日），两者与多年平均值 683m^3/s 相比分别为 2.03 倍及 0.48 倍。

美姑河洪水由暴雨形成，洪峰形状尖瘦，洪水过程陡涨陡落，涨洪历时一般 4 ～ 6h，最短仅 2 ～ 3h，峰顶历时 20min 左右。年最大洪水多为单峰过程，一般 1 ～ 2d，连续洪水历时 4 ～ 5h。

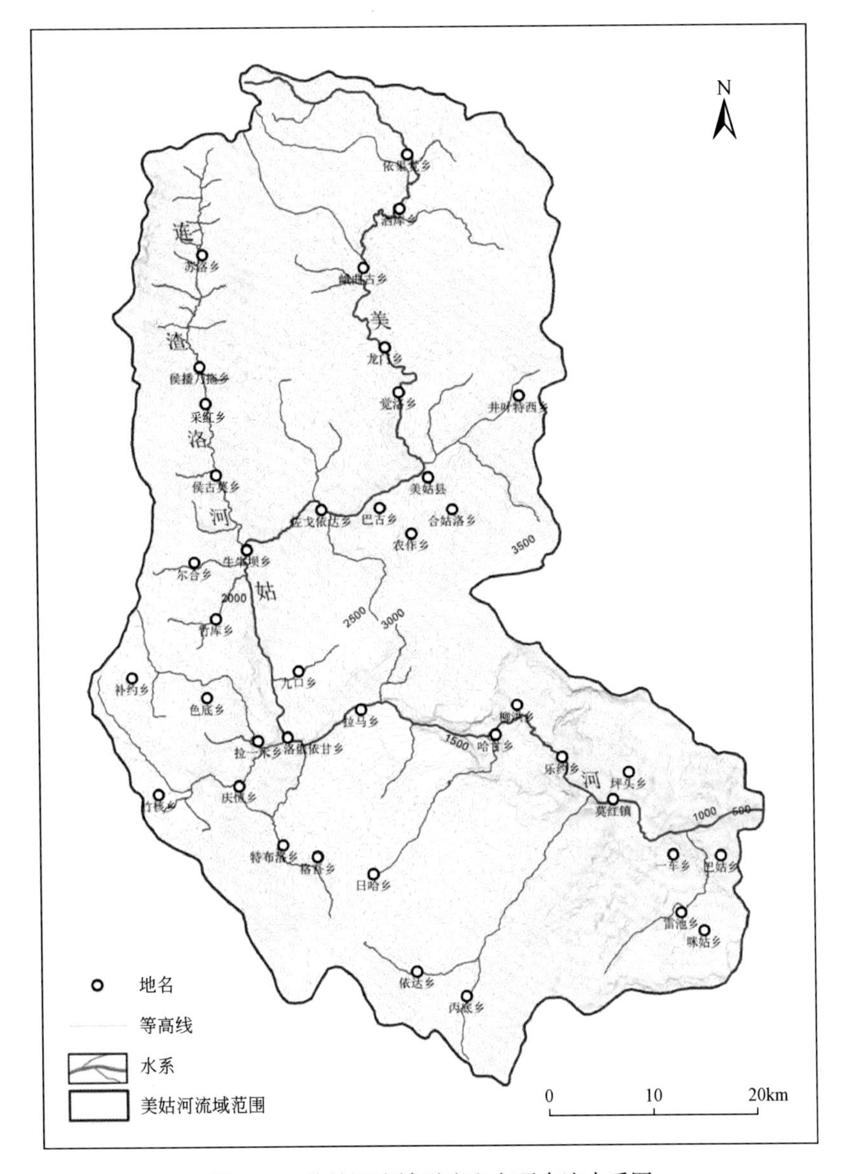

图 1.15　美姑河流域干流和主要支流水系图

美姑河上游除源头森林密集覆盖外，其余地区植被覆盖较差，水土流失严重。雨季时，地表径流对表土的冲蚀、河谷两岸的滑坡、崩塌及泥石流为河流泥沙的主要来源。

美姑河中游段的连渣洛河是美姑河的最大支流，发源于苏洛乡，全长 45.7km，至牛牛坝汇入美姑河。该流域内岩石较为破碎，风化强烈，物源丰富，泥石流沟大量发育。

美姑河下游段切割深，河流侧向侵蚀强烈，岩石较为破碎，滑坡崩塌灾害非常发育，经常堵塞道路。

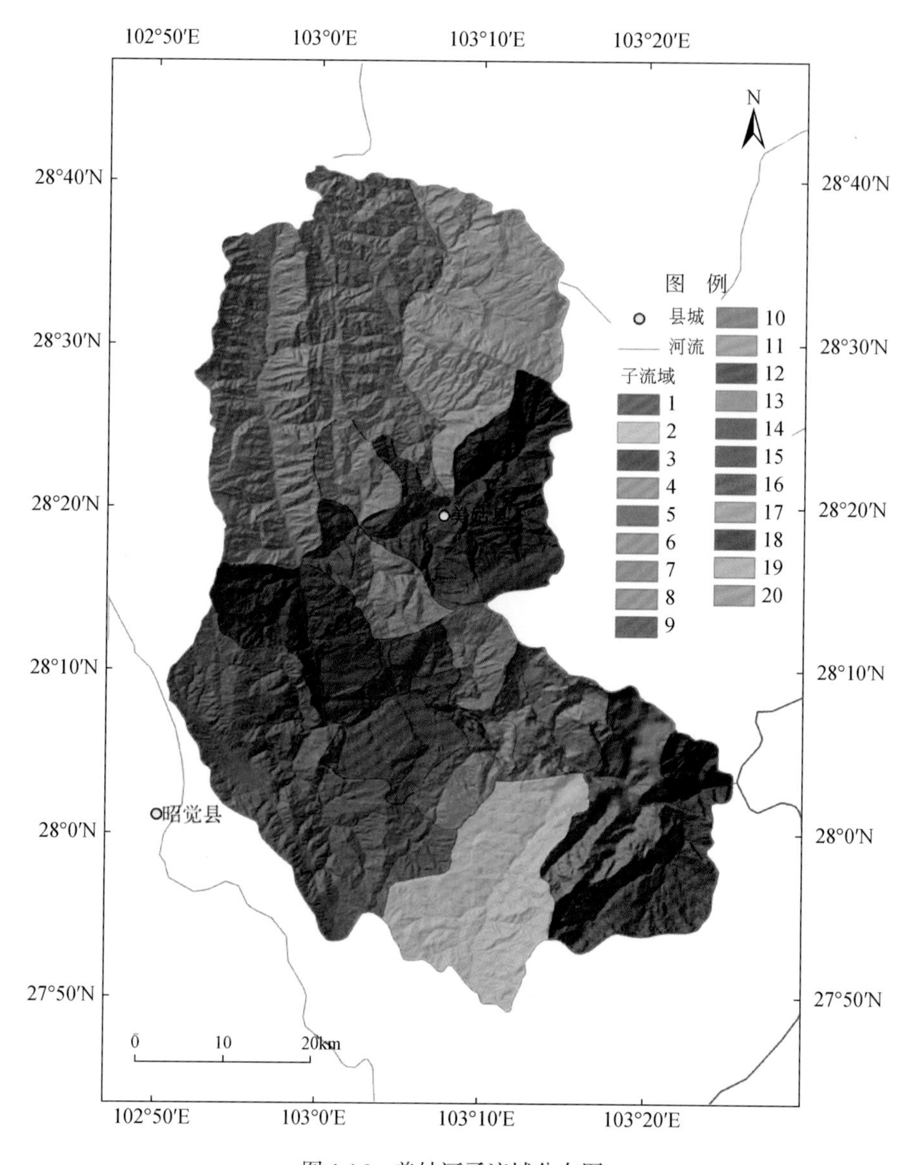

图 1.16 美姑河子流域分布图

1.6 人类工程活动及影响

近年来，美姑河流域内人类工程活动日益强烈，人为致灾活动呈现出明显的增强趋势。人类工程经济活动主要集中在美姑河及其支流沿线及岸坡上，主要包括公路、城镇建设，水电、旅游资源、矿产资源开发、削坡建房、森林砍伐、坡地耕种等。人类工程经济活动本身可能遭受地质环境条件的制约和环境地质问题的影响，同时也可能诱发崩塌、滑坡、泥石流地质灾害的产生。

目前流域内 S103 线正在大规模改扩建，改建和扩建工程大量削坡、挖方、填方、弃土、植被破坏，可能产生地质灾害及环境地质问题。研究区公路多沿河谷分布，穿越坡脚松散堆积层，沿线受滑坡、崩塌、泥石流危害严重。如省道 103 线、S307 线、合木公路、甲谷公路沿线均不同程度的受地质灾害威胁。

同时，流域内已规划和建成“一库五级”的水电开发方案（图 1.17），水电工程同样会有大量的削坡、填方、弃渣等，诱发或遭受地质灾害威胁严重。尤其是下游的坪头水电站厂区岸坡，是由厚层灯影组白云岩构成的典型层状结构顺向坡，在隧洞开挖中引发重大工程地质问题，对该电站地下工程的安全与施工造成明显不利的影响（崔杰，2009）。

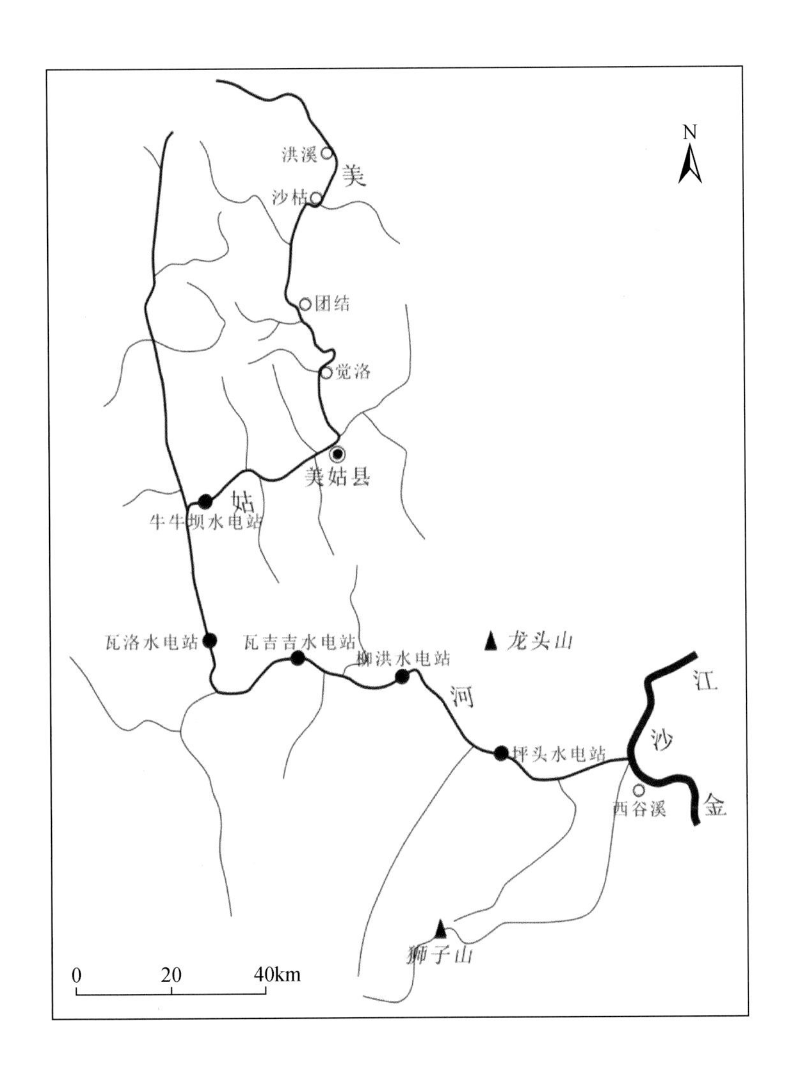

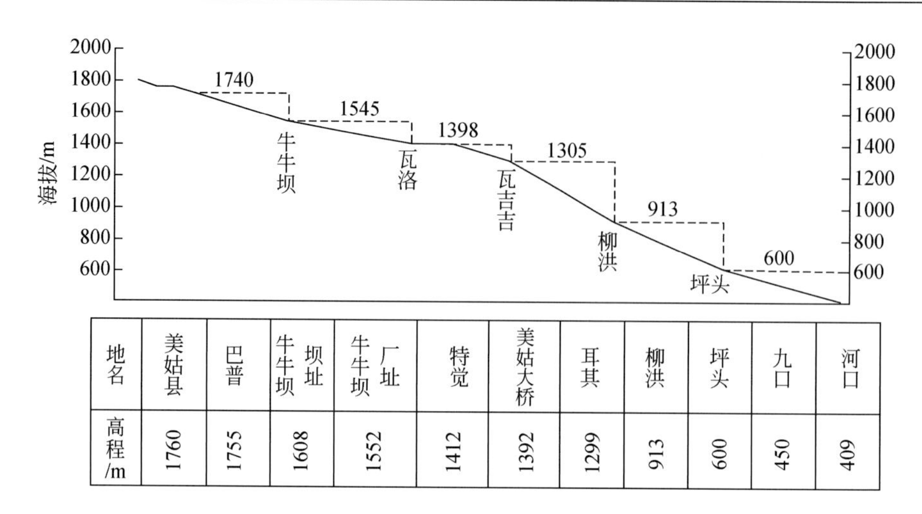

地名	美姑县	巴普	牛牛坝坝址	牛牛坝厂址	特觉	美姑大桥	耳其	柳洪	坪头	九口	河口
高程/m	1760	1755	1608	1552	1412	1392	1299	913	600	450	409

图 1.17　美姑河流域梯级开发水电站纵剖面图

1.7　气候和气象特征

美姑河流域属亚热带季风气候，10 月下旬至翌年 4 月下旬，极地大陆气流经欧亚大陆西部干燥地区到达本区，受其影响，地面盛行西风，晴天午后有偏南风，云稀雨少，日照充足，空气干燥，降水量仅占全年的 15% 左右，5 ～ 8 月受印度洋西南季风气流影响，降水丰富占全年的 80% 左右，为雨季。入秋后 9、10 月随着西南季风的减弱降水量随之减少，常在昆明静止峰的控制下形成阴雨绵绵的天气。

温度降水随海拔的升高，气温下降，降水增加，蒸发量减少，湿度增大，具有显著的立体气候特征。海拔每升高 100m，平均气温下降 0.6℃，山脊气温极端为 1.3 ～ 1.4℃。区内山地气候垂直带谱如下：1600m 以下为中亚热带，1600 ～ 2200m 为中亚热带与北亚热带的过渡带，2200 ～ 2700m 为北亚热带，2700 ～ 3200m 为暖温带，3200 ～ 3700m 为温带，3700m 以上为寒温带。立体地貌形成相应的立体气候，群众用“山高一丈，大不一样”和“一山四季”来形容山地气候的垂直变化。

根据美姑河流域美姑县气象站(28° 20′ N, 103° 08′ E, 1943.9m)和昭觉县气象站(28° 00′ N, 102° 51′ E，2132.4m) 1964 ～ 2014 年 50 年逐日日均降水和日均温度数据统计分析发现：

(1)根据克里金(Kriging)法空间插值得出流域区的年均降雨量,采用自然断点(natural break) 法将流域区的年均降水量（mm）分类为 10 级，降水等值线图见图 1.18，从图 1.19 可看出，流域内年降水量大致由 WN 向 ES 递减。这可能与流域内地势高低悬殊，立体气候特性明显有关。上游分水岭处为亚寒带高寒山区，积雪时间长、降水量大。随着高程降低气温渐升，至汇入金沙江的入口处为亚热带气候，具有干热少雨的干热河谷气候特点。

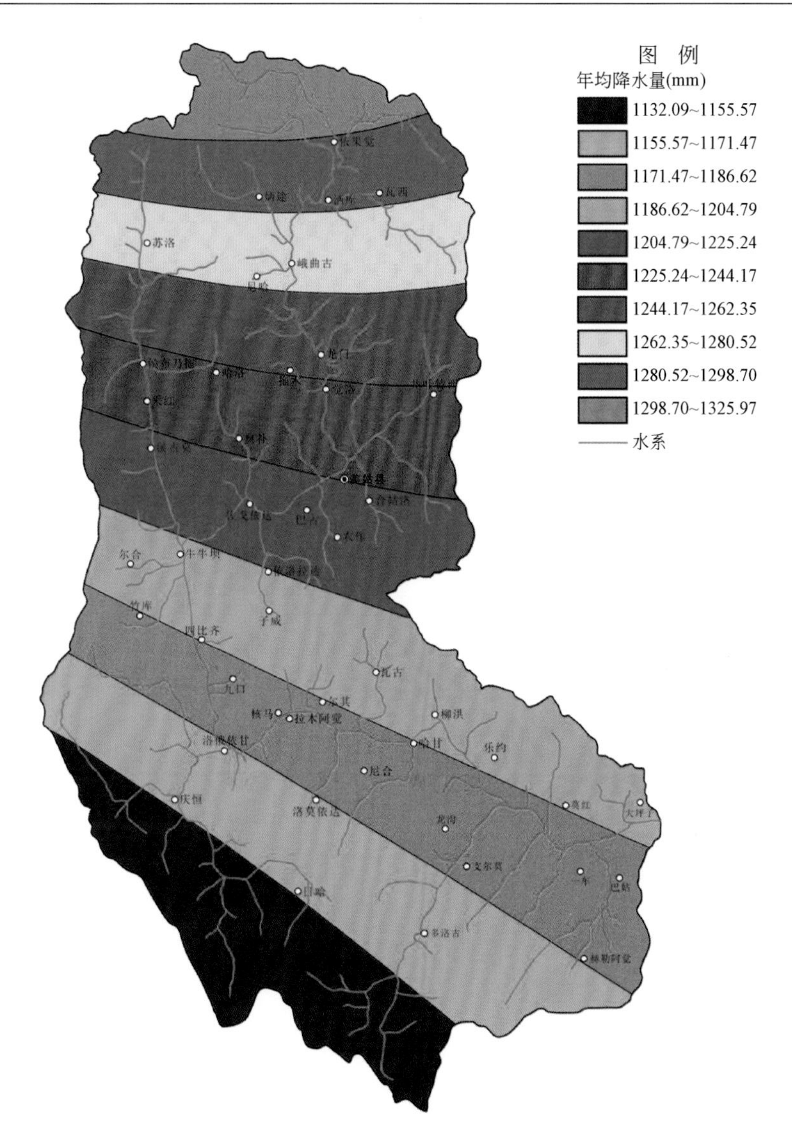

图 1.18　美姑河流域年均降水量等值线图

（2）美姑县气象站记录的 10 年一遇单日最大雨量 54.6mm（2000 年 7 月 14 日），20 年一遇单日最大雨量 77.5mm（2006 年 9 月 18 日），30 年一遇单日最大雨量 110.3mm（2000 年 6 月 24 日），50 年一遇单日最大雨量 214.7mm（2007 年 7 月 23 日）。2008 年 7 月 1 ～ 5 日，昭觉气象站 5 天累计雨量 223mm；采红乡尔洛依达水石流发生，降雨对泥石流发生的控制作用显著。

美姑县气象站 1964 ～ 2014 年 50 年的多年年均气温 11.4℃，最高 12.3℃，最低 10.5℃。昼夜气温日差大，历年平均气温日差 10.7℃，平均气温日差最大出现在 3 月达到 13.9℃。

1964 ～ 2014 年的 50 年间，该气象站记录的温度升高了 1.37°，平均每 10 年升高 0.27°。其中 1964 ～ 1978 年，温度总体呈下降趋势，1979 ～ 1998 年温度呈平稳波动态势，1999

年后温度迅速升高；1964 ～ 2014 年的 50 年间的降水量总体呈平稳波动趋势，反映了每年降水量具有均衡性（图 1.19）。

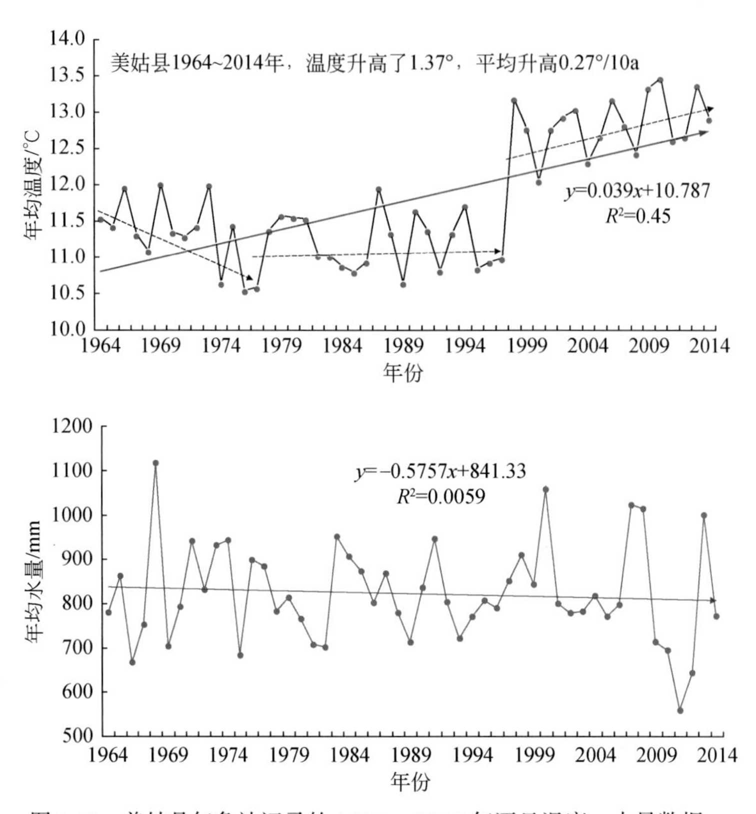

图 1.19　美姑县气象站记录的 1964 ～ 2014 年逐日温度、水量数据

美姑县气象站年平均蒸发量为 1841.6mm，蒸发量大于降水量。蒸发量以春季为最大，各月蒸发量大于 210mm，夏、初秋季节降水量大于蒸发量，冬季蒸发量较小，各月小于 100mm。

美姑县气象站年平均相对湿度为 72%，相对湿度大于或等于 80% 的月份有 9、10 月，3 月湿度最低、仅 57%，位于黄茅埂南东的尼立觉，吉普洛呷等地年平均空气湿度仅 66%。

美姑河流域雨量充沛，年均降水量 1018.7mm，其中降水主要集中在 6 ～ 9 月，占年降水量的 57.5%（图 1.20），月均温度较高的月份为 5 ～ 9 月，月均最高温度为 20°（图 1.21）。降雨极易引发山体滑坡、泥石流等地质灾害，春季的冰雪融水也是引发小型滑坡的诱发因素。

流域区内的干热河谷内夏季岩土体干裂并辅以极端降雨的激发，易于诱发泥石流沟岸的崩滑。同时该区域位于大凉山的西侧短陷盆地内，东部的暖湿气流越过大凉山易于产生焚风效应，致使区内沟谷植被覆盖率偏低，地表易于水土流失。因此，美姑河流域干热河谷中岩土干裂与极端降雨的耦合和具有焚风效应的气象条件是泥石流灾害发育的重要原因。

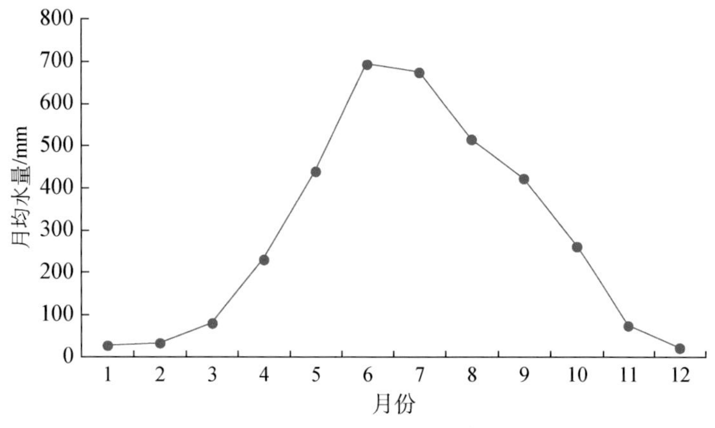

图 1.20　美姑河流域多年月均降水量曲线

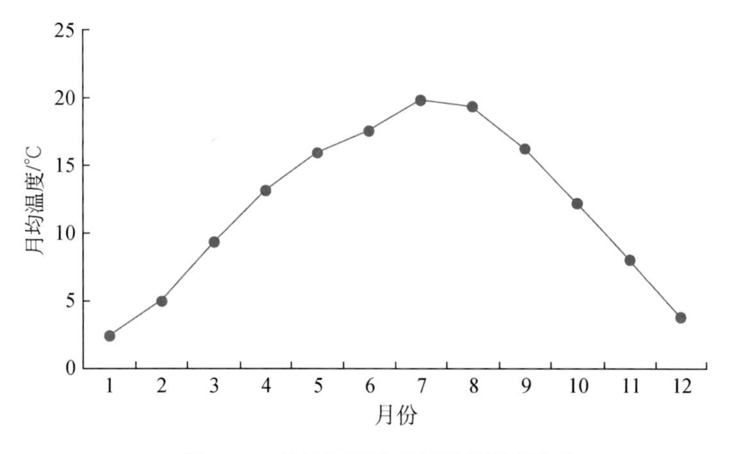

图 1.21　美姑河流域多年月均温度曲线

流域气候特征可总结为：立体气候明显，气温随海拔抬升而降低；雨热同季，干湿季分明，年较差小，日较差大；山地与河谷差异大，冷湿高山和干暖河谷交错排列，变化较为突出；雨量充沛，暴雨地灾多发，降雨量在垂直分布上随海拔增高而增多，水平分布上由北而南逐渐增多。

流域地质环境条件可概况为：

· 地貌特征：上游“U”型谷，下游“V”型谷，地貌发育年代新，处于地貌演化的初级阶段；

· 地层岩性：北部，砂岩、粉砂岩、泥岩互层（含煤屑）松散破碎；南部，玄武岩、石灰岩、白云岩、砂岩夹泥岩，节理发育；

· 构造活动：不同方向多期构造叠加，断裂、褶皱发育且相互伴生，未见全新世活动断裂，但有断裂活动过程中的古地震事件存在；

· 水文地质：水系多，地下水类型主要为碎屑岩裂隙水；

· 气候变化：温度逐步升高，降雨量大；

· 人类活动：修路、采矿、电站、居民区等规模大、强度高。

第 2 章　美姑河流域新构造活动特征

2.1　美姑河流域新构造运动背景

美姑河地区位于四川西南部，构造上位于青藏高原与扬子地台的交接部位的凉山菱形块体内。区域上地质构造复杂，大陆强震活动频繁，其地质构造活动与 45Ma 以来印度板块与欧亚板块的强烈碰撞造山密切相关（王辉等，2007），而对于青藏高原由于碰撞造山引起的南北向缩短的物质去向目前仍存在两种不同的观点（Shen *et al.*， 2005），一是印度洋板块向北与欧亚板块的碰撞作用形成下地壳黏性流动导致地壳增厚（Clark and Royden，2000），新构造运动则表现为垂向的构造隆升，二是块体间的运动引起的构造逃逸（Molnar and Tapponnier，1975；Tapponnier *et al.*，1982， 2001），板块碰撞产生强大的水平挤压，由于岩石圈强度的差异（汪一鹏等，2003），受四川刚性地块阻挡（王庆良等，2008），使得西部壳－幔物质向 SE-SEE 方向挤出，主要表现为块体的水平运动。而有学者认为用地块运动可以更好解释早期的碰撞造山作用，而现今则是下地壳黏性流动占主导（Shen *et al.*， 2005）。现今 GPS 观测结果不仅显示了川滇地区地壳运动北强南弱、西强东弱的运动模式，亦揭示了川滇菱形块体存在顺时针旋转的特征（乔学军等，2004；张培震等，2004；Shen *et al.*，2005）；同时也揭露了川滇菱形块体在垂向上的差异隆升（王庆良等，2008）。因此，区域上产生了以断块活动为特征的新构造运动，断块差异运动、走滑、断陷、地震等主要集中在断块边界，断块内部新构造变形微弱；而断块之间又表现为差异升降特征。

根据差异升降运动、水平运动及不同规模的断块隆升、断陷、断裂带的水平挤压走滑运动及地震活动等，区域上可分为川滇菱形断块、巴颜喀拉断块、凉山断块、扬子地块等，美姑河流域主要位于凉山断块内部（图 2.1）。

凉山断块为菱形断块，北接龙门山断裂带，东为峨边－马边、马边盐津断裂带，南邻宁南－莲峰－华蓥山断裂带，西侧以安宁河－则木河断裂带为界。除边界断裂带具一带活动性外，断块内部活动性微弱。美姑地区位处凉山断块腹地，距离边界断裂较远，总体上属新构造活动微弱区（图 2.1）。

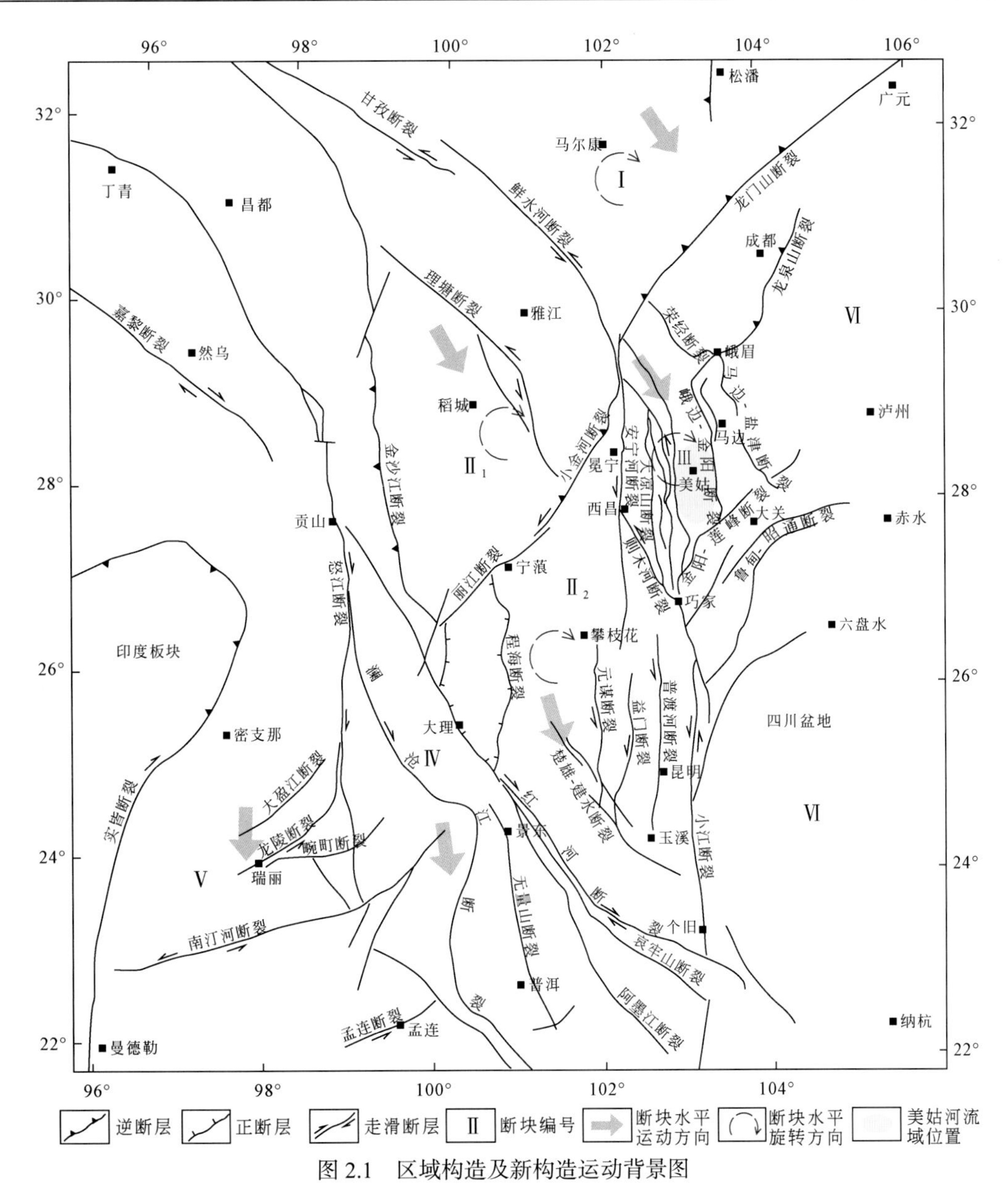

图2.1 区域构造及新构造运动背景图

Ⅰ.巴颜喀拉地块；Ⅱ.川滇菱形断块（$Ⅱ_1$.川西北断块、$Ⅱ_2$.滇中断块）；Ⅲ.凉山断块；Ⅳ.保山－普洱断块；Ⅴ.密支那－西盟地块

2.2 新构造运动特征及分区

2.2.1 区域新构造运动特征

区域新构造运动有4个突出的特点：第一，大面积整体间歇性急速抬升；第二，以大

断裂为边界的断块之间的差异升降运动；第三，川滇块体的向东南滑移；第四，块体内部次级块体之间的相对旋转。

1）大面积整体间歇性急速抬升

喜马拉雅运动第一幕之后，区域范围内曾出现过较长时间（25 ～ 3Ma）的相对平静阶段（安艳芬等，2008），经剥蚀夷平形成辽阔的统一准平原面。3Ma（上更新世末）以来，伴随着青藏高原的大规模强烈隆升，本区也大面积整体间歇性急速抬升（安艳芬等，2008）。地壳形变资料显示，这种大面积整体急速抬升运动至今仍在持续（蒋复初等，1998，1999；Clark *et al.*，2005；王庆良等，2008）。就整个川滇菱形地块来说，自西北而东南，抬升幅度从 3500m 到 1500m 不等，其西北部的上升运动明显大于东南部，隆升速率最大的地方位于贡嘎山（闻学泽等，1985；来庆洲等，2006），上升速率为 5.7mm/a，相对四川盆地有 7.4mm/a；仅次于贡嘎山隆起的是位于其南部的锦屏山和其北部的折多山，最大隆起速率分别达到 4.5mm/a 和 3.7mm/a；位于安宁河断裂与大凉山断裂之间的区域内，相对四川盆地上升速率为 2.5 ～ 3.0mm/a（郝明，2012）。

2）块体差异升降运动

虽然喜马拉雅运动使这些块体总体不断抬升，但其抬升幅度各不相同，由此造成了块体间的升降差异运动。总的趋势是由 WN 向 ES，块体抬升由强变弱，明显表现为阶梯式下降。地貌上，从 WN 向 ES，夷平面表现形式由丘状高原面递变为分割山顶面。以锦屏山 - 小金河断裂为界，西北部的川西块体平均海拔高度在 4500m，而东南部的滇中块体平均海拔高度在 4000m 以下，两块体高差约 500m，反映二者之间强烈的差异活动。部分断裂带在地貌上形成很宽的断层谷或断陷盆地、湖泊等，它们与两侧山地和高原的高差可达千米以上，如美姑河流域西侧沿安宁河断裂带发育的断层谷地海拔高度 1500 ～ 1600m，而两侧块体的海拔高度达 3500 ～ 4000m，二者相对高差 1900 ～ 2400m，反映谷地和块体间的差异运动十分强烈。

精密水准数据亦显示了断块之间的差异性升降，整个川西地区现今仍处在差异性的快速隆升阶段，其中，有蜀山之王之称的贡嘎山（海拔 7556m），其现今隆起速率最快。横穿大凉山断裂的垂直运动速度剖面（图 2.2），表明了则木河和大凉山断裂的垂直滑动分别速率为（0.8±0.4）mm/a 和（2.0±0.4）mm/a（郝明，2012）。西昌 - 宜宾 EW 向剖面显示大凉山地区的现今隆起变形主要集中在安宁河断裂带与大凉山断裂带之间的块体上［图 2.3（a）］，其相对四川盆地的隆起速率为 2.5 ～ 3.0mm/a（王庆良等，2008）而位于大凉山断裂以东的美姑河流域地区相对于宜宾的隆起速率为 1.2 ～ 1.6mm/a。昭觉 - 雅安 SN 向剖面亦显示了受边界断裂控制的各块体隆升的速度差异［图 2.3（b）］。

3）川滇块体的侧向滑移

鲜水河 - 小江断裂带以西的川滇菱形块体，受青藏高原强烈隆升和向 NE、SE 侧向推挤的影响，除上述的大面积整体间歇性急速抬升和断块之间的差异升降运动外，还有整体向东南侧向滑移和挤出的运动（丁国瑜，1986，1990；汪一鹏等；2003）。

滑移和挤出运动的东边界是鲜水河 - 小江断裂带，其中段分为安宁河断裂和大凉山断裂两支，则木河和大凉山断裂均以左旋走滑为主，则木河断裂走滑速率通过不同的研究方法表明在其在 2.8 ～ 7.0mm/a（徐锡伟等，2003；Shen *et al.*，2005；王阎昭等；

2008；张培震等，2008；郝明，2012），大凉山断裂走滑速率通过不同的研究方法表明在其在 3.3 ～ 7.1mm/a（徐锡伟等，2003；张培震等，2008；王阎昭等；2008；何宏林等，2008；郝明，2012）。

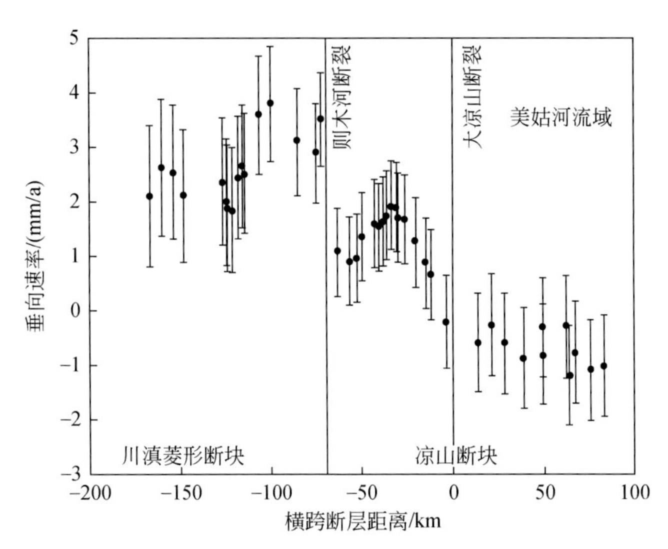

图 2.2　横跨大凉山断裂垂直运动速度剖面（据郝明，2012）

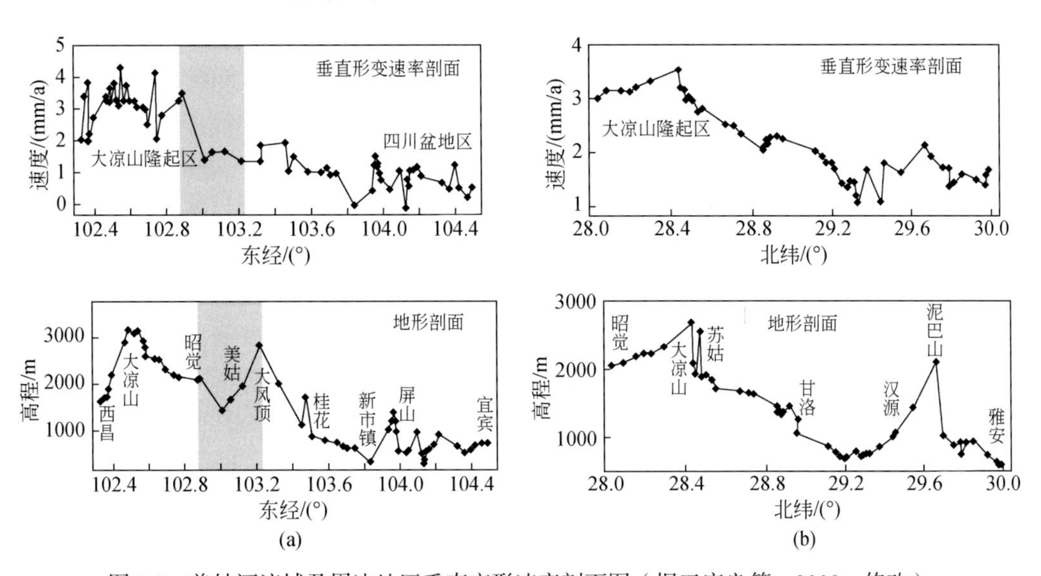

图 2.3　美姑河流域及周边地区垂直变形速率剖面图（据王庆良等，2008，修改）

（a）近 EW 向垂直形变速率及地形剖面图相对宜宾的速率，西昌 - 宜宾剖面；
（b）近 SN 向垂直形变速率及地形剖面图相对宜宾的速率，昭觉 - 雅安剖面

川滇菱形块体西侧边界红河断裂带表现为强烈地右旋走滑活动，Shen 等（2005）、王阎昭等（2008）研究认为红河断裂现今活动不强，其北西段和中段右旋走滑速率均小于 1mm/a，南东段左旋走滑速率（1.5±2.7）mm/a；而南华 - 楚雄 - 建水断裂和南西侧的无量山断裂带则分别具有（4.2 ± 1.3）mm/a 和（4.3 ± 1.1）mm/a 的右旋活动，其他学者

（汪一鹏等，2003）亦认为的川滇菱形块体西南边界可能由一组断续、分散、滑动速率较低的右旋走滑断裂承担。

川滇菱形块体内部一条次级边界带丽江－小金河断裂带表现为左旋走滑特征。王阎昭等（2008）研究认为该断裂具有分段活动性：其北东段为左旋拉张性质但活动性并不明显，左旋走滑速率为（0.8±1.5）mm/a，拉张速率为（2.4±1.7）mm/a；中段以左旋走滑为主，走滑速率为（5.4±1.2）mm/a；南西段则以挤压逆冲为主，挤压速率为（2.3±1.8）mm/a；除此之外，Shen 等（2005）、Gan 等（2007）、徐锡伟等（2003）均认为该边界断裂具有左旋走滑的特征。

块体的这种运动方式得到了现代地壳运动观测网络观测结果的证实（闻学泽等，2003；Shen *et al.*，2005；王阎昭等，2008）；即青藏高原东部矢量场由 NNE 向逐渐指向 NEE 向，再转为 ES 向（Shen *et al.*，2005；王阎昭等，2008），呈右旋型运动，速率也渐小；进入高原以东的贵州高原、四川盆地和鄂尔多斯盆地后，矢量明显变小，说明青藏高原东边缘有明显的应变积累或冲压位移。

4）次级决体的相对转动

川滇地区地处青藏高原东南边缘，由于高原向 ES 的侧向滑移、挤出及其块体边界断裂的相互制约，在东喜马拉雅构造结与鲜水河小金左旋走滑断裂系统之间的区域内各次级块体还存在明显的绕垂直轴旋转变形。其中，鲜水河－小江断裂带以西的川西断块、滇中断块表现为顺时针转动（Shen *et al.*，2005），以东的滇东块体表现为逆时针转动（图 2.1）。根据 GPS 的观测分析结果，相对欧亚板块，滇中、雅江和中甸次级块体的顺时针转动速率分别为 0. 37°±0. 16°/Ma，0. 84°±0. 39°/Ma 和 0. 90°±0. 39°/Ma（吕江宁等，2003）。利用边界断裂的位移量计算的川西北次级块体顺时针转动角速度 1. 4°/Ma，滇中次级块体顺时针转动角速度约 1. 5°/Ma（徐锡伟等，2003）。古地磁研究表明，鲜水河－小江断裂带以西的滇中各次级块体渐新世晚期或中新世早期以来发生过大规模的顺时针转动，累积转动量达 30°～48°（徐锡伟等，2003）。虽然 GPS 观测数据与地质观察计算结果存在一定的数值差异，但各次级块体整体转动与断块边界活动断裂的走滑断裂作用显示了良好的一致性。

2.2.2　新构造运动分区及特点

美姑河流域在大面积整体间歇性急速抬升的基础上，受断块边界断裂活动的影响，亦存在着显著的断块差异运动。这些由断裂围限的块体，其地貌特征、新活动强度各不相同，具有鲜明的分区性。其中以各大边界断裂带为界，可划分出东部弱上升区（I）和西部强烈隆起区（Ⅱ）两个一级新构造区，每个一级新构造区又可进一步划分为数个二级新构造区，美姑河流域则位于西部强烈隆起区内的大凉山中等隆起区（$Ⅱ_4$）的中部的峨边－昭觉中高山差异隆起区（$Ⅱ_{4-2}$）（图 2.4）。

1）东部弱上升区（Ⅰ）

新构造时期以来抬升幅度小，可进一步划分为川中微升区（$Ⅰ_1$）和川东－滇东中等掀升区（Ⅰ$_2$）。川中微升区可细划为成都断陷（Ⅰ$_{1-1}$）、四川盆地微升区（Ⅰ$_{1-2}$）和盆西微升区（Ⅰ$_{1-3}$）3个三级区。成都断陷第四纪以来一致处于下降状态，第四系最大厚度达541m；第四纪以来，四川盆地微升区处于剥蚀状态，抬升幅度小于500m，盆西微升区（Ⅰ$_{1-3}$）处于剥蚀状态，抬升幅度约1000m。川东－滇东中等掀升区（Ⅰ$_2$）整体性稍好，第四纪以来处于稳定的隆升状态，按抬升幅度又可分为川东中低山掀斜隆起区（Ⅰ$_{2-1}$）和滇东中山掀斜隆起区（Ⅰ$_{2-2}$），前者抬升幅度在500～1000m，后者抬升幅度约1500m。

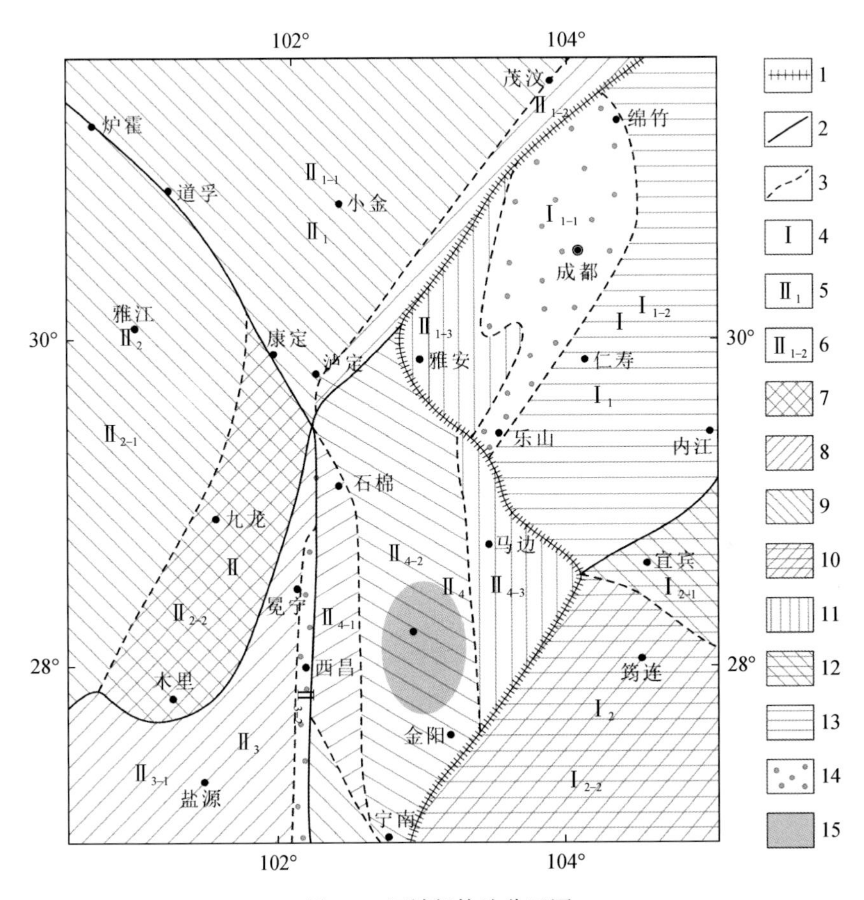

图2.4 区域新构造分区图

1.一级新构造分区线；2.二级新构造分区线；3.三级新构造分区界线；4.一级分区代号；5.二级分区代号；6.三级分区代号；7.幅度＞3500m；8.幅度2500～3500m；9.幅度2000～2500m；10.幅度1500～2000m；11.幅度1000～1500m；12.幅度500～1000m；13.幅度＜500m；14.第四纪盆地；15.美姑河流域大致位置；Ⅰ.东部弱上升区；Ⅰ$_1$.川中微升区；Ⅰ$_2$.川东－滇东中等掀升区；Ⅱ.西部强烈隆起区；Ⅱ$_1$.川西面状强烈隆起区；Ⅱ$_2$.川西面状强烈隆起切割区；Ⅱ$_3$.滇中强烈隆起区；Ⅱ$_4$.大凉山中等隆起区

2）西部强烈隆起区（Ⅱ）

包括西部强烈隆起区和强隆起与弱隆起区之间的过渡地区，新构造时期以来抬升幅度较大。可进一步划分为川西面状强烈隆起区（Ⅱ$_1$）、川西面状强烈隆起切割区（Ⅱ$_2$）、滇中强烈隆起区（Ⅱ$_3$）和大凉山中等隆起区（Ⅱ$_4$）。

川西面状强烈隆起区（Ⅱ$_1$）：包括鲜水河断裂带以北、龙门山断裂带以西的广大川西北高原（Ⅱ$_{1-1}$），表现为大面积、整体的强烈隆升，第四纪抬升幅度可达2500m以上；

龙门山地区处于川西高原向成都断陷的过渡地区（Ⅱ$_{1-2}$），第四纪以来活动强烈，隆升幅度大表现为深切割的高山峡谷地貌，第四纪隆起幅度从东南向西北逐渐增大的趋势，隆起幅度在 1000 ～ 3000m。

川西面状强烈隆起切割区（Ⅱ$_2$）：位于鲜水河 - 安宁河 - 则木河断裂带以西，属于川滇菱形块体的一部分。该区平均海拔高度在4000m以上，由近南北走向的高山、高原组成，雅砻江在该区发生 180° 的大拐弯，并发育深切峡谷，形成高山峡谷地貌。按差异可分为理塘 - 雅江强烈隆起区（Ⅱ$_{2-1}$）和贡嘎山强烈凸起区（Ⅱ$_{2-2}$）两个三级分区。其中贡嘎山强烈凸起区（Ⅱ$_{2-2}$）山顶面海拔在 5000m 以上，断裂垂直差异运动强烈。

滇中强烈隆起区（Ⅱ$_3$）：位于安宁河 - 则木河以西和锦屏山 - 小金河断裂带以南的广大地区。该区高原面平均海拔高度在 3000m 以上，盆地面海拔高度在 2000m 以下，地貌上主体为高原，沿大型走滑断裂有些小型盆地镶嵌其中（Ⅱ$_{3-2}$）。金沙江由西向东贯穿该区，雅砻江则为近南北流向。该区上新世—早更新世期间，新构造特征是地壳总体抬升，一系列近南北向的断裂表现为由西向东的挤压逆冲，局部段落形成压陷型盆地。早更新世以后地壳总体由西北向南东滑移，兼有绕垂直轴的右旋转动，流水作用强烈，形成高山峡谷地貌。

大凉山中等隆起区（Ⅱ$_4$）：位于安宁河 - 则木河断裂带以东、莲峰断裂带以北、马边断裂以西的大凉山地区。该区高原面平均海拔高度在 3000m 以上，盆地海拔高度在 2000m 以下，地貌上主体为高原，有越西、昭觉、布拖等小型盆地镶嵌其中，金沙江由西南向东北贯穿全区。上新世—早更新世期间，在近 EW 向挤压应力场的作用下，地壳总体抬升，内部形成一系列近 SN 向断裂，表现为挤压逆冲活动性质，局部段落形成压陷型盆地；早更新世以后应力场的主压应力方向变为 NW-SE 向，地壳仍以抬升为主，块体内部则趋于平静，断裂活动性不强，而边界断裂活跃，大凉山断裂、马边断裂主要表现为左旋走滑特征，莲峰 - 巧家断裂则继承了早期的挤压逆冲活动性质。块体内流水下蚀作用和岩溶作用强烈，形成高山峡谷。

按块体差异又可分为大凉山强烈凸起区（Ⅱ$_{4-1}$）、峨边 - 昭觉中高山差异隆起区（Ⅱ$_{4-2}$）和马边中高山掀斜隆起区（Ⅱ$_{4-3}$）。其中大凉山强烈凸起区（Ⅱ$_{4-1}$）受安宁河断裂和大凉山断裂的控制，块体相较于东西两侧均有着较大的隆升速率，累计隆升幅度超过了 2500m；峨边 - 昭觉中高山差异隆起区（Ⅱ$_{4-2}$）表现为断块间的差异隆升和沉降，有海拔 3000m 以上的高山，也有昭觉、布拖等海拔在 2000m 以下的盆地，高山区的隆升幅度累计超过 2000m；东侧的马边中高山掀斜隆起区（Ⅱ$_{4-3}$）位于四川盆地的西南过渡地区，受控于峨边 - 金阳断裂北段、马边 - 盐津断裂带的活动，表现为由 SW 向 NE 的掀斜隆升。

2.3 主要断裂构造特征

2.3.1 断裂的几何学、运动学、变形学特征

美姑河流域位于安宁河断裂带、龙门山断裂带、马边 - 盐津断裂和宁南 - 莲峰断裂带

锁挟持的凉山断块中部。其西侧为全新世活动断裂（何宏林等，2008）——大凉山断裂，东侧为晚更新世有过活动的峨边－金阳断裂。

美姑河流域内共发育具有一定规模的断裂构造 18 条，按其走向可分为近 SN、NE-NNE、NW-NNW 向 3 组（表 2.1，图 2.5）。各组断裂特点明显，其中，近 SN 向最发育，为规模较大、延伸较远的区域性断裂带；NE-NNE 向以及 NW-NNW 向断裂规模相较于 SN 向的较小，延伸长度不大，但个别对地貌的控制性明显。从区域分布上来看，近 SN 向断裂多位于流域的西部和北部，NE-NNE 向断裂组主要分布在东部和南部；NW-NNW 向主要分布在东部和西南部（图 2.5）。3 组断裂的构造变形时间略有差别，相互影响，这对区域地质构造的发展演化和地貌的形成起着控制性作用。

表 2.1　美姑河流域断层特征及活动性表

编号	断层名称	区域 / 流域内长度 /km	产状			最新活动时代	断层性质
			走向	倾向	倾角		
F_1	火足门－热口断裂	250/80	近 SN	E	60° ～ 70°	Q_2 晚期	逆断
F_2	美姑河断裂	60/60	近 SN	E	55° ～ 75°	Q_3 早中期	逆断
F_3	尔马－洛西断裂	16/16	近 SN	E	70° ～ 80°	Q_3 早期	逆断
F_4	洪溪－美姑断裂	110/40	近 SN	W	40° ～ 50°	Q_3 早期	逆断兼左旋
F_5	刹水坝－马颈子断裂	60/2	近 SN	W	50° ～ 70°	Q_2	逆断
F_6	金阳断裂	52/16	近 SN	W	80°	Q_{1-2}	逆断
F_7	申果庄断裂	14/5	NE	NW	50° ～ 60°	AnQ	逆断
F_8	挖依觉断层	8/8	NE	NW	70°	AnQ	逆断
F_9	沙枯断层	8/8	NE	NW	60°	AnQ	逆断层
F_{10}	西干山断层	6/6	NE	NW	50°	AnQ	逆断
F_{11}	三河（美姑）断裂	14/14	NE	NW	60° ～ 80°	Q_2 晚期	逆断
F_{12}	列侯断层	9/9	NE	NW	60° ～ 80°	AnQ	逆断
F_{13}	尔其断层	13/13	NE	NW	50° ～ 60°	AnQ	逆断
F_{14}	比波断层	38/23	NE	SE	50° ～ 70°	Q_{1-2}	逆断
F_{15}	洛结断裂	36/12	NEE	SSE	50° ～ 70°	Q_{12}	逆断
F_{16}	大岩洞断裂	18/6	NW	NE	50° ～ 80°	Q_{1-2}	逆断
F_{17}	竹核断裂	18/15	NW	SW	70°	Q_{1-2}	逆断兼左旋
F_{18}	千哈断层	9/9	NW	NE	70°	Q_{1-2}	逆断

2.3.1.1　SN 向断裂组

美姑河流域 SN 向断裂组最为发育，包括了西侧的火足门－热口断裂、美姑河断裂、尔马－洛西断裂、洪溪－美姑断裂及仅在美姑河流域东部边缘出露的刹水坝－马颈子断裂等。

火足门－热口断裂（F_1）：该断裂位于美姑河流域西侧边界附近，断裂为普雄河断裂带的次级断裂，区域上该断裂规模极大，长度超过 250km，流域内为其中段。该断裂在流域内的北段和南段均表现为数条近于平行展布的分支断裂，断裂多沿背斜核部发育，为向东陡倾的高角度逆冲构造，并破坏了早期的背斜构造。

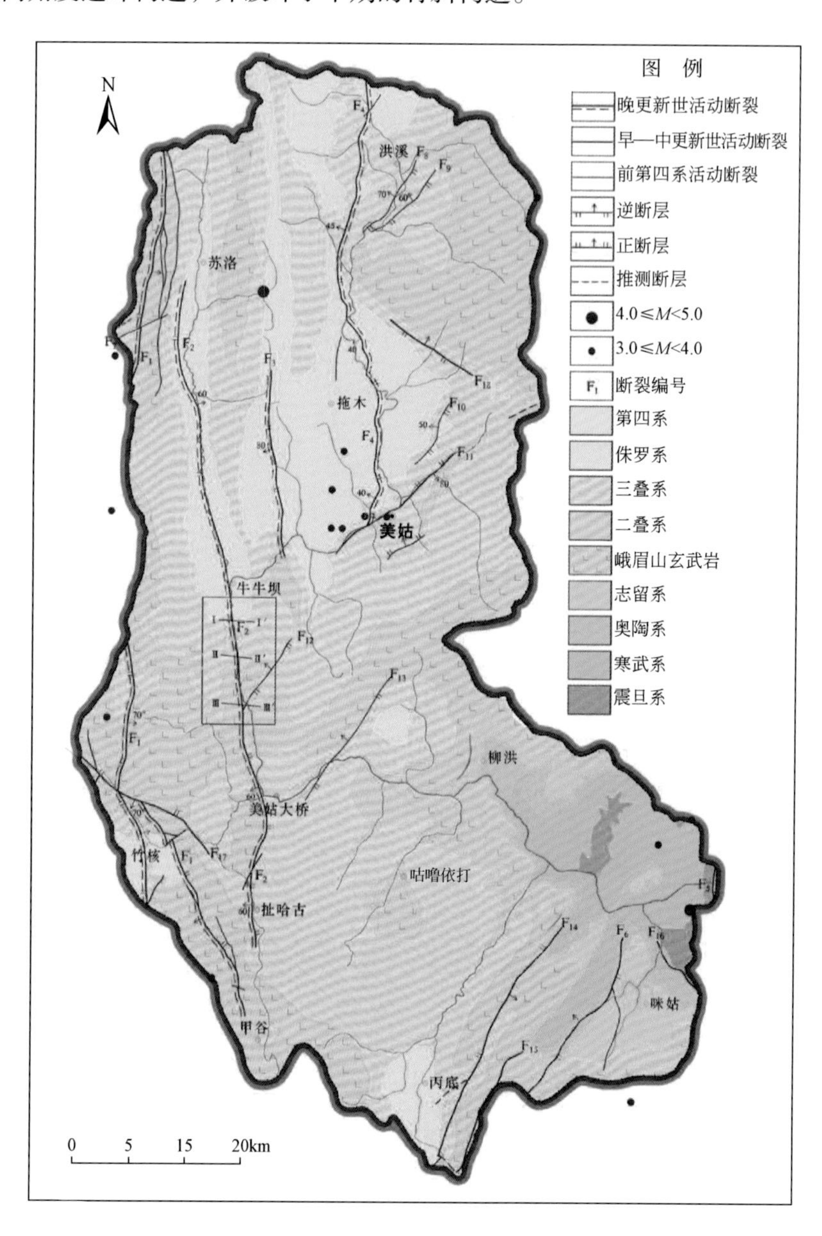

图 2.5 美姑河流域主要断裂分布及其活动性图

方框及剖面为图 2.8 位置

流域内断裂北起碧鸡山东北，向南经申果庄、甲谷乡、库依乡，一直向南延伸到昭觉县西南，断裂全长约 75km，总体走向近 SN，倾向 W，倾角 60° ~ 80°，为压性逆断层，以申果庄、库依乡为界可分为 3 段。

北段碧鸡山—申果庄段走向 NNW，断层切割高山区，森林覆盖较广，没有发现明显的断错地貌特征，在卫星影像上，沿碧鸡山一带有断续的线性特征。中段申果庄—库依乡段走向近南北，呈反“S”形弯曲，在地貌上有断层谷、断层崖等零星分布，卫星影像线性特征不明显。在库依以南的南段，该断裂被普雄河断裂切割，错距在 400 ～ 500m。

该断裂段向南一直延伸到昭觉西南，卫星影像上没有明显的标志，断裂切过昭觉河时，在玄武岩中发育有断层破碎带，破碎带宽度约为 2 ～ 4m（图 2.6），倾向 W，倾角较陡，在 70° ～ 80°。断层中发育有断层泥。

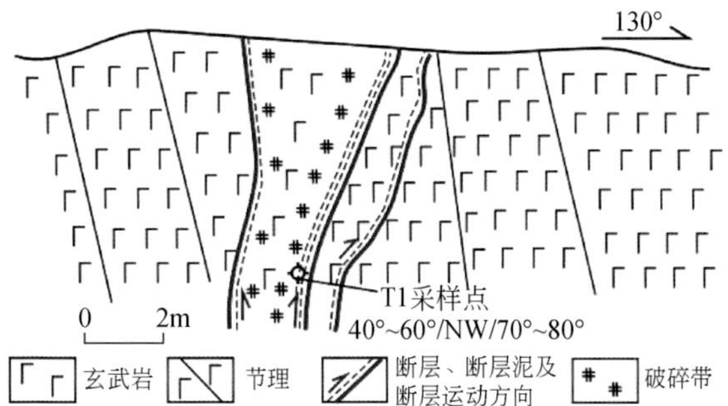

图 2.6　火足门 - 热口断裂俄基村剖面（左图镜向 SW）

美姑河断裂（F_2）：美姑河断裂北起苏洛，沿连渣老河和美姑河经牛牛坝、美姑大桥，止于扯哈古附近，全长 60km，全部分布在美姑河流域范围内，总体走向近 SN，倾向变化较大，北段倾向 E，南中段和南段倾向 W，倾角 50° ～ 70°（图 2.5），是流域内最为重要的一条断裂。断裂的线性特征较为清晰，沿断层形成断层三角面、山脊错断、高阶地错断、断层谷等地貌特征。

在牛牛坝乡以北，断裂沿连渣洛河河谷展布，多与向斜核部重合，控制了连渣洛河形成演化。断层破碎带宽数米至数十米不等，但由于其沿连渣洛河河谷展布，多埋于河床之下，识别困难。

根据最新的研究表明该断裂不是一条单一的断层，而是由数条次级断层组成（孙东等，2007）。其中在牛牛坝至美姑大桥之间的中段研究精度较高，发育 3 条次级断层，呈右行斜列展布，组成的一个断裂带（图 2.7、图 2.8）。

最西侧的 f_1 断层北端起于子地阿莫下沟北约 650m 处，南端出露于拖堵西约 900m 处，出露高度界于 1770 ～ 2010m，拔河 340 ～ 485m，断层产状 272° ∠ 80°。断层性质表现为二叠系阳新组石灰岩（P_2y）逆冲在晚二叠统峨眉山玄武岩（P_3em）之上，断层破碎带宽 20 ～ 30m，断层带内发育劈理、透镜体、密集节理等，变形产物以角砾岩为主，不发育碎粉岩及断层泥（图 2.9），断层岩均已固结较好。

中间的次级断层 f_2 北端出露于子地阿莫上沟北约 1600m 美姑河右岸河边，南端出露于母子立窝西 400m，向南与 f_1 断层交汇。该次级断层在子地阿莫下沟北约 500m 处被 f_5 切割，断层产状 275° ∠ 48°，表现为峨眉山玄武岩（P_3em）逆冲在下二叠统飞仙关组（T_1f）之上。断层破碎带宽度不一，一般为数米，局部达 20m，断层带内变形产物复杂，破碎带内多以碎斑岩、角砾岩、破裂岩为主，偶见碎粉岩，局部有宽 5 ～ 10cm 的断层泥（图 2.10）。

除断层泥外，其余断层岩均已经固结。

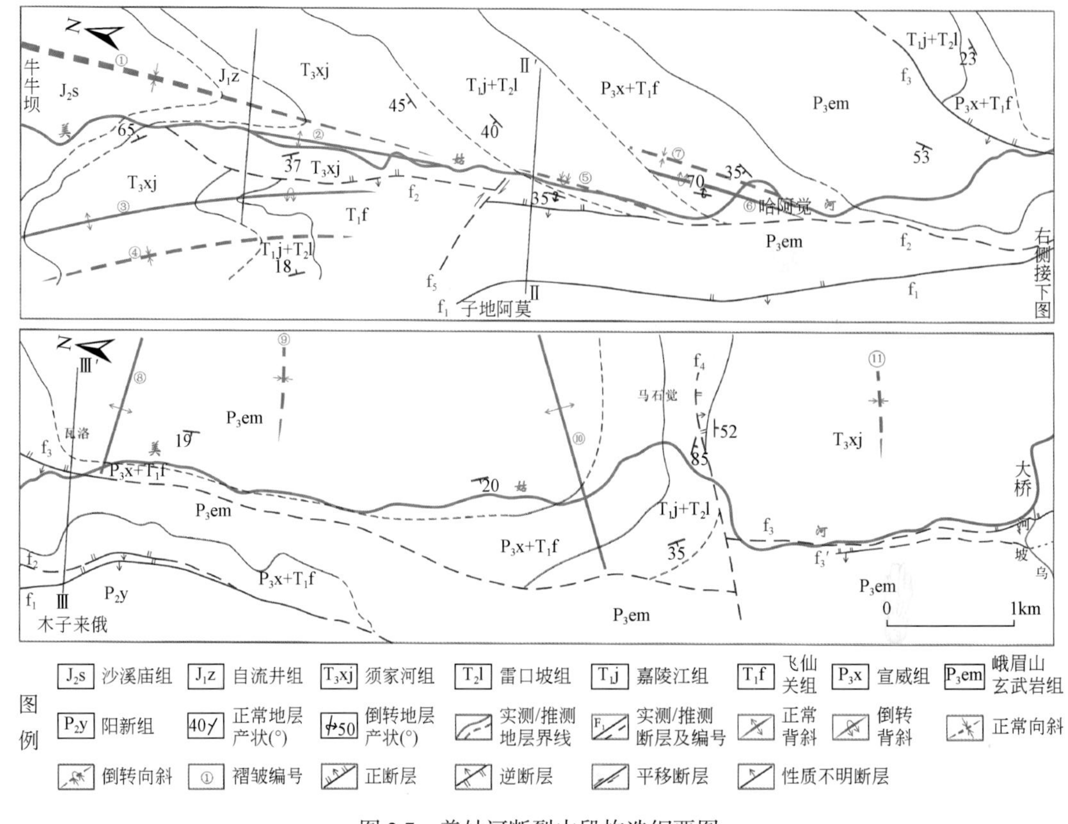

图 2.7　美姑河断裂中段构造纲要图

①美姑河向斜；②沙莫沟背斜；③阿白吸托向斜；④益民桥倒转向斜；⑤记者林倒转背斜；⑥哈阿觉倒转背斜；⑦哈阿觉向斜；⑧瓦洛背斜；⑨九口向斜；⑩马石觉上－中沟背斜；⑪阿居曲向斜

f_3 北端出露于瓦洛道班北约 1500m 处，南段出露于美姑河与乌坡河交汇处乌坡河左岸陡壁。该断层在马石觉下沟－子列一带被 f_4 断层切割错移，马石觉下沟以南，断层沿美姑河右岸的河岸边出露；子列以北－瓦洛道班一带，断层拔河 0 ～ 325m；瓦洛道班以北，断层出露于美姑河左岸，拔河 0 ～ 420m，向北延伸为区域上的列侯断裂。断层南段平行于美姑河展布，产状为 268° ∠ 50°；向北延伸逐渐变为与美姑河大角度相交，产状变为 300° ∠ 53°。该断层在大桥一带表现为峨眉山玄武岩（P_3em）逆冲在上三叠统须家河组（T_3xj）之上（图 2.11）。破碎带宽度变化较大，一般宽数十米，大桥一带宽约 200m；破碎带内主要发育碎斑岩－角砾岩－破裂岩，碎粉岩局部发育，局部发育 5 ～ 10cm 断层泥；除断层泥外，其余断层岩固结。

美姑河断裂中段（牛牛坝—大桥）无论是沿走向还是倾向，均呈舒缓波状延伸，f_1、f_2、f_3 3 条断层产状相似，除 f_3 北东段走向近 NE，倾向 NW，倾角中－陡外；其余地段优势产状为 N10° W/W ∠ 40° ～ 60°。美姑河断裂带由 3 条在平面上呈斜列式展布，空间上呈叠瓦式构造组合型式（图 2.8），在该段沿断层两侧分布有多处滑坡及泥石流。

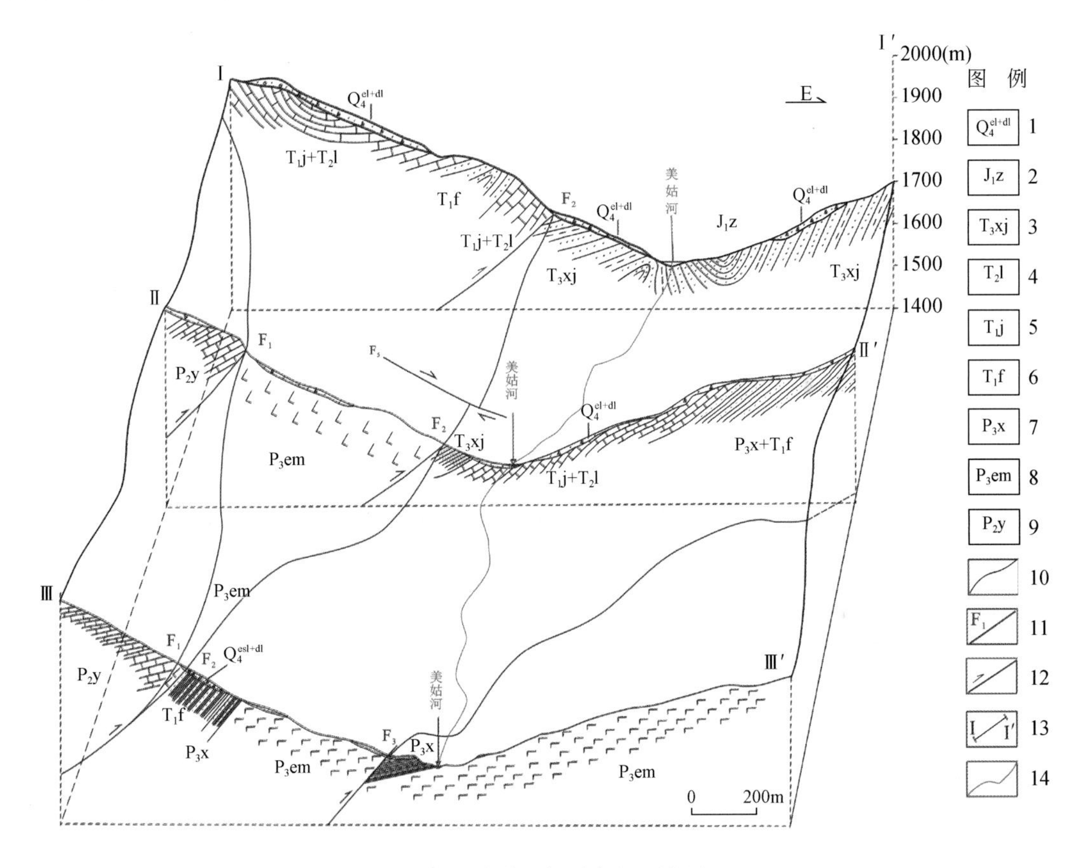

图 2.8　美姑河断裂中段三维图

1. 第四纪堆积物；2. 自流井组；3. 须家河组；4. 雷口坡组；5. 嘉陵江组；6. 飞仙关组；7. 宣威组；8. 峨眉山玄武岩；9. 阳新组；10. 地质界线；11. 断层及编号；12. 断层性质；13. 剖面编号；14. 河流

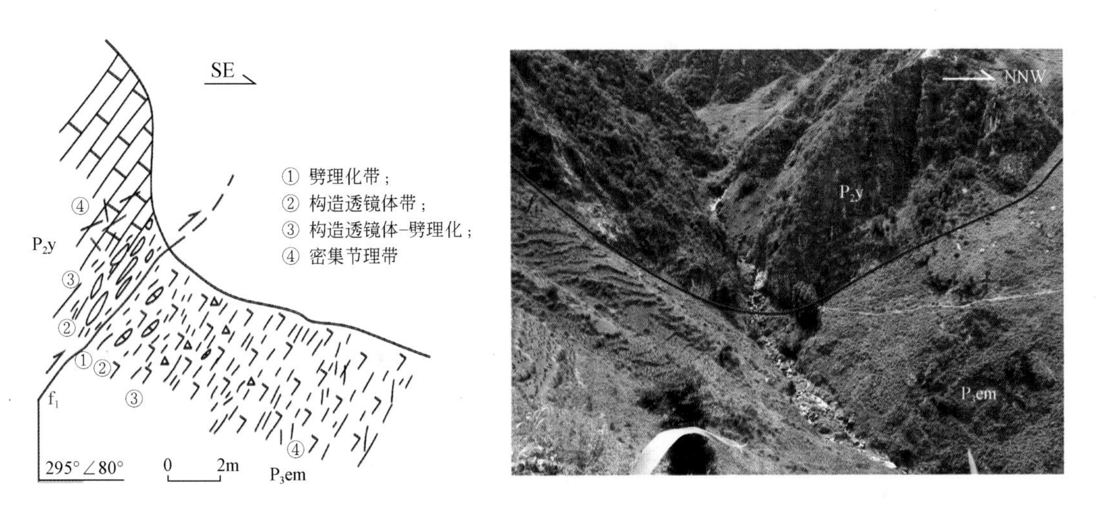

图 2.9　美姑河断裂次级断层 f_1 典型变形学特征

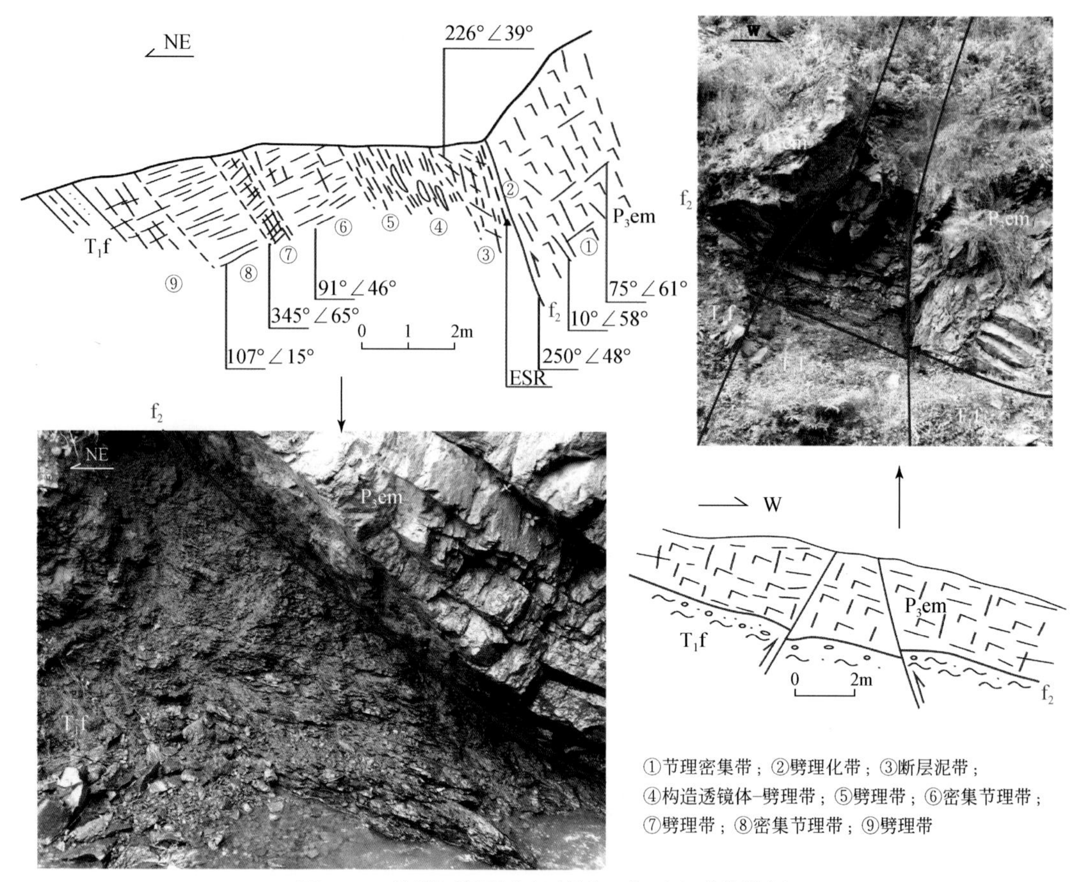

图 2.10　美姑河断裂次级断层 f_2 典型变形学特征

尔马－洛西断裂（F_3）：该断裂北起美姑以觉，经地堡，终止于美姑新桥西南，断裂全长约 16km，走向近 SN，倾向 E，倾角 70° ～ 80°。该断裂亦由多条次级断层组成，形成宽近 50m 的断层带，破碎带内发育断层角砾岩、碎裂岩、破裂岩等。断层面较直立，新桥一带发育于在侏罗系白云质灰岩中，断面上有厚 2 ～ 5cm 不等的断层泥，次级断层面上发育有不同方向的断层擦痕，显示具压性特征。

断裂卫星影像特征较为清晰，沿断层发育的断层谷地较为连续，可见多处山脊错断地貌。在美姑新桥西南公路的断层剖面中，可见断层活动过程中形成的充填楔（图 2.12），其成分为半胶结的早第四纪砂砾石层，混杂堆积。离开主断面，有几条次级断层面上发育有方向不同的断层擦痕，具压性特征。

洪溪－美姑断裂（F_4）：区域上该断裂又称西河－美姑断裂，断裂北起金河口东南，向南经西河、里角、觉洛，到达美姑县城以东止，全长 110km。美姑河流域内为断裂带的南段，流域内出露长度约 40km，分布于侏罗系—三叠系中，总体走向近 SN，沿南北流向的美姑河上游河谷分布，具挤压逆冲运动性质，并见多条冲沟在断层经过时有明显的扭动错断现象，显示断裂除逆断之外，还具一定的左旋走滑特性。其中在美姑县龙门乡一带，断层发育于侏罗纪不同时代的地层之间，两侧地层颜色有明显的差异，地貌上形成断层垭口（图 2.13）。断裂带内变形产物复杂，发育有断层角砾岩、断层泥、碎裂岩、破裂岩、构造透镜体等。

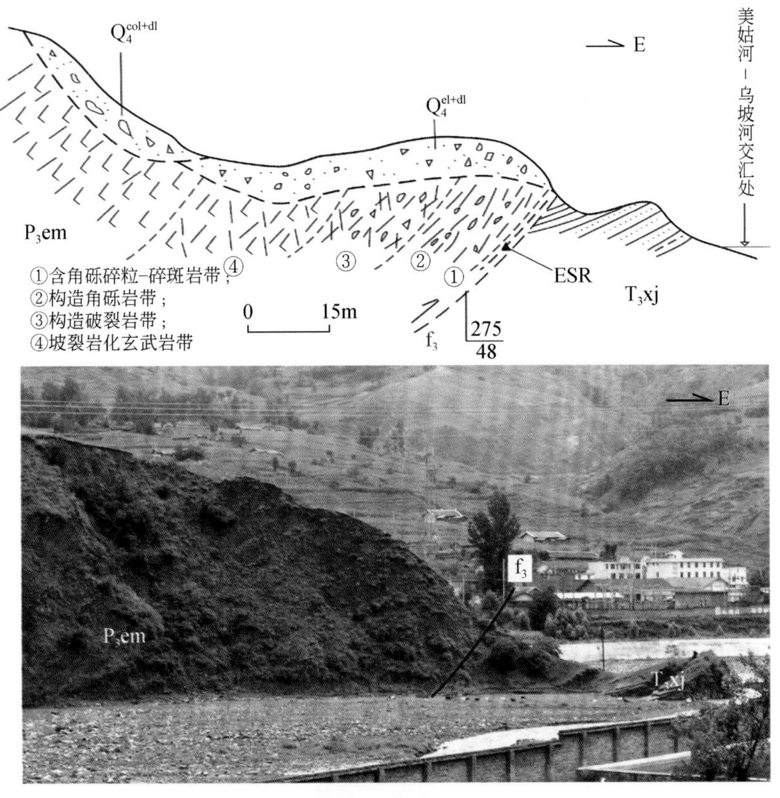

图2.11　美姑河断裂次级断层 f_3 典型变形学特征

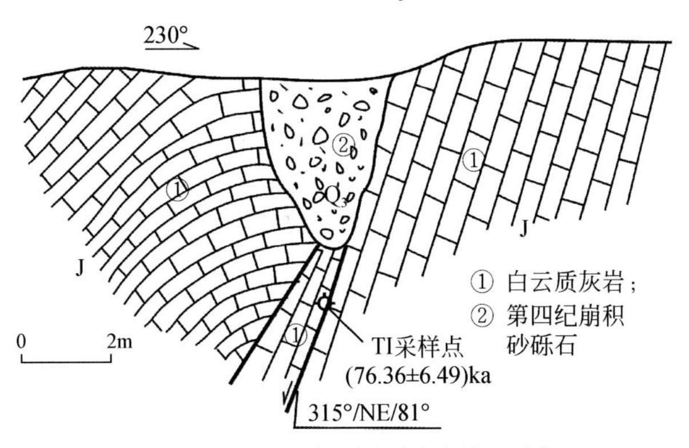

图2.12　尔马－洛西断裂美姑新桥断层剖面

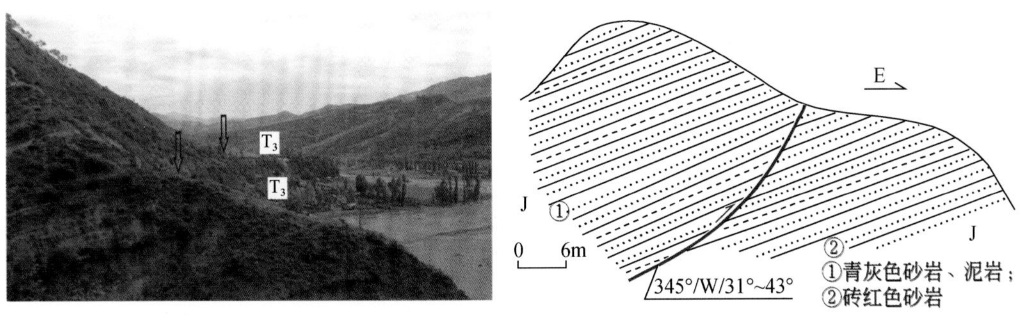

图2.13　西龙门苏布玉罗附近断错地貌（左图镜向N）及断层剖面图

2.3.1.2　NE 向断裂

区内NE向断裂较为发育,形成时间多晚于SN向断裂,且切割SN向断裂和NW向断裂,为早期 SN 向断裂的伴生横向断裂，因此除了具有主要的逆冲性质外，多数还具有一定的走滑性质。包括了申果庄断裂、挖依觉断层、沙枯断层、西干山断层、三河（美姑）断裂、列侯断层、尔其断层、比波断裂和洛结断裂。总体上 NE 向断裂在流域北部具有规模小，断距不大的特征；而流域南部的 NE 向断裂属于莲峰山断裂系，规模要大于流域北部区域。

申果庄断裂（F_7）：该断裂从申果庄向 EN 延伸到年折角以南，走向 NE，由南北两条近平行的断裂组成，长约 14km。断裂跨越美姑河流域和西侧的昭觉河流域，美姑河流域为断裂的东段。断层发育于中生界与晚古生界之间，断裂性质主要为逆断，兼具左行走滑的特征。

三河断裂（F_{11}）：又称美姑断裂，该断裂从美姑县城西南的哈洛阿莫一带起，经美姑县城北，延伸到美姑县北东的天喜乡一带，基本沿河谷地区发育，断裂总体长度为 14km，走向 NE，倾向为 NW，倾角为 60° ～ 80°，断层性质为逆断。

该断裂在卫星影像上线性特征较为明显，与该段河谷高度吻合。在美姑县城北东的基尾村一带，断层发育了宽近十余米的断层破碎带，破碎带内有断层角砾岩、碎裂岩、糜棱岩及断层泥等，由于断层两侧岩性差异较大，在地貌上表现为断层沟槽、山脊错断等。在美姑县城以北，断错地貌特征较为明显，发育断层沟槽、断层三角面、山脊断错、高阶地变形等，表明断层在第四纪早、中期有过新活动。在美姑县城以西的牛洛村，美姑河发育Ⅳ级阶地，断层通过处，美姑河Ⅳ级阶地被断层错断，并发育有高大的断层陡崖、断层沟槽等断错地貌，但Ⅲ级以下阶地未见明显变形和断错的特征。

该断裂是美姑河流域上游沿美姑河、井叶特西河河谷分布的一条规模较大的断裂，断裂沿线地质灾害极为发育，基本沿该断裂呈线性分布，个别滑坡规模巨大，如美姑县城巴普镇滑坡，同时沿断裂仍在形成一些新的滑坡，如城南滑坡、基伟村滑坡。

列侯断层（F_{12}）：该断裂在列侯一带，斜接于美姑河断裂上，最新研究表明其为美姑河断裂的一条次级断层（f_3）的北延段（孙东等，2007），断层总体走向 NE 向，倾向 NW，倾角为 50° 左右，延伸长度约 9km。断裂从中生界和上古生界之间延伸到中生界内部，性质为逆断。

尔其断层（F_{13}）：该断裂发育在美姑大桥以东的尔其一带，走向 NE，倾向 NW，断面较为平直，长约 13km，断层发育于中生界和上古生界之间，表现为上盘的二叠系逆冲于下盘的三叠系之上。

比波断裂（F_{14}）：该断裂位于丙底附近，区域上南西起于基觉一带，往北经斯呷阿结、依沃阿觉、觉呷西等地，终止于支耳木东侧，长度约 38km。美姑河流域为其北段，断裂总体走向 NE，倾向 SE，倾角中等，断面较平直，在流域内长度约 23km。断层发育在古生界之中，总体表现为逆冲性质，但从错段地层的特征来看，有一定的左旋走滑分量。

2.3.1.3　NW 向断裂

流域内 NW 向断裂不发育，仅 3 条。在竹核附近有 1 条与普雄河断裂带伴生的横向断裂——竹核断裂，在托木 NE 方向有千哈断层分布，在美姑河流域东南部分布有大岩洞断裂。

2.3.2　主要断裂的活动性

美姑河流域位于凉山断块内部，断块西以普雄河断裂带、东以的峨边 - 金阳断裂带为界，总体上位于相对稳定块体之上，断裂的活动最晚时间多为更新世，基本无全新世活动断裂（表 2.1，图 2.5）。美姑河流域内规模较大，与地质灾害密切相关的主要为美姑河断裂、尔马洛西断裂、洪溪 - 美姑断裂、三河（美姑）断裂。

1）火足门 - 热口断裂（F_1）活动性

该断裂北段碧鸡山—申果庄段走向 NNW，断层切割高山区，森林覆盖较广，没有发现明显的断错地貌特征。在卫星影像上，沿碧鸡山一带有断续的线性特征。中段申果庄—库依乡段在地貌上有断层谷、断层崖等零星分布，卫星影像线性特征不明显；在库依以南，卫星影像上没有明显的标志，断裂切过昭觉河时，在玄武岩中发育有断层破碎带，取自破碎带中的断层泥，热释光测年结果为距今（269.84±22.94）ka（TL 年代样品年代由中国地震局地壳应力研究所热释光实验室测定）。综合上述地质地貌特征及测年结果认为，该断裂最新活动时代应为中更新世晚期。晚更新世—全新世期间已不活动。

2）美姑河断裂（F_2）活动性

断裂在卫星影像图上线性特征较为清晰，沿断层发育断层三角面、山脊负地形、高阶地错断、断层谷等地貌特征。在牛牛坝镇以北，断裂沿连渣洛河河谷展布，形成了高阶地位错、断层三角面等，在牛牛坝，断层断错了美姑河Ⅲ级阶地及Ⅳ级阶后缘，并形成明显的线性地貌特征（中国地震局地质研究所，2004），沿线分布有多处古滑坡及泥石流的痕迹。

在美姑大桥两条河流交汇处，断层错断了Ⅲ级阶地，但断裂通过处Ⅰ、Ⅱ级阶地未见明显断错的形迹。在该剖面Ⅲ级阶地顶部采样，TL 测年其年代为距今（70.25±5.97）ka（中国地震局地质研究所，2004）。

在该断裂中段采集的 8 组断层泥的石英形貌扫描结果显示石英形貌多为鳞片状、苔藓状（图 2.14），根据统计结果显示石英形态类型主要为Ⅰc、Ⅱ、Ⅲ、Ⅳ 4 种类型（图 2.15），由石英形貌理论表明美姑河断裂带最新活动时间为早更新世（Q_1）（孙东等，2007）；采自断裂带次级断层 f_1、f_2 中的 6 组 ESR 样品，测年时间表明其活动时期位于 75 万～299 万年（表 2.2），与石英形貌特征所得结论吻合（孙东等，2007）。

综合地貌、错断最新阶地 TL 测年、石英形貌扫描、ESR 测年数据，断层切割阶地测年结果表明断层活动最晚时限为晚更新世早期，断层带内物质组成的石英颗粒扫描和 ESR 测年表明断层主要活动时限为早中更新世，Ⅱ级阶地未见明显断错，表明美姑河断裂带时间可能有两期，一期为早更新世（Q_1），另外一期为晚更新世早中期，晚更新世晚期以来基本不具活动性。牛牛坝南侧并排式古滑坡与断裂晚更新世早中期活动存在一定关系。

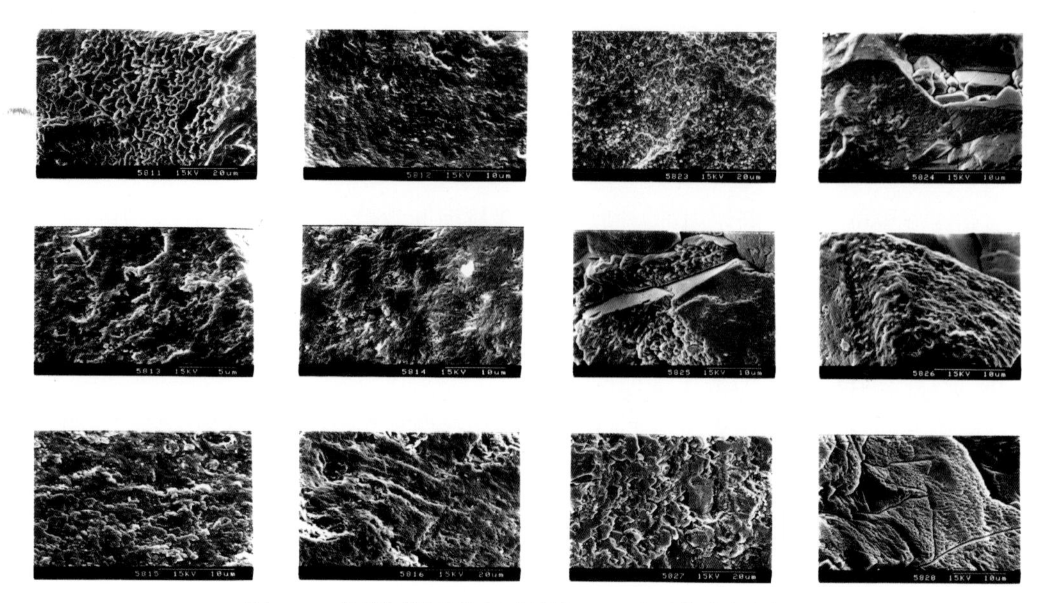

图 2.14　美姑河断裂带主要断层 SEM 法石英形态扫描图

5811. 珊瑚状、窝穴状；5812. 橘皮状、苔癣状；5813. 虫蛀状；5814. 鳞片状；5815. 苔藓状；5816. 虫蛀状；5823. 鳞片状；5824. 窝穴状；5825. 窝穴状、虫蛀状；5826. 鳞片状、虫蛀状；5827. 鳞片状；5828. 珊瑚状、窝穴状

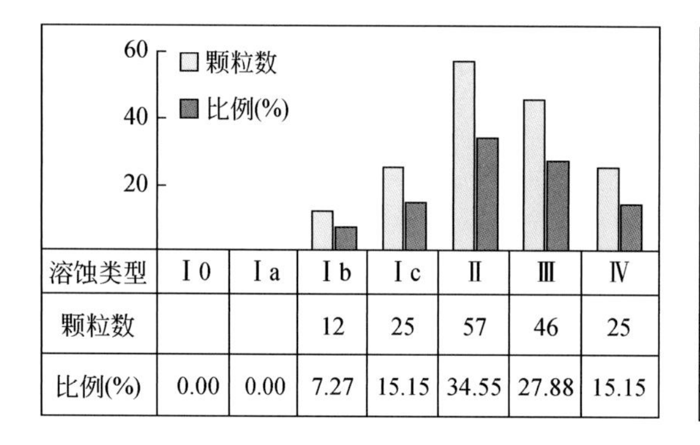

溶蚀类型	Ⅰ0	Ⅰa	Ⅰb	Ⅰc	Ⅱ	Ⅲ	Ⅳ
颗粒数			12	25	57	46	25
比例(%)	0.00	0.00	7.27	15.15	34.55	27.88	15.15

结构	破裂	溶蚀					
	Ⅰ0	Ⅰa	Ⅰb	Ⅰc	Ⅱ	Ⅲ	Ⅳ

贝壳状
次贝壳状
橘皮状
鳞片状
苔藓状
钟乳状
虫蛀状
窝穴状
珊瑚状
地质年代　全新世　晚更新世　中更新世　早更新世　上新世　中新世
绝对年龄/Ma　0.01　1　10

图 2.15　美姑河断裂带中段断层泥石英形貌统计和相对年代综合图

表 2.2　美姑河断裂带 ESR 测年成果报告

断层名称	样品名称及岩性	测年矿物	年龄 / 万年
美姑河断裂 f_1 断层	褐灰色钙质断层碎屑	方解石	215.8±17.1
	褐灰色钙质断层碎屑	方解石	178.6±16.3
美姑河断裂 f_2 断层	浅紫色断层碎屑	石英	82.7±11.2
	浅紫色断层泥	石英	88.1±9.5
美姑河断裂 f_2 断层	浅紫色断层泥	石英	75.5±6.9
	浅灰绿色断层碎屑	石英	299±26.7

3）尔马 - 洛西断裂（F_3）活动性

该断裂卫星影像特征较为清晰，沿断层发育的断层谷地较为连续，在地堡一带可见断层通过处形成山脊鞍部地貌。在美姑新桥西南公路的断层剖面中，可见断层活动过程中形成的充填楔（图 2.12），其成分为半胶结的早第四纪砂砾石层，混杂堆积，其下部断面上有厚 2 ～ 5cm 不等的断层泥，在主断面上取断层泥进行 TL 年代鉴定，结果为距今（76.36±6.49）ka（中国地震局地质研究所，2004）。根据以上推断断层在第四纪早中期有过活动，其最新活动时间为晚更新世早期，晚更新世晚期以来基本不具活动性。

4）洪溪 - 美姑断裂（F_4）活动性

该断裂在美姑县城附近影像清楚，地表与冲沟吻合，并错断了山脊；在美姑县城与觉罗乡之间区域，在河流左岸山坡线性影像非常清楚，形成了一系列平行于主河道的非正常冲沟；觉洛乡北侧山脊上处，在影像上能清楚见到断层面，错段山脊特征；在峨曲古乡四基觉村一带，山脊两侧的水系完全呈同一线性，断层控制了水系现代水系发育；北段在影像上特征比南段稍弱，仅在部分山脊上表现为负地形（鞍部），控制了个别水系的发育，与现代冲沟吻合。总体上该断裂在卫片上断错地貌呈直线状延伸，显示了一定的新活动性。

其中在美姑县龙门乡一带，断层发育在侏罗系内部，地貌上形成断层垭口，并见多条冲沟在断层经过时有明显的扭动错断现象；向北断裂有相对连续的断层陡坎发育，坎高约 1 ～ 2m，坡角 26°，连续长度约为 20m；在苏布玉罗一组，断层错段河流Ⅲ级阶地，采自阶地的底部砂砾石层样品 TL 年代测定，结果为距今（80.32±6.83）ka（中国地震局地质研究所，2004）。

总体上，该断裂线性影像明显，有错段山脊和水系的特征，结合前人的错断阶地测年结果，认为洪溪 - 美姑断裂的最新活动时间为晚更新世早期，晚更新世中晚期以来基本不具活动性。

5）刹水坝 - 马颈子断裂（F_5）活动性

该断裂主体位于美姑河流域之外，影像特征不太明显。测年资料显示刹水坝 - 马颈子断裂在（14.11±1.11）万年以来，无明显的活动迹象（胡正涛，2009），断裂通过之处的第四系亦未发现构造变形迹象，因此推测该断层的最新活动时间为中更新世晚期，晚更新世以来基本不具活动性。

6）金阳断裂（F_6）活动性

金阳断裂区域上规模较大，在卫星图上线性地貌清晰，沿该断裂为现代水系发育区，显示了该断裂对现代水系的控制作用。但根据《1：100 万四川省地震构造图》，该断裂活动时限为早中更新世，在晚更新世以来不具有活动性。

7）NE 向主要断裂活动性

（1）三河（美姑）断裂（F_{11}）：该断裂在卫星影像上线性特征较为明显，在美姑县城东北的基尾村一带，由于断层两侧岩性差异较大，在地貌上表现为断层沟槽、山脊错断等。在美姑县城以北，断错地貌特征较为明显，发育断层沟槽、断层三角面、山脊断错、高阶地变形等，表明断层在第四纪早中期有过新活动。在美姑县城以西的牛洛村，断层错断美姑河Ⅳ级阶地，并发育有高大的断层陡崖、断层沟槽等断错地貌，但Ⅲ级以下阶地未见明显变形和断错的特征。在美姑县城以北的基尾村剖面中采断层泥样品进行断层活动年代的测定，其 TL 测年结果为距今（258.22±21.95）ka，其活动年代为中更新世中晚期（中国地震局地质研究所，2004）。上述地质地貌特征分析及测年结果表明三河（美姑）断裂的最新活动时间是中更新世，晚更新世以来不具活动性。

（2)其他NE向断裂活动性：流域内申果庄断裂（F_7）、挖依觉断层（F_8）、沙枯断层（F_9）、西干山断层（F_{10}）、列侯断层（F_{12}）、尔其断层（F_{13}）无第四纪最新活动的地质地貌迹象，地表断层标志也不明显，其最晚活动时代应为前第四纪，第四纪新活动不明显。比波断层（F_{14}）、洛结断裂（F_{15}）地表断层标志不明显，根据《1 ：100 万四川省地震构造图》，该断裂活动时限为早中更新世，在晚更新世以来不具有活动性。

8）NW 向主要断裂活动性

NW 向断裂主要包括大岩洞断裂（F_{16}）、千哈断层（F_{18}）和竹核断裂（F_{17}），其中的大岩洞断裂和千哈断层从地貌形态判断，断裂在第四纪早期有过活动，晚第四纪期间无新活动证据，为一条第四纪早期断裂。竹核断裂（F_{17}）地貌标志明显，断裂控制了竹核盆地的东西两边界，形成断陷盆地区，推测其最新活动时间为晚更新世早中期，晚更新世晚期—全新世期间已不活动。

2.3.3　断裂活动性与地震的关系

美姑河流域周边地区地震活动最强烈。有记载以来已发生 $M \geqslant 7.0$ 级地震 5 次、6 ～ 6.9 级地震 10 次、5 ～ 5.9 级地震 37 次。其中 $M \geqslant 7.0$ 级地震 5 次分别发生在安宁河断裂带两次、则木河断裂带 1 次、大毛滩断裂和莲峰断裂附近各 1 次；大多数 6 ～ 6.9 级地震皆发生在安宁河断裂、则木河断裂、马边 - 盐津断裂带、莲峰断裂等附近；5 ～ 5.9 级地震分布在安宁河断裂、则木河断裂、西河 - 美姑断裂、峨边 - 金阳断裂、马边 - 盐津断裂带、莲峰断裂、昭通 - 鲁甸断裂等附近（图 2.16）。

从断裂的活动性来看，美姑河流域周边地区全新世活动断裂主要为安宁河断裂、则木河断裂、普雄河断裂、越西断裂、交际河断裂、马边盐津断裂等；晚更新世以来有过活动的断裂包括南河断裂、黑水河断裂、甘洛竹核断裂、美姑河断裂、西河 - 美姑断裂、莲峰断裂、大毛滩断裂以及雷波永善之间的北东向推测断裂；早中更新世有过活动的断裂包括普雄河断裂带东支、峨边断裂、金阳断裂以及昭通 - 鲁甸断裂。

由此可见，美姑河流域周边的强震（$M \geqslant 7.0$ 级）均位于凉山断块的东边界断裂——马边 - 盐井断裂带和西边界断裂带——安宁河断裂、则木河断裂附近，这 3 条断裂带均为全新世以来有过活动，同时在这些全新世以来有过活动的边界断裂附近，亦发生过震级在 5 ～ 6.9 级之间的中强震（图 2.16），断裂的活动性与中强震有较好的对应，说明全新世以来有过活动的边界断裂有发生强震和中强震的可能。

除此之外沿大凉山断裂带的各分支断裂、莲峰断裂带和昭通 - 鲁甸断裂带附近亦发生过震级在 5 ～ 6.9 级之间的中强震（图 2.16），根据活动断裂研究表明，其中的越西断裂、普雄河断裂、交际河断裂均为全新世活动断裂；而莲峰断裂带和昭通 - 鲁甸断裂带中的各分支断裂多数为晚更新世以来有过活动，少数为早中更新世有过活动的断层，在其附近发生过震级在 5 ～ 5.9 级的中强震（图 2.16），亦反映了断裂的活动与地震的发生有较好的对应关系。

而在美姑河流域位于凉山断块内部大凉山断裂带以东的次级断块内部，在流域范围内中强震分布较少，主要为震级小于 5.0 级的小震，形成了一个中强震的地震“空区”。其流域内的断裂中 SN 走向的美姑河断裂、火足门－热口断裂、尔马洛西断裂、西河－美姑断裂的最新活动时间均为晚更新世，其活动性要稍强于其他方向的小断裂。总体反映了美姑河流域断裂的现今活动性不强，地震以小震为主的特征。

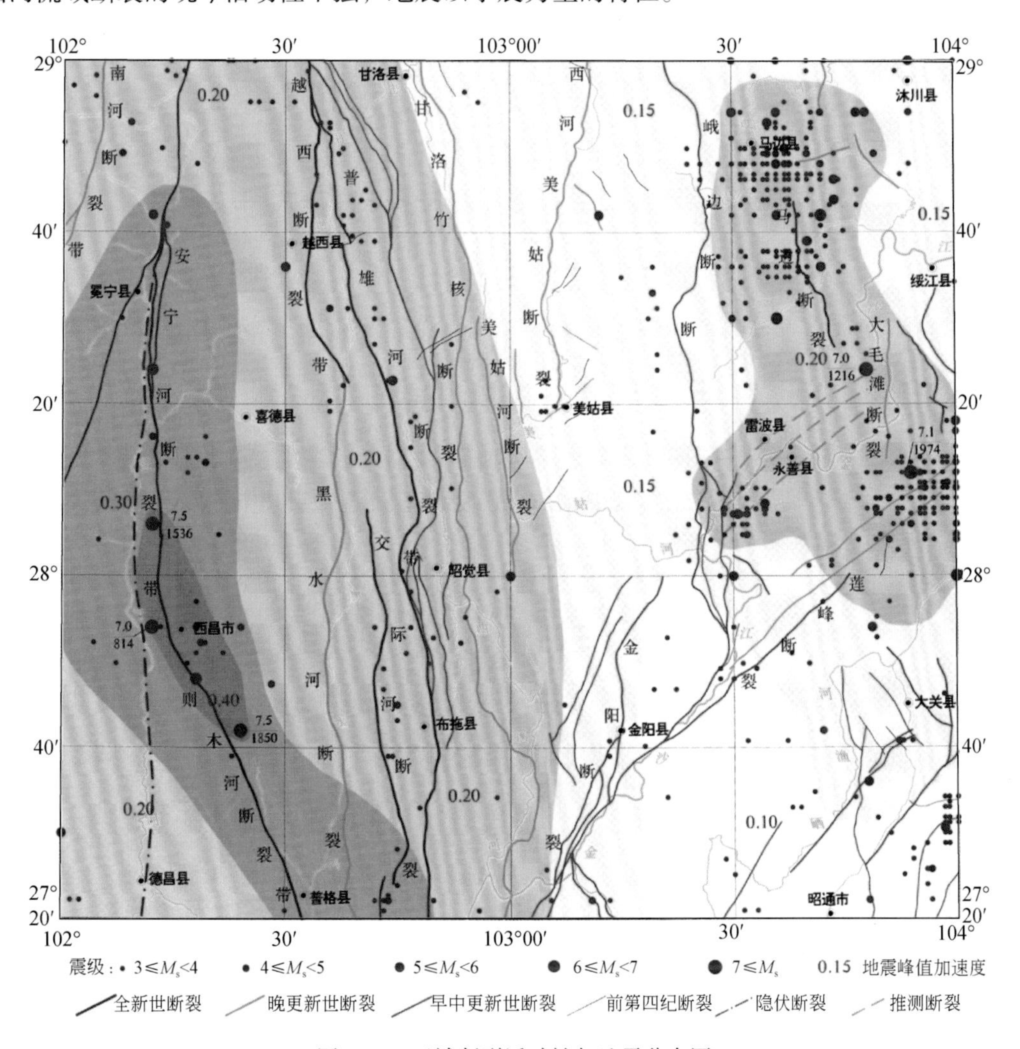

图 2.16　区域断裂活动性与地震分布图

结构复杂的断裂带是强震和中强震的发生带，美姑河流域周边结构复杂的活动断裂带是马边－盐津断裂带、安宁河－则木河断裂带和大凉山断裂带，上地壳速度结构和活动断裂研究表明，上述断裂带均是深大断裂，且为断裂为与地震相关的活动断裂（王夫运等，2008），断裂带在浅部多由数条次级断裂彼此呈雁行或平行排列或相交或拐弯组成，结构十分复杂（中国地震局地质研究所，2004），而且基本上是晚更新世以来活动的断裂，发生过多次中强地震。结构简单的断裂，其地震活动也较少，如美姑河流域内的西河－美姑断裂、尔马洛西断裂、美姑河断裂等，为规模短小、深度相对不大的断裂，历史上最大地震仅为 6 级左右。

总体来看，早、中更新世断裂一般不发生中强地震，但某些地貌构造明显的早、中更新世断裂，往往会发生 5 ～ 5.9 级中强地震，如昭通－彝良断裂沿线即有多次这一级别地震发生，最近一次则为 6.5 级的鲁甸地震。

第 3 章　美姑河流域地质灾害时空展布特征

3.1　地质灾害发育类型

根据 2014 ～ 2015 年美姑河流域 5 个 1 ：50000 标准图幅的地质灾害调查和 2015 年

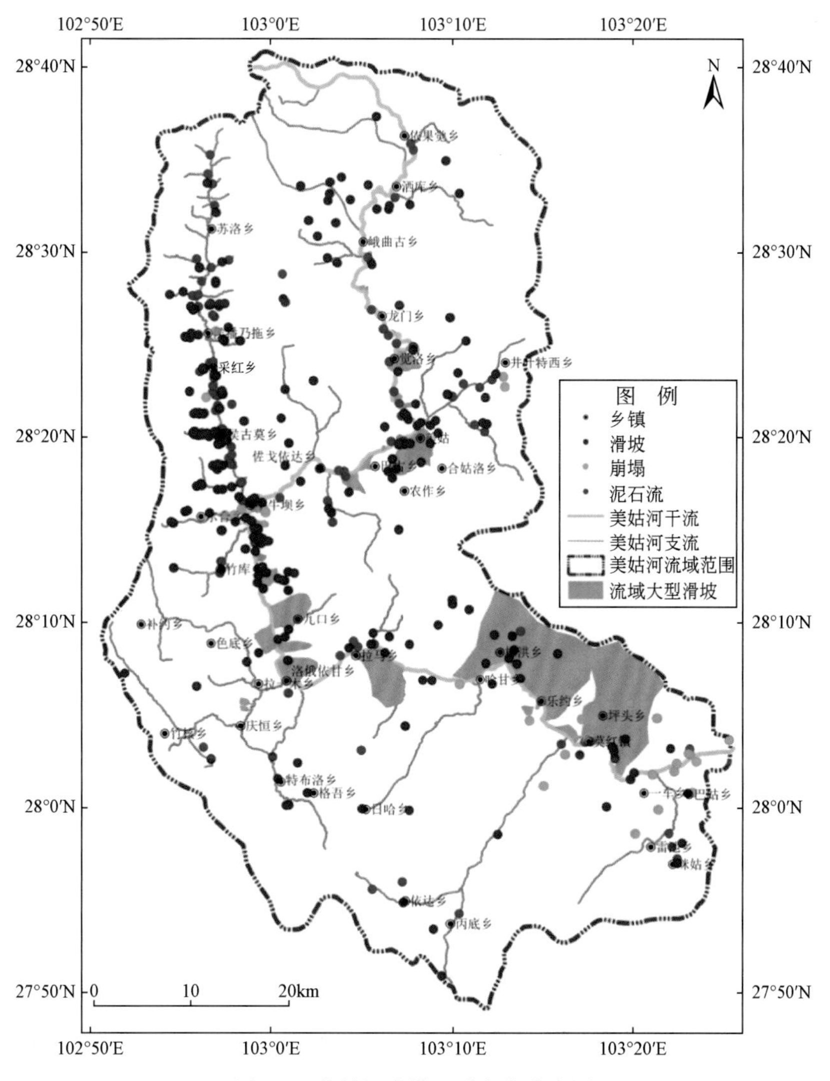

图 3.1　美姑河流域地质灾害分布图

度四川省美姑县、昭觉县、金阳县地质灾害详细调查的地质灾害数据，目前美姑河流域共有各种类型的地质灾害隐患点 252 处（图 3.1），类型主要滑坡、崩塌、泥石流和塌岸（库水位波动性滑坡，因其数量较少，统一纳入滑坡类型），其中美姑县境内地质灾害数量最多，达到 208 处，占流域地质灾害总数的 82.54%（图 3.2）；灾害类型上以泥石流和滑坡为主，泥石流 75 处，占总数的 29.76%；滑坡 161 处，占总数的 63.89%；崩塌 16 处，占总数的 6.35%（表 3.1）。

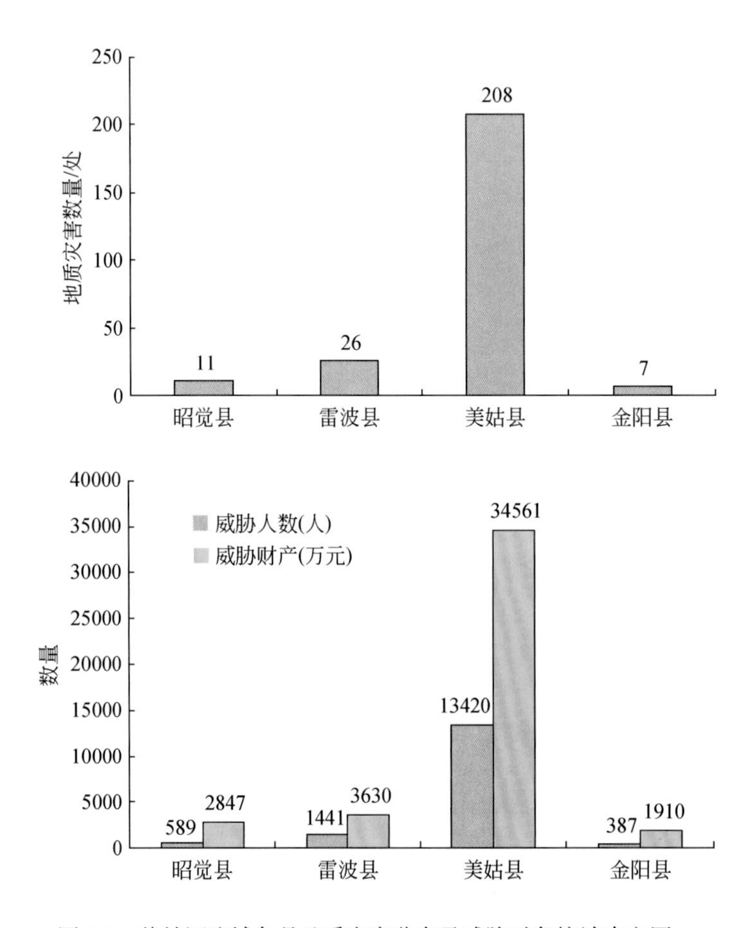

图 3.2　美姑河流域各县地质灾害分布及威胁对象统计直方图

表 3.1　美姑河流域地质灾害数量及威胁对象

县名	灾害个数 / 处	滑坡 / 处	崩塌 / 处	泥石流 / 处	威胁户数 / 户	威胁人数 / 人	威胁财产 / 万元
昭觉县	11	6	4	1	157	589	2847
雷波县	26	14	7	5	263	1441	3630
美姑县	208	137	5	66	2634	13420	34561
金阳县	7	4	0	3	160	387	1910
总计	252	161	16	75	3214	15837	42948

美姑河流域地质灾害之所以存在如何多的威胁人数及财产和存在严重的险情，一方面与地质灾害的易发程度有关，此外还与人类的居住环境有关。由于在美姑河流域可适宜人类居住的平缓地带很少，人们多集中居住于生活条件相对较好的古、老滑坡体、泥石流堆积区（图 3.3、图 3.4），美姑河流域近年发生典型地质灾害见表 3.2，其中影响最大的为 1997 年 6 月 5 日发生的美姑县乐约乡则租滑坡。

图 3.3　居住于泥石流沟口的村民

图 3.4　修建于古滑坡堆积体上的房屋

1997 年 6 月 5 日凌晨 1 时许，美姑县乐约乡则租发生特大规模滑坡，并部分转化成泥石流，造成重大灾害；该滑坡位于美姑河一级支流、金沙江二级支流伞第沟左岸，为一古滑坡，范围很大；6 月 5 日凌晨，在暴雨激发下，古滑坡复活，产生超大型推动式高位高速岩质滑坡，最高点高程约 2800m，堆积区高程约 1600m，相对高差约 1200m，主滑方向 320°，主滑体长约 1300m，平均宽度约 550m，平均厚度约 28m，主滑体滑动总量约 $2000\times10^4m^3$；滑坡速度快，规模大，滑坡物质横扫前进途中的一切障碍物，绝大多数物质冲入伞第沟，部分物质转化成泥石流；此次滑坡、泥石流共造成 4 个村受灾，损房 307 间，毁耕地 6555 亩，损失存粮 21×10^4kg，死亡大牲畜 40848 头，死亡和失踪 153 人，直接经济损失达 1523 万元；进入沟谷的滑坡物质约 $2100\times10^4m^3$，一部分在当时就以泥石流方式运动，绝大部分物质堆积于沟床内，致使沟床抬高 100m，并形成 3 个堰塞湖，最下游一

表 3.2　美姑河流域近年来发生的典型地质灾害统计表

发生地点	发生时间	灾害类型	规模	伤亡人数	威胁或造成损失
乐约乡则租滑坡	1997.6.5	滑坡	特大型	无	房屋损失 307 间，毁耕地 6555 亩，损失存粮 21×10^4kg，死亡大牲畜 40848 头，死亡和失踪 153 人，直接经济损失达 1523 万元
且莫村 5 组	2001.07	泥石流	大型	4 人死亡，12 人受伤	造成 4 间房屋被冲毁
依洛拉达沟	2010.07	泥石流	大型	无	冲毁依洛拉达乡中心校大门及附近 3 座民房
侯古莫乡马拖村 1 组	2012.08	泥石流	中型	无	造成 3 间农房全毁，1 间农房半毁，毁坏牛牛坝－侯古莫乡村道 150m
佐戈依达八千洛村滑坡	2016.6.26	滑坡	大型	5 人失踪	滑坡前缘 26 户 112 人受滑坡体影响，需异地搬迁安置

个堰塞湖于6月8日溃决，再次形成泥石流，给4户居民的安全和昭觉—雷波公路造成严重危害，同时泥石流堵塞树窝电站进水口，使电站停产，给乐约和柳洪地区居民的生产和生活带来很大困难。

3.2　地质灾害空间展布特征

由图3.1可知美姑河流域的地质灾害主要分布在美姑河和连渣洛河、比尔河的河谷区和公路沿线一带，在流域区广泛分布的软硬相间的砂泥岩互层地区，地质灾害较为发育，同时地质灾害距离断裂越近，越发育。

通过图3.2发现地质灾害在流域内4个县均有分布，由点密度可知灾害主要分布于美姑县、雷波县境内，其次昭觉县，金阳县最少（图3.5）。境内大部分地域处于2000～2500m，属于中低山地区，流域内干流及支流沿岸岩体结构破碎，断裂、褶皱发育，地形切割深度大，坡度陡，临空面发育，地质环境条件复杂，人类工程活动集中，使得该区域内地质灾害相对较发育。

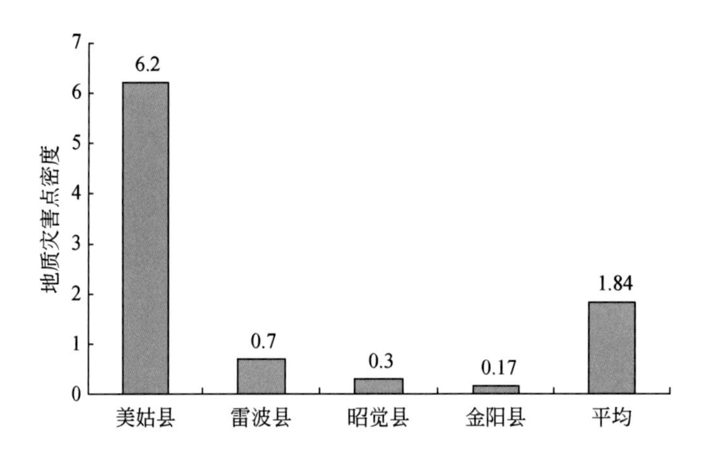

图3.5　美姑河流域各县灾害点密度统计图（个/100km^2）

地质灾害点沿河流水系呈线状分布：区域高山深谷，河流密布，原本断裂构造下的岩土体，受河流冲刷影响，灾害具有沿河流呈线状分布的特征，灾害集中在美姑河干流及支流发育，因滑塌物源较多，该河沿岸两侧支沟泥石流发育。

人类工程活动对灾害的控制效应：在连渣洛河，因其河谷阶地地势开阔、土地肥沃，为良好的人类聚居区，人类工程活动频繁，加之河谷两岸坡度较大，诱发了不少的地质灾害。其中河谷区至苏洛乡县道因近期改建工程、拓宽公路、开挖边坡、修筑挡墙和施工便道等大型人类工程活动影响下，诱发较多的滑坡崩塌地质灾害。

3.2.1　滑坡空间展布特征

滑坡是美姑河流域最主要的地质灾害类型之一，流域内共有滑坡 161 处，其小型滑坡 94 处，所占百分比为 63.09%，中型滑坡 49 处，所占百分比为 32.89%，大型滑坡有 6 处，所占百分比为 4.03%，特大型滑坡 5 处，巨型滑坡 4 处。从表中可知，在美姑河流域，滑坡从数量上主要以中小型滑坡为主，大型滑坡数量较少。

流域内滑坡按规模统计，其中巨型滑坡 4 处，表现为圈椅状地形，主要为古滑坡，现今基本稳定，如县城古滑坡、亲木地滑坡、柳洪滑坡等；特大型滑坡 5 处，主要分布在美姑河左岸；大型滑坡 17 处，其余为小型滑坡。

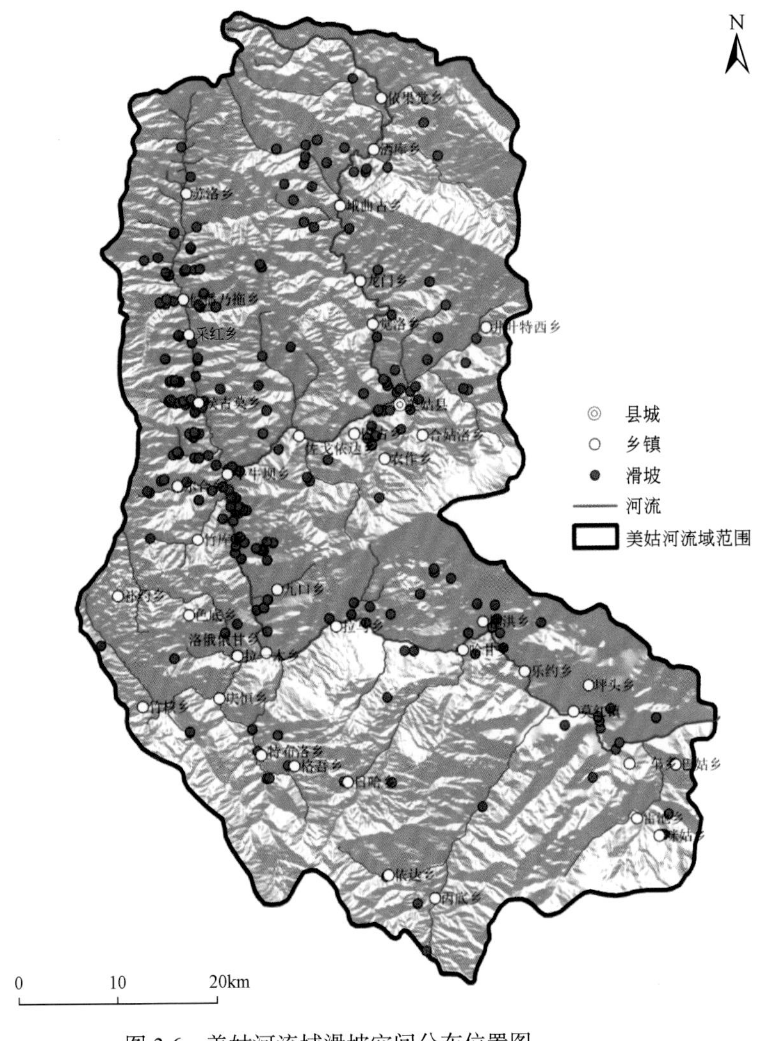

图 3.6　美姑河流域滑坡空间分布位置图

区内的沿美姑河及洛高依达河沿岸分布的大型滑坡发育，且老滑坡、古滑坡堆积体发育，沿岸的村落多居住在老滑坡、古滑坡堆积体上，典型如美姑河谷分布的巴普镇达戈村滑坡、巴古乡达尔滑坡、巴普镇基伟村滑坡等。

根据滑坡的物质组成，可分为岩质滑坡和土质滑坡两类。区内以土质滑坡为主，土质滑坡体组成物质多为块石土、碎石土、角砾土、粉质黏土夹角砾等，其成因多为崩坡积、残坡积，结构较松散。区域上分布具有沿美姑河、连渣洛河和井叶特西河两侧的岸坡密集分布的特点。滑坡区或下伏基岩主要为三叠系，岩性以岩屑砂岩、粉砂岩、泥岩、页岩为主，这类地层岩石易风化，吸水性好，遇水软化，强度随含水量而变化，因此滑坡较发育。

流域内有滑坡 161 处，主要分布于巴普镇、炳途乡、典补乡、峨曲古乡、尔合乡、侯播乃拖乡、侯古莫乡、觉洛乡、井叶特西乡、九口乡、拉木阿觉乡、柳洪乡、莫红乡、尼哈乡、牛牛坝乡、洒库乡、瓦古乡、苏洛乡等 20 个乡镇，其他乡镇零散分布，如巴姑乡、丙底乡、农作乡、且莫乡、庆恒乡、依洛拉达乡、佐戈依达乡等乡镇（图 3.6）。

3.2.2　崩塌空间展布特征

美姑河流域共有崩塌 16 处，其中小型崩塌有 6 处，所占百分比为 37.50%，中型崩塌 10 处，所占百分比为 62.50%，统计结果见表 3.3。从表 3.3 中可知，在美姑河流域，崩塌主要以中小型为主。

表 3.3　美姑河流域崩塌统计表　（单位：处）

规模	昭觉县	雷波县	美姑县	总计
中型	4	2	4	10
小型	0	5	1	6
小计	4	7	5	16

美姑河流域有崩塌 16 处，占灾害点总数的 6.69%，面密度 0.5 处 /100km^2。主要分布于美姑洪溪断裂、三河断裂、尼普莫断裂及拖木向斜的东翼附近及河流沟谷两岸陡峻斜坡上，其他零星分布于山地与平台的过渡地带。崩塌主要分布于乐约乡、莫红乡、井叶特西乡、支尔莫乡、哈甘乡等乡镇，主要分布于美姑河谷及井叶特西河中游河谷地带，地域特点也比较明显（图 3.7）。

3.2.3　泥石流空间展布特征

美姑河流域共有 75 条泥石流沟（图 3.8），小型泥石流共有 59 条，所占百分比为 79.73%，中型泥石流 14 条，所占百分比为 18.92%，大型泥石流有 2 条，占 1.35%，统计结果见表 3.4。从表 3.4 中可知，在美姑河流域，泥石流主要以中小型为主，大型很少。

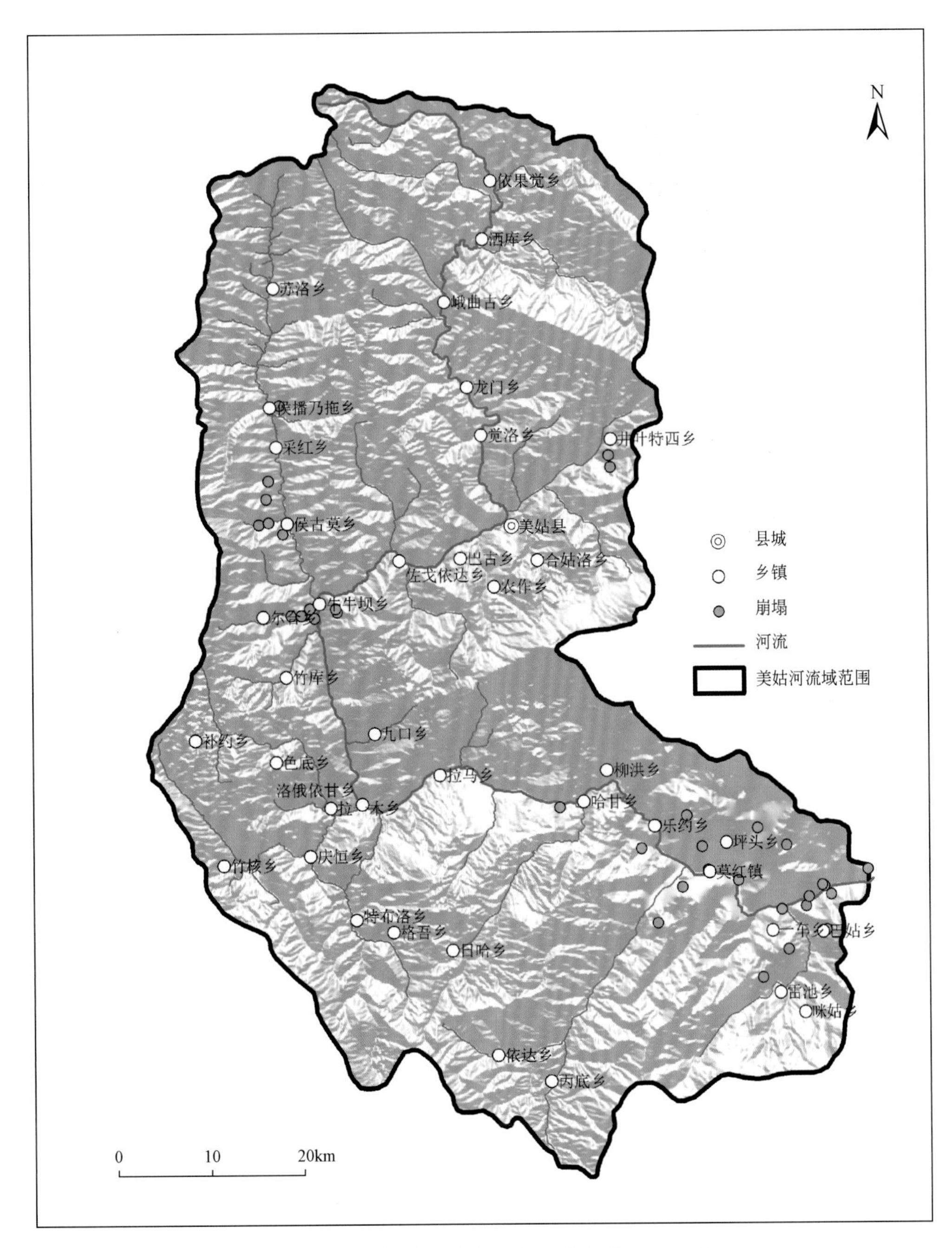

图 3.7　美姑河流域崩塌灾害（危岩带）分布图

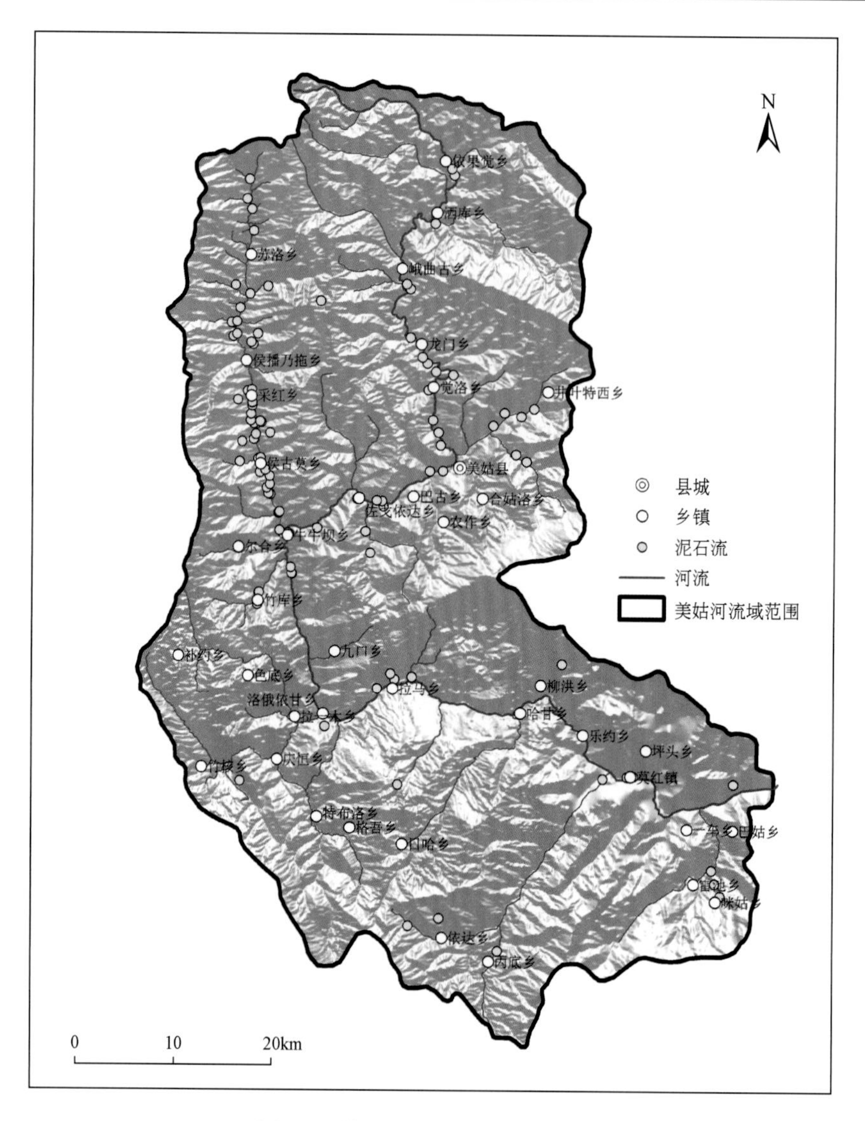

图 3.8　美姑河流域泥石流分布图

表 3.4　美姑河流域泥石流统计表　　（单位：条）

规模	昭觉县	雷波县	美姑县	金阳县	总计
大型	0	0	2	0	2
中型	1	1	11	1	14
小型	0	4	53	2	59
总计	1	5	66	3	75

美姑河流域内沟谷发育，支沟较多，沟床纵坡降较大；构造作用强烈，岩体较破碎，松散堆积物较多，暴雨时容易诱发泥石流（图 3.9）。据调查统计，流域内有泥石流沟 75 条，占全区灾害点总数的 30.96%，面密度 2.3 处 /100km^2。泥石流主要分布于美姑河、连渣洛河、

井叶特西河、洛高依达河及支流两岸。

图 3.9　美姑河流域觉洛乡泥石流沟口素描图

在流域内主要的河谷区为主河道美姑河河谷地区，美姑河支流井叶特西河、连渣老河、尔觉河河谷区以及美姑河下游的溜筒河河谷区。通过 DEM 山影渲染效果可以分辨出，其中连渣老河河谷区、井叶特西河河谷区以及溜筒河河谷区发生泥石流的密度较大。从地形地貌上看，深切河谷区坡降比较大，易形成泥石流沟谷；从地质构造看，流域内受青藏高原挤压，岩体破碎，并且河谷区有断裂带穿过，如连渣老河河谷区，有美姑河－洪溪断层穿过。

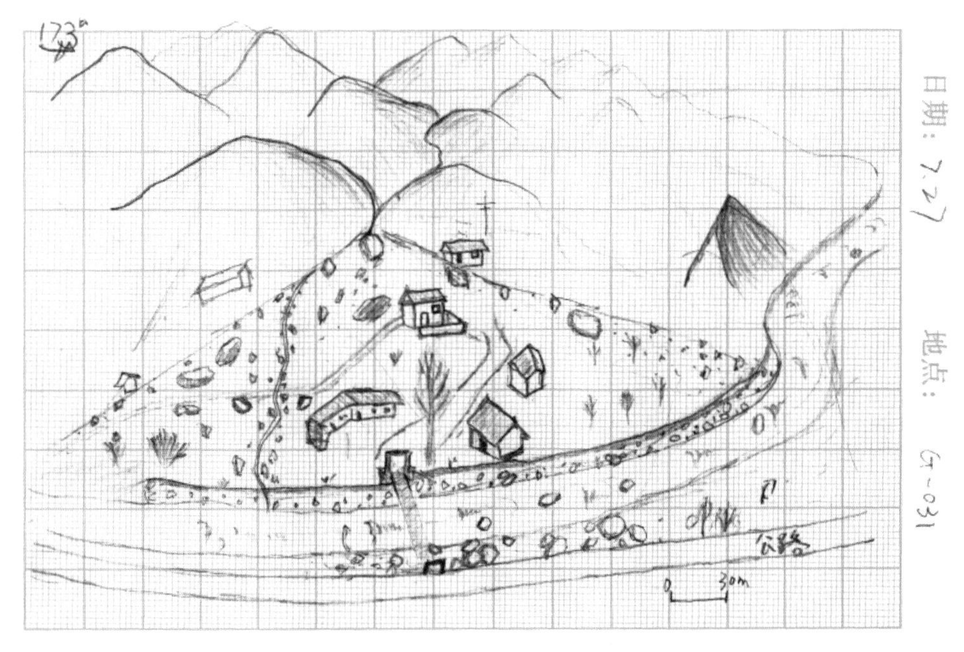

图 3.10　侯古莫乡普各洛村古泥石流扇和现代泥石流沟

流域区泥石流多属山区暴雨型泥石流；物质组成以泥石流和水石流为主，多属稀性泥石流；根据泥石流易发程度表和发展期推定，研究区的泥石流多处于发展期和衰退期，易发综合指数在 80 ～ 112，易发程度多属中等或低；从泥石流物源来看，多属滑坡泥石流或坡面侵蚀泥石流，从泥石流发展的阶段划分，多处于发展期和衰退期。

泥石流堆积体大多保存较好（图 3.10），完好率一般 20% ～ 70%。规模小且主干河流冲刷能力强的泥石流堆积物则几乎没有保存，处于主干河流上游或出口部位地形较开阔的泥石流堆积扇保存完好。泥石流流通区和堆积区大多已建成为居民区，泥石流的流通通道被部分堵塞，一旦爆发大规模泥石流，将直接影响这些居民区。

通过野外调查与整理，统计出美姑河流域内 75 条泥石流的主沟坡降比（表 3.5）。根据泥石流发育的地形地貌以及形成原因，将美姑河流域内的泥石流分为山坡型泥石流、单沟谷型泥石流和多支沟谷型泥石流，分类结果见表 3.6。

表 3.5　美姑河流域泥石流主沟坡降比百分比

主沟坡降比 /‰	＜ 100	100 ～ 200	200 ～ 300	300 ～ 400	＞ 400
数量 / 条	2	19	27	20	7
比例 /%	2.70	25.67	36.49	27.03	8.11

表 3.6　泥石流分类

分类	山坡型泥石流	单沟谷型泥石流	多支沟谷型泥石流
数量 / 条	4	56	15
比例 /%	5.41	75.68	18.91

降雨是美姑河流域内泥石流发生的主要因素，据统计泥石流发生当日的降雨，与泥石流的关系密切。结合降雨数据以及降雨等级分类标准（表 3.7）统计出流域内 75 条泥石流在不同雨量级中出现的次数。可知 75 条泥石流中，当日雨量级为无降雨的有 27 条，占 36.48%，是最多的；依次是小雨、中雨和大雨，小雨和中雨为 15 条，大雨的个数为 22 条，分别占 20.26% 和 29.72%；暴雨 8 次，大暴雨 3 次。由此可以得出降雨等级与泥石流发生条数关系图（图 3.11）。

表 3.7　降雨等级分类标准

降雨等级	小雨	中雨	大雨	暴雨	大暴雨	特大暴雨
24h 雨量 /mm	＜ 10	10 ～ 25	25 ～ 50	50 ～ 100	100 ～ 200	＞ 200

区内泥石流的形成是由多种因素决定的，包括不良地质现象、地貌、水文、气象、土壤、植被、人类工程活动等。研究区属大凉山中山山原地貌，区内沟谷发育，支沟较多，沟床纵坡降较大，构造作用强烈，岩体较破碎，松散堆积物较多。区内河流冲刷侵蚀作用较强烈，降雨丰沛而且集中，雨季多发暴雨，加之山区居民刀耕火种、轮耕轮作的原始耕作方式和过度垦殖放牧，致使森林面积逐年减少，水土流失日益严重，自然环境严重恶化，造成山谷中松散固体物质储量丰富。

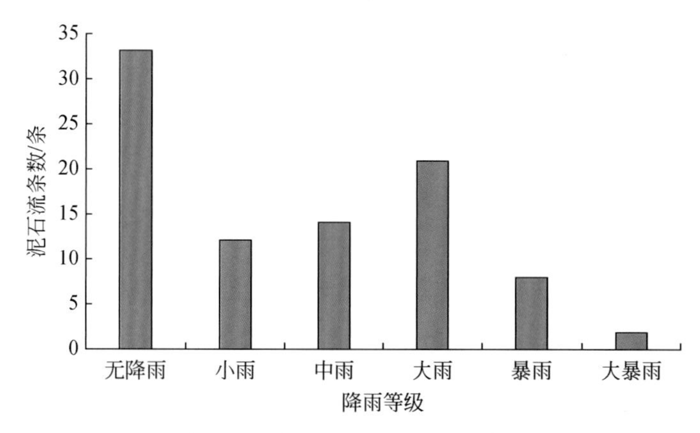

图 3.11　美姑河流域泥石流发育条数与降雨等级关系

3.3　地质灾害发育时间特征

根据《滑坡崩塌泥石流调查评价技术要求》（试用版）将滑坡根据发生时间划分为古滑坡、老滑坡和新滑坡三类。晚更新世以前形成的滑坡（距今 12.5 万年）称之为古滑坡；晚更新世以来、无历史记载或滑坡形迹不清晰的滑坡称之为老滑坡；全新始以来、有历史记载或者滑坡形迹清晰、保存完好的滑坡称之为新滑坡（现代滑坡）。本次调查的滑坡由于缺乏真实有效的定年实验数据，根据地貌特征以及与阶地的关系进行推定，认为有 8 处老滑坡（目前局部出现活动），其余 131 处均属新滑坡，现今多在持续发生变形。

收集地质历史时期滑坡研究文献和现代滑坡调查数据，发现美姑河流域晚更新世以来，滑坡集中发育期主要有 5 次，即中更新世中晚期、晚更新世、200a B.P.，19 世纪 80 ～ 90 年代和现代滑坡。

期次Ⅰ：美姑河上游左岸的美姑县城古滑坡、基尾村古滑坡等受控于三河（美姑）断裂和美姑－洪溪断裂而发生，两条断裂的最新活动时间为（258.22±21.95）～（80.32±6.83）ka B.P.（中国地震局地质研究所，2004），属于中更新世中晚期，因此，上述古滑坡可能发育于这一时期。

期次Ⅱ：崔杰（2009）研究认为美姑河下游的坪头水电站尔古沟－万波沟特大型超深层顺层古滑坡发生时间为 13690±70a B.P.（^{14}C），测年样品为充填在浸没岩体中的滑坡堰塞湖黏土沉积物，测试实验室为中国科学院地球环境研究所西安加速器质谱中心，半衰期 5568a）；宋方敏等通过开挖探槽揭示出美姑河流域西侧的普雄河断裂段存在两次古地震事件，其年代分别为：28000 ～ 30000a B.P.、24000a B.P.。许声夫（2016）认为美姑河下游的火洛古滑坡的发生时间为晚更新世中晚期。综合认为在晚更新世晚期，美姑河流域及周边断层活动频繁，有地震分布，巨型滑坡发育数量多、规模大。

期次Ⅲ：美姑河下游的乐约则租地区的则租滑坡在 200a B.P. 有过大规模的活动记录。

1786 年，区域上在康定泸定一带发生过 7.7 级大地震，因此综合认为在 200a B.P. 左右，是滑坡的一个集中分布期。

期次Ⅳ：1983 年，美姑河下游的乐约则租地区的则租滑坡局部复活；1997 年，在暴雨激发下，该古滑坡又第三次复活，产生超大型推动式高位高速岩质滑坡（崔鹏等，1997）。因此，美姑河河谷两侧发育的多处古滑坡堆积体多表现为多期次滑动特征，如则租古滑坡就至少有 3 次活动历史。

期次Ⅴ：2005 年以后，美姑河流域的滑坡发生数量明显增加，这除了和降雨有关外，还可能与人类工程活动相关，现代修路、建房切坡增多，引发的滑坡灾害数量也在增加。

根据美姑县地质灾害数据分析，1980 ～ 1990 年、1991 ～ 2000 年、2001 ～ 2010 年和 2011 ～ 2015 年研究区发生的地质灾害数分别为 6 起、8 起、108 起和 82 起，2005 年以后滑坡发生数量明显增加（图 3.12）。

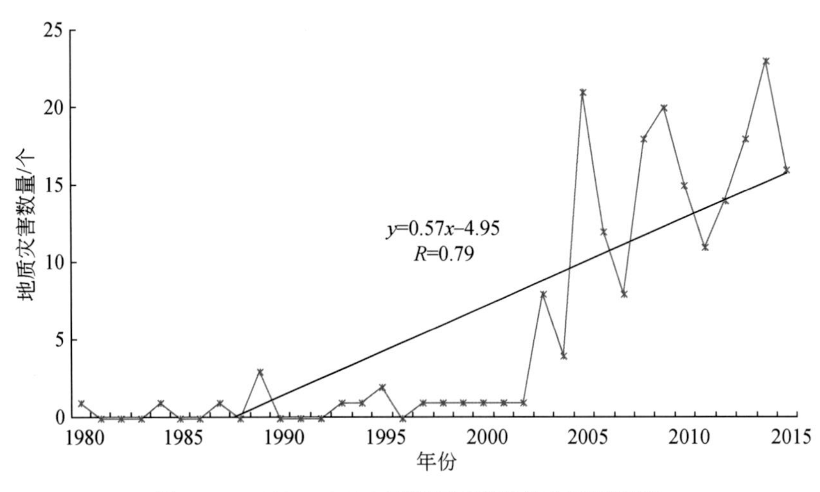

图 3.12　1980 ～ 2015 年研究区滑坡发生时间序列

第 4 章　美姑河流域典型滑坡研究

4.1　大型特大型巨型滑坡几何特征

研究发现，美姑河及其支流，至少分布有 26 处大型、特大型、巨型滑坡堆积体（图 4.1），这些堆积体中上部往往为缓坡平台，区内人类聚居区大多选择在堆积体平台上，如美姑县城就坐落在一古滑坡堆积体上。随着人类工程活动的逐渐加强，活动范围不断扩大，对区内大型堆积体的扰动也逐渐加大，堆积体稳定性逐步下降，有的堆积体发生了局部的复活，如美姑县城南滑坡。

美姑河流域大型堆积体的产生与区内地形地貌、地质构造及地层岩性有着不可分割的关系。从地貌上看，区内大部分地区处于构造侵蚀低中山区，沟谷切割较深，相对高差较大，为滑坡、崩塌等的堆积提供了有利的地形条件。从构造角度分析，区内较大的断裂与河谷走向一致，如美姑－洪溪断裂基本沿美姑河流域展布、三河断裂沿井叶特西河展布、尼普莫断裂沿洛高依达河展布，导致这几条流域两岸岩体节理裂隙发育，岩体十分破碎，斜坡结构松散，容易发生滑坡、崩塌等地质灾害，同时，断裂的活动（地震）也是产生大型堆积体的主要原因之一。另外，区内分布有大量的易滑地层，主要包括：①黏砂砾石松散岩组，为第四系冲洪积（Q_4^{al+pl}）、残坡积（Q_4^{esl}）的黏砂、砾、卵、块碎石土组成；②软－半坚硬砂岩岩组，主要由二叠系、三叠系的岩屑砂岩、中细粒砂岩、泥页岩夹薄煤层组成，其中泥页岩、煤层质软易风化，遇水易形成滑面。

美姑河流域共调查发现滑坡 161 处，其中大型滑坡 17 处，特大型滑坡 5 处，巨型滑坡 4 处，其余为中小型滑坡。美姑河流域大型、特大型和巨型滑坡分布见图 4.1，详细信息见表 4.1，大型滑坡堆积体几何特征统计信息见图 4.2。

流域内的 4 处巨型滑坡均表现为圈椅状地形，主要为古滑坡，现今基本稳定，如县城古滑坡、亲木地滑坡、柳洪滑坡、拉马滑坡等；特大型滑坡 5 处，主要分布在美姑河中下游的河谷区左岸，部分前缘受河道侵蚀掏空形成崩塌（危岩带），以下游峡谷区最为典型，经常发生因崩塌堵塞交通。

流域内大型、特大型和巨型滑坡堆积体长宽主要集中在 2km 以内，其中以亲木地滑坡长度最长，超过 10km；堆积体厚度以浅层滑坡为主，深层滑坡主要为基岩滑坡，如坪头电站滑坡深度为 125m；堆积体前后缘高程差上游段主要集中在 500m 以下，下游段滑坡堆积体高程差分布在 500 ～ 2500m，这与上下游段的地形密切相关，上游段主要“U”型谷，下游段主要为“V”型谷；地形坡度主要集中在 15° ～ 25°，最大地形坡度为乐约村滑坡，平均地形坡度为 35°。

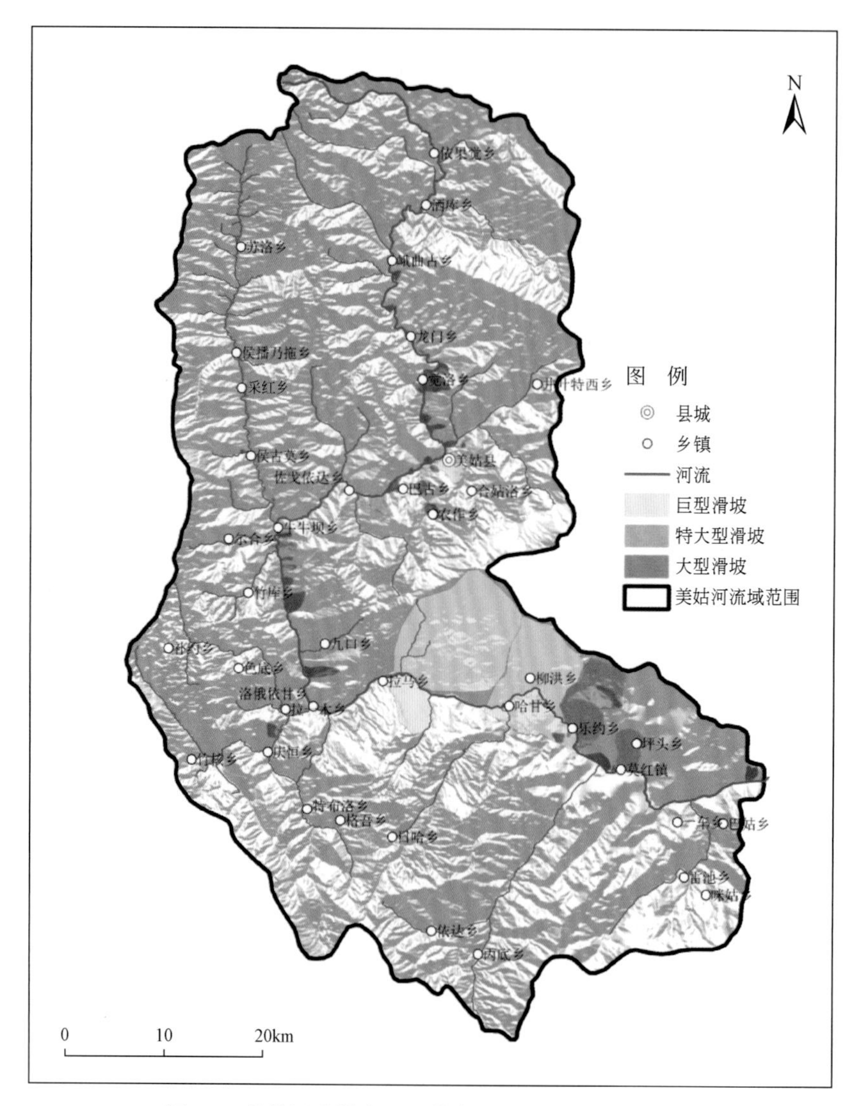

图 4.1 美姑河流域大型、特大型和巨型滑坡分布图

根据美姑河流域地形地貌特征和滑坡堆积体的空间展布规律，可将美姑河流域分为上、中、下游 3 段，下面分别论述各段的滑坡几何形态和可能的成生机制。

表 4.1 美姑河流域大型、特大型和巨型滑坡堆积体基本特征表

序号	滑坡名称	经度	纬度	长度/m	宽度/m	厚度/m	体积/10^6m^3	前缘高程/m	后缘高程/m	高程差/m	坡度/(°)	左岸、右岸
1	瓦岗山滑坡	103°05′19.33″	28°29′51.82″	870	520	20	9.05	2077	2287	205	15	左
2	俄甘村滑坡	103°05′17.99″	28°29′39.63″	650	270	15	2.63	2036	2186	150	11	左
3	尔河村滑坡	103°05′18.31″	28°28′03.15″	470	300	14	1.97	1981	2102	121	20	左
4	尔河村半坡子滑坡	103°04′57.05″	28°28′04.70″	720	470	20	6.77	1986	2124	138	13	左

续表

序号	滑坡名称	经度	纬度	长度/m	宽度/m	厚度/m	体积/10^6m^3	前缘高程/m	后缘高程/m	高程差/m	坡度/(°)	左岸、右岸
5	瓦古觉松滑坡	103°06′01.34″	28°26′40.44″	500	560	7	1.96	1954	2012	58	11	左
6	布衣洛松滑坡	103°06′43.86″	28°25′44.48″	410	310	15	1.91	1939	2007	68	17	左
7	抛帕前村滑坡	103°07′58.85″	28°24′45.23″	790	920	20	1.45	1936	2232	296	21	左
8	树千村滑坡	103°07′09.17″	28°24′13.33″	1790	1480	35	9.27	1912	2532	620	18	左
9	霸俄滑坡	103°06′40.04″	28°23′54.39″	630	970	15	9.17	1907	2132	225	20	左
10	吉波罹滑坡	103°06′53.38″	28°22′12.18″	590	840	20	9.91	1870	2090	220	17	右
11	核菓滑坡	103°07′23.29″	28°21′43.15″	1670	660	25	2.75	1871	2225	354	16	左
12	三河村滑坡	103°08′12.31″	28°20′52.92″	390	800	15	4.68	1818	1975	157	18	左
13	达戈村滑坡	103°06′41.34″	28°18′22.39″	900	1210	25	2.72	1935	2136	201	16	左
14	吉曲瓦拖滑坡	103°07′06.26″	28°20′00.01″	690	710	15	7.35	1738	1983	245	23	右
15	温则库滑坡	103°06′13.97″	28°19′27.64″	440	360	20	3.17	1762	1887	125	23	右
16	牛洛村滑坡	103°05′16.84″	28°18′34.15″	930	1250	20	2.33	1740	2037	297	17	左
17	基伟村滑坡	103°08′57.79″	28°20′47.24″	320	690	15	3.31	1983	2097	114	25	左
18	美姑县城古滑坡	103°07′24.78″	28°19′30.55″	2990	4630	30	415.30	1793	2411	618	15	左
19	亲木地古滑坡	103°08′29.77″	28°10′20.64″	12240	9840	70	840.91	1330	3695	2365	15	左
20	柳洪古滑坡	103°12′57.45″	28°08′57.52″	10990	5520	40	242.66	1862	3231	1369	18	左
21	拉马古滑坡	103°05′51.05″	28°08′08.58″	6020	3110	20	374.44	1344	2229	885	12	右
22	则租滑坡	103°16′43.53″	28°07′48.11″	1300	550	28	20.02	2589	3376	787	13	左
23	洛渣滑坡	103°04′21.72″	28°17′57.20″	2540	1430	20	72.64	1700	1920	220	30	左
24	坪头水电站滑坡	103°17′51.61″	28°04′14.75″	1500	600	125	85.00	610	1200	590	25	左
25	尔解卡俄滑坡	102°59′09.98″	28°15′22.70″	1650	750	70	86.63	1545	2116	571	20	左
26	乐约村滑坡	103°15′20.2″	28°06′08.93″	2600	3100	12	96.72	830	2559	1729	35	左

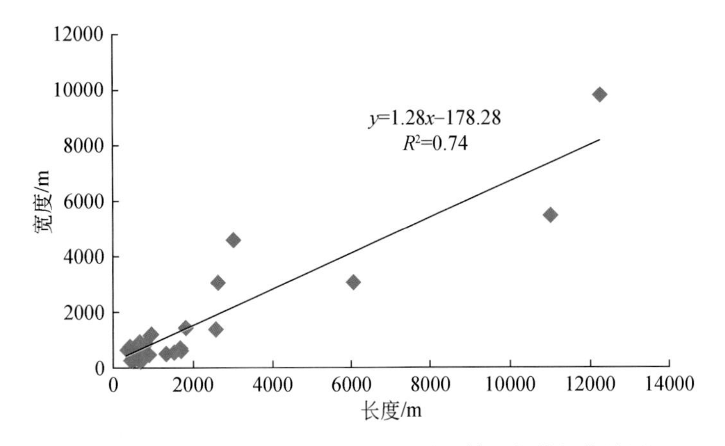

图4.2 流域内大型滑坡堆积体几何特征统计图

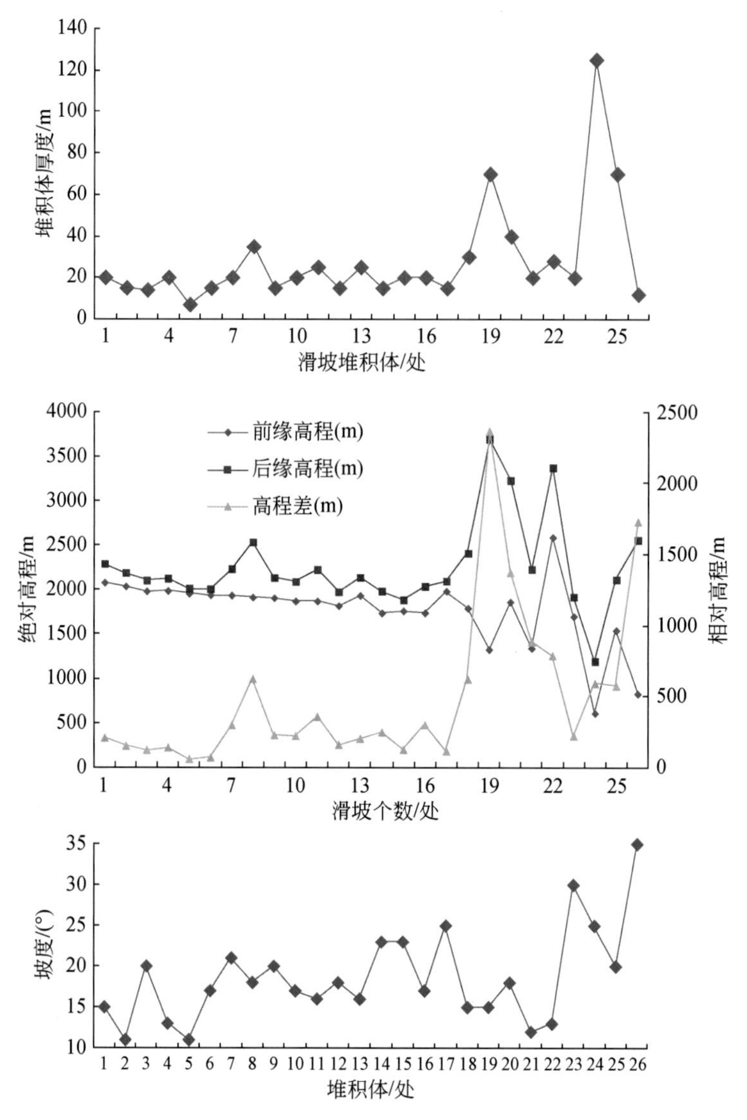

图 4.2　流域内大型滑坡堆积体几何特征统计图（续）

4.2　上游段（龙门—佐戈依达）典型滑坡研究

4.2.1　滑坡堆积体发育特征

美姑河流域龙门至佐戈依达乡河段两岸发育大型松散堆积体 18 处，其中左岸 15 处，占 83%，右岸发育大型滑坡松散堆积体 3 处，占 17%，堆积体主要沿美姑河分布，支沟分布较少，且分布于河流凹岸及地势较陡部位（图 4.3），其中美姑县城老滑坡规模大于 $2.0\times10^{8}m^{3}$，属于巨型滑坡堆积体，18 处滑坡堆积体的基本特征见表 4.2。

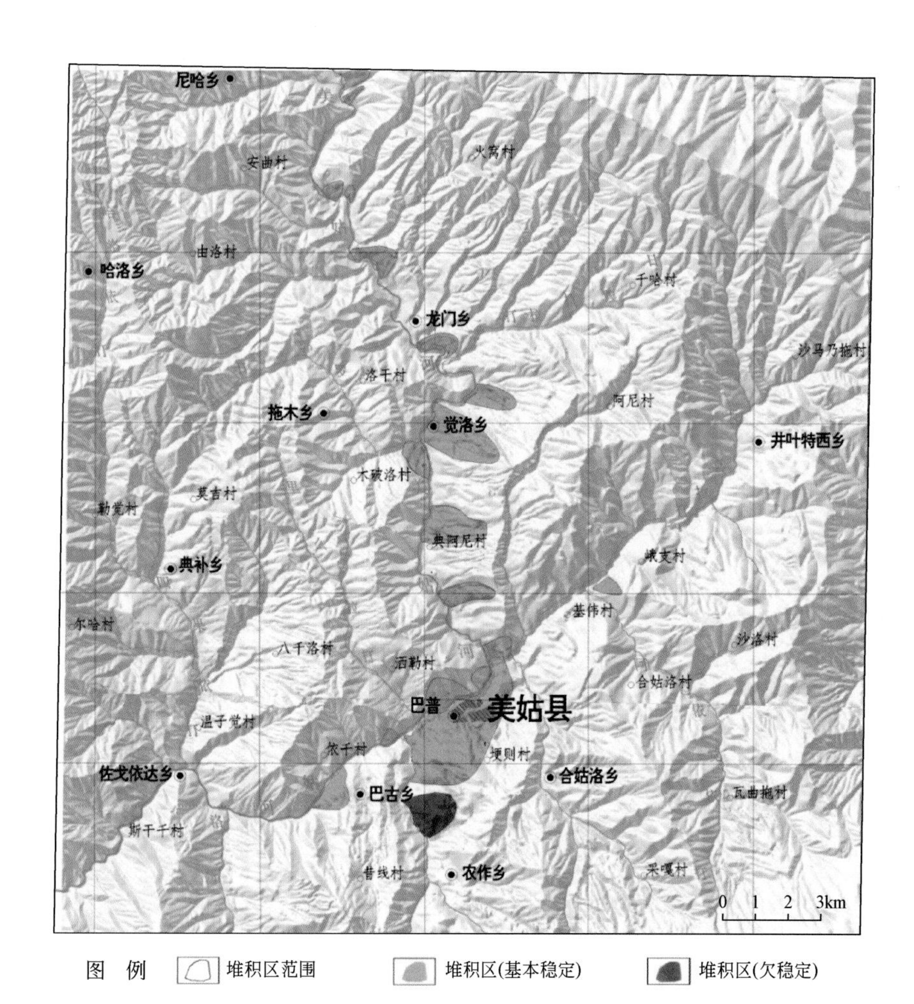

图 4.3　美姑河流域上游段大型滑坡堆积体分布图

表 4.2　美姑河流域上游段大型滑坡松散堆积体特征

大型堆积体照片	堆积体描述
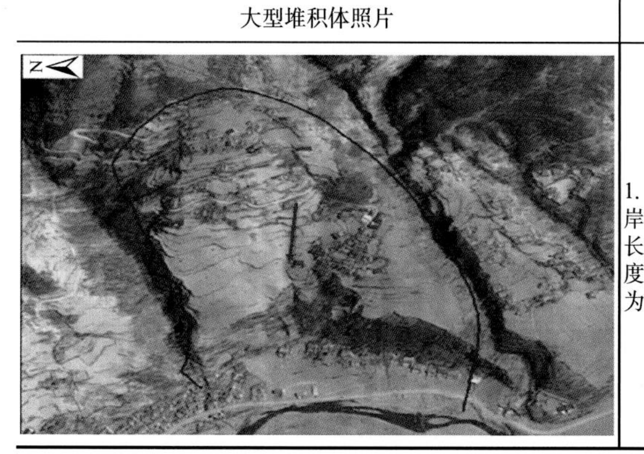	1. 瓦岗山松散堆积体：该堆积体位于觉洛乡瓦岗村，河流左岸，中心点地理坐标 E 103°05′19.33″，N 28°29′51.82″；堆积体长约 870m，宽约 520m，厚约 20m，呈圈椅状，雨水冲刷程度较小，坡体面蚀程度弱，局部滑塌现象较少，其整体稳定性为基本稳定；堆积体中下部为居民区，约 50 户

续表

大型堆积体照片	堆积体描述 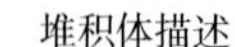
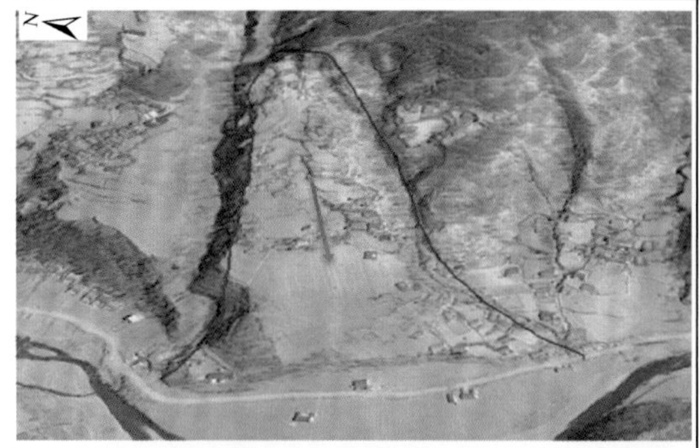	2. 俄甘村松散堆积体：该堆积体位于觉洛乡瓦岗村，河流左岸，中心点地理坐标 E 103°05′17.99″，N 28°29′39.63″；堆积体长约 650m，宽约 270m，厚约 15m，呈喇叭状，雨水冲刷程度较大，坡体面蚀程度一般，局部滑塌现象较少，其整体稳定性为基本稳定；堆积体中下部为居民区，约 20 户
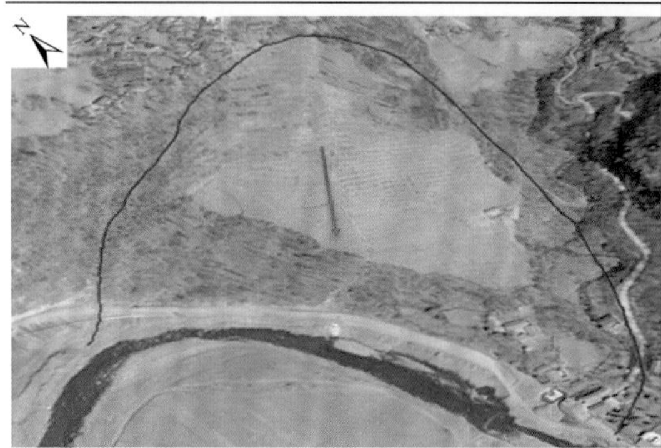	3. 尔河村对门松散堆积体：该堆积体位于觉洛乡尔河村，河流左岸，中心点地理坐标 E 103°05′18.31″，N 28°28′03.15″；堆积体长约 470m，宽约 300m，厚约 14m，呈圈椅状，雨水冲刷程度较小，坡体面蚀程度弱，局部滑塌现象较少，其整体稳定性为基本稳定；堆积体中下部为耕地区，约 30 亩，上部为居民区，约 55 户
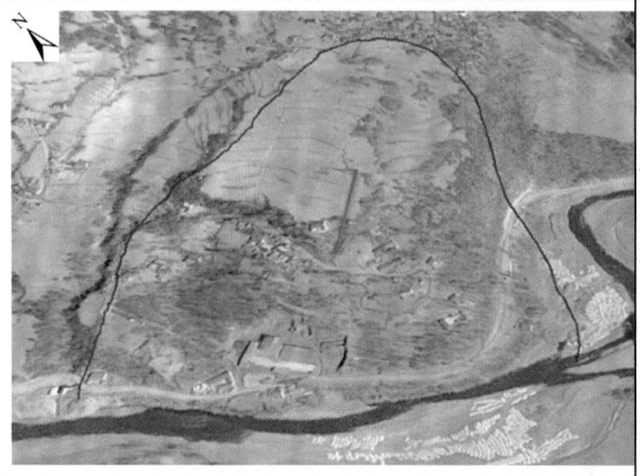	4. 尔河村半坡子松散堆积体：该堆积体位于觉洛乡尔河村，河流左岸，中心点地理坐标 E 103°04′57.05″，N 28°28′04.70″；堆积体长约 720m，宽约 470m，厚约 20m，呈圈椅状，雨水冲刷程度较小，坡体面蚀程度弱，局部滑塌现象较少，其整体稳定性为基本稳定；堆积体中下部为耕地区，约 35 亩，上部、下部为居民区，约 50 户
	5. 瓦古觉松散堆积体：该堆积体位于觉洛乡瓦古觉村，河流左岸，中心点地理坐标 E 103°06′01.34″，N 28°26′40.44″；堆积体长约 500m，宽约 560m，厚约 7m，呈圈椅状，雨水冲刷程度较小，坡体面蚀程度弱，局部滑塌现象较少，为河流凸岸，其整体稳定性为基本稳定；堆积体主要为居民区及耕地

续表

大型堆积体照片	堆积体描述
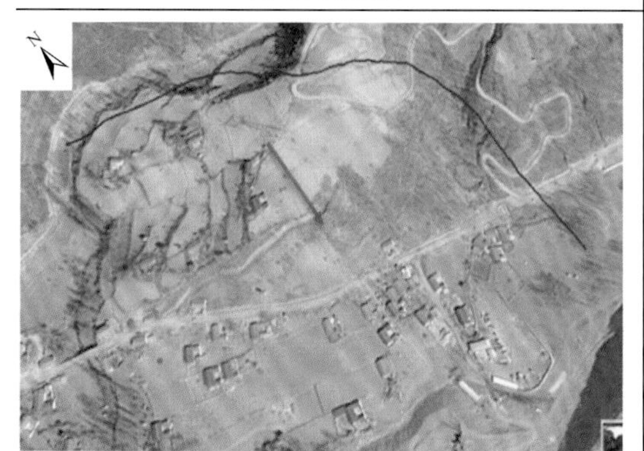	6. 布衣洛松散堆积体：该堆积体位于觉洛乡布衣洛村，河流左岸，中心点地理坐标 E 103°06′43.86″，N 28°25′44.48″；堆积体长约 410m，宽约 310m，厚约 15m，呈圈椅状，雨水冲刷程度较小，坡体面蚀程度弱，局部滑塌现象较少，其整体稳定性为基本稳定；堆积体主要为耕地
	7. 抛帕前村松散堆积体：该堆积体位于觉洛乡地莫村，河流左岸，中心点地理坐标 E 103°07′58.85″，N 28°24′45.23″；堆积体长约 790m，宽约 920m，厚约 20m，呈圈椅状，雨水冲刷程度较小，坡体面蚀程度弱，局部滑塌现象较少，其整体稳定性为基本稳定；堆积体上主要为耕地和林地，有公路通过
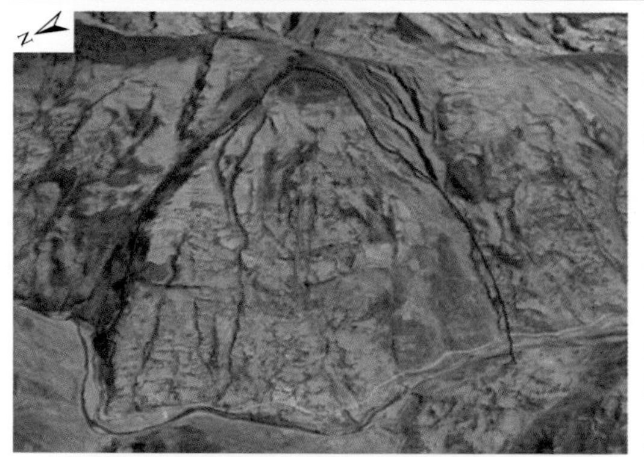	8. 树千村松散堆积体：该堆积体位于觉洛乡树千村，河流左岸，中心点地理坐标 E 103°07′09.17″，N 28°24′13.33″；堆积体长约 1790m，宽约 1480m，厚约 35m，呈圈椅状，雨水冲刷程度较小，坡体面蚀程度弱，局部滑塌现象较少，其整体稳定性为基本稳定
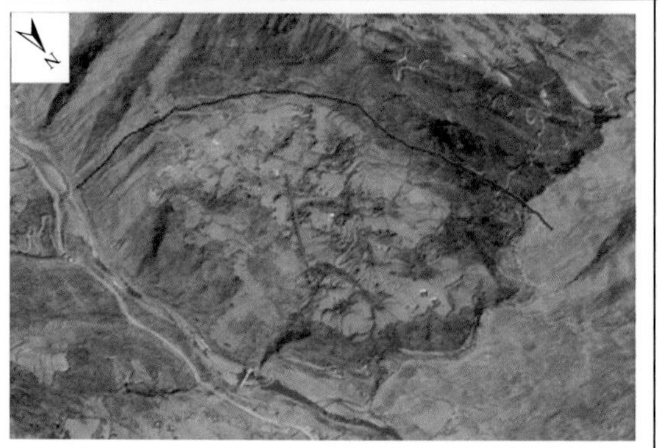	9. 霸俄松散堆积体：该堆积体位于觉洛乡觉洛村，河流右岸，中心点地理坐标 E 103°06′40.04″，N 28°23′54.39″；堆积体长约 630m，宽约 970m，厚约 15m，呈圈椅状，雨水冲刷程度较小，坡体面蚀程度弱，局部滑塌现象较少，其整体稳定性为基本稳定

续表

大型堆积体照片	堆积体描述
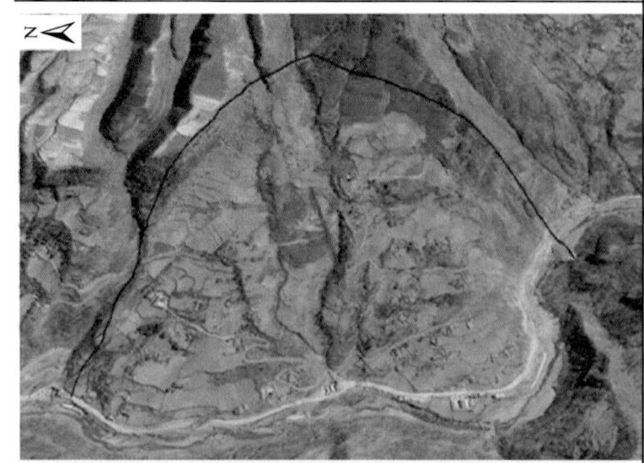	10. 吉波罹松散堆积体：该堆积体位于觉洛乡则鹅村，河流左岸，中心点地理坐标 E 103° 06′53.38″，N 28°22′12.18″；堆积体长约 590m，宽约 840m，厚约 20m，呈圈椅状，雨水冲刷程度较小，坡体面蚀程度弱，局部滑塌现象较少，其整体稳定性为基本稳定
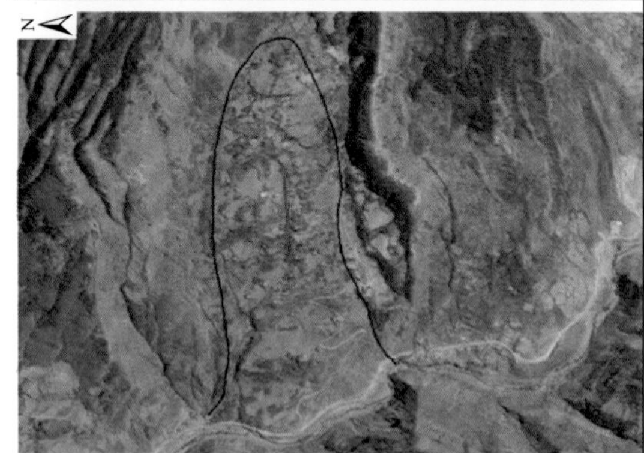	11. 核菓松散堆积体：该堆积体位于觉洛乡点安妮村，河流左岸，中心点地理坐标 E 103° 07′23.29″，N 28°21′43.15″；堆积体长约 1670m，宽约 660m，厚约 25m，呈长舌状，雨水冲刷程度较大，坡体面蚀程度中等，局部滑塌现象一般，其整体稳定性为基本稳定；堆积体中下部为居民区，约 30 户
	12. 三河村松散堆积体：该堆积体位于美姑县三河村，河流左岸，中心点地理坐标 E 103°08′12.31″，N 28°20′52.92″；堆积体长约 390m，宽约 800m，厚约 15m，呈圈椅状，雨水冲刷程度较小，坡体面蚀程度弱，局部滑塌现象较少，其整体稳定性为基本稳定；堆积体中下部为居民区，约 250 户
	13. 美姑县城松散堆积体：该堆积体为美姑县城老滑坡，河流左岸，中心点地理坐标为 E 103°07′24.78″，N 28°19′30.55″；堆积体长约 2990m，宽约 4630m，厚约 30m，呈圈椅状，雨水冲刷程度较小，坡体面蚀程度弱，局部滑塌现象较少，其整体稳定性为基本稳定；堆积体主要为县城驻地

续表

大型堆积体照片	堆积体描述
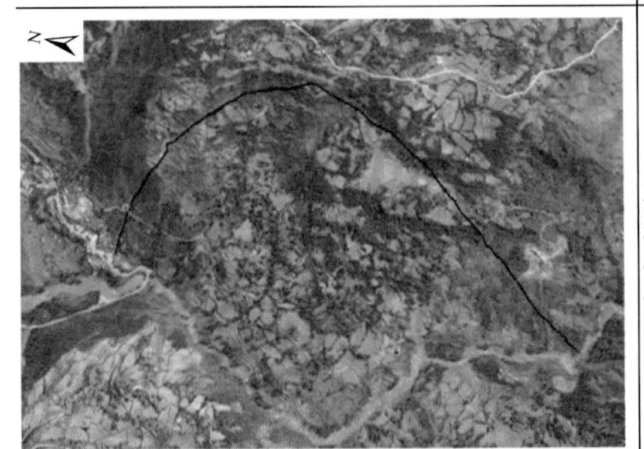	14. 达戈村滑坡松散堆积体：该堆积体位于美姑县贾谷村，河流左岸，中心点地理坐标 E 103°06′41.34″，N 28°18′22.39″；堆积体长约 900m，宽约 1210m，厚约 25m，呈圈椅状，雨水冲刷程度较小，坡体面蚀程度弱，局部滑塌现象普遍，其整体稳定性为基本稳定，滑坡中下部有变形复活迹象
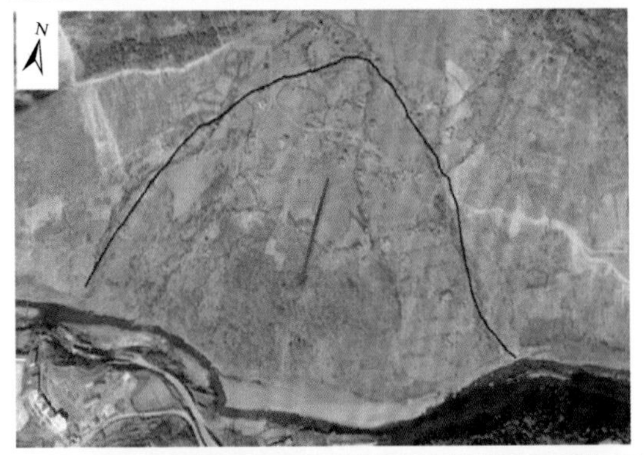	15. 吉曲瓦拖松散堆积体：该堆积体位于美姑县俄普村，河流右岸，中心点地理坐标 E 103°07′06.26″，N 28°20′00.01″；堆积体长约 690m，宽约 710m，厚约 15m，呈圈椅状，雨水冲刷程度较小，坡体面蚀程度弱，局部滑塌现象较少，其整体稳定性为基本稳定；堆积体中下部为居民区，约 40 户
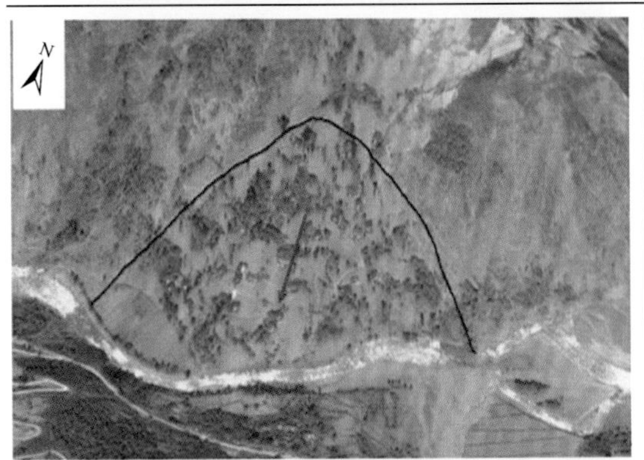	16. 温则库松散堆积体：该堆积体位于美姑县俄普村，河流右岸，中心点地理坐标 E 103° 06′13.97″，N 28°19′27.64″；堆积体长约 440m，宽约 360m，厚约 20m，呈圈椅状，雨水冲刷程度较小，坡体面蚀程度弱，局部滑塌现象较少，其整体稳定性为基本稳定；堆积体中下部为居民区，约 45 户
	17. 牛洛村松散堆积体：该堆积体位于美姑县牛洛村，河流左岸，中心点地理坐标 E 103°05′16.84″，N 28°18′34.15″；堆积体长约 930m，宽约 1250m，厚约 20m，呈圈椅状，雨水冲刷程度较小，坡体面蚀程度弱，局部滑塌现象较少，其整体稳定性为基本稳定；堆积体主要为居民区，约 45 户

续表

大型堆积体照片	堆积体描述
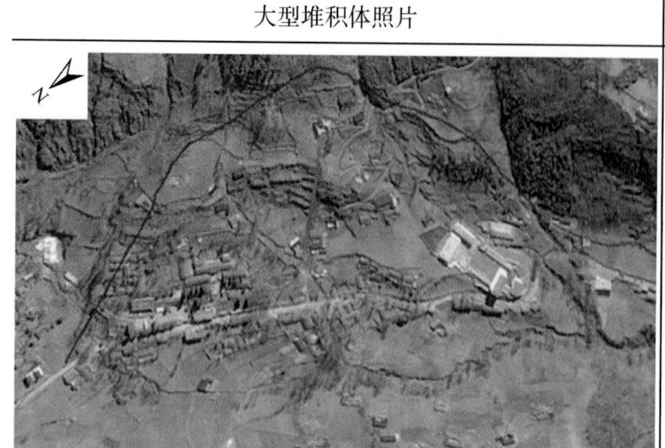	18. 基伟村松散堆积体：该堆积体位于美姑县基伟村，河流左岸，中心点地理坐标 E 103°08′57.79″，N 28°20′47.24″；堆积体长约 320m，宽约 690m，厚约 15m，呈圈椅状，雨水冲刷程度较小，坡体面蚀程度弱，局部滑塌现象较少，其整体稳定性为基本稳定；堆积体主要为居民区，约 50 户

4.2.2　大型滑坡堆积体与地质构造

美姑－洪溪断裂穿过美姑河（佐戈依达—峨曲古段），并且多条分支断裂在该区域内

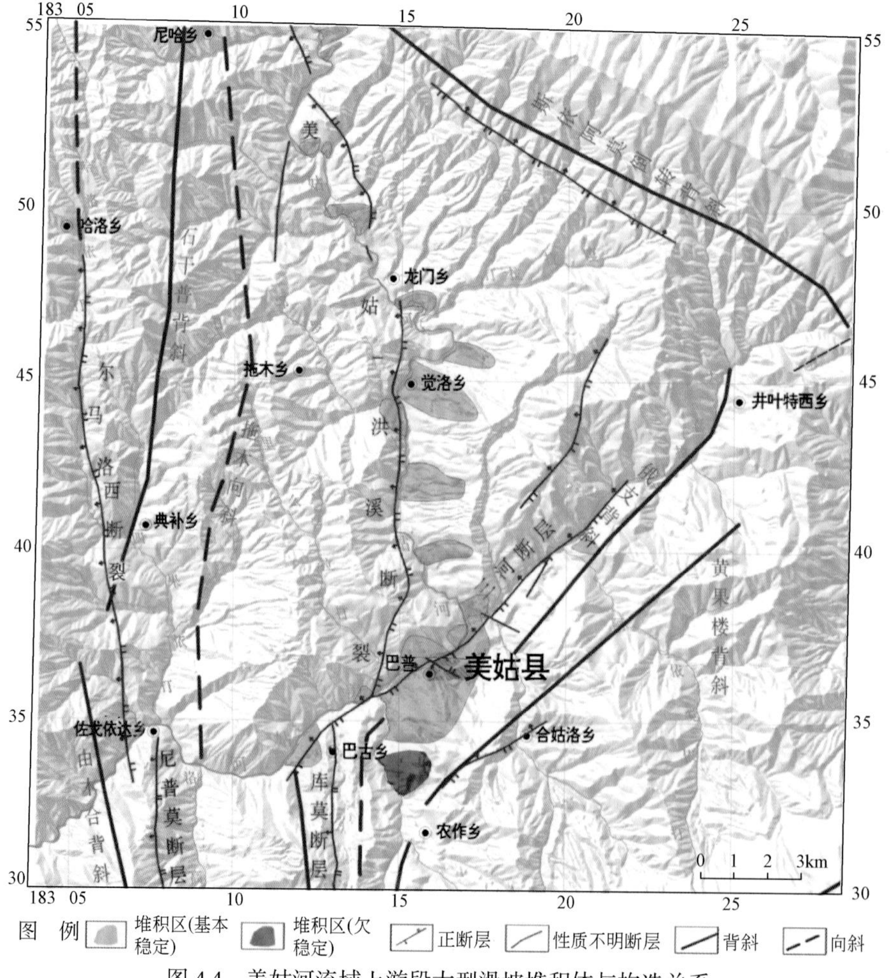

图 4.4　美姑河流域上游段大型滑坡堆积体与构造关系

交叉、错断（三河断裂、库莫断裂），同时该区域还挟持于拖木向斜、斯依阿莫倒转背斜、峨支背斜之间，美姑－洪溪断裂以压性、压扭性为主，附近岩体在经过了多次构造运动的破坏，岩体中的片理和裂隙较为发育，岩体强度有所降低，同时，特殊的构造作用使得美姑河（佐戈依达—峨曲古段）左岸斜坡多为顺向坡和顺向斜向坡，为区内的大型滑坡松散堆积体发育提供了基本物源条件和有利结构面（图4.4）。

4.2.3　大型滑坡堆积体与河谷凹凸岸位置

美姑河流域已发现的26处大型、特大型和巨型滑坡中，23处分布在河谷区左岸（图4.4，表4.3），占调查大型滑坡总数的88%，只有3处分布在河谷区右岸。深入研究发现，这一规律除与构造断层的上盘有关，还与地球自转的科里奥利力（Coriolis force）密切相关，受其影响，河道的凹岸不断被淘刷、冲蚀，形成临空面而发生滑坡。

科里奥利力的原理是自西向东的河流，在流经弯道时，水流会向北倾斜，形成一个相对横向的力，在这个力的作用下，弯道凹面的河岸就要受到流水的冲击。当水流达到一定速度时，离心力和重力形成合力，共同作用于堤岸的斜下方，使得凹岸不断受到侵蚀，其下部被河水越淘越深。另一方面，河流的主要流向仍然是自西向东，当自西向东的纵向的力和横向的力叠加，弯道水流就会形成像弹簧一样螺旋状的流动状态。随着流速降低，水流会携带从凹岸淘出的泥沙，堆积到凸岸。凹岸的下部被河水越淘越深，其上部就会处于悬空状态。在重力作用下，岸坡就会产生崩落、崩塌或滑坡。

4.2.4　大型滑坡空间展布特征

1）呈条带状沿河谷集中分布

（1）由于河流的下切，地应力的释放，在河流两岸的斜坡上形成了较多的卸荷裂隙，其与岩体所具有构造裂隙往往形成了不利组合，使岩体的稳定性降低，从而更有利于地质灾害的形成。同时，河流的下切形成的陡长斜坡，增加了岩土体的势能，河流的侧向侵蚀作用使原本已处于平衡状态的斜坡坡脚遭受破坏，加剧了地质灾害的发生。

（2）地质灾害作为一种地貌过程，其发生规律与地貌演化息息相关，一个地区地貌的发展，总是在内动力地质作用与外动力地质作用的共同影响下，内动力地质作用使本区持续抬升，而外动力地质作用则趋向于使岩土体向低处运动，而河谷地区正是外动力地质作用的主要堆积场所。

（3）由于河流为本区的地区性侵蚀基准面，河谷地区是地下水的集中排泄带，动水压力也能加剧地质灾害的发生。

2）明显与构造带、地震活动带展布相一致

从本次调查统计看，流域类大型滑坡的空间展布在北段沿三河断裂及洪溪－美姑断裂分布，中段基本沿美姑河断裂及美姑河向斜翼部发育；在下游段主要与NE向、NW向构造的叠加部分密切相关。

4.2.5 大型滑坡堆积体发展趋势预测

上游段的 18 处大型滑坡松散堆积体目前均处于稳定 - 基本稳定状态，个别堆积体由于受人类工程活动改造及河流冲刷作用局部有一定变形，如美姑县城城南滑坡为古滑坡堆积体上局部复活的中型滑坡，达戈村滑坡由于滑坡中部修建村道及农房开挖，导致古滑坡堆积体分为上下两个滑体，同时前缘受达戈依惹沟冲刷下部滑体有变形复活迹象。

根据大型滑坡堆积体所处的地形地貌、受河流冲刷强度、人类工程活动强度，结合区内地震及降雨的可能性，对区内 18 处的稳定性进行预测，见表 4.3。

表 4.3 上游段大型滑坡堆积体稳定性统计表

序号	滑坡堆积体名称	相对位置	河流最小宽度 /m	受河流冲刷程度	人类工程活动强度	稳定性（现状）	预测稳定性	堵河可能性探讨
1	瓦岗山滑坡堆积体	河流左岸	10	弱	中等	基本稳定	欠稳定	中
2	俄甘村滑坡堆积体	河流左岸	10	弱	中等	基本稳定	基本稳定	小
3	尔河村对门滑坡堆积体	河流左岸	11	中	中等	基本稳定	欠稳定	中
4	尔河村半坡子滑坡堆积体	河流左岸	15	弱	中等	基本稳定	基本稳定	小
5	瓦古觉滑坡堆积体	河流左岸	20	弱	较强	基本稳定	基本稳定	小
6	布衣洛滑坡堆积体	河流左岸	15	弱	较弱	基本稳定	基本稳定	小
7	抛帕前村滑坡堆积体	河流左岸	8	中	较弱	基本稳定	基本稳定	小
8	树千村滑坡堆积体	河流左岸	8	中	较弱	基本稳定	基本稳定	小
9	霸俄滑坡堆积体	河流右岸	10	小	较弱	基本稳定	基本稳定	小
10	吉波罷滑坡堆积体	河流左岸	10	小	较弱	基本稳定	基本稳定	小
11	核菓滑坡堆积体	河流左岸	9	小	中等	基本稳定	基本稳定	小
12	三河村滑坡堆积体	河流左岸	13	小	较强	基本稳定	基本稳定	小
13	美姑县城滑坡堆积体	河流左岸	13	小	强	稳定	基本稳定	小
14	达戈村滑坡堆积体	河流右岸	8	中	较强	整体基本稳定（中下部欠稳定）	欠稳定	中
15	吉曲瓦拖滑坡堆积体	河流右岸	14	小	中等	基本稳定	基本稳定	小
16	温则库滑坡堆积体	河流右岸	10	小	中等	基本稳定	基本稳定	小
17	牛洛村滑坡堆积体	河流左岸	12	小	中等	基本稳定	基本稳定	小
18	基伟村滑坡堆积体	河流左岸	10	小	较强	稳定	基本稳定	小

上游段滑坡发展趋势可能为欠稳定的大型堆积体有瓦岗山滑坡堆积体、尔河村对门滑坡堆积体和达戈村滑坡堆积体，同时美姑河巴古至峨曲古河段河流宽度较窄，一般为 8～25m，这些滑坡堆积体一旦失稳将有可能堵塞美姑河或达戈依惹河，形成堰塞湖，因此，应提高这些滑坡堆积体的关注力度，对前缘可能受河水冲刷的部位实施一定简易防护措施，同时加强对农户建房的监管，尽量减少对滑坡堆积体的扰动。

4.2.6　典型滑坡发育特征及形成机制

4.2.6.1　美姑县巴普镇古滑坡及城南滑坡

1）巴普镇古滑坡

美姑县巴普镇古滑坡位于美姑河与大过依惹河之交汇处，滑坡堆积体厚度约 50 ～ 300m，体积约为 $2\times10^8m^3$，主滑方向 300° ～ 320°（图 4.5）。地质构造上位于黄果楼箱式背斜西翼，下伏基岩为 $T_{1-2}d$ 紫红色砂岩、粉砂岩及黏土岩，地层倾向与坡向一致，倾角为 23° ～ 40°。滑坡后缘形成弧形槽，同时后缘线上断续分布有 3 个积水塘，后缘由于岩石松散，泥石流作用冲出许多不规则的冲沟。目前该滑坡处于稳定阶段，未见新的变形破坏迹象。

滑坡堆积体前部较厚，约 350 ～ 400m，后部较薄，约 45 ～ 50m（图 4.6）。根据现场调查结果，该古滑坡整体无明显变形现象。

图 4.5　美姑县巴普古滑坡（上）和城南滑坡（下）位置图

美姑县城古滑坡体的主要下伏基岩是铜街子组、嘉陵江组、雷口坡组和白果湾组，该部分岩层层面产状为 305°∠ 33°。东川组顶部发育的黏土岩为沉积软弱夹层，其产状与岩层相同，厚度薄，延续性好，含黏土矿物多，易泥化、软化，抗剪强度底。由于岩层走向与坡面走向一致，当软弱夹层遇水软化后，易于形成沿软弱夹层滑动的顺层滑坡。据区域地质资料及前人研究成果，通过恢复其原来地形地质关系，如图 4.7 所示，分析推测黄果楼背斜沿西翼与东翼发育纵张裂隙或者是早期 NE 向节理经背斜轴部的纵张作用造成深部弯曲张裂缝［图 4.7（a）］，在降雨作用下雨水沿张裂缝渗入岩体内部，进入东川组上段黏土岩层，在地下水软化下导致其物理力学性能降低成为潜在滑动面。美姑河和大过依惹沟下切至东川组黏土岩层，两河流交汇处的岩体形成临空面，在重力作用下坡体沿黏土层产生顺层滑动，形成巨型大滑坡。美姑县城区沿河左岸岩层出现反翘现象，产生向河谷方向的挤出变形，受美姑河后期冲刷左岸形成高达数十米的陡岸，滑体内完整性较好的似岩层产状与周围原始岩层产状差异较大。黏土岩层上部的石灰岩及变质砂岩沿节理面及层面移动，但滑体中原始地层结构保存基本完整［图4.7（b）］。滑坡前缘绿地带较稳定，而后缘侧壁岩石破碎。

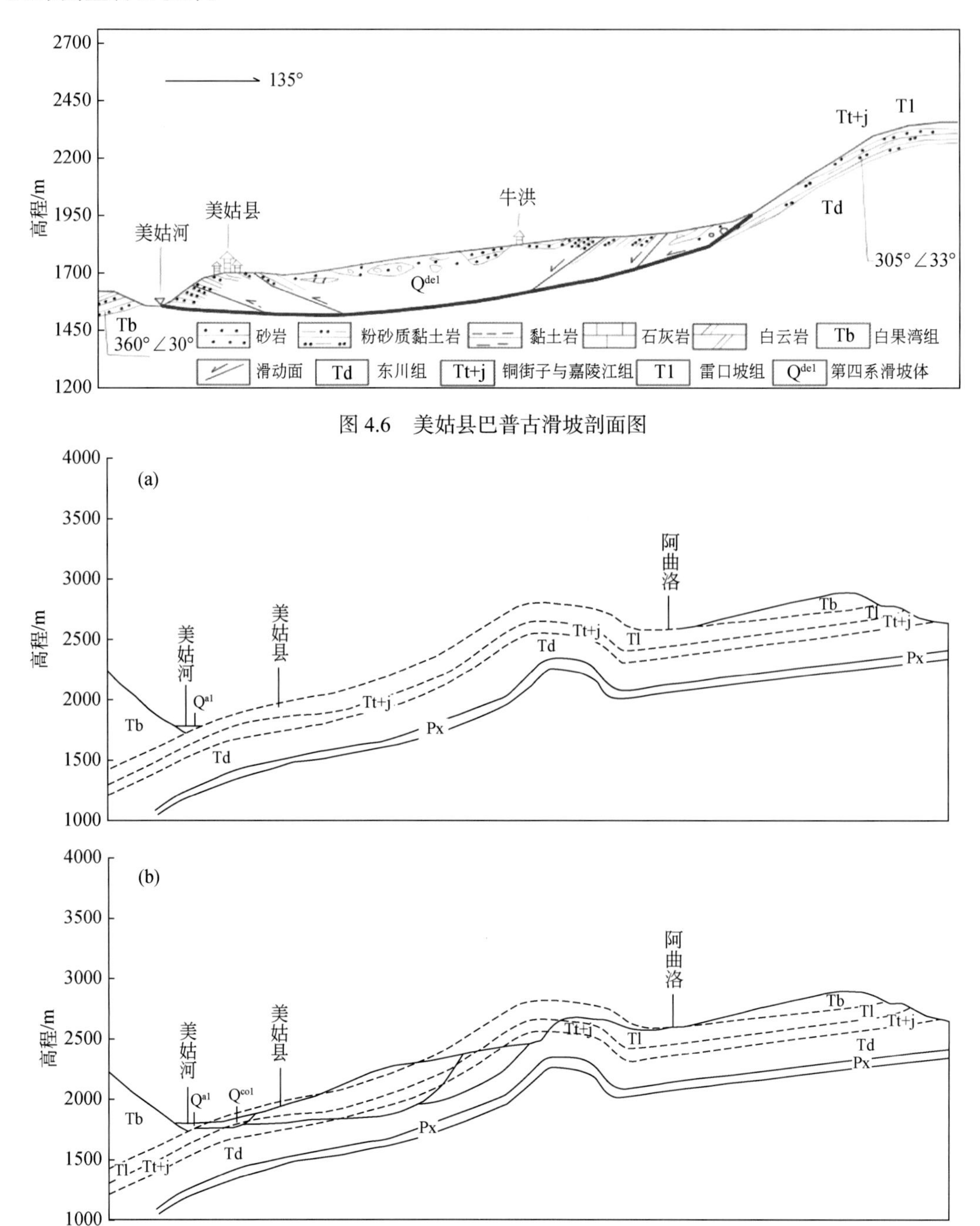

图4.6　美姑县巴普古滑坡剖面图

图4.7　美姑县巴普古滑坡变形破坏模式图（据朱永莉，2008）

（a）巴普古滑坡原始地层模式示意图；（b）巴普古滑坡形成后地形

2）美姑县城南滑坡

美姑县城南滑坡位于美姑县巴普古滑坡体上（图 4.5），是在古滑坡堆积体基础上发展发生的。近年来由于滑坡区内冲沟的冲刷、降雨以及人类工程活动的作用，使古滑坡局部复活处于蠕滑状态。在 2000 年以前，穿过滑坡的西昌—美姑公路就已经出现了持续下沉现象，公路边沟开裂。2002 年起活动加剧，新修的公路堡坎裂缝，滑坡体后缘的环城路开裂变形，滑坡体上的裂缝也在不断加宽。目前，滑体后缘和侧缘裂缝基本贯通，滑体上的裂缝也在不断加宽，前缘剪出口被公路弃土覆盖，地表没有出露。滑体后缘裂缝监测资料显示 2003 年 6 月 1 日至 7 日，监测点最大位移量达 19cm。同时在 2005 年雨季，由于该滑坡的牵引造成西侧滑块失稳，滑块后缘裂缝宽 20 ～ 30cm，前缘下沉近 30cm，使西美路挡土墙开裂破坏，危及交通。

美姑县城南滑坡体平面呈椭圆形，主滑方向 350°，长 200m，宽 130 ～ 250m，均厚 18m，总体积约 $72\times10^4m^3$，前期虽已治理但目前仍在变形。

该坡体上层为第四系块碎石土，往下依次为强风化泥质白云岩、黏土岩、中风化砂岩。软弱岩石和第四系松散土石使滑坡活动形成具备了物质基础（图 4.8），滑体范围内的岩土体结构松散，含水量高，不稳定易变形。通过土层及滑面分析，该滑坡为由浅层、中层及深层的组成的多滑面滑坡。

根据对该滑坡体上的 29 处地面位移监测点和两处深层形变监测数据，目前该滑坡体以浅层滑坡为主，持续处于变形阶段，并随大气降水的增加变形在加大。

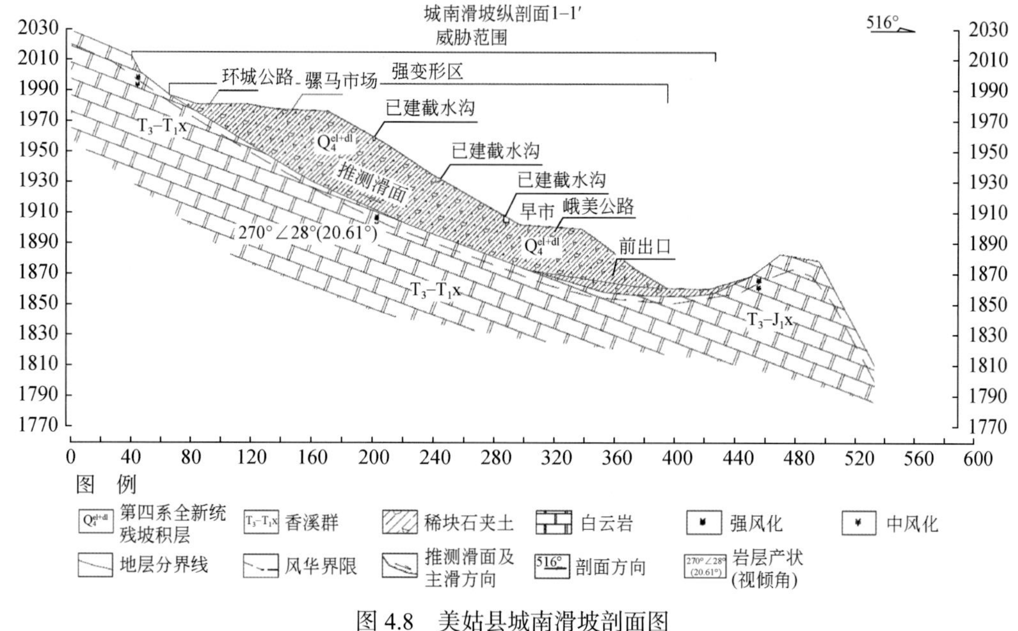

图 4.8　美姑县城南滑坡剖面图

4.2.6.2　美姑县佐戈依达乡八千洛村四组滑坡

1）滑坡基本特征

2016 年 6 月 26 日，受连续强降雨影响，位于美姑河流域右岸的美姑县佐戈依达乡八干洛村 4 组发生大型基岩滑坡灾害（103° 03′42″ E、28° 19′48″ N），共造成 5 人失踪 41 人受灾，滑坡前缘 26 户 112 人受滑坡体影响，需异地搬迁安置。

八千洛村 4 组滑坡由 H1 和 H2 两部分组成，其中 H1 为主滑坡体，规模较大；H2 滑坡为 H1 滑动后左侧缘临空产生的次级小规模滑动（图 4.9）。

H1 滑坡后缘为山脊近分水岭，左侧以山脊为界，右侧以冲沟为界，前缘以剪出口为界。滑坡发生后，后缘出现约 15 ～ 20m 的陡坎，陡坎顶部高程 2265m，堆积体前缘高程 2141m，前后缘高程相对高差 124m，地形坡度平均约 28°。滑坡体纵向斜长约 500m，平均宽度约 200m，厚度在 10 ～ 30m，平均厚度约 20m，规模约为 $2.0\times10^6m^3$，滑面为基岩层内软弱结构面，滑动方向为 300°，属大型中层推移式岩质滑坡（图 4.10）。

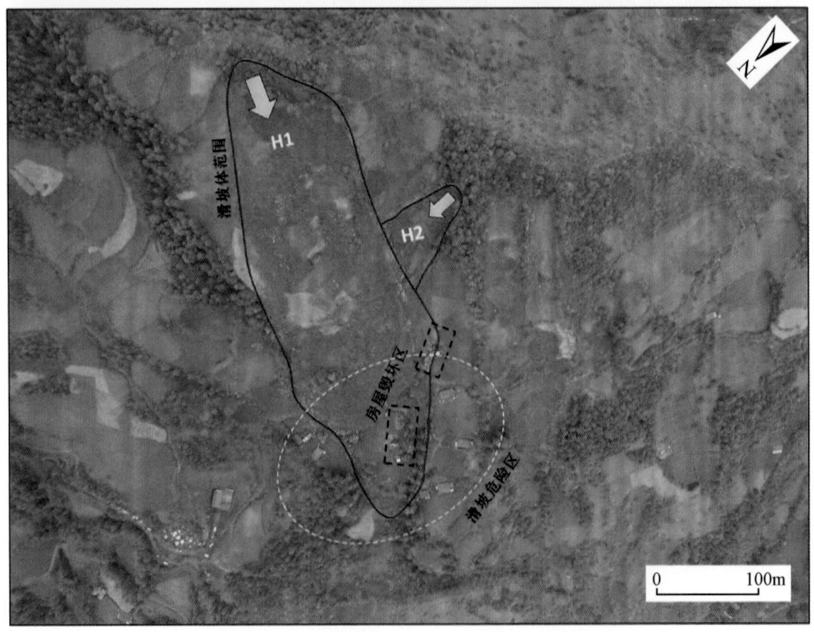

图 4.9　美姑县佐戈依达乡八千洛村 4 组滑坡遥感图

滑体物质成分为第四系残坡积粉质黏土和侏罗系中统遂宁组（J_2sn）砂岩、泥岩，其中第四系残坡积粉质黏土，结构较松散，含有一定的碎石，碎石含量约 5%，多呈次棱角状，母岩成分为泥岩、砂岩。滑坡主要变形特征为后缘形成多级台坎，后缘形成洼地，洼地宽约 5m，深约 7m，长约 50m；滑坡前缘鼓胀凸起；滑坡体两侧发育大量剪切裂缝。

H1和H2滑坡全貌

H1滑坡后缘陡坎高约15m

H1滑坡中后部松散堆积体

图 4.10　H1 和 H2 滑坡典型特征区

H1滑坡前缘及破坏房屋区域

图 4.10　H1 和 H2 滑坡典型特征区（续）

2）滑坡诱发因素

临空条件：滑坡体所处的斜坡地形坡度约 28°，整体为顺向坡，沿主滑方向上剖面呈上陡－中缓－下陡的“靴状”形态，滑坡前缘具有较好的临空条件，为滑坡发生提供了有利的地形条件。

软弱夹层：斜坡体表层由第四系残坡积粉质黏土组成，下覆侏罗系中统遂宁组 J_2sn 的砂岩夹泥岩（260°∠22°），滑坡沿着砂岩与泥岩界面发生滑动，由于砂岩岩层中节理裂缝相对发育，易于地下水渗流，而泥岩为隔水层，因此，地下水达到泥岩地层后，使得泥岩发生软化，形成软弱夹层，在砂岩与泥岩界面发生了整体滑动。

降雨激发：距离滑坡体最近的佐戈依达乡乡政府气象站数据显示，滑坡发生前出现过连续 5 天的降雨过程，加上 6 月 26 日当日降雨量，7 天累计降雨量达到 100.9mm（图 4.11）。大气降水沿坡面入渗，进入滑体，导致地下水位上升，拉张裂缝充水，降低土层强度，增加土体荷载；后缘裂隙水对滑坡产生静水压力，从而增大了滑体下滑力，诱发了滑坡的变形破坏。因此，该滑坡是由强降雨引发的降雨型基岩滑坡。

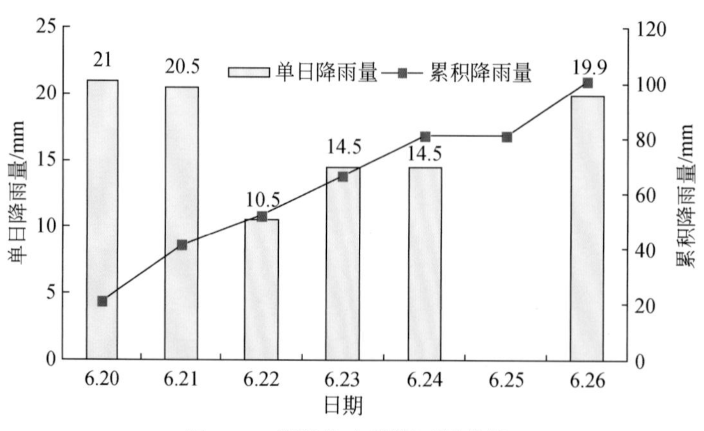

图 4.11　滑坡发生前降雨量曲线

3）滑坡区周边前期调查工作

该滑坡所在的美姑县八干洛村，2014年和2015年已分别开展了1 ：50000地质灾害图幅调查和1 ：50000地质灾害详细调查，且在周边最近直线距离为910m的位置发现了马里滑坡和距离940m的距离定了一处斜坡工程地质调查点（图4.12），但均未发现八干洛村四组地质灾害隐患点，因此也未列入美姑县地质灾害隐患群测群防范畴。通过前期资料发现，该地区的4处调查点均为顺向斜坡（表4.4），其是最易发生滑坡的斜坡结果类型。

该处滑坡之所以前期调查未被发现，究其原因是该滑坡属于大型基岩顺层深层滑坡，滑动前未发现明显迹象，隐蔽性强，因此对这一类型滑坡的早期识别是个困扰地质人员的难题。如何将大型、基岩、顺层、深层滑坡做到早发现、早预防，需要地质调查人员和地方居民的共同努力。

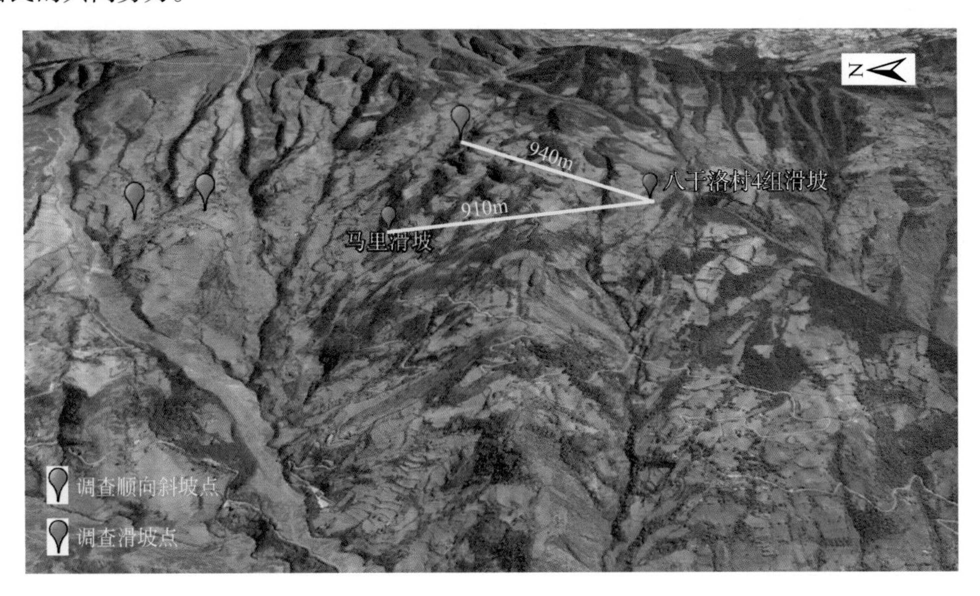

图4.12　八干洛村4组滑坡及周边前期调查点位置图

表4.4　佐戈依达乡八干洛村4组滑坡附近调查点

滑坡名称	地点	经度	纬度	坡型	坡高/m	坡顶高/m	坡底高/m	坡度/（°）	岩层产状	坡向/（°）	顺向长/m	最大宽/m
马里组滑坡	佐戈依达乡八干洛村	103°03′49″	28°20′17″	顺向坡	250	2157	1907	35	276°∠23°	279	480	350
马里4组斜坡	佐戈依达乡八干洛村	103°04′10″	28°20′05.8″		100	2300	2200	24	281°∠31°	312	280	320
2组斜坡-1	佐戈依达乡八干洛村	103°04′01″	28°20′37.9″		100	2146	2046	28	310°∠23°	273	245	265
2组斜坡-2	佐戈依达乡八干洛村	103°04′01″	28°20′46.1″		70	2232	2162	28	236°∠25°	274	165	175

4.2.6.3　美姑县巴普镇基伟村滑坡

基伟村滑坡位于巴普镇基伟村，中心地理坐标：E103° 37′ 00″，N28° 28′ 05″。基伟村滑坡是个古滑坡，其平面形态呈舌形（图 4.13），圈椅状地形明显，纵向（近 SN 向）长 750 ～ 800m，横向（近 EW 向）宽 500 ～ 550m，滑坡面积 $38.48\times10^4m^2$。主滑方向 348°，滑体厚度 17 ～ 28m，滑坡总体积 $692.64\times10^4m^3$，属大型土质滑坡（图 4.14）。

图 4.13　基伟村滑坡全貌（航拍）

1）滑坡基本特征

滑坡区属深切割构造侵蚀中山区，滑坡前缘高程 2050 ～ 2080m，后缘高程 2200 ～ 2240m，相对高差约 200m，滑坡主滑方向 326°，坡度一般 25° ～ 35°。滑坡区斜坡坡体总体上为凹形坡，主要由三叠系下统飞仙关组砂岩、泥岩及其全 - 强风化物构成；两侧及山脊为凸形坡，主要由飞仙关组砂岩构成，坡度较大。

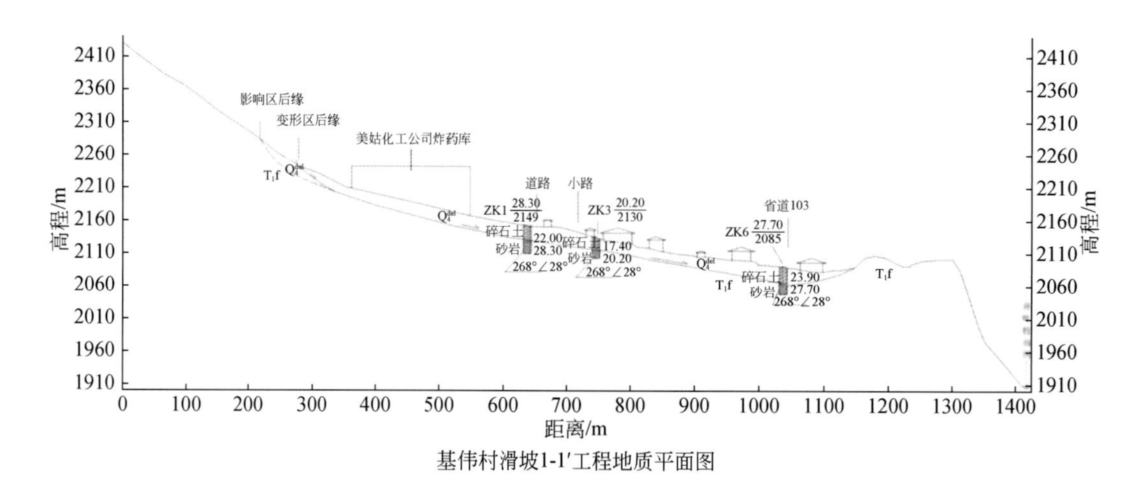

图 4.14　基伟村滑坡工程地质剖面图

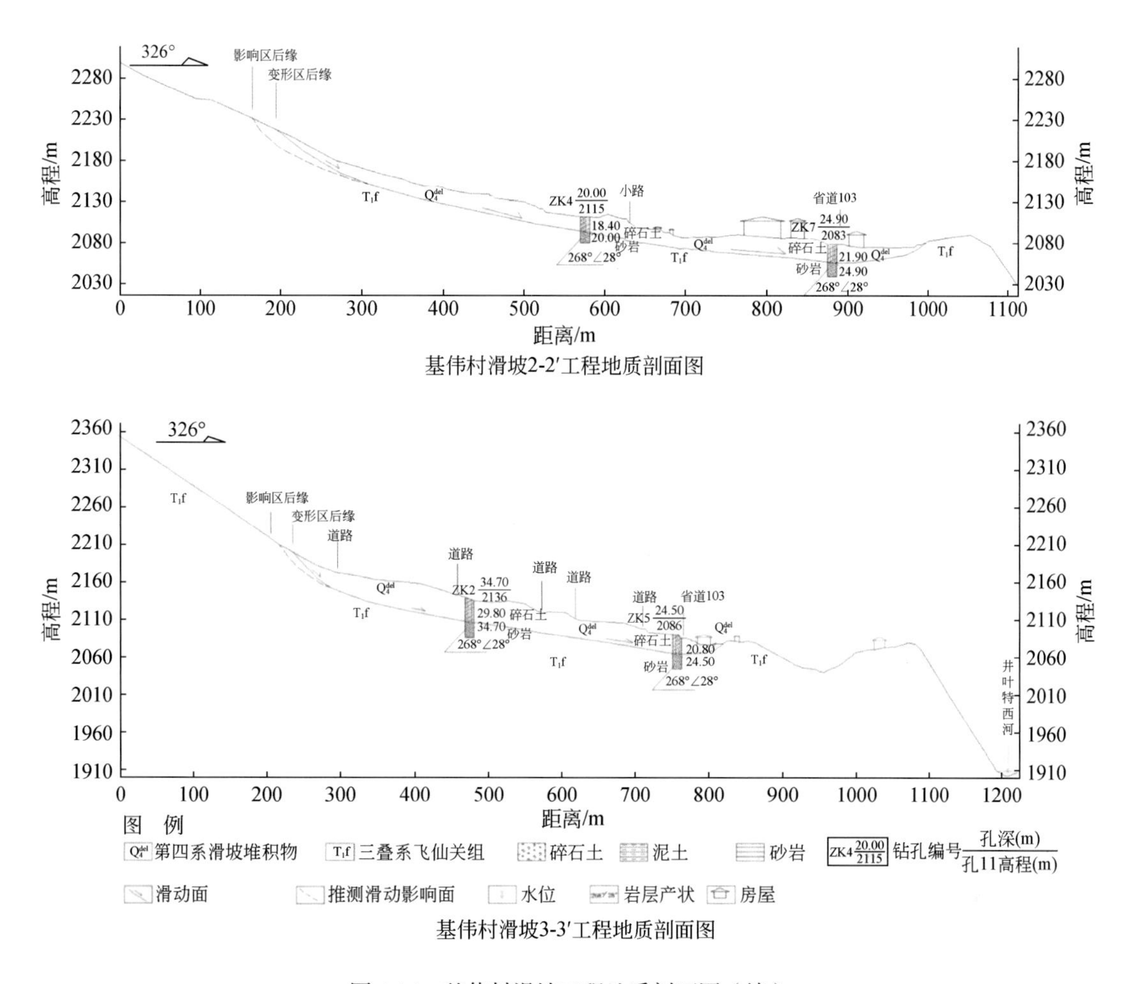

基伟村滑坡2-2′工程地质剖面图

基伟村滑坡3-3′工程地质剖面图

图 4.14　基伟村滑坡工程地质剖面图（续）

滑坡前缘至省道下方 50m，后缘位于美姑化工公司后方 60m，边界呈弧形，滑坡整体下滑，在后缘形成 5 ～ 8m 滑壁，且擦痕清晰可见。滑坡右侧边界以冲沟为界，左侧边界以山脊为界。滑坡体中前部坡度相对平缓，多为居民聚居区及耕地，居民房屋多建于该地段，工程活动较强，对地形地貌改造大；后缘坡度相对前缘较陡，为美姑县化工公司炸药库所在地，后缘多生长一些高大乔木。

基伟村滑坡为一古滑坡堆积体，滑坡体中部产生多条拉张裂缝，裂缝长 5 ～ 30m，裂缝走向约 35°，目前裂缝已消失或自然闭合。本次调查中布设的槽探工程也未发现裂缝等坡体变形现象。

滑坡体后缘可见明显滑壁，后缘下挫幅度 5 ～ 30m，滑壁为裸露基岩，坡度在 35° 以上，岩石风化现象严重，常有岩块及滑坡壁上方斜坡上的碎块石土崩落，尤其在夏季雨水期极易发生崩滑，在下方形成一定规模的松散堆积体，岩块最远已滚至美姑化工公司炸药库附近，并损毁其部分围墙（图 4.15）。

滑坡体后缘左侧有一条季节性冲沟，冲沟宽约 5 ～ 8m，深 3 ～ 5m，沟内堆积大量松散物质，在强降雨情况下易形成泥石流，冲沟出口位于化工公司后方 30m 处，直接威胁化工公司安全（图 4.15）。

基伟村滑坡的滑体物质以块碎石夹土为主，粉质黏土及角砾充填。碎石、角砾约占 50% ～ 70%，碎石粒径一般 3 ～ 6cm，少量大于 10cm，局部大于 20cm，其母岩成分主要为砂岩、玄武岩等，厚度较大，一般厚 10 ～ 20m，局部地段达 30m。底部为三叠系下统飞仙关组砂岩偶夹泥岩，表部岩石风化强烈，岩体破碎，裂隙发育，砂岩硬度较大，泥岩风化程度较砂岩严重，局部手捏易碎。

块石崩落损毁化工公司围墙

滑坡后壁下方堆积体

滑坡后缘左侧冲沟

冲沟威胁化工公司

图 4.15　滑坡堆积体变形特征

2）滑坡形成机制

基伟村滑坡是一个古滑坡，为一推移式深层土质滑坡，目前该滑坡局部在雨季处于蠕动变形状态，经调查认为按其形成过程可分析为以下两个阶段。

原始斜坡变形期：基伟村滑坡滑动前为一基岩斜坡，岩性为三叠系下统飞仙关组砂岩，基岩产状倾向坡外为一顺层坡。在坡体地表堆积有一定厚度的残坡积物以及少量的崩坡积物，残坡积物主要为砂岩及玄武岩风化后产物，而崩积物则主要为坡体后缘发生崩塌后堆积形成，堆积物受前部山坡阻挡堆积形成堆积体（图 4.16、图 4.17），斜坡后部则堆积物厚度相对较薄；由于原始斜坡结构为松散的残坡积碎块石土，稳定性较差，在地震或者暴雨的作用下，土体自重增加，导致斜坡开始发生变形破坏，斜坡后部则沿力学性质相对较差的基岩层面滑动，乃至形成滑坡体后缘岩质滑壁。从现场钻探揭露情况来看，滑坡体后部的 ZK1、ZK2、ZK3 及 ZK4 钻孔中，靠近基岩面处碎石土中石质含量较高，约占 80% ～ 90%，而滑坡体前缘的钻孔 ZK5、ZK6 及 ZK7 中，粉质黏土含量较高，这点也成为滑坡体前期变形分析正确性的佐证。

滑坡局部复活：在人类活动的作用下，在基伟村滑坡体上进行农田改造，栽种苹果、梨树等经济林木，修建大量房屋，改变了原始地形地貌，大量的人类工程活动，加之降雨影响，使坡体中后部局部地带复活，产生地面裂缝等变形。

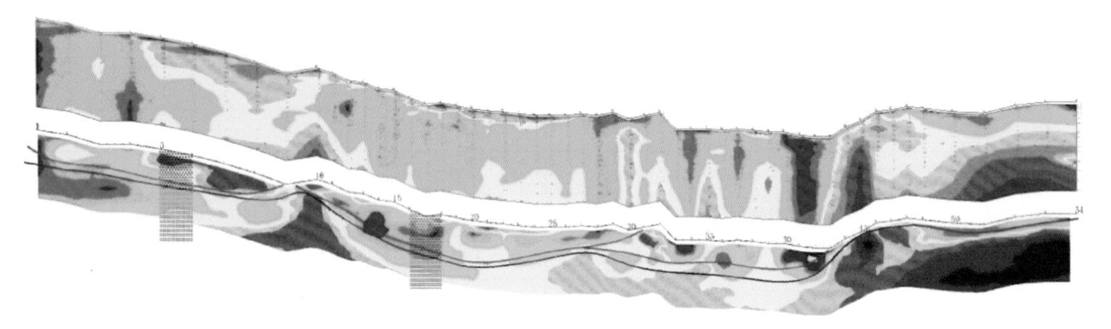

图 4.16　剖面 1-1′ 物探解译图

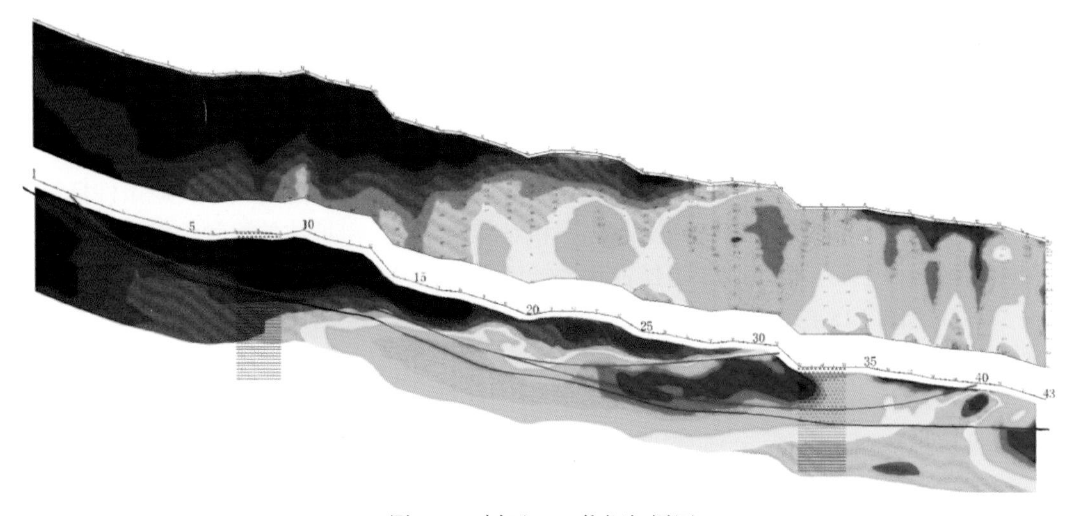

图 4.17　剖面 3-3′ 物探解译图

3）滑坡稳定性分析

根据滑面的形态，采用以极限平衡理论为依据的折线形滑面条分法和传递系数法来计算滑坡稳定性，根据勘探工作确定的滑面、水位等各项数据，对各计算剖面进行条分，再运用传递系数法对各剖面的稳定性进行计算。

本次基伟村滑坡对 1-1′ 剖面、2-2′ 剖面及 3-3′ 剖面均进行了稳定性计算，计算结果显示。

各剖面在天然条件下均处于稳定状态，稳定性系数分别是 2.404、2.803 及 2.178；在暴雨条件下处于稳定状态，稳定系数分别为 1.897、2.105 及 1.630；在地震条件下处于稳定状态，稳定性系数分别为 1.486、1.645 及 1.378（表 4.5）。

鉴于美姑县基伟村滑坡目前整体稳定性较好，但滑坡中后部局部地段有变形迹象，建议对目前变形地段采用挡土墙或抗滑桩进行支档。

表 4.5　各剖面计算成果表

计算工况	剖面号	稳定系数（F_s）	安全系数	剩余推力 /（kN/m）	评价结果
自然工况	1-1′ 剖面	2.404	1.25	0.00	稳定
暴雨工况		1.897	1.15	0.00	稳定
地震工况		1.486	1.15	0.00	稳定
自然工况	2-2′ 剖面	2.803	1.25	0.00	稳定
暴雨工况		2.105	1.15	0.00	稳定
地震工况		1.645	1.15	0.00	稳定
自然工况	3-3′ 剖面	2.178	1.25	0.00	稳定
暴雨工况		1.630	1.15	0.00	稳定
地震工况		1.378	1.15	0.00	稳定

4.2.6.4　侯古莫场镇后山滑坡

侯古莫乡场镇后山滑坡位于侯古莫乡八呷村（102°57′14.0″E，28°20′10.2″N），距离美姑县城约 30km，距离牛牛坝乡约 10km。滑坡前缘有一条乡道通过，交通条件良好。坡脚高程约为 1560m，坡顶高程约 1600m，相对高差 40m。滑坡体的两侧沟谷较发育，相对深度一般 8 ～ 15m。滑坡前缘为侯古莫乡场镇所在，包含卫生院、学校、乡政府、集市等公共设施（图 4.18）。滑坡直接威胁对象为美姑县侯古莫乡居民区、学校约 300 人及主要街道，潜在经济损失约为 700 万元。

1. 滑坡基本特征

滑坡区地势西高东低，呈倾斜状，斜坡总体上为凸形坡，主要由侏罗系上统（J_3sn）粉砂质泥岩、砂岩及其全－强风化物构成；两侧及山脊为凸形坡，坡度一般 30° ～ 40°。

滑坡平面形态呈圈椅状地，纵向上坡顶上陡下缓，前缘为居民聚居区，坡体中后部均有居民分布，前缘以乡镇所在房屋后方为界，后缘以碎石道路产生裂缝位置为界，左侧以冲沟为界，右侧以冲沟为界，滑坡体纵向长（近 EW 向）250 ～ 280m，横向（近 SN 向）宽 240 ～ 280m，滑坡面积 $8.86\times10^4m^2$。主滑方向 88°，滑体厚度 3 ～ 5m，滑坡总体积 $35.44\times10^4m^3$，该滑坡为浅层中型滑坡。

图 4.18　侯古莫乡场镇滑坡全貌图

该滑坡最早发现于 2011 年 8 月，由于前缘开挖坡脚，导致前缘产生小规模溜滑现象，溜滑体约为 $80m^3$，同时滑坡后缘公路处也产生一条拉裂缝，从滑坡体产生变形迹象开始，一直处于蠕动变形状态，其变形破坏方式主要为树木歪斜、挡墙变形、地面裂缝、局部溜滑 4 种方式，具体如下。

树木歪斜：滑坡体中下部受滑坡的影响土体发生滑塌，导致树木歪斜，形成“马刀树”，倾斜程度最大可达 30°。

前缘挡墙变形：滑坡前缘居民房屋后方修建房屋时开挖坡脚后修建了高约 3m，宽约 0.5m 的挡土墙，目前挡墙已发生局部变形。墙体受滑坡推力影响，产生鼓胀，其水平位移为 3 ～ 5cm。

地面裂缝：滑坡地面裂缝 L1 在平面上主要分布于滑坡后缘，裂缝走向约 171° ～ 175°，裂缝延伸长约 10m，宽约 10cm，深度约 0.2m，该裂缝形成于 2015 年 8 月。裂缝 LF2 分布于滑坡后缘，裂缝走向约 13° ～ 18°，裂缝延伸长约 8m，宽约 10 ～ 20cm，深约 0.2m，下错深度约 5 ～ 15cm，该裂缝形成于 2011 年 8 月（图 4.19）。

图 4.19　滑坡前缘挡墙鼓胀变形（左）和后缘地裂缝 L1（右）

坡面局部溜滑：在滑坡体局部陡峭地段多处发生溜滑现象，特别是公路开挖形成边坡在雨季常常有边坡垮塌。

2. 滑坡物质组成及结构特征

根据钻探、槽探、物探等手段揭示出了滑坡体的物质组成、滑体特征、滑床特征及滑带特征，共布设钻孔 9 处，累计进尺 200.8m，布设探槽 12 处，累计方量 $98m^3$（图 4.20）。布设前缘的 ZK7、ZK8、ZK9 号钻孔均揭示了河床砂卵砾石（图 4.21、图 4.22），反映滑坡堆积体盖在河床上。

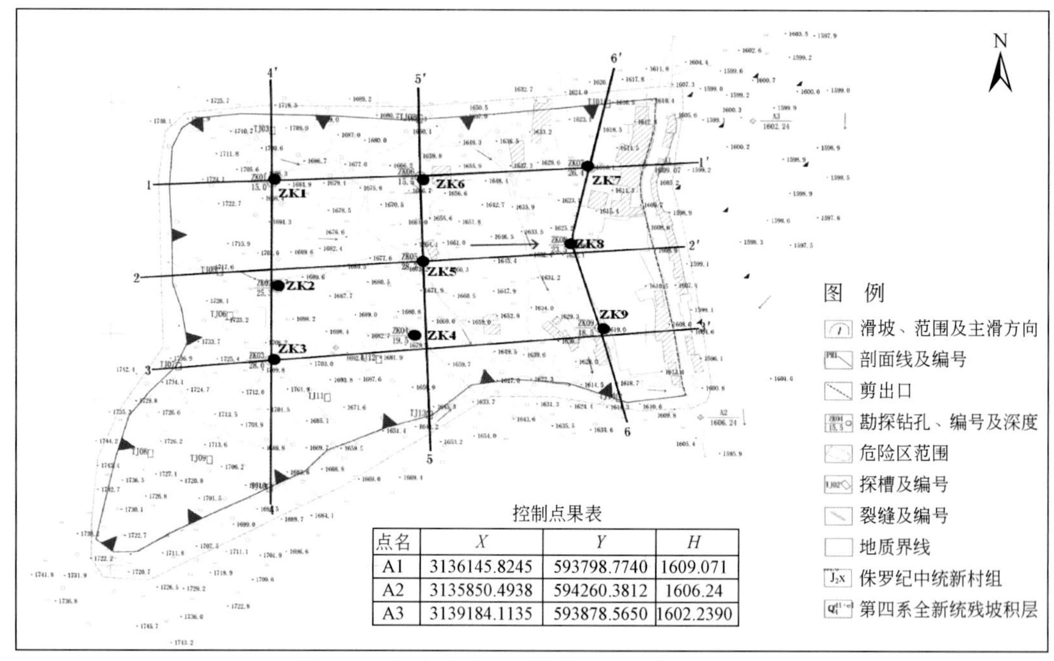

点名	X	Y	H
A1	3136145.8245	593798.7740	1609.071
A2	3135850.4938	594260.3812	1606.24
A3	3139184.1135	593878.5650	1602.2390

图 4.20　侯古莫乡后山滑坡工程地质平面图

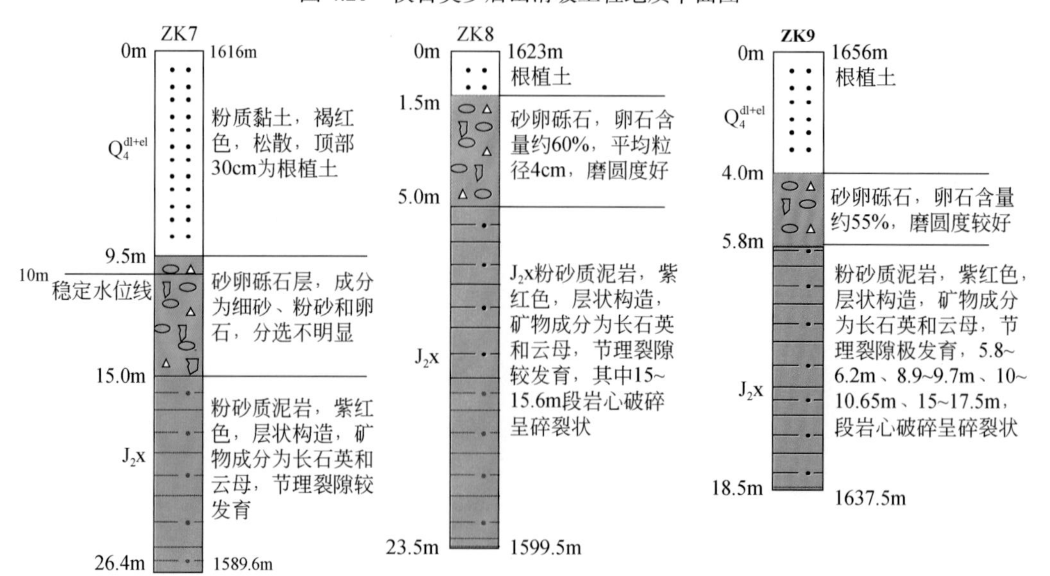

图 4.21　侯古莫乡滑坡前缘 ZK7、ZK8、ZK9 号钻孔岩性柱状图

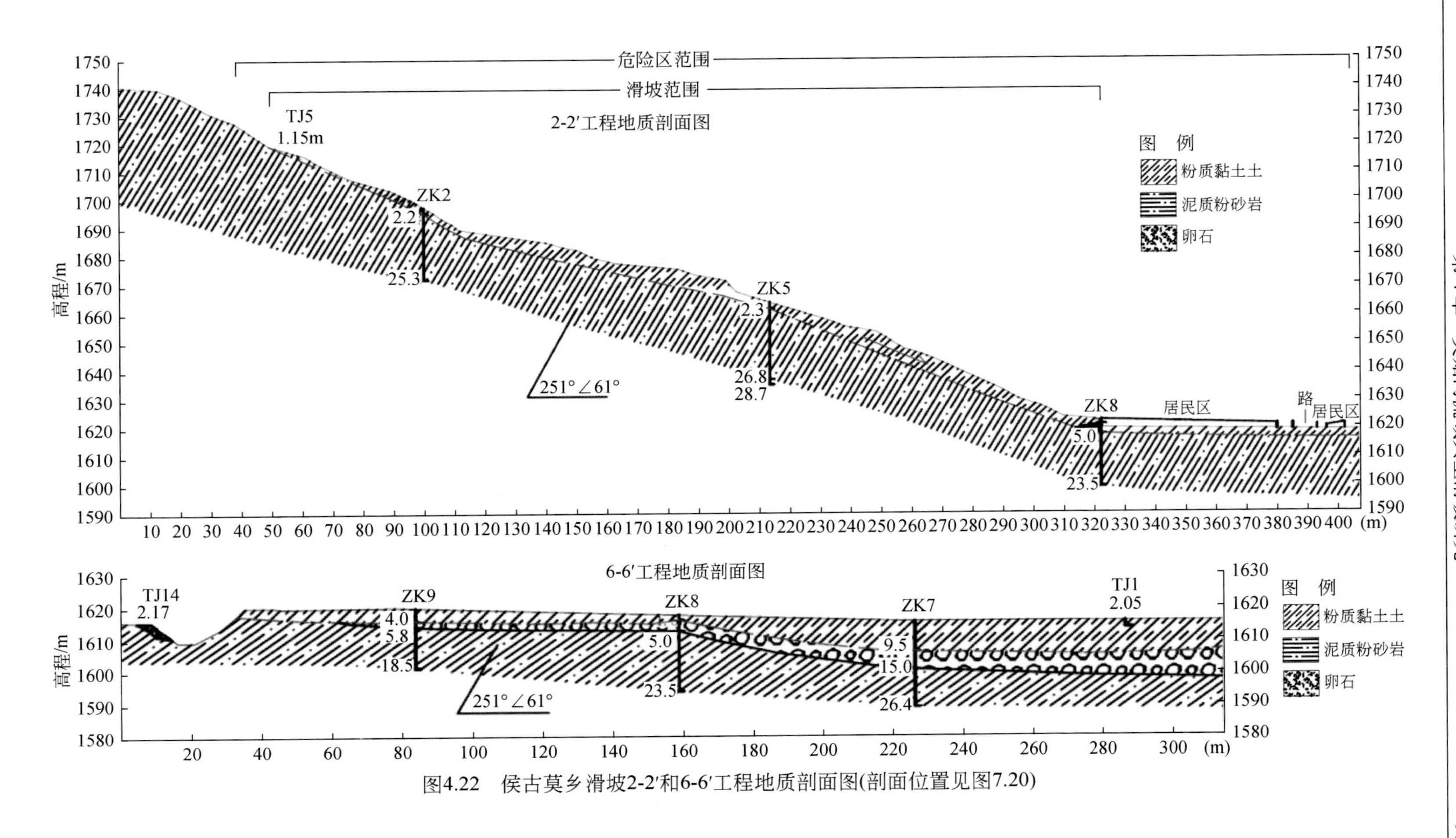

图4.22　侯古莫乡滑坡2-2′和6-6′工程地质剖面图(剖面位置见图7.20)

物质组成：上覆第四系全新统残坡积层（Q_4^{dl+el}），下伏基岩为侏罗系中统新田沟组（J_2x）粉砂质泥岩。

滑体特征：滑体物质主要由第四系滑坡堆积（Q_4^{del}）粉质黏土组成。该层土主要分布在斜坡表层。滑坡两侧薄，中部厚。一般主要为粉质黏土，褐红色，可塑状态，稍湿，稍具光泽反应，碎石含量5%～15%不等。碎石，砾石呈次棱角状-棱角状，中风化。顶部0.3m含大量植物根系。

滑床特征：滑床物质主要为侏罗系中统新田沟组（J_2x）粉砂质泥岩，紫红色，层状构造，矿物成分主要为长石，石英及少量云母。岩层呈单斜产出，出露的岩层产状为251°∠61°。

滑带特征：滑带位于基覆界面处，物质为含砾粉质黏土，红褐色，可塑状，含少量角砾，无摇震反应。具有明显的易稀手、滑腻感。

3. 降雨条件下滑坡稳定性数值模拟

根据研究区域的工程地质概况，结合现场调查和室内试验，采用有限差分软件$FLAC^{3D}$建立了滑坡的数值模型，分析了降雨入渗条件下、不同降雨历时对滑坡稳定性的影响。

1）模型建立

在强降雨情况下，侯古莫乡场镇后山滑坡曾经产生一条裂缝，发生过垮塌，因此，研究该滑坡在降雨作用下的变形性状具有一定的必要性。考虑实际情况与计算设备的计算能力，使用假三维模型进行计算分析。

根据实测主剖面利用CAD软件建立了侯古莫乡场镇后山滑坡的三维模型，其中x方向范围为0m至270m，y方向范围为0m至50m，z方向范围为0m至40m。将所建立的

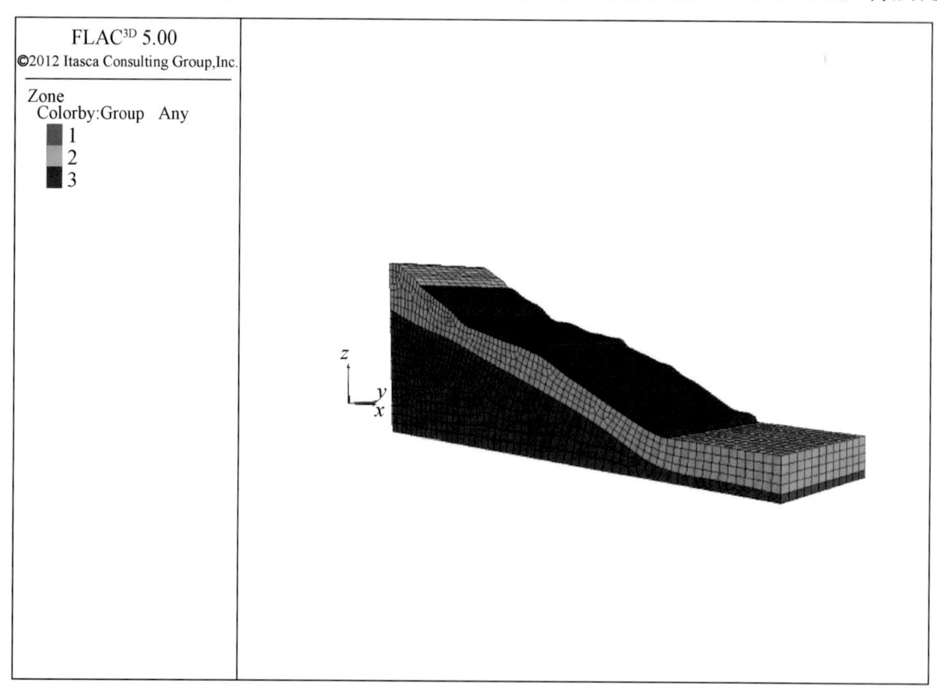

图4.23　网格划分后计算模型

三维模型在ANSYS中进行网格剖分之后，导入至FLAC^{3D}进行计算，构建的计算模型采用四节点四面体网格单元，共划分出17321个单元，18786个节点，网格划分后计算模型如图4.23所示。

通过现场调查、钻探以及室内试验工作，得到了侯古莫乡场镇后山滑坡的地层结构以及相关岩土体的物理力学参数。滑体物质主要由第四系滑坡堆积（Q_4^{del}）粉质黏土组成，该层土主要分布在斜坡表层，滑床物质主要为侏罗系中统新田沟组（J_2x）粉砂质泥岩，相关岩土体的物理力学参数如表4.6所示。

表4.6　计算模型岩体参数取值表

岩性	体积模量（K）/GPa	剪切模量（G）/GPa	内聚力（c）/MPa	内摩擦角（φ）/(°)	抗拉强度（T）/MPa	密度（γ）/(kg/m^3)
粉质黏土	0.1	0.03	0.007	21	0.001	1906
粉砂质泥岩	5	4	2.3	29	2.6	2300

2）分析方法选择

降雨条件下的边坡稳定性分析的关键在于降雨量的大小以及渗流参数的选取，参数选取的适当与否，将直接影响数值模拟计算结果的准确性。

根据收集到的美姑县30年来的降雨资料，侯古莫乡场镇后山滑坡所在的美姑县历史单日最大降雨量为2000年6月24日的110.3mm，因此，为模拟实际情况，数值分析的降雨量大小选择为110mm/d，即1.15×10^{-6}m/s，为分析不同的降雨历时对边坡变形性状的影响，分别模拟降雨过程持续1d、3d、5d 3种情况，并与天然无降雨工况下进行对比。

结合实际情况，模型的力学边界条件为：底部全约束、前后左右的边界为法向约束，边坡自由表面不约束；模型的渗流边界条件为：边坡表面为接受降雨入渗的边界，边坡坡左、右、后三边界为不可透水边界，即边界上的节点与外界没有流体交换发生，而边坡的底部边界即z=0m处为固定水头边界，此边界上节点可与外界发生流体交换以使得地下水渗流从此边界上流出。

结合工程地质勘察情况，边坡的地下水水位设置在z=10m处，而自由水面之上的初始非饱和区压力水头则根据节点与自由水面的垂直距离按经验确定。

根据前述研究可知，侯古莫乡场镇后山滑坡的粉质黏土饱和渗透系数取为最大值，约为2.5×10^{-6}m/s，数值计算中即采用该值进行相应换算后得到FLAC^{3D}计算所需的黏土饱和渗透系数。粉质黏土下伏的粉砂质泥岩地层的饱和渗透系数则取为粉质黏土饱和渗透系数的0.1倍，可近似为不透水地层。流体体积模量K_f则取室温下纯水的体积模量即2×10^9Pa，流体密度为1000kg/m^3，孔隙率采用FLAC^{3D}的默认值即0.5，相应的比奥系数则为0.6，将抗拉强度设置为无限大以适应非饱和渗流参与计算的需要。

降雨条件下的边坡变形性状分析过程如下：首先设置边界条件及地下水位，自由水面以上设置为非饱和区，然后进行初始应力计算，初始应力计算完成之后清零进行流固耦合计算；流固耦合方法选择时考虑降雨对边坡的稳定性分析为孔压扰动，根据前述基础理论选择两步法进行，即首先关闭力学计算过程进行降雨条件下的单渗流分析，单渗流分析过程中需根据前述土水特征曲线及非饱和渗透系数函数对非饱和区的渗透系数进行实时更新以接近实际情况，尔后降雨完成之后关闭渗流分析进行力学分析，计算孔压场的改变对力学场的影响。为分析不同的降雨历时对边坡稳定的影响，渗流分析过程中分别将降雨持续时间设置为 1d、3d、5d。

3）计算结果及分析

工况 1：天然状态下坡体应力应变特征。

建模完成之后，我们首先要对模型进行验证，查看其在天然状态下的稳定性及变形情况。经过 4900 步迭代，计算出最大不平衡力为 1.80×10^{7}N，最终收敛于 5.2×10^{-5}N。天然状态下最大不平衡力如图 4.24 所示。

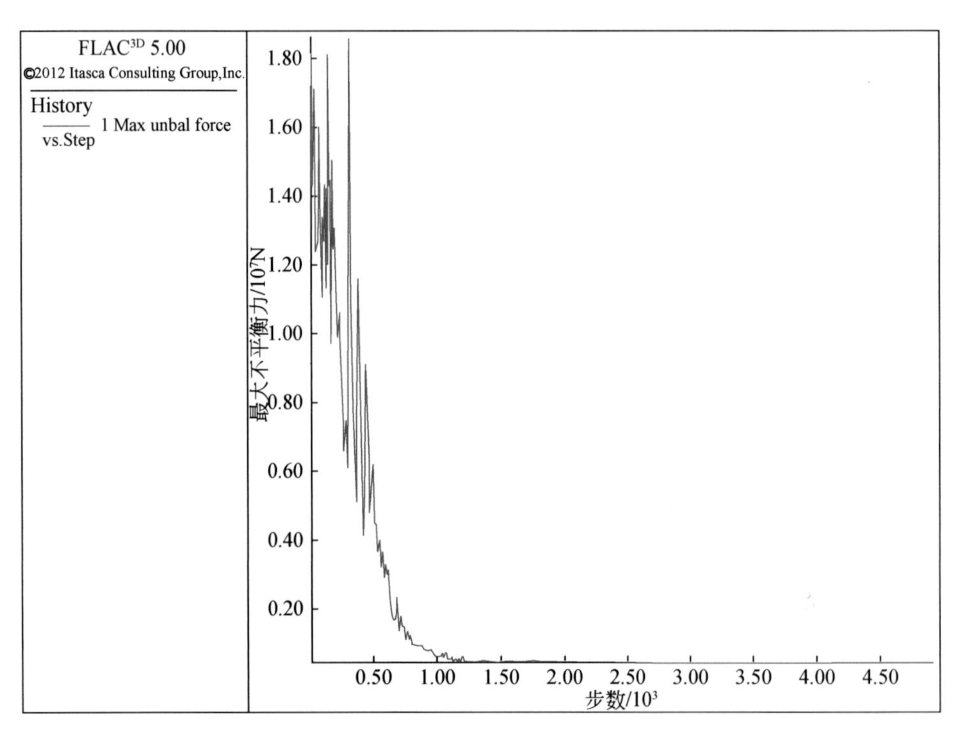

图 4.24　天然状态下最大不平衡力

工况 2：不同工况情况下计算结果及分析。

完成不同降雨条件下的边坡变形性状的计算之后，需分析降雨对边坡的影响以及不同的降雨条件造成的结果之间的差异。表征边坡稳定性的力学指标主要为边坡位移；同时，对于考虑上部非饱和而言，降雨之后的孔隙压力分布反映了降雨过后正负孔隙压力分布情况揭示了降雨对边坡造成的最直接影响。

边坡降雨之前，地下水位以上为非饱和区，图 4.25 为边坡降雨 1d 之后的孔隙水压力分布云图，图 4.26、图 4.27 依次为降雨 3d、5d 后的孔隙水压力分布云图。分析图中情况发现，降雨 1d 后，边坡的非饱和区范围减小，边坡表面形成暂态饱和区，并且与下部的饱和区相连，非饱和区的最大负孔隙水压力位置发生变化，从非饱和区的最上部移至中部甚至于最下部；并且随着降雨时间的增长，边坡非饱和区逐渐减小而饱和区则逐渐增大。说明随着降雨的发生，雨水逐渐下渗，但是在降雨 5d 后仍然存在非饱和区，表明还需足够长的降雨时间才能使边坡坡体完全湿润。降雨导致孔隙水压力的合理变化也表明设置非饱和区域、调整非饱和水力参数来进行非饱和渗流计算是可行的。

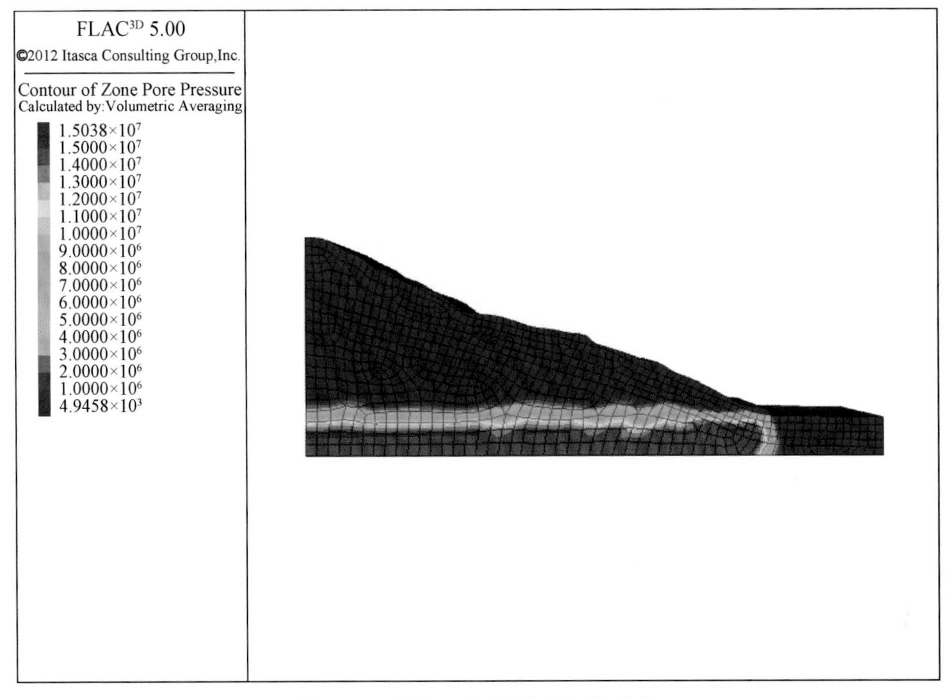

图 4.25　降雨 1d 后孔隙水压力分布

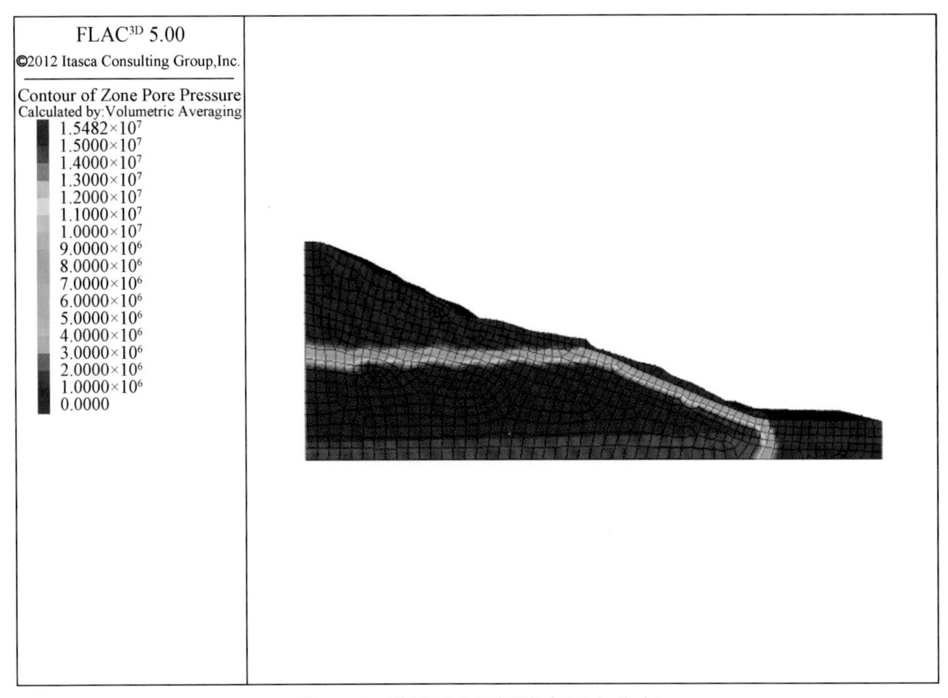

图 4.26　降雨 3d 后孔隙水压力分布

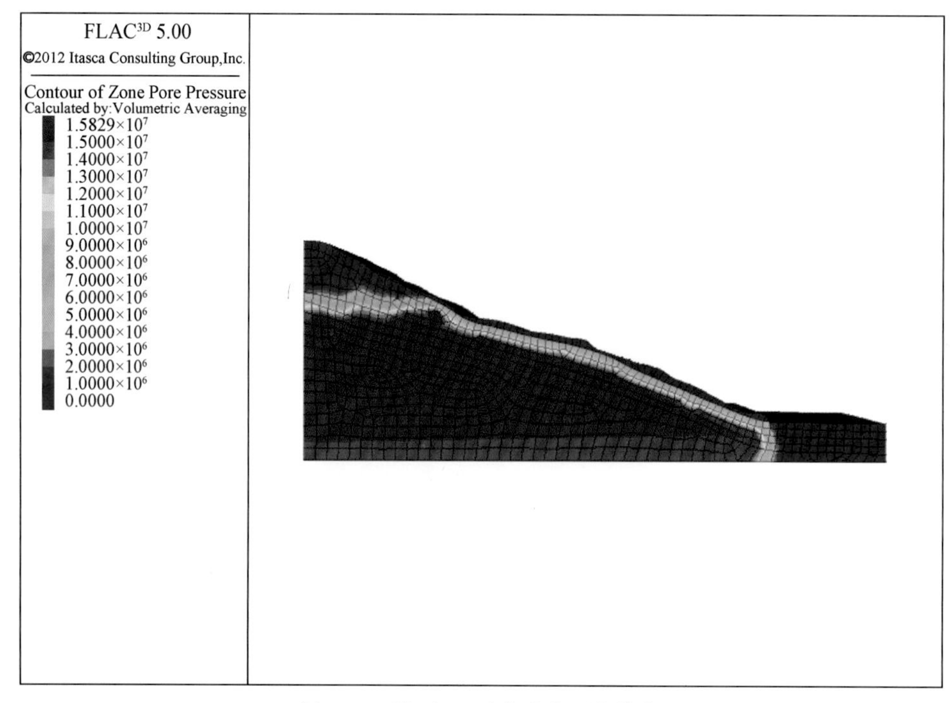

图 4.27 降雨 5d 后孔隙水压力分布

边坡位移云图可反映边坡在接受降雨之后发生位移的大小，是表征边坡变形的一个重要参数，图 4.28 ～图 4.31 分别表示无降雨、降雨 1d、3d、5d 之后边坡 x 方向位移云图。从 x 方向位移云图里看，天然状态下位移集中于坡体后缘，在降雨持续作用下随水位上升

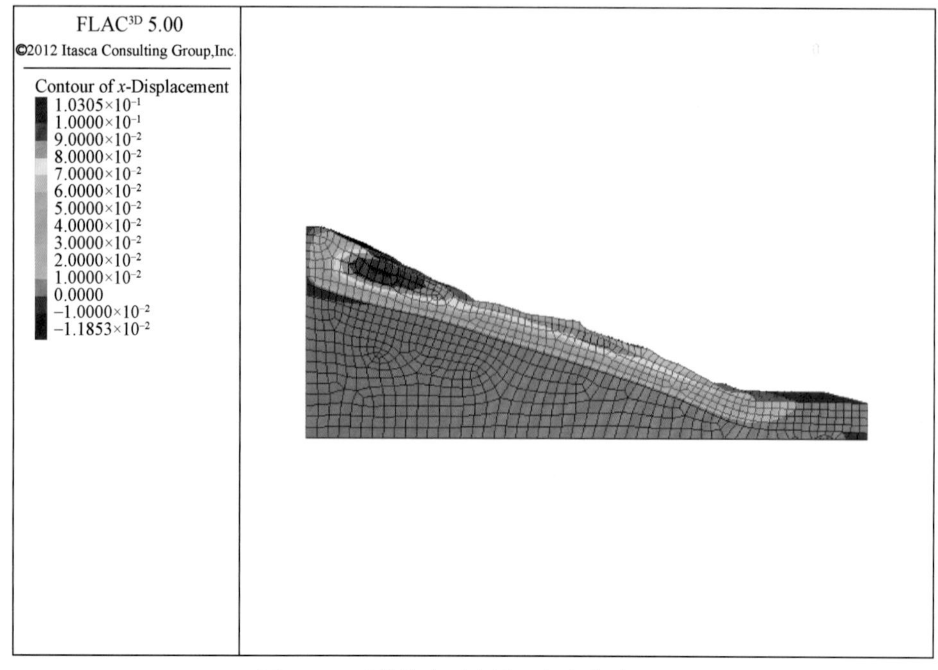

图 4.28 天然状态下边坡 x 方向位移云图

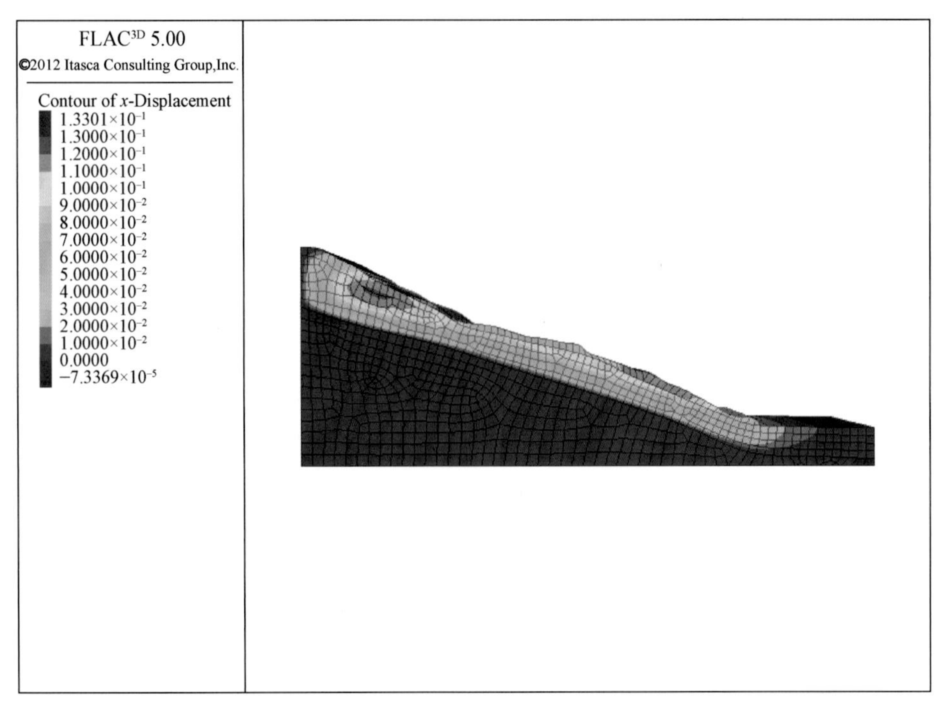

图 4.29　降雨 1d 后边坡 x 方向位移云图

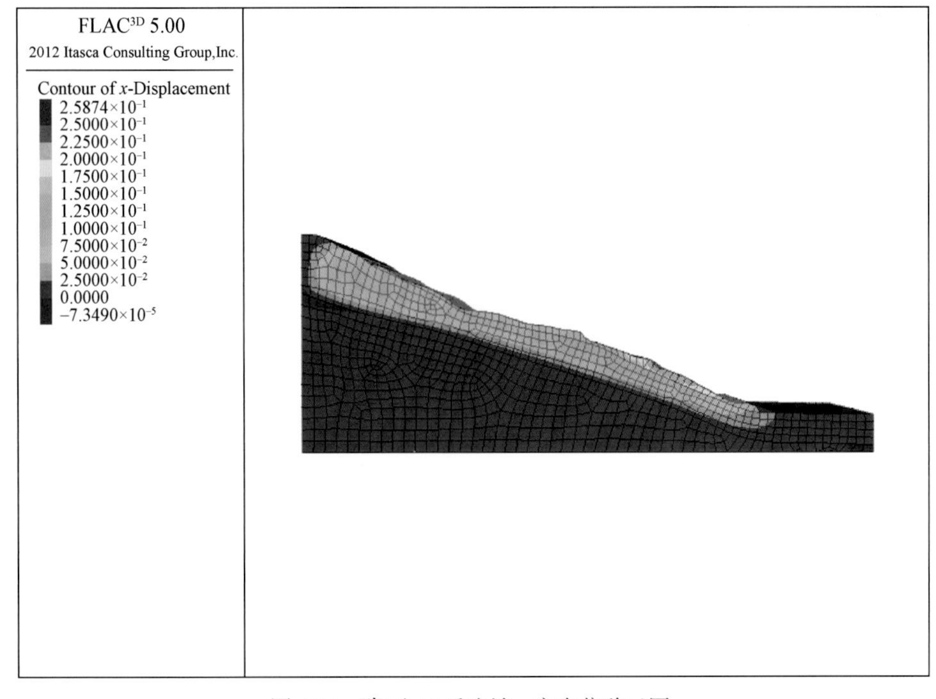

图 4.30　降雨 3d 后边坡 x 方向位移云图

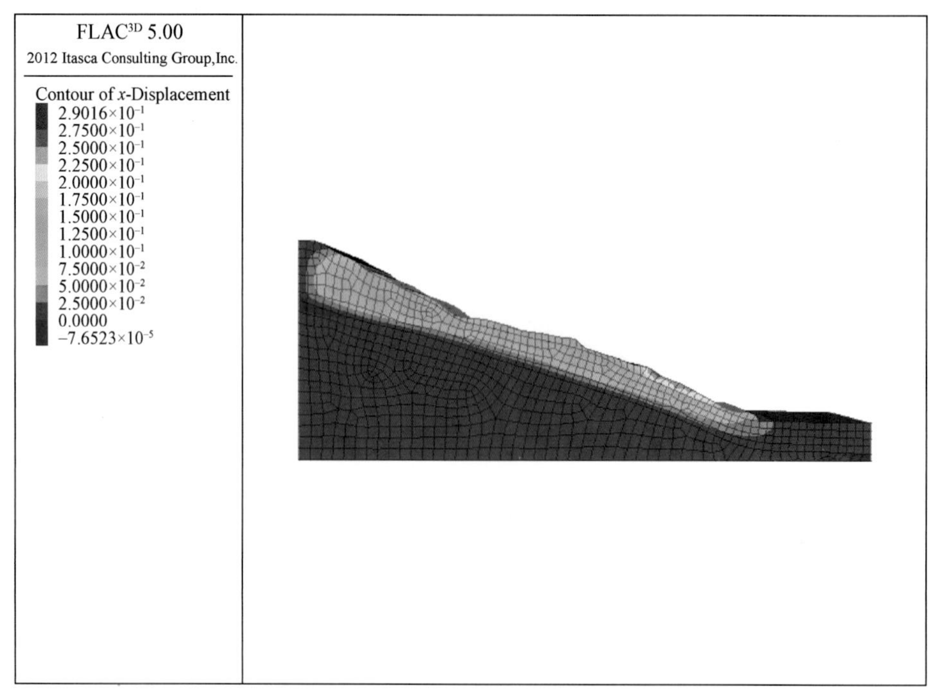

图 4.31 降雨 5d 后边坡 x 方向位移云图

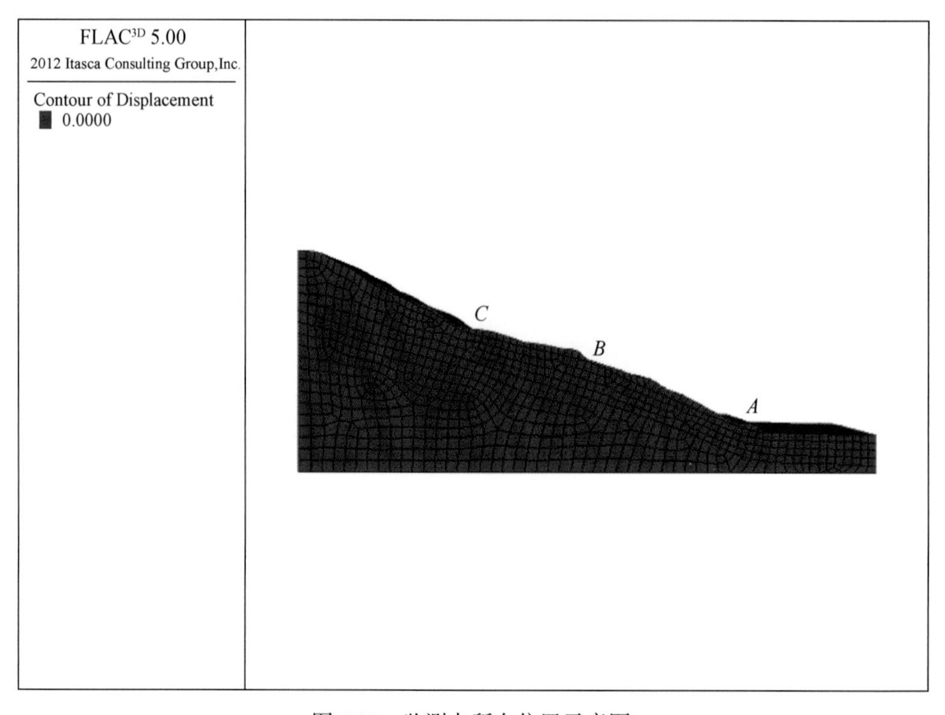

图 4.32 监测点所在位置示意图

应力逐渐集中于坡脚，x 方向最大位移在坡脚处比在坡顶大。另一方面，当降雨历时由 1d 逐渐增大时，边坡位移的极值出现明显的增大，表明随着降雨历时的延长，边坡逐渐表现出不稳定的特性，降雨 1d 工况下边坡的最大位移为 13.30cm，降雨 3d 工况下边坡的最大位移为 25.87cm，到降雨为 5d 工况下边坡的最大位移为 29.01cm。这一点，可以通过提取不同降雨历时条件下边坡不同监测点的位移来进行定量的对比分析，监测点所在位置如图 4.32 所示。

结合位移云图，对图 4.33 进行分析，A、B、C 监测点分别位于边坡的坡脚、坡体中部、坡顶处。天然状态下、降雨 1d 后、降雨 3d 后和降雨 5d 后 A 监测点的 x 方向位移分别为 4.4mm、9.3mm、12.1mm 和 15.1mm，天然状态下、降雨 1d 后、降雨 3d 后和降雨 5d 后 B 监测点的 x 方向位移分别为 5.2mm、9.2mm、10.4mm 和 11.2mm，天然状态下、降雨 1d 后、降雨 3d 后和降雨 5d 后 C 监测点的 x 方向位移分别为 5.1mm、7.1mm、7.6mm 和 8.3mm，A、B、C 监测点中各点的位移随着降雨历时的增加逐渐增大，表明接受降雨入渗之后，从坡脚到坡顶边坡位移逐渐增大，不稳定性增加，与上述云图分析结果一致。

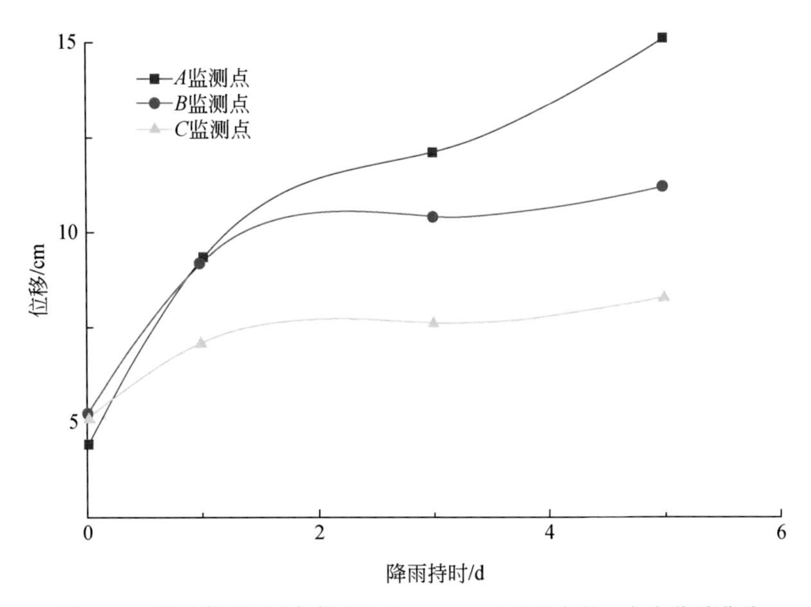

图 4.33 不同降雨历时条件下边坡 A、B、C 监测点的 x 方向位移曲线

变形速度同样是反映边坡变形的参数之一，图 4.34～图 4.37 分别表示无降雨、降雨 1d、3d、5d 之后边坡的变形速度云图。分析发现，不论降雨历时多少，变形速度较大的地方皆出现在斜坡面与坡顶面的交界处，表明此处最容易发生破坏；同时，随着降雨历时的增加，变形速度的极值不断增大，表明降雨历时的长短会对边坡的稳定性产生影响。

通过上述对降雨条件下侯古莫乡场镇后山滑坡模拟结果的对比分析可以得出以下几点：在强降雨入渗条件下，边坡入渗将改变原有的渗流状态，降雨的持续入渗将导致非饱和区的减小以及边坡表层暂态饱和区的出现，其结果是减小了滑体的抗剪强度，而随着降雨历时的增加，非饱和区的范围逐渐减小。降雨入渗条件下，斜坡后缘发生较大位移，同时斜坡表面以及坡顶面处形成一剪切变量增大带，随着降雨历时的增加，位移极值不断增大，表明随着降雨时间的增加，边坡的不稳定性逐渐增大，需及时预防。

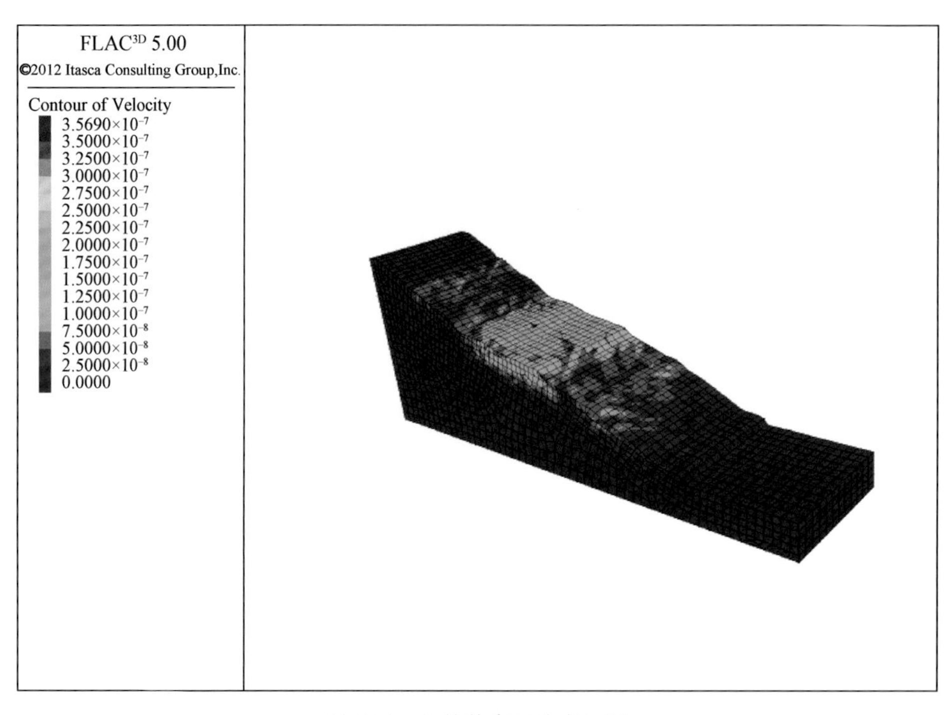

图 4.34 天然状态下速度云图

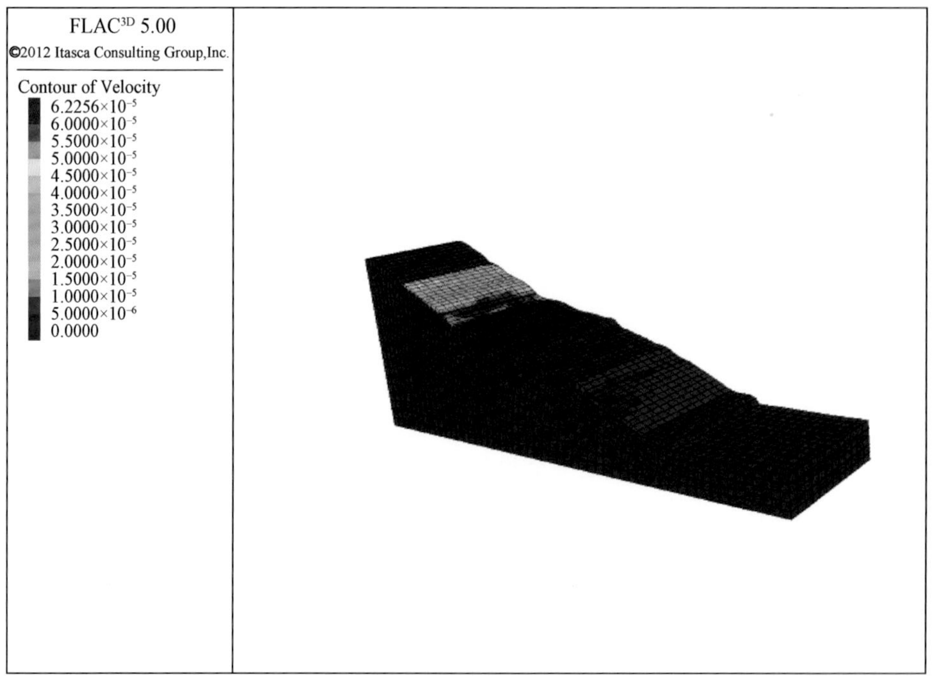

图 4.35 降雨 1d 后速度云图

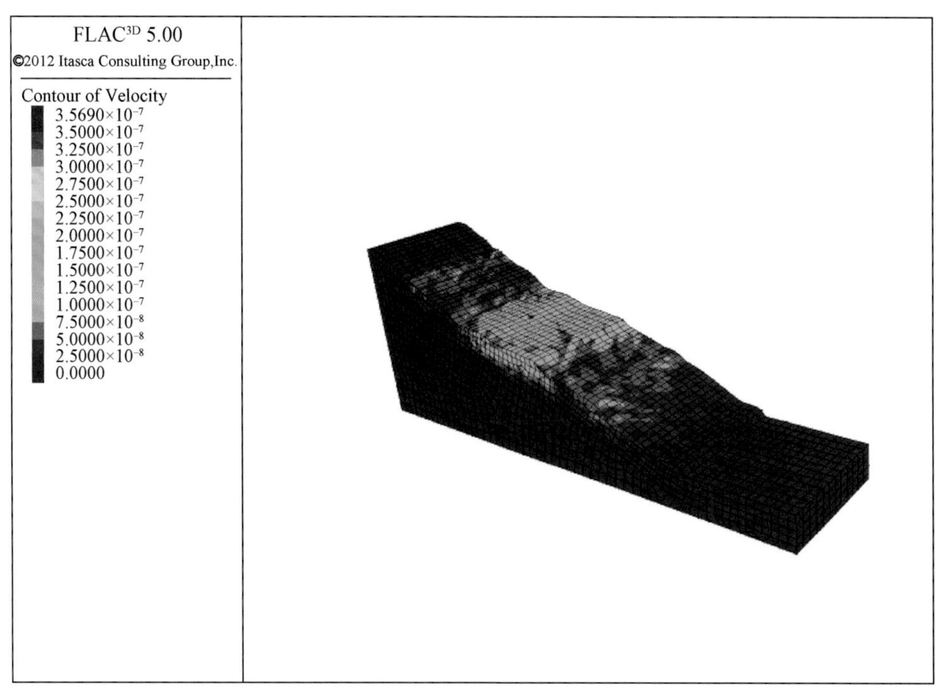

图4.36　降雨3d后速度云图

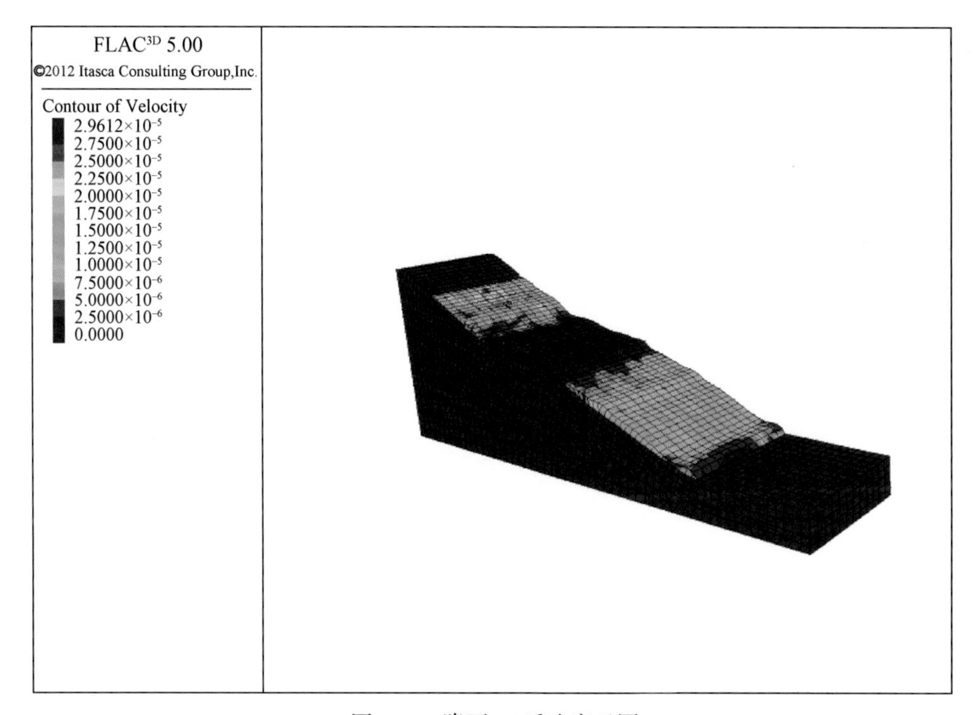

图4.37　降雨5d后速度云图

通过野外现场调查、室内试验、数值模拟等手段，对侯古莫乡场镇后山滑坡在降雨入渗作用下的变形特性进行研究认为。

（1）结合工程勘察，确定地下水位初始水头高度，在考虑侯古莫乡场镇后山滑坡实际情况的基础上计算经历持续降雨 1d、3d、5d 地下水位水头高度，为后面的滑坡降雨入渗模拟作基础。

（2）通过模拟之后的孔隙水压力等结果分析，表明用 FLAC^{3D} 模拟降雨入渗时不断调整非饱和区域渗透系数，并以此为基础进行非饱和渗流分析的可行性。

（3）降雨入渗之后，随着降雨历时的增加，*A*、*B*、*C* 监测点中各点的位移也随之增加，速度云图同样遵循此规律，表明随着降雨时间的增加，边坡发生破坏的可能性增大。

4）滑坡堆积体与古河道关系讨论

根据 ZK7、ZK8、ZK9 号钻孔下部分别为 9.5m，1.5m 和 4.0m 见到河流相的砂卵砾石层，磨圆度好，分选明显，推测其是连渣洛河的古河床，反映滑坡堆积体覆盖在原来的河床上，滑坡发生后将河道向南推移推移了 220m（图 4.38）。

而该古滑坡的发生很可能与连渣洛河河床不断下切形成临空面，在降雨诱发下发生，滑坡发生后，势能降低，地形坡度变小。因此，古河床砾石层反映了地貌演化过程中地壳抬升、河道变化与滑坡之间相互作用的耦合关系，这也为该地区的河谷区提供了一块相对适宜人居民和农业开发的生活用地。

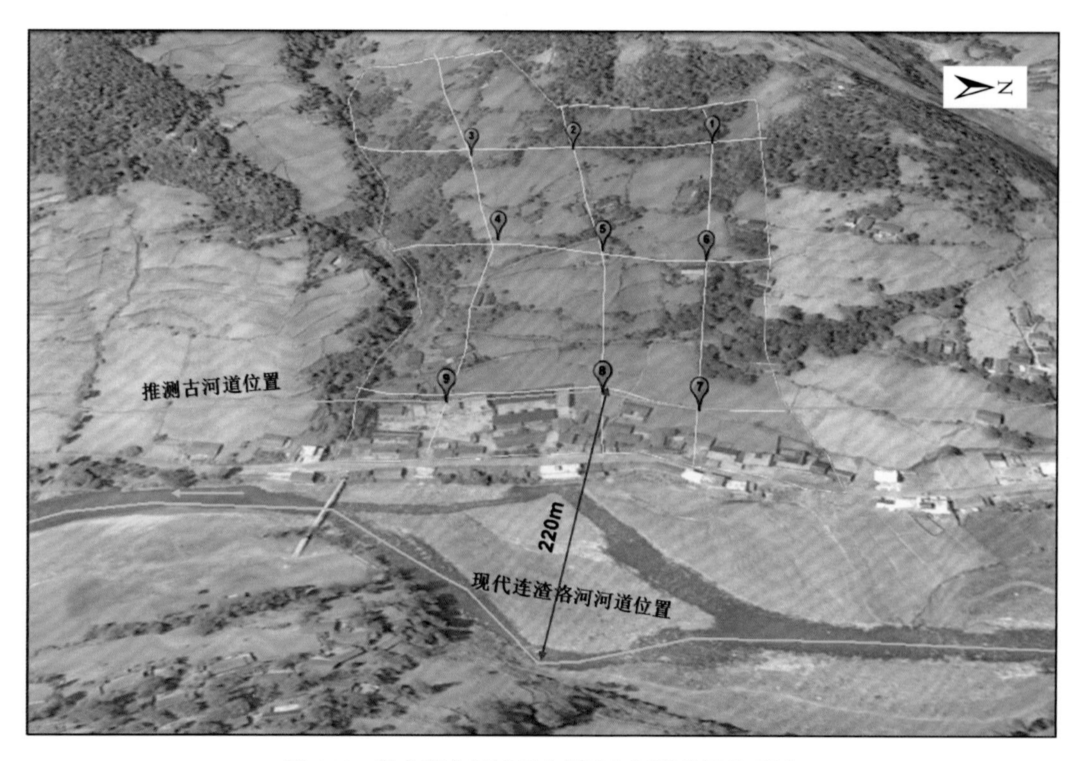

图 4.38　侯古莫乡场镇后山滑坡与河道位置关系图

4.3　中游段（佐戈依达—俄甘洛依）典型滑坡研究

4.3.1　牛牛坝场镇后山滑坡

4.3.1.1　滑坡基本特征

牛牛坝滑坡位于美姑县连渣洛河左岸的牛牛坝乡街道后山，滑坡前缘距离河流约50～150m，滑坡位于河流凸岸，滑坡前缘与河水面高差约20～30m。其直接威胁对象为美姑县牛牛坝乡居民区及主要街道，潜在直接威胁人数约为200人，直接经济损失约为500万元。该滑坡属构造侵蚀中山地貌类型，位于美姑河左岸斜坡区，斜坡平均坡度约20°～30°，坡向227°，斜坡平面形态大体呈矩形，剖面形态大体呈直线型，微地貌呈圈椅状，推测为老滑坡，坡体上多为树木、农田，坡脚为牛牛坝乡场镇居民区。根据地形地貌、变形特征等，将滑坡体划分为H1和H2两个滑坡（图4.39）。

图4.39　牛牛坝滑坡全貌图（镜向85°）

据现场调查，H1滑坡左侧以冲沟为界，后缘以第四系与基岩分界线为边界；H2滑坡右侧以冲沟为界，左侧与及后缘以与H1滑坡中间的水沟为界；H1、H2滑坡前缘皆以靠近居民区陡坎作为滑坡剪出口。为查明滑坡堆积地层结构、滑坡边界、结构特征、裂缝变形特征，牛牛坝两个滑坡共布置钻孔 9 处，进尺 182.2m，槽探 10 处，总方量 $93.82m^3$，物探线 4 条，物探剖面长度 915m（图 4.40）。

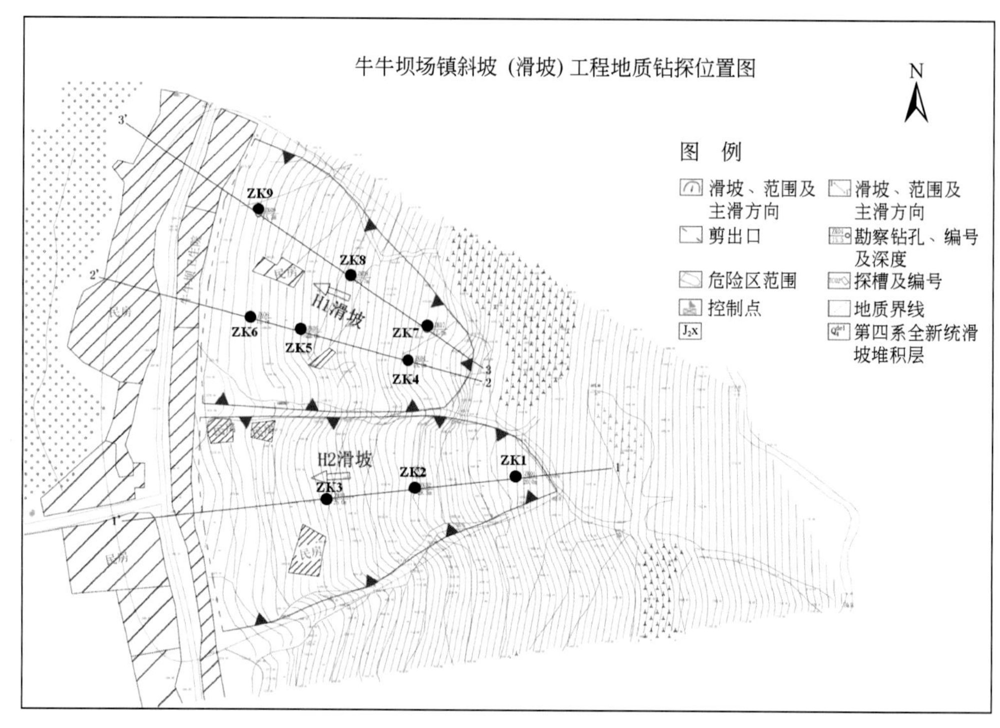

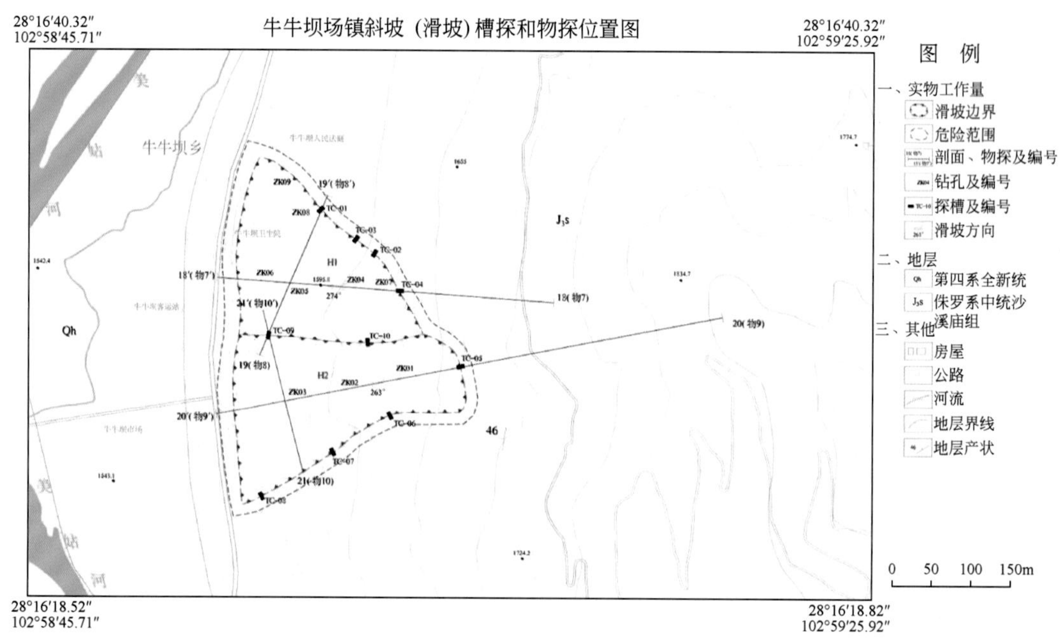

图 4.40　牛牛坝场镇滑坡勘查实物工作量展示图

H1 滑坡纵长 110m，横宽 170m，滑体平均厚约 5m，体积约为 $9.35\times10^4m^3$，为小型浅层土质滑坡。首次变形于 2001 年雨季，由于连降暴雨导致滑坡体后缘局部出现垮塌变形，同时滑体后部出现一条走向约为 8°，长度为 10 ～ 15m 的拉裂缝，裂缝目前已闭合，但坡体上和滑坡后缘因降雨软化岩土体出现局部溜滑，规模一般较小，溜滑方量一般 5 ～ $30m^3$ 左右。

H2 滑坡纵长 310m，横宽 130m，滑体平均厚约 15m，体积约为 $60.45\times10^4m^3$，为中型中层土质滑坡。

经过调查走访等，初步认为 H1、H2 滑坡变形迹象不明显。

4.3.1.2　滑坡物质组成及结构特征

根据钻探、槽探、物探等手段揭示出了滑坡体的物质组成、滑体特征、滑床特征及滑带特征等。

物质组成：H1 滑坡上覆第四系坡积层（Q_4^{del}），褐红色，软塑 - 硬塑状态，有光泽反应，无摇振反应，干强度中等 - 高，韧性中等，含碎块石约 2%，平均粒径为 3mm，表层 30cm 为耕植土；下部 3 ～ 9.8m，为灰黄色、灰白色等色，干强度较高，含风化状砂岩、泥岩团块，含量约为 10%，粒径约 3 ～ 8mm。下伏基岩为侏罗系中统沙溪庙组（J_2s）粉砂质泥岩，紫红色，中风化，主要矿物成分为长石、石英和云母，节理裂隙发育 - 较发育，岩体破碎 - 较破碎，岩心多呈碎块状，局部极破碎，岩心多呈碎块状。基岩产状 274°∠38°，滑坡区所处斜坡坡向 256°，坡度 18° ～ 25°，泥岩倾向与斜坡走向大致平行，为顺向坡。岩层倾角大于斜坡坡角，不易形成岩质滑坡。H2 滑坡上覆第四系坡积层（Q_4^{del}），褐红色、紫红等色，硬塑、稍湿、稍具光泽反应，无摇振反应，干强度中等 - 高，韧性中等，包含 5% ～ 10% 的碎块石，粒径约 2 ～ 3cm，最大可达 25cm。底部 0.5 ～ 1m 成可塑状，上部 20cm 为耕植土，富含植物根系。下伏基岩为侏罗系中统沙溪庙组（J_2s）粉砂质泥岩，紫红色、紫灰色等色，中风化，主要矿物成分为长石、石英、云母和泥质矿物，粉粒及泥质结构，层状构造，节理裂隙发育 - 较发育，岩体成破碎 - 较破碎、局部破碎。基岩产状 274°∠38°，滑坡区所处斜坡坡向 245°，坡度 18° ～ 25°，泥岩倾向与斜坡走向大致平行，为顺向坡。岩层倾角大于斜坡坡角，不易形成岩质滑坡。

滑体特征：H1 滑坡滑体物质主要由第四系坡积层（Q_4^{del}）粉质黏土组成。灰褐色，可塑 - 硬塑状态，稍有光泽反应，干强度高，韧性较好，含粒径 5mm 碎石，含量约 10% ～ 15%，局部夹有平均粒径 10 ～ 20cm 块石，最大可达 40cm，具有磨圆。H2 滑坡滑体物质主要由第四系坡积层（Q_4^{del}）粉质黏土组成。碎块石土呈紫红色，块石含量约 30%，碎石含量 30%，黏土含量 20%，堆积松散，稍湿。粉质黏土夹碎石呈紫红色，主要以粉质黏土为主，黏土含量 50%，碎石含量约 40%，角砾含量约 10%。堆积密实，稍湿。该层为残坡积 Q_4^{dl+el}。

滑床特征：H1 滑坡滑床物质主要为侏罗系中统沙溪庙组（J_2s）粉砂质泥岩，紫红色，中风化，主要矿物成分为长石、石英和云母，节理裂隙发育 - 较发育，岩体破碎 - 较破碎，岩心多呈碎块状，局部极破碎。H2 滑坡滑床物质主要为侏罗系中统沙溪庙组（J_2s）粉砂质泥岩，紫红色、紫灰色等色，中风化，主要矿物成分为长石、石英、云母和泥质矿物，粉粒及泥质结构，层状构造，节理裂隙发育 - 较发育，岩体成破碎 - 较破碎、局部破碎。

滑带特征：H1 滑坡、H2 滑坡滑带均位于基覆界面处，物质为含砾粉质黏土，残积，红褐色，可塑状，含少量角砾。为辅助钻探工程，查明滑坡体地质结构特征，牛牛坝滑坡共布置物探线 4 条，183 个电极点，物探剖面长度 915m（图 4.41）。

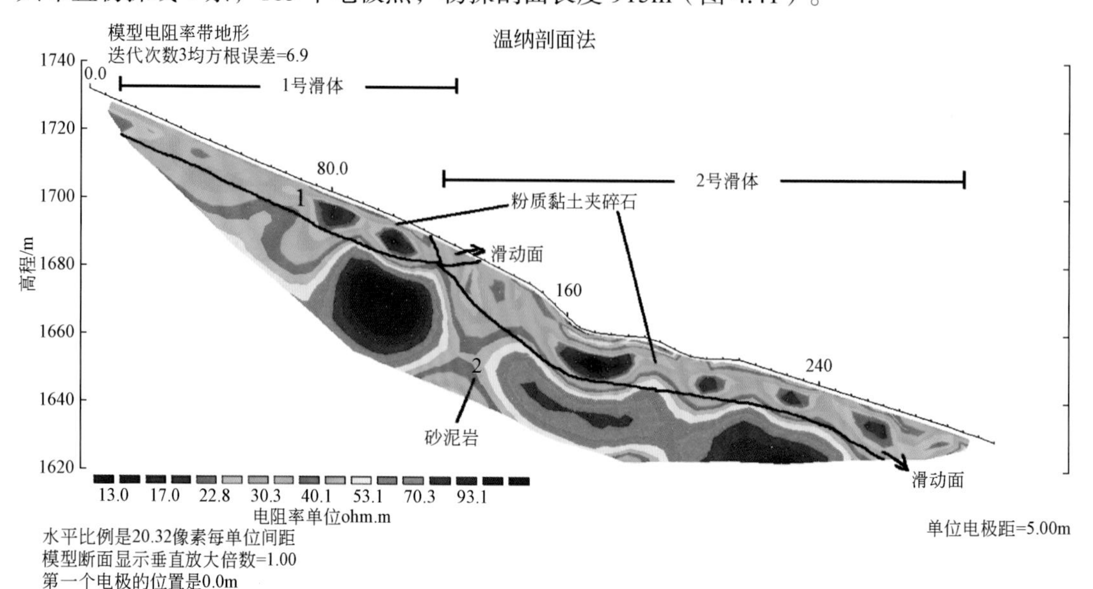

图 4.41　牛牛坝 H2 滑坡高密度电法解译纵剖面图

对比钻孔和电法数据，认为高密度电法剖面测深与钻孔揭示地层厚度基本一致，滑体因其粉质黏土含量较高，碎石含量较低，故电阻率呈低阻。该地层厚度约 10 ～ 16m。滑床为侏罗系中统沙溪庙组（J_2s）粉砂质泥岩，该地层电阻变化相对较大，其原因为泥质含量的不同以及风化所造成。泥质含量偏高时，基岩电阻率偏低；泥质含量偏低时，基岩电阻率偏高。基岩风化程度越高，岩石的电阻率越低，且风化之后，岩石含水率增加会导致岩石的电阻率变低，因此推断滑带位于基覆界面风化带处。

4.3.1.3　滑坡稳定性评价

该滑坡原始地形为一自然斜坡，斜坡表层覆盖一定厚度的崩坡积土体，下伏岩层为侏罗纪新村组泥岩、粉砂质泥岩，该处人类活动较强烈，主要表现为种植玉米和荞麦等经济作物，对坡体进行了一定程度的改造，破坏了斜坡地形，在降雨等因素作用下，饱水土体抗剪强度降低，且前缘土体具有一定临空条件，因此斜坡表层土体产生蠕滑变形，当蠕滑变形土体到一定规模后，再次在降雨等因素作用下，这些土体产生滑动变形，形成滑坡。该滑坡的为破坏模式为牵引式滑坡，处于蠕滑的初期变形阶段。

目前，滑坡变形迹象不明显，未出现整体滑移。在天然状况下，斜坡处于稳定状态，暴雨及地震工况下处于基本稳定 - 欠稳定状态。滑坡一旦滑动，将对坡脚牛牛坝乡居民的生命财产安全造成较大的威胁与危害。

1）滑坡物理力学测试

斜坡土体的物理力学指标主要采用现场调查、大重度试验、和取。样室内试验数据的方法进行统计。测试项目包括土常规；天然、饱和快剪；天然、饱和残剪，滑体和滑床实验测试结果分别见表 4.7 和表 4.8。

表 4.7　滑体物理力学实验测试参数结果表

试样编号	含水率 (ω) /%	天然密度 (ρ) /（g/cm^3）	重度		孔隙比 (e)	饱和度 (S_r) /%	土粒比重 (G_s)	液限（ω_L） /%	塑限（ω_p） /%	塑性指数 (I_p)	液性指数 (I_L)	抗剪强度			
			天然（γ） /（kN/m^3）	饱和（γ_w） /（kN/m^3）								快剪 内聚力 /MPa	快剪 内摩擦角 /（°）	残余剪 内聚力 /MPa	残余剪 内摩擦角 /（°）
TC01	25.6	1.96	19.6	20.1	0.749	93	2.73	33.9	20.9	13	0.36	37.7	14.3		
TC02	25.1	1.94	19.4	20.2	0.76	90	2.73	33.3	20.6	12.7	0.35	36.4	14.6		
TC03	24.8	1.93	19.3	19.9	0.765	88	2.73	33.1	20.6	12.5	0.34	34.7	15.2		
TC04	26.2	1.96	19.6	20.2	0.736	91	2.73	33	20.5	12.5	0.33	38.3	14.9		
TC05	26.2	1.96	19.6	20.1	0.758	94	2.73	34.5	21.2	13.3	0.38	35.9	14.3		
TC06	25.4	1.94	19.4	20.2	0.765	91	2.73	33.3	20.9	12.4	0.37	34.9	14.3		
TC07	26.1	1.95	19.5	20.2	0.765	93	2.73	34.5	21	13.6	0.38	32.3	15.2		
TC08	27.6	1.92	19.2	19.9	0.814	93	2.73	35.9	21.5	14.4	0.42	29.2	16.4		
TC09	27.8	1.92	19.2	19.7	0.817	93	2.73	36.1	21.5	14.6	0.43	27.5	15.1		
TC10	27.1	1.93	19.3	19.9	0.798	93	2.73	35.3	21	14.3	0.42	30.1	16.3		
N2-1	18.1	2.06	20.6	21.1	0.559	88	2.72	26.9	14.5	12.4	0.29	34.6	17.9	23.9	14.6
N2-2	18.6	2.03	20.3	20.9	0.589	86	2.72	27.2	14.7	12.5	0.31	33.5	20.2	23	16.5
N3-1	19	2.01	20.1	20.7	0.61	85	2.72	27.9	14.9	13	0.32	31.1	19.9	21.9	15.8
N3-2	18.7	2.04	20.4	20.9	0.583	87	2.72	27.6	14.6	13	0.32	35.2	17	25.1	14.2
N5-1	18.4	2.03	20.3	21.1	0.586	85	2.72	27.1	14.5	12.6	0.31	31.7	19	22.3	15.1
N5-2	19.2	2.01	20.1	20.8	0.613	85	2.72	28	15.2	12.8	0.31	33.8	17.3	23.2	14.8
子样个数（n）	16	16	16	16	16	16	16	16	16	16	16	16	16	6	6
平均值（μ_0）	23.37	1.97	19.74	20.37	0.70	89.69	2.73	31.73	18.63	13.10	0.35	33.56	16.37	23.23	15.17
标准差（σ）	3.85	0.05	0.47	0.47	0.09	3.36	0.00	3.55	3.13	0.74	0.04	3.04	2.00	1.15	0.85
变异系数（δ）	0.16	0.02	0.02	0.02	0.13	0.04	0.00	0.11	0.17	0.06	0.12	0.09	0.12	0.05	0.06
修正系数（γ_s）	0.93	0.99	0.99	0.99	0.94	0.98	1.00	0.95	0.93	0.97	0.94	0.96	0.95	0.96	0.95
标准值（μ_k）	21.66	1.95	19.53	20.16	0.66	88.19	2.72	30.15	17.24	12.77	0.33	32.20	15.48	22.28	14.47
最小值	18.10	1.92	19.20	19.70	0.56	85.00	2.72	26.90	14.50	12.40	0.29	27.50	14.30	21.90	14.20
最大值	27.80	2.06	20.60	21.10	0.82	94.00	2.73	36.10	21.50	14.60	0.43	38.30	20.20	25.10	16.50

表 4.8　滑床物理力学实验测试参数结果表

试样编号	密度（ω）/%	自由吸水率（ω_a）/%	单轴抗压强度 /MPa			抗拉强度 /MPa			天然快剪试验	
			天然 R			天然			内聚力（c）/kPa	内摩擦角（φ）/（°）
			1	2	3	1	2	3		
NNBZK2-3	2.34	1.09	17.9	18.1	12.4	2.15	1.02	0.86	1.46	30.9
NNBZK2-4	2.37	1.53	15.2	14.8	11.4	3.74	2.72	2.47	1.54	30.4
NNBZK2-5	2.34	1.35	12.9	13.8	15.8	2.03	2.98	1.56	1.79	27
NNBZK3-3	2.36	1.62	10.3	11.5	15.6	5.15	5	4.22	1.54	30.1
NNBZK3-4	2.39	1.39	10.8	13.5	12.5	3.52	2.82	2.46	0.96	36.6
NNBZK3-5	2.38	1.51	12.2	15.5	12.4	2.04	2.63	1.57	1.17	31.5
NNBZK4-1	2.33	1.44	18.8	13.4	19.5	4.47	5.06	4.23	1.6	26.3
子样个数（n）	7	7	7	7	7	7	7	7	7	7
平均值（μ_0）	2.36	1.42	14.01	14.37	14.23	3.30	3.18	2.48	1.44	30.40
标准差（σ）	0.02	0.17	3.37	2.07	2.88	1.26	1.43	1.32	0.28	3.38
变异系数（δ）	0.01	0.12	0.24	0.14	0.20	0.38	0.45	0.53	0.20	0.11
修正系数（γ_s）	0.99	0.91	0.82	0.89	0.85	0.72	0.67	0.61	0.86	0.92
标准值（μ_k）	2.34	1.29	11.52	12.84	12.10	2.37	2.12	1.51	1.23	27.90
最小值	2.33	1.09	10.30	11.50	11.40	2.03	1.02	0.86	0.96	26.30
最大值	2.39	1.62	18.80	18.10	19.50	5.15	5.06	4.23	1.79	36.60

根据勘查现场原位试验和室内试验结果，对计算所需参数进行取值：

滑体中 6 组土样的粉质黏土天然重度 19.5kN/m^3，饱和重度 20.1kN/m^3，即天然状态 c=32.20kPa，φ=15.48°。

由于未揭露出明显滑带，因此取滑体土样 6 组进行室内残余剪试验，滑带土物理力学参数选取室内试验快剪值标准值，饱和抗剪强度 c=22.28kPa，φ=14.47°。

该滑坡滑床为侏罗纪中统沙溪庙组（J_2s）泥岩、粉砂质泥岩。本次勘查期间在钻孔内共采取了 33 组滑床岩样进行了室内试验。天然重度 23.4kN/m^3，饱和重度 24.0kN/m^3。

2）稳定性计算方法及工况选择

土质滑坡稳定性计算依据《滑坡防治工程勘查规范》中传递系数法公式进行，鉴于滑坡滑面及前缘临空面控制，滑面呈折线型，采用基于极限平衡理论的折线型滑动面的传递系数法进行滑坡的稳定性评价计算及剩余下滑力推力计算（图 4.42）。

稳定性计算基本公式如下：

$$F_s = \frac{\sum_{i=1}^{n-1}\left(R_i \prod_{j=i}^{n-1}\psi_j\right) + R_n}{\sum_{i=1}^{n-1}\left(T_i \prod_{j=i}^{n-1}\psi_j\right) + T_n}$$

$$\psi_j = \cos(\theta_i - \theta_{i+1}) - \sin(\theta_i - \theta_{i+1})\tan\varphi_{i+1}$$

$$\prod_{j=i}^{n-1}\psi_j = \psi_i \cdot \psi_{j+1} \cdot \psi_{j+2} \cdot \cdots \cdot \psi_{n-1}$$

$$R_i = N_i\tan\varphi_i + c_i L_i$$

$$T_i = W_i\sin\theta_i + P_{wi}\cos(\alpha_i - \theta_i)$$

$$N_i = W_i\cos\theta_i + P_{wi}\sin(\alpha_i - \theta_i)$$

$$W_i = V_{iu}\gamma + V_{id}\gamma' + F_i$$

$$P_{Wi} = \gamma_W i V_{id}$$

$$i = \sin|\alpha_i|$$

$$\gamma' = \gamma_{sat} - \gamma_W$$

式中，F_s 为滑坡稳定性系数；ψ_j 为传递系数，第 i 条块的剩余下滑力传递至第 i+1 块时的传递系数（j=i）；R_i 为作用于第 i 块的抗滑力，kN/m；T_i 为作用于第 i 条块滑动面上的下滑分力，kN/m；N_i 为第 i 条块滑动面的法向分力，kN/m；c_i 为第 i 条块的黏聚力，kPa；φ_i 为第 i 条块的内摩擦角，(°)；L_i 为第 i 条块滑动面的长度，m；θ_i 为第 i 条块底面倾角，(°)，反倾时取负值；α_i 为第 i 条计算条块地下水流线平均倾角，一般情况下取浸润线倾角与滑面倾角平均值，(°)，反倾时取负值；W_i 为第 i 条块自重与建筑等地面荷载之和，kN/m；P_{Wi} 为第 i 条块单位宽度的渗透压力，作用方向的倾角为 α_i，kN/m；i 为地下水渗透坡降；γ_w 为水的容重，kN/m^3；V_{iu} 为第 i 条块单位宽度岩土体的浸润线以上体积，m^3/m；V_{id} 为第 i 条块单位宽度岩土体的浸润线以下体积，m^3/m；γ 为岩土体的天然容重，kN/m^3；γ_{sat} 为岩土体的饱和容重，kN/m^3；F_i 为第 i 条块所受地面荷载，kN/m。

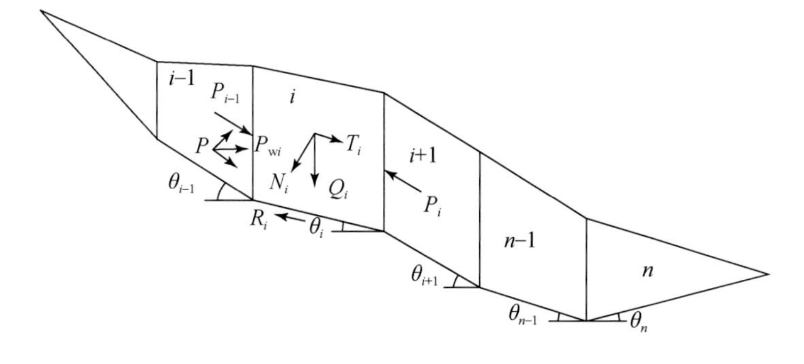

图 4.42　传递系数法计算简图（土质滑坡计算简图）

滑坡稳定性计算目的是为滑坡稳定性评价及防治提供依据。计算时，考虑天然、自重 + 暴雨（持续降雨）以及自重 + 地震 3 种工况，具体为

工况Ⅰ：天然状况；

工况Ⅱ：自重 + 暴雨状况；

工况Ⅲ：自重 + 地震状况。

由于该场地无大型建筑，故计算时不考虑地面荷载。

3）计算剖面与计算参数的选取

根据该滑坡的实际情况及本次勘查工作的剖面布置情况，分别取沿滑坡可能滑动方向的钻探主剖面 1-1′、2-2′ 和 3-3′ 作为滑坡稳定性的计算剖面（图 4.43）。

计算参数分别为滑体土的天然重度 19.50N/m^3，饱和重度 20.10kN/m^3；潜在滑带土的抗剪强度（c、φ）值，天然状态 c=32.20kPa，φ=15.48°，饱和抗剪强度 c=22.28kPa，φ=14.47°。

4）稳定性及推力计算成果

根据《滑坡防治工程勘查规范》（DZ/T0218-2006），滑坡稳定性状态分为四级（表 4.9）。按照上述工况及方法进行滑坡稳定性计算，计算结果汇总于表 4.10。

表 4.9　滑坡稳定状态划分

滑坡稳定系数（F）	$F<1.00$	$1.00\leqslant F<1.05$	$1.05\leqslant F<1.15$	$F\geqslant 1.15$
滑坡稳定状态	不稳定	欠稳定	基本稳定	稳定

根据《滑坡防治工程勘查规范》（DZ/T0218—2006），分别计算正常工况（天然状态）、非正常工况（暴雨状态、地震状态）下计算滑坡稳定性及滑坡推力。

H1 滑坡天然工况下稳定，暴雨工况下基本稳定，地震工况下欠稳定。

H2 滑坡天然工况下稳定，暴雨工况下稳定，地震工况下稳定。

表 4.10　滑坡稳定系数及推力计算表

剖面编号	工况								
剖面号	工况 1（天然）			工况 2（暴雨）			工况 3（地震）		
	稳定系数	剩余下滑力 /（kN/m）	稳定性评价	稳定系数	剩余下滑力 /（kN/m）	稳定性评价	稳定系数	剩余下滑力 /（kN/m）	稳定性评价
1—1′	1.267	0	稳定	1.059	679.95	基本稳定	1.001	1181.07	欠稳定
2—2′	1.948	0	稳定	1.556	0	稳定	1.490	0	稳定
3—3′	1.921	0	稳定	1.551	0	稳定	1.522	0	稳定

5）滑坡稳定性分析评价

H1、H2 滑坡坡体中部可见局部垮塌现象，处于局部蠕滑变形阶段。经稳定性评价知，牛牛坝滑坡天然工况下稳定，暴雨工况基本稳定－欠稳定，地震工况欠稳定－基本稳定。目前坡体的应力平衡环境比较脆弱，坡体上出现了不同程度的变形、破坏，土体松散，在持续暴雨或地震的条件下可能失去平衡而发生破坏失稳。如果牛牛坝滑坡一旦失稳，将直接威胁坡脚居民区居民，人数约为 200 人，直接经济损失约为 500 万元。

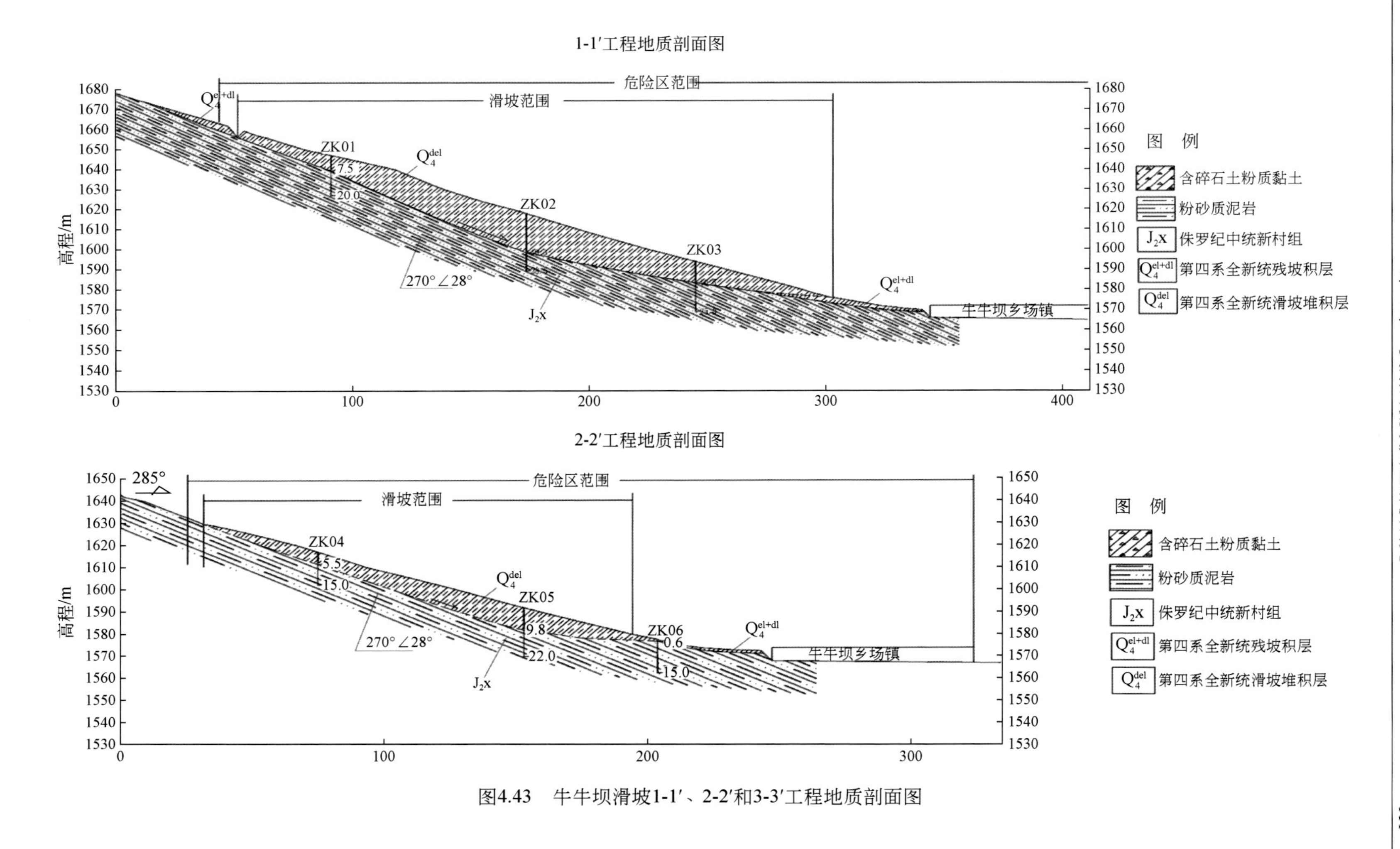

图4.43　牛牛坝滑坡1-1′、2-2′和3-3′工程地质剖面图

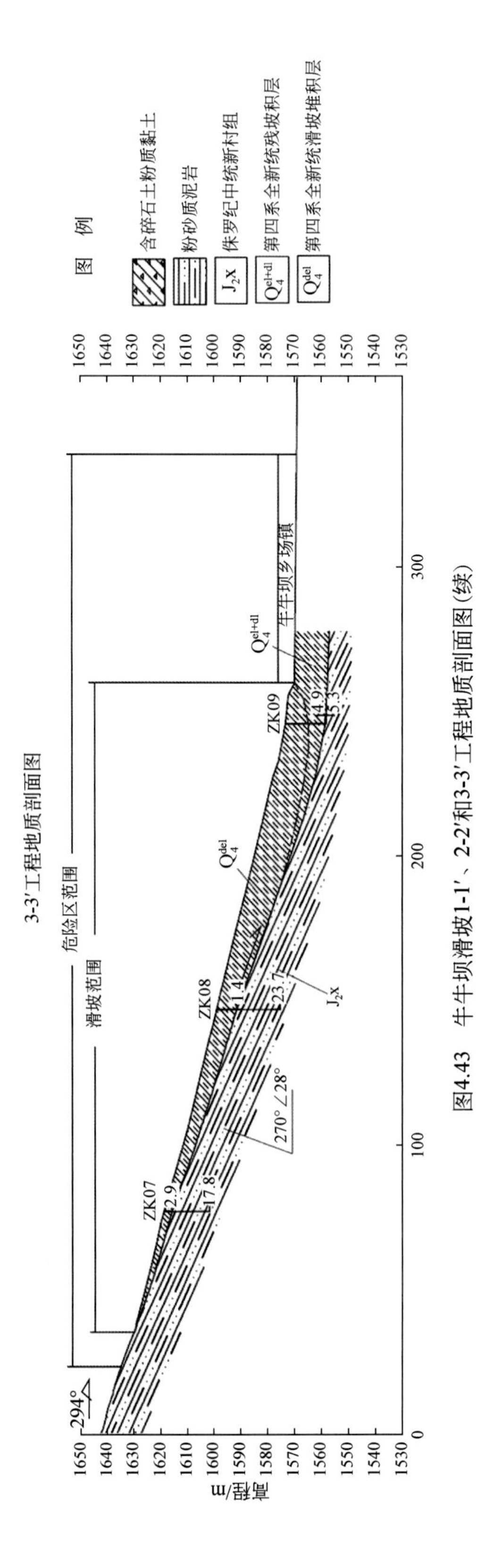

图4.43 牛牛坝滑坡1-1′、2-2′和3-3′工程地质剖面图(续)

4.3.1.4　滑坡防治建议

牛牛坝滑坡目前无防治工程及措施，根据滑坡的分布位置、规模、范围及保护对象，并考虑到斜坡岩土体的性质与场地条件、施工交通条件及施工环境、施工技术条件、地方材料资源等具体制约因素和土地利用、环境保护等要求，防治措施建议如下：

（1）采取前缘桩板墙 + 后缘截水沟的方法进行治理，同时要做好植被防护工作，滑坡区上部斜坡改耕作为植树造林，增加坡面水土涵养能力，减小坡面冲刷，减缓降雨渗透速度。

（2）建议对牛牛坝滑坡开展长期的群测群防监测，做好防灾御案，尤其在雨季，加强监测预警工作，发现异常及时通知当地居民、行人紧急避险。

4.3.2　尔解卡俄古滑坡

1）古滑坡基本特征

尔解卡俄古滑坡位于美姑县牛牛坝乡尔解卡俄村 3 组，位于美姑河右岸。滑体中心坐

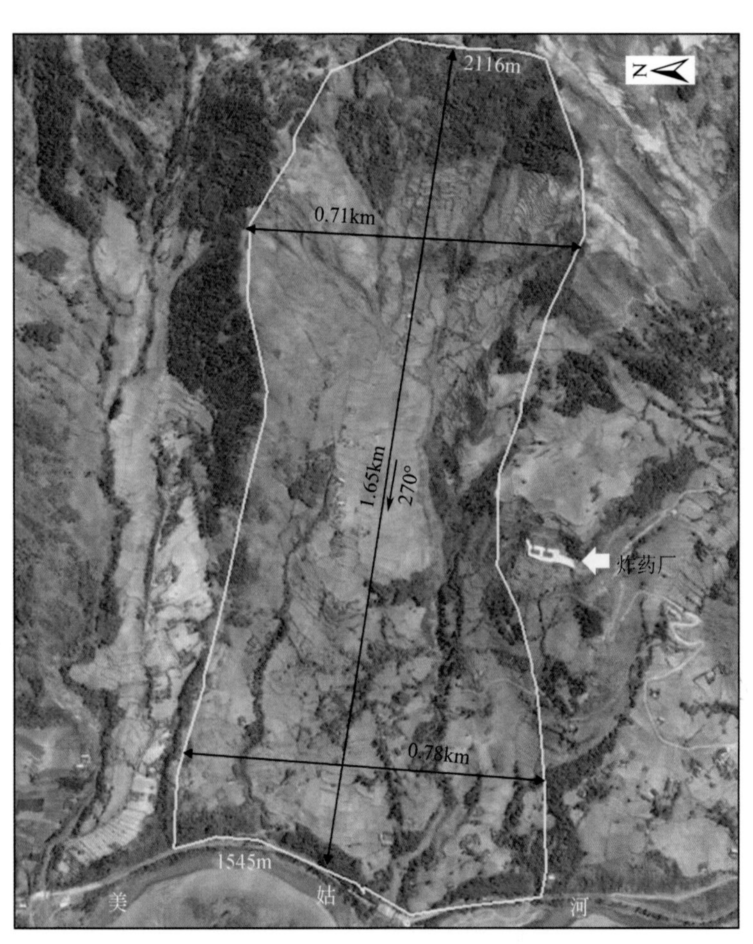

图 4.44　美姑河左岸尔解卡俄古滑坡遥感影像图

标 102° 59′ 9.98″ E， 28° 15′ 22.70″ N。该古滑坡边界清楚，滑坡前缘高程约 1545m、后缘高程 2116m，相对高差约 571m，地形上来看，呈东高西低，上陡下缓状，平均坡度约 35°，剖面形态整体呈直线状，微地貌受人工改造多成阶梯状。滑坡沿 EW 向展布，滑坡滑动方向为 275°。该滑坡体长 1.65km，后缘宽 710m，前缘宽 780m，后壁直立，滑体面积约为 $34.3 \times 10^4 m^2$，后壁下部为平坦台地，现为居民区（图 4.44、图 4.45）。

古滑坡整体形态呈圈椅状，前缘以公路内侧为界，微地貌上表现为双沟同源，后缘以斜坡陡缓结合处为界，左右两侧各以冲沟为界（图 4.46）。

图 4.45　美姑河左岸尔解卡俄古滑坡全貌图

图 4.46　古滑坡体左右两侧边界冲沟（左图为左侧边界冲沟）

2）滑坡物质组成及结构特征

根据现场调查及高密度电法物探解译分析，尔解卡俄古滑坡覆盖层厚度不均匀，推测滑体的厚度在 80 ～ 90m，在纵向上，滑体为下部相对较薄，中上部较厚，在横向上滑体的厚度也有较大差异，总体上是两侧较薄中部较厚，这与滑坡地形较匹配（图 4.47）。根据厚度估算，该滑坡堆积体体积约 $2.9\times10^7\text{m}^3$，为特大型滑坡。

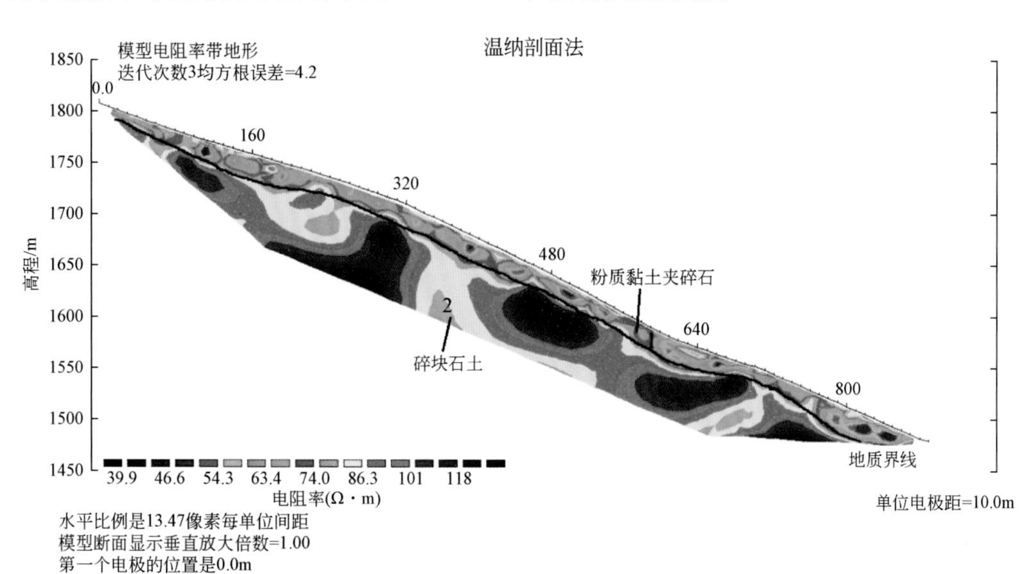

图 4.47　尔解卡俄古滑坡高密度电法剖面位置及解译图

野外调查查证，滑体物质主要为块碎块石土和粉质黏土夹碎石，以碎块石土为主，滑体表层结构松散，深部滑体较密实。碎石成分主要为长石石英砂岩、砂岩，碎石大多数为强风化，多数呈片状及棱角状。块石主要为白色石英砂岩，块石多数为中风化，常见块径为 10 ～ 30cm，粉质黏土，灰色、深灰色、浅黑色，呈硬塑 - 可塑状态。

滑体土的结构不均匀，土石比在空间上的变化较大，但从地域上看无明显的变化规律，滑体中碎块石含量较少一般含量为 10% ～ 20%。在垂向上，碎块石含量的变化也较大，有时以块碎石为主，有时以粉质黏土为主，但滑体中碎块石的含量一般也无明显的垂向变化规律。滑坡前缘为高 20m 边坡，可见阶地堆积物，岩性为泥质夹砂卵石土。

尔解卡俄古滑坡下伏侏罗系中统沙溪庙组（J_2s），岩性主要为红棕色砂、泥岩，产状为 230°∠40°，为顺向斜坡。

3）滑坡稳定性初步分析

经现场调查，尔解卡俄古滑坡整体未发生明显变形，后缘及两侧未发现裂缝迹象，仅在滑坡前缘修建机耕道过程中形成高边坡，在暴雨作用下，发生局部小规模滑塌。经访问当地村民，尔解卡俄古滑坡近期内未发生大规模滑动。

目前主要威胁尔解卡俄村村民 37 户 120 人的生命财产安全构成威胁，威胁资产共约 300 万元。此外，若尔解卡俄古滑坡复活变形，有可能堵塞美姑河河道，导致河水上涨对居民造成危害，进一步可能形成堰塞湖造成溃决的危险，建议加强对该滑坡的监测预警。

4）滑坡影响因素及变形模式

尔解卡俄古滑坡成因与地形地貌、地层岩性、区域自然环境条件、人类活动等密不可分，是以上因素综合作用的结果。滑坡变形破坏的原因主要有：

地形地貌：滑坡区属斜坡地貌，斜坡平均坡度 35°，特别是斜坡前缘因为修路形成高陡边坡，为前缘垮塌提供了有利地形条件。

地层因素：滑坡滑体为松散堆积物，含有较多的砂岩风化碎石，结构较松散，透水性强，有利于地下水的入渗。

人为因素：滑坡中部修建上山小路局部切坡，破坏斜坡表层原有结构，同时又增大临空面，易诱发局部滑塌变形。

地下水因素：地下水的主要补给来源是大气降水，大气降水的大部分沿地表形成坡面流；另一部分经地表土体入渗，形成地下水。地下水通过松散层的孔隙入渗、运移，使得坡体饱水，增加土体自重，软化土体，降低土体的力学强度。现场调查滑坡区内两侧有冲沟发育，地下水向两侧冲沟排泄，排泄条件良好。

经现场调查判断，尔解卡俄古滑坡受地形地貌、地层、人为因素、地下水因素等影响较小，整体复活变形的可能性较小，但存在浅表层土体溜滑或高陡边坡局部垮塌的可能性。综上所述，尔解卡俄古滑坡现状较稳定。

4.4 下游段（俄甘洛依—莫红）典型滑坡危岩体研究

4.4.1 拉马古滑坡

4.4.1.1 滑坡基本特征

美姑县拉马古滑坡位于美姑河下游右岸的拉马乡，为一典型的超大型缓倾角顺层岩质滑坡（图 4.48），左侧边界完整直立，滑动后部分坚硬滑坡残留形成美女峰（图 4.49）。整体滑坡长约 6km，宽约 2.5km，分布面积约 20km^2，残余堆积体平均厚度约 15m，现今残余体积达到 $3.0 \times 10^8 m^3$。该古滑坡经过长期的地质演变，滑坡残余形态在平面上呈一近似三角形（图 4.50）。纵向上表现为前缘较陡，中部平缓，后缘陡立。滑坡前缘伸入美姑河中，呈舌状凸出，坡度一般在 12°；滑坡中部地形单一，局部可见一些小的凸起，相对高差一般在 2 ～ 4m，坡度在 10° 左右；靠近滑坡后部有一些大的块体堆积，分布范围主要集中在滑坡西侧边界及后缘，坡度变化大，一般在 35° ～ 55°。滑坡后缘经过长期雨水冲刷改造，已经被冲出一个大沟，后缘陡壁也已经被风化，滑坡后壁坡度在 40° ～ 60°。横向上整体上表现为东高西低，滑坡中部较两侧地势稍低。滑坡东部地势较西部稍陡，坡度在 15° ～ 30°，靠近中部冲沟部位坡度较大。冲沟东侧地势较为平缓，坡度约 12°，在靠近滑坡西侧边界处，由于有一些后期变形体堆积，坡度较大。平面上，滑坡中部发育有一条大的冲沟，东侧上部发育有多条小的冲沟，汇聚于中部大的冲沟。中部冲沟切割滑坡堆积体，可见最大切割深度位于滑坡后缘公路处，大约 25m。滑坡堆积体中部，冲沟切穿堆积体，可见底部基岩出露。由于美姑河在此处切割，使得滑坡平面形态呈三角形，倾向河谷上游。

图 4.48　拉马巨型古滑坡堆积体形态及主滑方向

图 4.49　拉马巨型古滑坡左侧壁及古滑坡堆积体形态

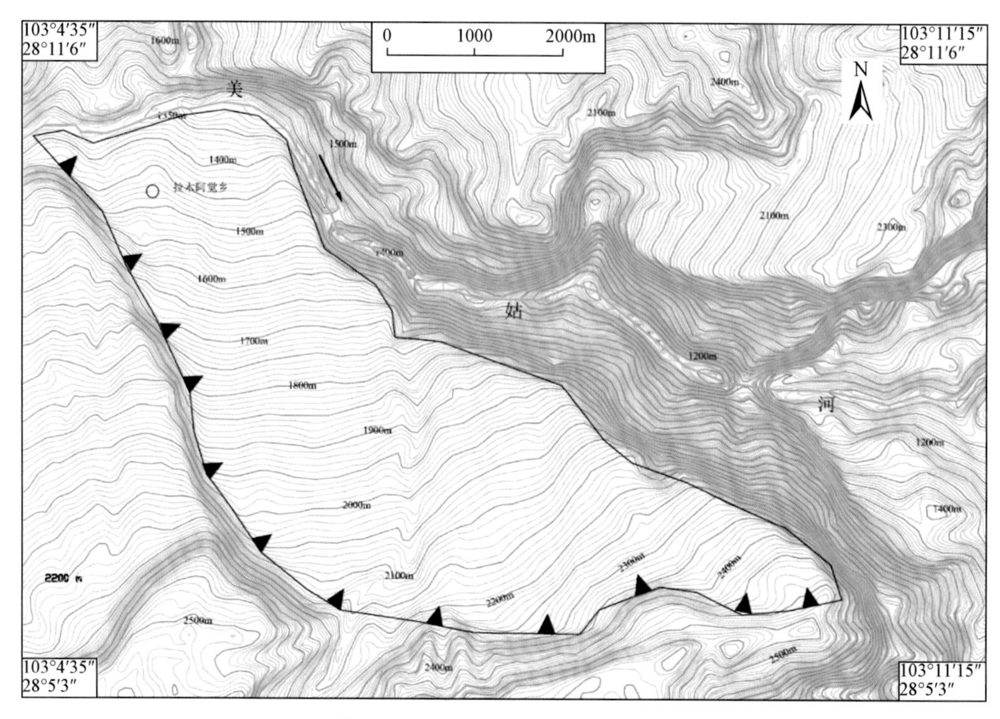

图 4.50　拉马古滑坡区地形图（据王金鹏，2016）

滑体顶部为第四系松散层覆盖（Q_4）由滑坡堆积、残坡积、崩积物组成（图 4.51），主要为紫红色、棕红色含碎块石粉质黏土、黄灰色含角砾粉质黏土、粉质黏土、红褐色粉质黏土及碎块石组成，厚度一般为 4 ～ 79m。滑带土厚度为 0.1 ～ 2.75m，滑带土多见明

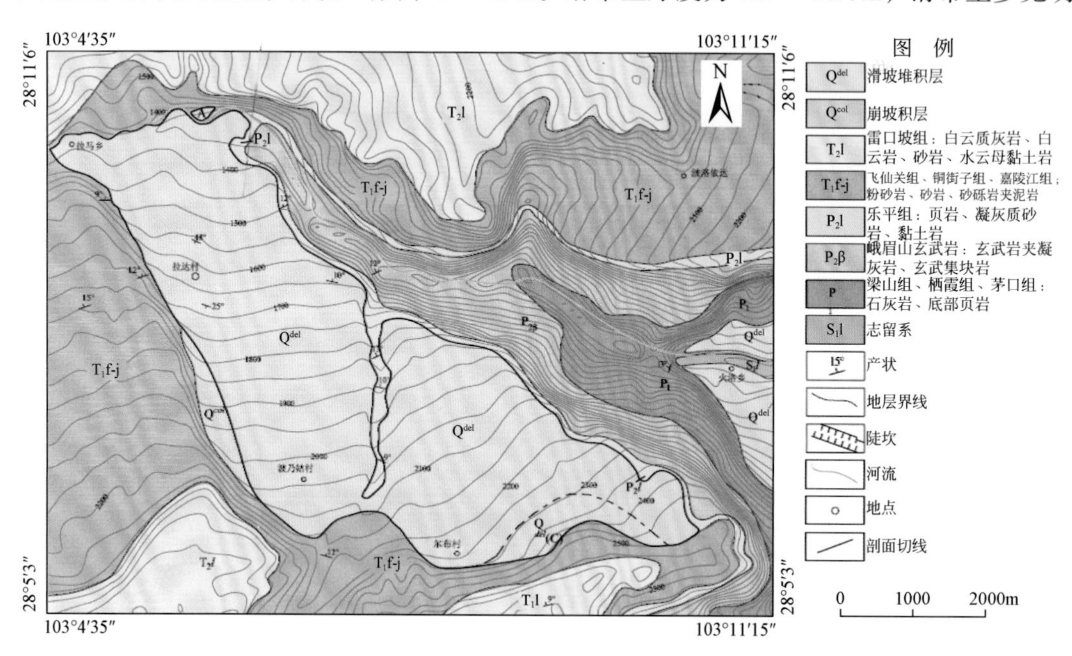

图 4.51　滑坡区地质图（据王金鹏，2016）

显擦痕，有一个至数个镜面，镜面产状凌乱，反映了滑带土在滑体滑动过程中的无序揉搓。滑床为强风化泥岩、砂岩，属于三叠系下统铜街子组（T_1t）；滑坡在前缘剪出口美姑河右侧可见滑床出露，滑床的坡角与泥岩倾角基本一致，为 11° ～ 14°。泥岩为红褐色、灰色，由黏土矿物组成，泥质胶结、钙质胶结，泥状结构，中厚层状、薄层状、块状构造；下部为细砂岩、粉砂岩，多为紫红色，由长石、石英及黏土砂物组成，砂状结构、中厚层状及块状构造。滑床基岩裂隙较发育，无充填或半充填，充填物为粉质黏土。岩层倾向 348° ～ 351°，倾角 12° ～ 15°；裂隙较发育，主要以 45°∠ 70° 组及 178°∠ 35° 组裂隙最发育，控制着岩石斜坡的变形破坏。

4.4.1.2　滑坡形成时代

堆积体前缘呈舌状伸入河谷中，堆积体坡度变缓。堆积物主要是以碎块石夹黏土组成，块石粒径明显小于坡体中后缘，粒径一般 3 ～ 30cm，以 5 ～ 10cm 居多，块石占总体积约 30% ～ 40%。碎块石主要是紫红色粉砂岩、泥岩以及灰绿色页岩、泥岩等。滑坡堆积体前缘伸入河中，比较分散，坡度较平缓，约 8° ～ 9°。堆积体在河流拐弯处可见不太发育的两级阶地，平台面倾斜。一级阶地可见宽度为 75m，阶面距河面高度约 5m。二级阶地可见宽度为 45m，阶面距河面高度约 9m。

王金鹏（2016）认为，滑坡位置距离金沙江不足 30km，处于同一构造区内，板块抬升速度一致，由于流量差异较大，金沙江河流下切速度可能会比美姑河下切速度稍大一些。由表 4.11 可知，通过对不同地点不同阶地进行测试，其下切速率变化比较大，为 0.29 ～ 3.08mm/a。通过对 T2 阶地测年资料及下切速率进行分析，得出 T2 阶地形成时间为 52.02 ka，平均下切速率为 1mm/a。滑坡发生于河流下切至滑带之后。调查中，在公路边可见滑床出露，滑床顶部距河谷高差 53.6m。河流下切速度以 1mm/a 计算，综合分析认为滑坡发生于晚更新世。

表 4.11　金沙江不同位置阶地测年及下切速率（据王金鹏，2016）

地点	阶地	时间段（测年方法）	下切速率 /（mm/a）	参考文献
鱼鲊	T3	192.07ka（TL）	0.82 ～ 0.97	胥勤勉，2006
	T3	（192.07±16.3）ka（TL）	0.71	葛兆帅，2006
	T2	（94.83±8.06）ka（TL）	0.75	
元谋龙街	T2	52.02ka（TL）	2.57 ～ 3.05	胥勤勉，2006
	T2	（52.02±4.42）ka（TL）	0.77	杨达源，2008
	T2	（52.02±4.42）ka（TL）	1.36	葛兆帅，2006
	T1	（44.52±3.78）ka（TL）	0.29	
禄劝凹嘎	T3	（115.85±9.84）ka（TL）	1.18	葛兆帅，2006
	T4	114.5ka（TL）	1.45 ～ 1.72	胥勤勉，2006
	T4	（114.50±9.73）ka（TL）	0.97	杨达源，2008
禄劝金坪子		86.6ka（TL）	0.99	葛兆帅，2006
		137.0ka（TL）	1.96 ～ 2.17	胥勤勉，2006
		（86.61±7.36）ka（TL）	0.99	杨达源，2008
硕曲河亚金段		（50.5-23）ka（ESR）	1.22	许刘兵，2007

4.4.2　莫红集镇后山危岩带

该危岩带位于雷波县坪头乡觉基村一组，莫红集镇后方，溜筒河的左岸，中心地理坐标为北纬 28° 03′ 39″，东经 103° 17′ 32″，省道 S307 从研究区下方通过，交通便利，灾害点距雷波县城 67km。该危岩带位于构造侵蚀中山区斜坡地带，受冲沟分割作用，呈不连续片状分布。危石区段坡体植被发育，主要以高大乔木为主，夹以藤蔓及灌木，其余地段植被不发育。

雷波县莫红集镇的后山危岩近年来多次出现零星掉块，滚落落石多堆积于危岩带下方缓坡地带，现莫红集镇内零星有少量分布，该危岩对莫红集镇人民生命财产安全构成极大威胁。据当地人介绍，最近一次崩塌发生于 2014 年 5 月 8 日雨后，位于 1# 危岩带中下部的危岩体发生垮塌坠落，其中一块体积较大，约为 $0.8m^3$ 的危岩体弹跳穿过省道 S307 并撞穿莫红农贸市场围墙，砸中市场内一辆轿车；其余两块危岩体滚落至 S307 道路上，撞击路面并使沥青面层脱落，两次造成直接经济损失近万元，幸无人员伤亡。

一旦危岩体发生崩落，将直接威胁坡脚莫红集镇（包括莫红中心小学、莫红市场、管委会、矿产品检查站、省道 S307 等）70 户 400 人的生命财产安全，潜在经济损失约 2000 万元。依据《滑坡防治工程勘查规范》（DZ/T0218-2006）危害对象等级划分标准，确定莫红集镇后山危岩危害对象等级划分为 3 级。

1）危岩带基本特征

雷波县莫红集镇后山危岩位于四川省凉山州雷波县坪头乡觉基村 1 组，莫红集镇后方（北侧），美姑河左岸。研究区坡脚高程约 690m，坡顶高程约 1400m，相对高差约 710m。斜坡整体坡度一般在 30° ～ 50°，局部基岩陡壁处坡度较陡，达到 80° 以上。研究区基岩出露地层为震旦系上统灯影组（Z_bd）含磷粉砂岩及灰质白云岩，分布于斜坡的中上部陡壁处；坡体上松散堆积物主要为第四系崩坡积层（Q_4^{col+dl}）碎块石土，崩坡积物呈扇状分布；溜筒河河漫滩主要分布第四系冲洪积层（Q_4^{al+pl}）卵石土，局部夹漂石。

图 4.52　莫红集镇后山危岩全貌

莫红集镇后山危岩以中部冲沟为界，可分为东西两区，区内危岩呈带状分布，依据危岩体位置（基岩出露位置）及崩塌滚落方向，其中西区可划分为 4 个危岩带，即 1# ～ 4# 危岩带，东区可划分为 1 个危岩带，即 5# 危岩带，共分为五个危岩带。1# 危岩带、2# 危岩带及 3# 危岩带基岩出露岩性为含磷粉砂岩，4# 危岩带及 5# 危岩带出露岩性为灰质白云岩，卸荷裂隙发育，各危岩带分布位置见图 4.52、图 4.53，单个危岩带调查评价见表 4.12。

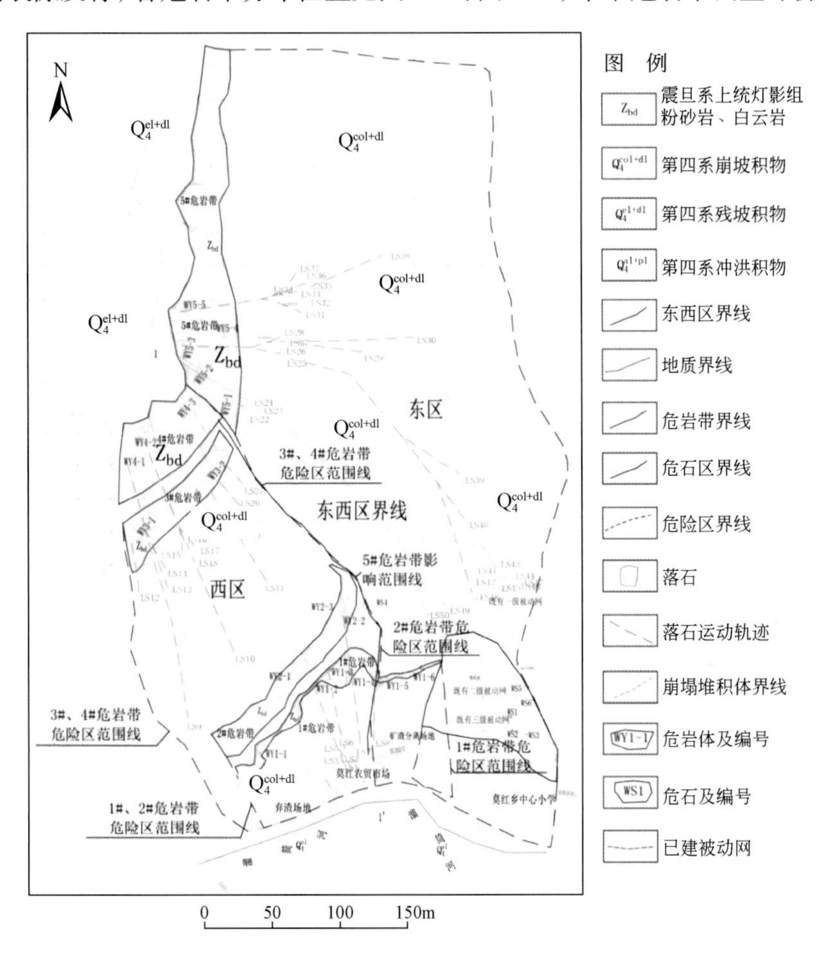

图 4.53　莫红集镇后山危岩分布平面图

表 4.12　莫红集镇后山危岩带调查评价表

危岩带	位置	危岩体个数	块石来源	岩性	危害对象
1# 危岩带	位于斜坡左侧（迎坡向）中下部陡崖处	主要由 6 个危岩体（编号为 WY1-1 ～ W1-6）构成	主要来源为危岩体上，松散易脱落的块石	震旦系上统灯影组（Z_bd）含磷粉砂岩	坡脚的莫红管委会、农贸市场、矿产品检查站、居民房屋、省道 S307 等
2# 危岩带	位于斜坡左侧（迎坡向）中部陡崖处	主要由 3 个危岩体（编号为 WY2-1 ～ W2-3）构成	主要来源为危岩体上，松散易脱落的块石	震旦系上统灯影组（Z_bd）含磷粉砂岩	坡脚的莫红管委会、农贸市场、矿产品检查站、居民房屋、省道 S307 等
3# 危岩带	位于斜坡左侧（迎坡向）中上部陡崖处	主要由 2 个危岩体（编号为 WY3-1 ～ W3-2）构成	主要来源为危岩体上，松散易脱落的块石	震旦系上统灯影组（Z_bd）含磷粉砂岩	坡脚的莫红管委会、农贸市场、矿产品检查站、居民房屋、省道 S307 等

续表

危岩带	位置	危岩体个数	块石来源	岩性	危害对象
4# 危岩带	位于斜坡左侧（迎坡向）最上部陡崖处	主要由 3 个危岩体（编号为 WY4-1 ～ W4-3）构成	主要来源为危岩体上，松散易脱落的块石	震旦系上统灯影组（Z_bd）灰质白云岩	坡脚的莫红管委会、农贸市场、矿产品检查站、居民房屋、省道 S307 等
5# 危岩带	位于斜坡右侧（迎坡向）最上部陡崖处	主要由 5 个危岩体（编号为 WY5-1 ～ W5-5）构成	主要来源为危岩体上，松散易脱落的块石	震旦系上统灯影组（Z_bd）灰质白云岩	莫红中心小学、居民房屋、省道 S307 等

2）危岩带主要威胁对象

莫红集镇后山危岩区共发育 19 处危岩，通过前文的分析，1#、2# 危岩带危岩体稳定性较差，多处于欠稳定状态；上部的 3#、4#、5# 危岩带危岩体整体失稳的可能性较小，但零星掉块现象严重。通过现场调查及分析表明，这些危岩体均对下方莫红集镇居民的生命财产安全构成威胁（图 4.54）。

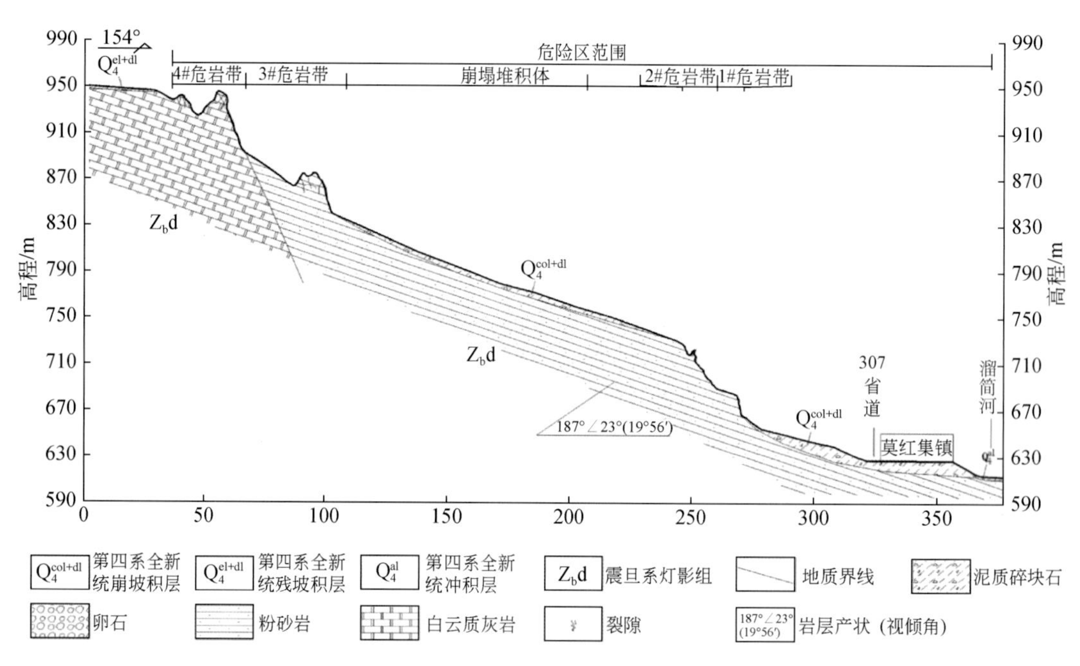

图 4.54 莫红危岩各危岩带工程地质剖面图

3）危岩带监测手段及治理措施

莫红集镇为三峡公司溪洛渡水电站复建工程，三峡公司考虑莫红集镇居民安全，于 2014 年 3 月在坡体设置了 3 道被动防护网，该被动网立柱间距 10m，高 5m。其中第一道被动网长 200m，设置于研究区右侧（迎坡向）1# 危岩带上方，主要针对 5# 危岩带危岩体进行拦挡。第二道被动网长 110m，设置于研究区右侧危石区中部，主要拦挡坡表危石，同时兼顾对 5# 危岩带危岩崩落块体进行拦挡。第三道被动网长 120m，设置于研究区右侧危石区下部坡脚居民房屋后方，功能与第二道被动网相同。

目前，5# 危岩带现崩落块体最远滚落至已建一级被动网所处缓坡地带停积，岩性以灰质白云岩为主，最大块体方量4.5m^3；研究区右侧危石区危石现均停积在其所处陡坡上，岩性为含磷粉砂岩，现已架设二级、三级被动网处最大危石块体方量1.2m^3。由于该被动防护网为新近安装，现被动网完好，该工程对安定当地居民民心起到了积极作用。建议对已设被动网加强施工效果监测。

根据现场实际情况，并结合保护对象，针对1#、2#危岩带西侧小型危岩体、WY1-1、WY1-2、WY1-4、WY2-1、WY2-2及WY2-3危岩体可在危岩带下方省道S307靠山侧平缓地段采用拦石墙加被动网进行被动防护治理；针对1#危岩带东侧小型危岩体及WY1-5、3#及4#危岩带危岩体可在危岩带下方斜坡适当位置采用被动防护网进行防护治理；对于WY1-3危岩体，由于危岩块体大，在发生崩塌滚落过程中不易崩解，建议采用砂浆锚杆进行锚固，在锚固前应对其后缘裂缝进行砂浆补缝；对于WY1-6危岩体、研究区右侧（迎坡向）陡坡危石区危石及中部沟道危石，由于均有小道可直接到达，建议人工清除；针对顶部基岩裂隙发育、渗水性强对岩体稳定性影响大，并且中部冲沟水体的汇流对坡体和沟道的冲刷和掏蚀作用，在4#危岩带后缘设置一道截水沟。

第 5 章　地质灾害成生机制研究

地质灾害发生是地形地貌、地质构造、岩土体结构类型、植被、降雨、地震、河流侵蚀、人类工程活动等诸多因素共同作用的结果，其中地形地貌、地质构造、地层岩性、岩土体结构类型等是地质灾害产生的基础条件，降雨、地震、人类工程活动、河流侵蚀等是地质灾害形成的诱发因素。

美姑河流域区位于川滇南北构造东沿部分的凉山褶断带，新构造运动强烈，褶皱多、断层发育，其中褶皱具有背斜紧闭、向斜开阔的特点。二叠系、三叠系、侏罗系、第四系在区内均有出露，其中以三叠系上统须家河组（T_3xj）和侏罗系中统沙溪庙组（J_2s）出露面积最大，其次为二叠系上统峨眉山玄武岩组（P_3em）。须家河组（T_3xj）以灰色、灰黑色粉砂岩夹黑色页岩及煤线，沙溪庙组（J_2s）主要为紫红色泥岩、粉砂岩夹泥岩、页岩，且区内斜坡上和冲沟两侧大量堆积的第四系土体亲水性强，下伏基岩遇水易软化或泥化，形成软弱结构面，抗剪强度急剧下降，在暴雨、地震等影响下发生滑坡，并成为泥石流的物源。同时，河流沿岸是人口密集，农业、工业、交通等生产活动最频繁的区域，因此该地带也必然是泥石流、滑坡、崩塌等地质灾害的易发区，实际上，滑坡、崩塌、灾害性泥石流沟主要集中在美姑河、连渣洛河、井叶特西河两岸以及周边山区。因此，地形地貌、地质构造、地层岩性与岩土体结构等对地质灾害具有显著的控制作用，降雨、地震和人类工程活动对地质灾害发生起了诱发作用。

5.1　构造与滑坡研究现状

我国构造地貌对滑坡制约的研究主要集中在青藏高原东缘和东北缘等边缘带，如黄润秋（2007）研究了我国 20 世纪以来的大型滑坡及其发生机制，认为大型滑坡发生最根本的原因是青藏高原周边地形突变带具有的有利地形地貌条件，青藏高原边缘隆起带是发生大型滑坡最集中的区域。多个地区的古滑坡研究表明，滑坡发育的时间分布特征与地壳快速抬升、断层活动、古地震和气候变化等密切相关，新构造运动引起的河谷不断深切和第四纪气候变化中的强降雨耦合作用是发生多期大型滑坡的主要动因（Han *et al.*， 2007；李晓等， 2008；Sanchez， 2010；Yin *et al.*， 2014；Sewell *et al.*， 2015；Peng *et al.*， 2015；Mirko *et al.*， 2016；殷志强等，2016）。

结合当前活动构造（断层、褶皱）对滑坡的主动约束与被动控制，大型滑坡发育的时空规律、孕灾模式及对内外动力地质作用响应等方面所面临的瓶颈问题和国内外研究动向，论述相关研究现状。

5.1.1　构造活动与滑坡发育关系

1）关于活动断裂与滑坡发育关系

国内外的构造地质、工程地质和第四纪地质等领域的专家学者关于活动断裂与滑坡发育关系开展了大量研究工作，主要认为构造活动是孕育和诱发滑坡的主要控制因素（Moeyersons *et al.*，2004；张岳桥等，2004；李勇等，2005；Searle *et al.*，2006；Godard *et al.*，2009；程建武等，2010；Beller *et al.*，2016），研究内容多从滑坡的分布与断层的距离、与同震断裂的地表破裂带等入手，研究手段多基于统计学方法（郭进京，2009；田述军等，2010；许冲等，2013；郭长宝等，2015）。区域构造控制下的岩体强烈褶皱破碎、区域差异隆升控制的河谷地貌区往往是滑坡灾害的高易发区（苏琦等，2016）；活动构造中的断层活动、区域性地壳隆升导致地形的起伏增加，促进了大型山体滑坡的发生（Francesco *et al.*，2016；Mirko *et al.*，2016）；构造的转折、错列、末端等“锁固段”部位往往会成为大型滑坡的分布区（付碧宏等，2009；田述军等，2010；许强和李为乐，2010；陈晓利等，2014）；断裂带附近松散堆积层为滑坡发育创造了有利条件，断层带内的岩体性质差异是诱发或孕育滑坡的重要因素（张永双等，2011；涂美义和李德果，2012；郭长宝等，2015；Mirko *et al.*，2016）；断层的几何形态（Oglesby *et al.*，2001；付碧宏等，2009；陈晓利等，2014）、运动学性质（黄润秋和李为乐，2008）、先存构造及其性质（Ferid *et al.*，2016）均直接或间接影响着滑坡的形成和演化，如大型滑坡分布的断层上下盘效应（黄润秋和李为乐，2008；田述军等，2010；吴俊峰等，2011；许冲等，2013）、坡面效应（许强和李为乐，2010）、距离效应（郭长宝等，2015）、锁固段效应（赵晓彦和胡厚田，2015）等。

然而前人对活动构造与滑坡的研究主要集中在断层，对褶皱、节理、裂缝与滑坡的关系仅有少数人进行了讨论（张加桂等，2003；索书田和侯光久，2009；Carlini *et al.*，2012；Dill *et al.*，2012；Mirko *et al.*，2016）。张加桂等（2003）探讨了碳酸盐地区 3 种表生构造（飞燕状褶皱、溶蚀正断层、密集节理带）与滑坡灾害的关系；索书田和侯光久（2009）认为重力滑动构造产生的正断层和褶皱与滑坡在变形机制和动力学过程上有相似性；Dill 等（2012）认为横张裂缝控制的是小型滑坡且主要发生在峡谷的斜坡或宽阔峡谷的上游变窄处，非横张裂缝控制的是大型滑坡，往往发生在地下水与断层的连接部位。

2）关于断裂与褶皱对滑坡的主动约束作用

构造对滑坡空间发育分布和成因类型起着主动约束作用，研究较多的是意大利亚平宁山脉和阿尔卑斯山等欧洲山区。如 Mirko C. 等（2016）认为滑坡主要沿着构造控制的软弱带和断裂面发育，滑坡可能是区域尺度上约束构造过程的一个指标；Crosta 和 Clague（2006）指出了大型复杂滑坡与区域尺度构造特征的空间几何关系；Carlini 等（2012）研究了区域尺度上大规模滑坡的定向分布与晚期造山带结构在空间上相关性，提出了近期构造活动对滑坡分布的控制机理。构造过程中形成的节理、断层和片理面等部位因强度低，处于软弱带，活动变形后易发生破坏，往往成为滑坡的发生部位（Jaboyedoff *et al.*， 2011）。活动构造控制滑坡通常发生在高原隆升区，构造活动造成岩石隆起和地形增长，随着斜坡地形坡度接近其临界值，在诱发因素触发下发生大型深层滑坡。

3）关于滑坡发育对活动构造的被动响应

构造运动是地貌演变的内动力地质作用，滑坡是地貌演变的基本表现，是对构造地貌变化的被动响应。认为大型滑坡是高陡边坡坡面侵蚀和重要坡面物质运输的外在动力（Crozier， 2010；Mirko *et al.*，2016）；大型滑坡的空间分布主要受斜坡上的软弱构造面控制，一定程度上可以指示区域尺度上构造活动的存在（Mirko *et al.*， 2016）。意大利亚平宁山脉北部存在的上千个复杂的滑坡体和大型的碎屑流，可能代表该地区存在极为广泛的地貌过程（Bertolini *et al.*， 2001，2005）。因此，在快速隆升区，除了流水的侵蚀作用是构造隆升后的地貌演变的主要外动力作用，滑坡将斜坡上的物质运输到坡脚也是地貌演化的表现，是构造隆升后的被动响应。

4）关于构造活动对软弱夹层及斜坡结构的影响

构造作用是控制岩石软硬相间产出的原因：顺层岩质滑坡的控制性滑面以软弱夹层或层间软弱带最为常见（黄润秋，2007；鲜杰良，2014；邹宗兴，2014；龙建辉等，2016；李江等，2016）。岩石地层形成过程中产生的层理形成了岩石的原生结构面，这种层理与软弱夹层一起在大尺度上可以形成区域性滑脱面（琚宜文等，2014），中尺度上可以形成褶皱转折端及翼部的滑脱层，小尺度可以形成层间滑动面（带），也可成为大型滑坡发生的滑动面（李守定等，2004）。

构造活动是破坏岩石均一性的主要变形行为：构造运动使得岩石发生褶皱变形，浅层次的变形进一步发展成脆性破裂，形成节理和断裂构造（Ramsay，1991；Douglas and Robert，2012）。岩石的脆性变形破坏了岩石结构的完整性和物理性质的均一性，形成了诸如断裂和节理等破裂面，甚至构成软弱面或者软弱带。这类破裂面往往构成了滑坡中控制性结构面，包括滑坡的滑面、后缘和侧壁等（邹祖银等，2010；张莹等，2015；Satoru *et al.*，2015；Ferid *et al.*，2016；Francesco *et al.*，2016；Huang *et al.*，2016；Mirko *et al.*，2016），也可导致岩体结构改变，形成碎裂岩体，构成滑坡体物质以及形成地下水聚集空间（郭长宝等，2015；裴向军等，2015），控制着滑坡的演化和孕育。

构造运动是形成河谷区各类斜坡结构的主要动力：构造作用中除了岩石的破裂变形行为之外，岩石的褶皱作用亦是一类重要的变形行为。岩石在构造应力场的作用下发生纵弯、横弯和剪切等褶皱变形（Ramsay，1991），导致岩石形成背斜、向斜等连续变形，使得原始沉积的近水平的岩石地层发生倾斜。倾斜的岩层与地貌一起组合成了各类的斜坡结构，根据地层倾向和坡向的关系可以划分为顺向坡，逆向坡、横向坡等，不同的斜坡结构其稳定性差异较大（李铁锋等，2002）。斜坡结构控制了滑坡的规模，往往顺层基岩滑坡规模巨大，如四川宣汉天台乡滑坡（黄润秋，2007）、重庆武隆鸡尾山滑坡（邹宗兴，2014）。

5.1.2　美姑河流域构造地貌特征

在地貌演化过程中，Davis W.（1973）将其划分为一个短暂而起伏迅速增加的青年期，一个起伏最强烈、地形变化最大的壮年期和一个起伏微弱而无限长的老年期。当前对于地貌的研究多集中在地貌的几何学研究（形态、高程、切割等）和地貌与构造关系特别是与新构造运动之间的关系研究（姜本鸿等，1991），美姑河地区的构造地貌按 Davis W.（1973）理论应属于青壮年期，即新生地貌剧烈变化期。

美姑河流域是顺构造地貌发育的典型区域。上游和下游河流的切割深度和河谷形态有明显差别，上游为“U”型宽谷（坡度缓），下游为“V”型深谷（陡峭峡谷区），上下游的河谷区两侧主要为顺向坡，河谷区为向斜河谷（殷志强等，2017a），河谷与褶皱横剖面的地层弯曲方向相同，属于典型的顺构造地貌区（coincident tectonic landform），其指示地貌形成的初级阶段（即青壮年期）（Davis，1973），与地貌发育晚期的逆构造地貌（向斜成山，背斜成谷）明显不同（田明中和程捷，2009）。在顺构造地貌控制下，SN 向褶皱、断裂控制形成了 SN 向的深切沟谷，而近 EW 向主要为短沟谷和张裂隙。

根据美姑河流域的地形地貌与构造之间的关系，发现其中上游是典型的顺构造地貌（向斜呈谷、背斜成山；逆冲断裂成山，走滑为主的断裂呈谷）；下游与金沙江交汇处则几乎表现为相反的特征，多为背斜呈谷，向斜成山的特征，还具有河谷与褶皱垂直的形态，导致这种差异的原因我们推测与地貌演化的阶段有关，但也不排除受岩性控制的影响。按杜国云等（2002）的构造地貌划分类型，推测其中上游地貌属于新构造地貌，而下游可能属于古构造地貌。

美姑河流域上中下游的地形地貌与构造的关系体现了重大的差别，推测其与顺构造地貌演化的特定阶段有关，代表了不同地貌演化中的不同阶段。美姑河河谷区是 EW 向挤压作用下的 SN 向褶皱地貌区，以向斜谷、背斜山为特征，SN 向大型挤压逆冲活动断裂沿褶皱翼部发育，EW 向横张裂隙短而密集，不同的褶皱挤压部位的地层受构造挤压强度不同，如宽缓河谷区滑坡数量小，狭窄河谷区滑坡数量多，其对滑坡的孕灾机理差异明显。初步研究表明，在顺构造地貌区，伴随着河流下切，切穿向斜河谷区的顺向地层造成斜坡失稳发生滑坡，美姑河流域的顺构造地貌控制了区内滑坡的空间展布（殷志强等，2017a）。

通过第 2 章的区域地质背景条件分析，认为美姑河流域的活动构造（断裂和褶皱）、顺向的坡型结构（地形地貌）对流域地质灾害的孕灾起着重要的控制作用，强降雨直接触发了地质灾害的发生。因此，下面重点围绕这 3 个方面展开。

5.2　构造对地质灾害控制研究

5.2.1　流域区构造活动期

根据流域内及周边的地层、岩石、构造发育特征，结合区域地质背景及邻区地质演化特征，自下而上划分出本区的 4 个构造层。

（1）加里东构造层：由上震旦统—泥盆系组成，以发育浅海相碎屑岩－碳酸盐岩建造为特征，厚度大于2500m。除早奥陶世有短暂沉积缺失外，其余时期均处于稳定海盆沉积，显示构造活动以低频度的升降为主。

（2）印支－海西构造层：由二叠系—中三叠统组成，以海－陆相交互的碎屑岩或碎屑岩－碳酸盐岩建造及陆相基性火山岩建造为特征，厚度约2000m。总体上表现为由海向陆转变的抬升，其中在晚二叠世陆相基性火山岩喷发，代表了陆内裂谷构造－热事件。因此该时期构造活动较为频繁，规模和幅度较大，但仍以升降为主，其间有水平拉伸导致陆内的裂解。

（3）燕山构造层：由上三叠统—侏罗系—白垩系组成，由陆相含煤碎屑岩建造转变为山间红盆磨拉石建造组成，厚度变化极大，从数百米至两千余米，沉积连续。表明本区处于陆内有限升降的构造活动微弱阶段。燕山旋回是区内主要的构造发展演化阶段，燕山运动造成本区以全面褶皱及断裂，形成现今构造的格局。

（4）喜马拉雅构造层：由上新统—第四系组成，以河湖相有机质碎屑岩建造转变为山岳冰川、河流等堆积，厚度不大，总体上反映出本区处于相对抬升的构造活动时期，并以块断的差异升降活动为特征。

5.2.2　流域区构造特征

美姑河流域构造上位于安宁河断裂、则木河断裂与马边盐津断裂所夹持的凉山断块之内。流域内构造特征受周边断块的运动和边界断裂的活动影响明显，断块内部构造变形较强，表现为一系列的褶皱和断裂构造（图5.1）。

流域内的褶皱及断裂作用较强，多表现为褶皱→断裂的变形模式。构造方向总体表现为SN向，并在流域的南部和东部地区有NE向和NW向的断裂及褶皱构造（图5.1）。

5.2.2.1　断裂构造特征

流域内的断裂构造主要为SN向的控制性断裂，包括火足门－热口断裂（F_1）、美姑河断裂（F_2）、尔马－洛西断裂（F_3）、洪溪－美姑断裂（F_4）、刹水坝－马颈子断裂（F_5）、金阳断裂（F_6），这些断裂多沿褶皱的轴面附近发育（图5.1），均表现为逆冲性质。

除此之外，流域内还发育有NE-NNE向的断裂组（图5.1），包括：三河（美姑）断裂（F_{11}）、申果庄断裂（F_7）、挖依觉断层（F_8）、沙枯断层（F_9）、西干山断层（F_{10}）、列侯断层（F_{12}）、尔其断层（F_{13}），以上断裂带表现为逆冲性质，个别断裂表现为兼具走滑性质。NE-NNE断裂一方面表现为对早期断裂的切割，如申果庄断裂（F_7）切割了SN向的火足门－热口断裂（F_1）；另一方面表现为SN向的断裂对NE-NNE向断裂的限制作用，如尔其断层（F_{13}）向南东延伸终止于美姑河断裂（F_2），表明了SN向断裂形成时间早于NE-NNE向断裂。

流域内的NW向断裂主要分布在美姑－洪溪以东的千哈断层（F_{18}）、美姑大桥以西的竹核断裂（F_{17}）以及东南角区域的大岩洞断裂（F_{16}）。断裂表现为逆冲和走滑性质，竹核断裂切割了SN向的火足门－热口断裂，与千哈断层平行的挖西向斜（7）和斯依阿莫倒转背斜（8）被NE向的三河（美姑）断裂限制，表明了NW断裂形成的时间晚于NE向和SN向断裂。

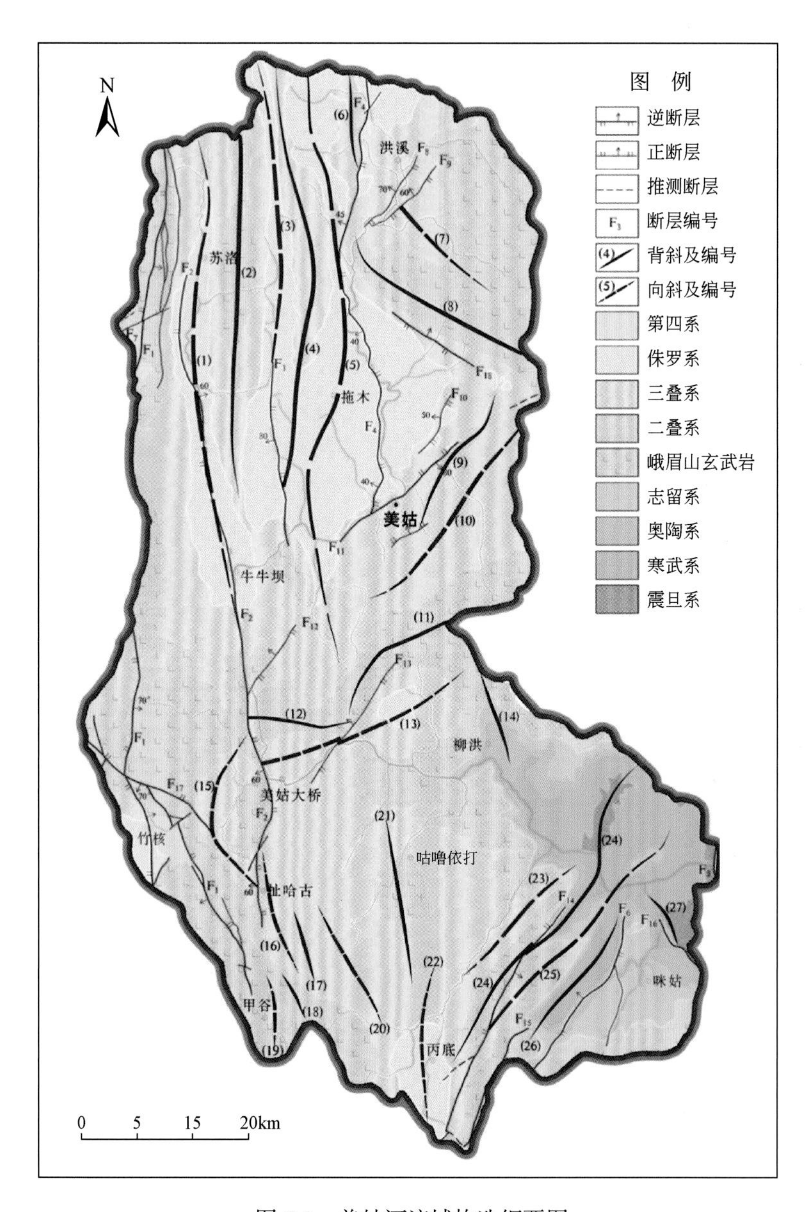

图5.1　美姑河流域构造纲要图

断裂：F_1. 火足门－热口断裂；F_2. 美姑河断裂；F_3. 尔马－洛西断裂；F_4. 洪溪－美姑断裂；F_5. 刹水坝－马颈子断裂；F_6. 金阳断裂；F_7. 申果庄断裂；F_8. 挖依觉断层；F_9. 沙枯断层；F_{10}. 西干山断层；F_{11}. 三河（美姑）断裂；F_{12}. 列侯断层；F_{13}. 尔其断层；F_{14}. 比波断层；F_{15}. 洛结断裂；F_{16}. 大岩洞断裂；F_{17}. 竹核断裂；F_{18}. 千哈断层。**褶皱**：（1）美姑河向斜；（2）苏堡背斜；（3）三河向斜；（4）石干普背斜；（5）托木向斜；（6）椅子河坝背斜；（7）挖西向斜；（8）斯依阿莫倒转背斜；（9）俄支背斜；（10）黄果楼向斜；（11）巴且背斜；（12）九口背斜；（13）瓦洛向斜；（14）柳洪背斜；（15）乌坡向斜；（16）扯哈古向斜；（17）扎尼约背斜；（18）坚呷背斜；（19）甲谷向斜；（20）甲布拉木向斜；（21）咕噜依打背斜；（22）丙底向斜；（23）支耳木向斜；（24）莫红背斜；（25）马切洛布向斜；（26）瓦尼觉背斜；（27）巴姑背斜

5.2.2.2　褶皱构造特征

美姑河流域内褶皱发育，具有一定规模的褶皱构造有27条，总体上表现为SN向、NE-NNE向和NW-NNW 3组，另外还存在一组方向有偏转的褶皱（表5.1）。其中的走向为SN向的褶皱是区内控制性的褶皱，基本与SN向的断裂构造相间排列，位于流域的北部及西部区域，皱褶延伸长度较大，一般大于30km，褶皱形态基本上轴面近于直立，两翼间夹角较大的开阔褶皱，褶皱的长宽比多大于10：1，为典型的线状褶皱；NE-NNE向的褶皱多位于流域的东部及东南部区域，部分褶皱与断裂相间排列，褶皱的延伸长度不大，仅东南部的褶皱延伸长度稍长，一般在13～30km，多表现为短轴褶皱，个别褶皱两翼产状差别较大，表现为斜歪褶皱，褶皱形态以开阔为主；NW-NNW向褶皱主要分布在流域的南部、东南部，在东北部亦有分布，东北部的NW向褶皱与断裂共生，褶皱长度一般延伸不大，多小于20km，表现为短轴褶皱，轴面以直立为主，个别斜歪直至倒转，如东北部的斯依阿莫倒转背斜，两翼多表现为开阔褶皱，个别为紧闭褶皱；除了以上3个方向的褶皱外，流域内还有一些褶皱轴迹方向不固定的褶皱，表现为不同方向的褶皱轴迹，这类褶皱多为多期褶皱的叠加，导致轴迹偏转。

表5.1　美姑河流域主要褶皱构造分组表

<table>
<tr><th>组数</th><th>优势产状走向</th><th>延伸/km</th><th>性质</th><th>编号</th><th>形态</th></tr>
<tr><td rowspan="2">1</td><td rowspan="2">SN</td><td rowspan="2">30～50</td><td>背斜</td><td>（2）、（4）、（6）</td><td rowspan="2">直立、开阔、线状</td></tr>
<tr><td>向斜</td><td>（1）、（3）、（5）</td></tr>
<tr><td rowspan="2">2</td><td rowspan="2">NE-NNE</td><td rowspan="2">13～30</td><td>背斜</td><td>（9）、（11）、（24）、（26）</td><td rowspan="2">直立－斜歪－倒转、开阔为主、短轴－线状</td></tr>
<tr><td>向斜</td><td>（10）、（13）、（23）、（25）</td></tr>
<tr><td rowspan="2">3</td><td rowspan="2">NW-NNW</td><td rowspan="2">5～20</td><td>背斜</td><td>（8）、（17）、（18）、（21）、（27）、（14）</td><td rowspan="2">直立－斜歪－倒转、开阔－闭合、短轴</td></tr>
<tr><td>向斜</td><td>（7）、（16）、（20）</td></tr>
<tr><td rowspan="2">4</td><td rowspan="2">不固定</td><td rowspan="2">5～15</td><td>背斜</td><td>（12）</td><td rowspan="2">直立－斜歪、开阔－紧闭、短轴</td></tr>
<tr><td>向斜</td><td>（15）、（19）、（22）</td></tr>
</table>

美姑河流域经历了多期次的构造作用，褶皱作用亦表现为多期次褶皱作用叠加，叠加褶皱在露头上表现的方式有“T”形、“S”形、反“S”形、弧形、叠加褶皱的叠加方式包括有移褶型、限褶型、弯转型及加强型等均有所见（孙东等，2008）。总体体现为：

（1）早期的褶皱可以对晚期的褶皱形成规模上的限制，形成限褶型叠加褶皱，在区内表现为晚期的NW-NNW和NE-NNE褶皱延伸不长，为短轴褶皱，多被早期SN向褶皱所限，如（8）号斯依阿莫倒转背斜被拖木向斜限制，消失于拖木向斜东翼；

（2）晚期的褶皱作用改变早期的褶皱轴迹，形成移褶型叠加皱褶，表现为晚期形成的褶皱在早期褶皱两侧形成不对称的褶皱分布，显示为背斜和向斜不协调对接特征，如九口背斜（12）与乌坡向斜（15）在美姑河向斜两翼形成对接特征；

（3）晚期使得早期褶皱枢纽及轴面均发生协调弯转，早期褶皱若两端发生弯转，则形成“S”形、反“S”形或弧形叠加褶皱，如拖木向斜（5）的轴迹呈反“S”形、乌坡向斜（15）呈弧形。

以上的褶皱特征表明了区内经历了三期褶皱作用，对应于三期较大的构造作用，SN 向褶皱对其他褶皱的限制作用表明 SN 向褶皱作用最早，是区域控制性褶皱；从洪溪一带 NE 向的断裂对 NW 向褶皱的限制表明 NE 向的皱褶早于 NW 向的褶皱形成。三期褶皱分别形成于始新世早中期（前 ±50Ma）的喜马拉雅运动Ⅰ期；渐新世早期（前 ±30Ma）喜马拉雅运动Ⅱ期；渐新世末期（前 ±23Ma）喜马拉雅运动Ⅲ期（孙东等，2008）。

5.2.2.3　断裂、褶皱的组合特征

流域内断裂与褶皱构造伴生，SN 向的断裂构造多位于褶皱的轴面附近，如美姑河断裂基本沿美姑河向斜轴面或者是核部发育，尔马－洛西断裂位于三河向斜南部，推测该断裂在三河向斜逐渐隐伏，基本与三河向斜的核部一致，火足门－热口断裂附近原始亦为一背斜，后期被火足门－热口断裂改造，褶皱形态已经被破坏。因此，在 EW 向的挤压应力场下，SN 向的褶皱先形成，后期构造作用加强，沿褶皱核部的纵向节理扩展，形成褶断型逆冲断裂构造。

NE-NNE 向断裂则表现为断裂与褶皱的相间排列，断裂多发于在褶皱的翼部或切割褶皱轴迹，如列侯断层与俄支背斜，比波断层、大岩洞断裂与支耳木向斜、马切洛布向斜、瓦尼觉背斜相间排列，比波断层切割莫红背斜。推测部分褶皱可能为断层相关褶皱产物。

NW-NNW 向断裂共 3 条，其中竹核断裂南沿与乌坡向斜南段轴面近于一致，与乌坡向斜北段近于垂直；千哈断层位于斯依阿莫倒转背斜的南东倒转翼上；大岩洞断裂位于巴姑背斜南东翼。推测乌坡向斜为一叠加褶皱，南段的形成与竹核断裂的关系属于褶断型，北段的形成可能与竹核断裂的后期走滑作用相关，属于断层相关褶皱；千哈断裂与斯依阿莫倒转背斜的关系应为褶皱作用晚期的褶断型断层；大岩洞断裂可能早期断裂先形成并隐伏于深部，浅表发育断层相关褶皱，形成巴姑背斜，晚期断裂扩展至地表，在地表出露于东南翼。

从形成的时间上看，区内的 SN 向褶皱最早形成，之后顺褶皱轴面发育 SN 向断裂；其次是北东向的断裂和断层相关褶皱形成，NE 向的断裂切割早期 SN 向断裂和褶皱或被早期 SN 向断裂所限制；最后在再形成 NW 向的断裂和褶皱构造。总体体现了 SN 向构造中褶皱早于断裂；而 NE 和 NW 向构造则受早期的 SN 向构造的控制，断裂与褶皱是同生关系。

5.2.3　构造对地貌的控制

美姑河流域北段地形地貌与构造密切相关，受构造控制明显。流域北段的深切河谷为西侧的连渣老河和中部的美姑河，从剖面上看，美姑河河谷区为托木向斜区，连渣老河河谷区为美姑河向斜位置；东侧的美姑河至大风顶一带的山区为斯依阿莫倒转背斜分布区；

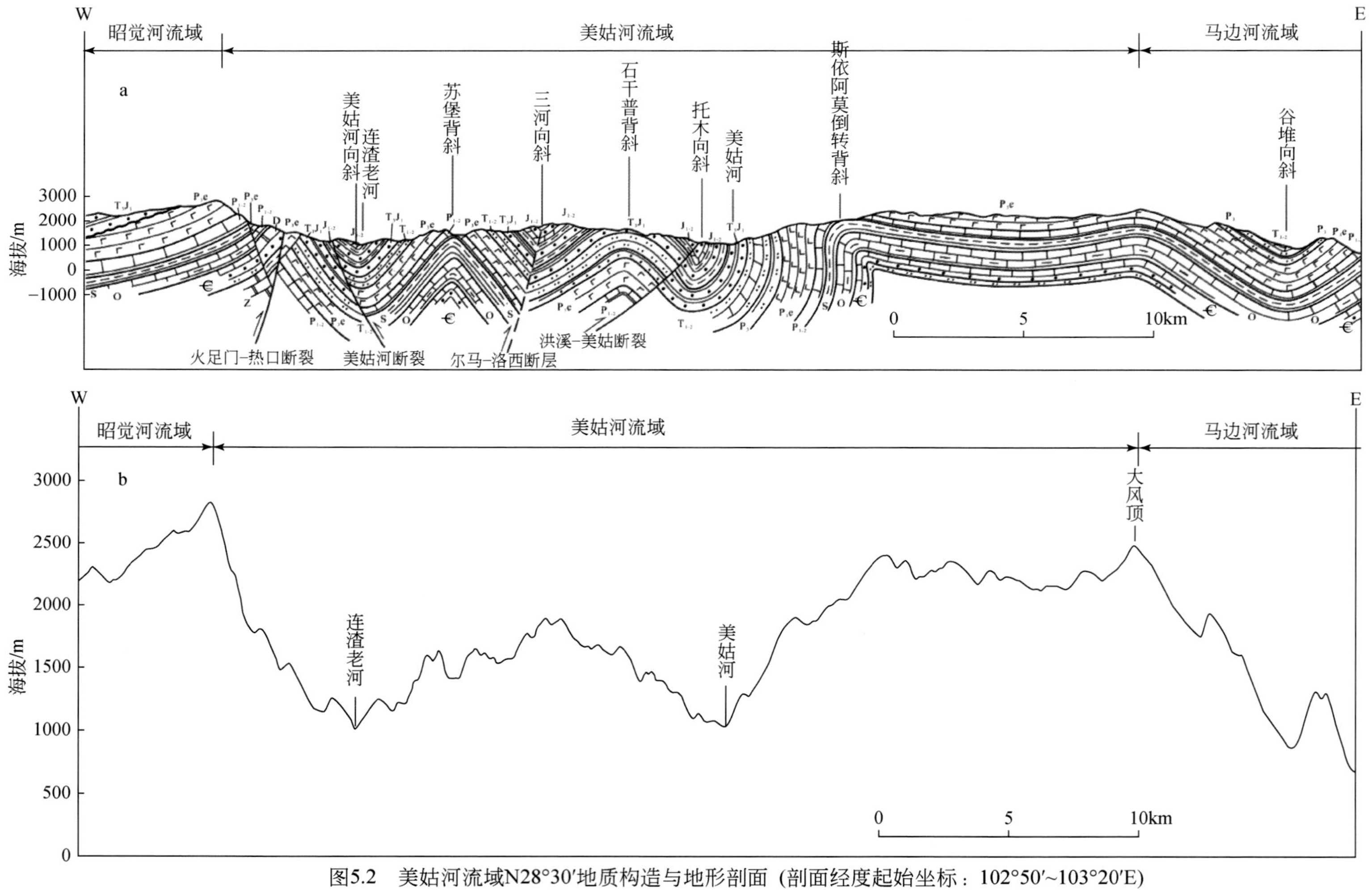

图5.2　美姑河流域N28°30′地质构造与地形剖面（剖面经度起始坐标：102°50′~103°20′E）

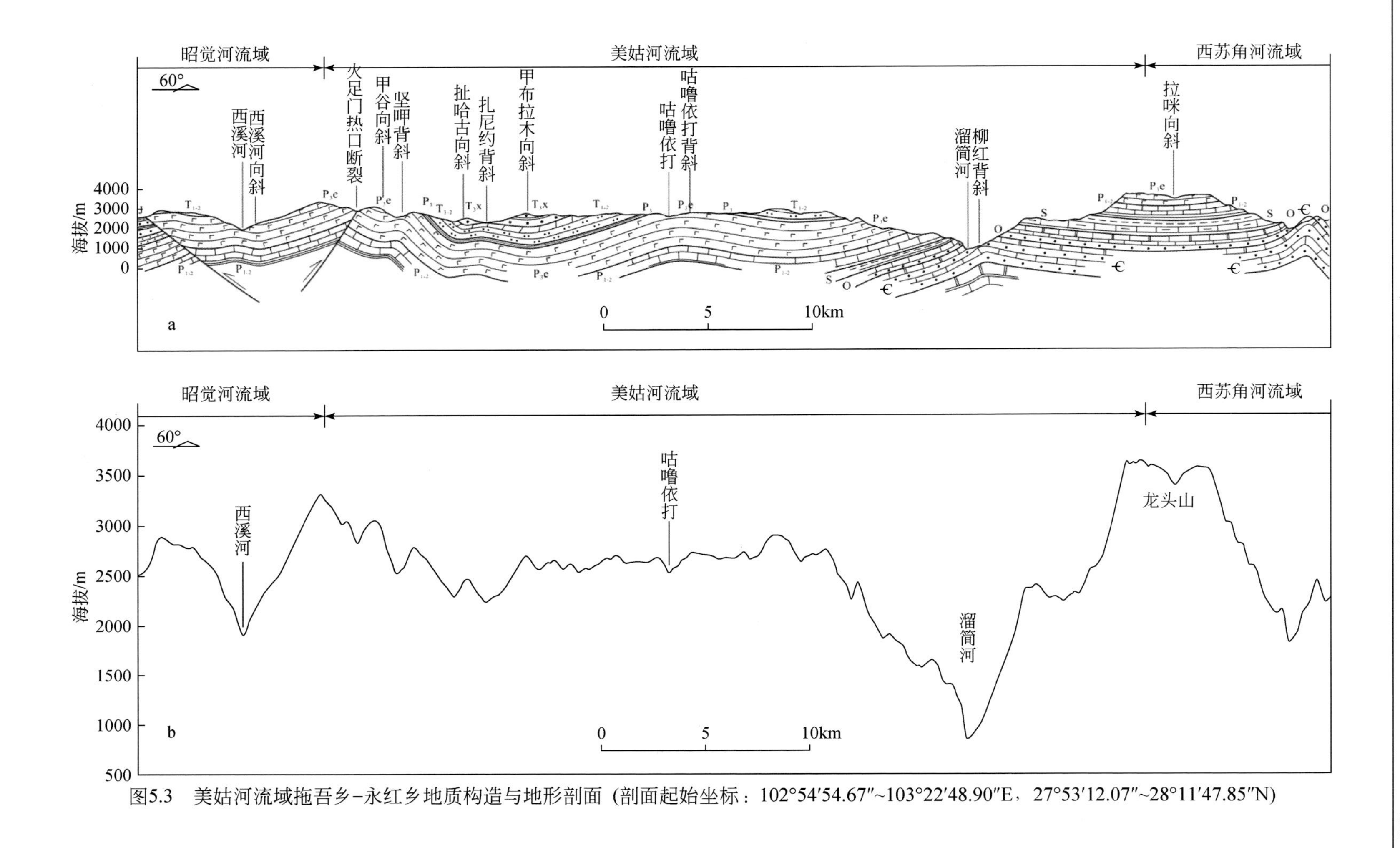

图5.3　美姑河流域拖吾乡-永红乡地质构造与地形剖面（剖面起始坐标：102°54′54.67″~103°22′48.90″E，27°53′12.07″~28°11′47.85″N）

美姑河与连渣老河之间的山区为苏堡背斜、石干普背斜以及其中部的三河向斜，但该向斜被尔马洛西断层破坏；连渣老河西侧的山脉则受火足门热口断裂的逆冲控制。平面上西侧的连渣老河和美姑河牛牛坝—美姑大桥段基本与美姑河向斜及美姑河断裂一致（图 5.2），表明了美姑河向斜控制了连渣老河和美姑河中段的发育；美姑河上游别拖依打至美姑县城段，美姑河河床基本与洪溪 - 美姑断裂重合，显示了断裂控制了河谷的发育；洪溪附近的挖依觉断层与美姑河上游部分河段吻合度较高，县城附近的三河断裂南西段与美姑河河床近于一致，北东段与左岸支流天喜拉打吻合度极高，均体现了断裂对河流的控制作用。

美姑河下游的地质与地形剖面（图 5.3）则出现了与上游不一样的特征，下游的主河流经过柳红背斜的核部，支流咕噜依打经过咕噜依打背斜，而前述两者之间则表现为一个向斜构造；其西段的各级支流分布位置均有褶皱构造发育，火足门 - 热口逆冲断裂经过之处仍然形成了美姑河与昭觉河的分水岭。平面上美姑河下游及其支流受直线型构造控制不甚明显，但能依稀地识别出河流各分段与褶皱和断层的关系，如美姑大桥下游河段与尔其断层南段重合，柳洪下游段与柳背斜方向一致，靠近金沙江段与马切洛布向斜走向一致，个别地段与褶皱轴迹近于垂直，这可能与褶皱的横张节理有关，总之美姑河下游从构造上来，本身构造不是区内的主构造方向，没有统一的构造方向，且构造规模小，变形幅度不大，是造成整体地貌与构造直接关系不明显的主因。

整体上，美姑河流域内的地形地貌受构造控制明显，中上游河谷及山脉受南北向褶皱和断裂的控制明显，一般表现为背斜成山，向斜呈谷，而断裂逆冲作用较强的地段则形成高山，具有较强走滑作用的断层则多呈谷地。下游则表现为相反的特征，多为背斜呈谷，向斜成山的特征，还具有河谷与褶皱垂直的形态，这种差异推测可能与构造变形的强度，构造变形的规模以及地层岩性的差异等诸多因素有关，上游主要为中生代碎屑岩为主，而下游则为古生代碳酸盐岩为主。

强烈的构造抬升造成河谷剧烈下切，高陡的地形条件为地质灾害的形成提供了临空条件。

5.2.4 断裂对地质灾害的控制

5.2.4.1 地质灾害具有沿断裂带呈带状分布的特征

流域内的泥石流和滑坡地质灾害 80% 以上均分布在美姑大桥以北的区域，从平面分布来看，有 8 个集中分布区，其中 7 个都分布在美姑河大桥以北的区域，并且基本沿断裂带呈现出带状密集分布的特征（图 5.4）。

7 个与断裂分布高度吻合的地质灾害集中分布区中，Ⅰ、Ⅱ、Ⅲ号集中分布区分别与 SN 向的美姑河断裂、尔马 - 洛西断裂和洪溪美姑断裂吻合，且基本沿着断裂带呈狭长的带状分布，地质灾害类型主要为滑坡和泥石流，规模上以小型和中型为主（图 5.4）；Ⅳ、Ⅴ、Ⅵ、Ⅶ分别与 NE 向的挖依觉断层和沙枯断层、三河（美姑）断裂、列侯断层、尔其断层出露区重合，但集中分布范围与 SN 向断裂沿线的带状分布有所差别，主要表现为短轴椭圆状（图 5.4），推测可能与 NE 向断裂本身发育规模不大，且在多数地方

NE 向断裂表现为数条断裂构成的断裂组有关，如在近于平行展布的挖依觉断层和沙枯断层一起构成一个地质灾害集中分布区，三河（美姑）断裂由一条主断裂和两侧各有一条短小的次级断裂以及数条横断裂构成，总体沿 NE 向断裂集中分布的地质灾害类型仍以滑坡和泥石流为主，规模仍以中小型为主，大型为辅，区内的 NW 向断裂沿线地质灾害分布较少。

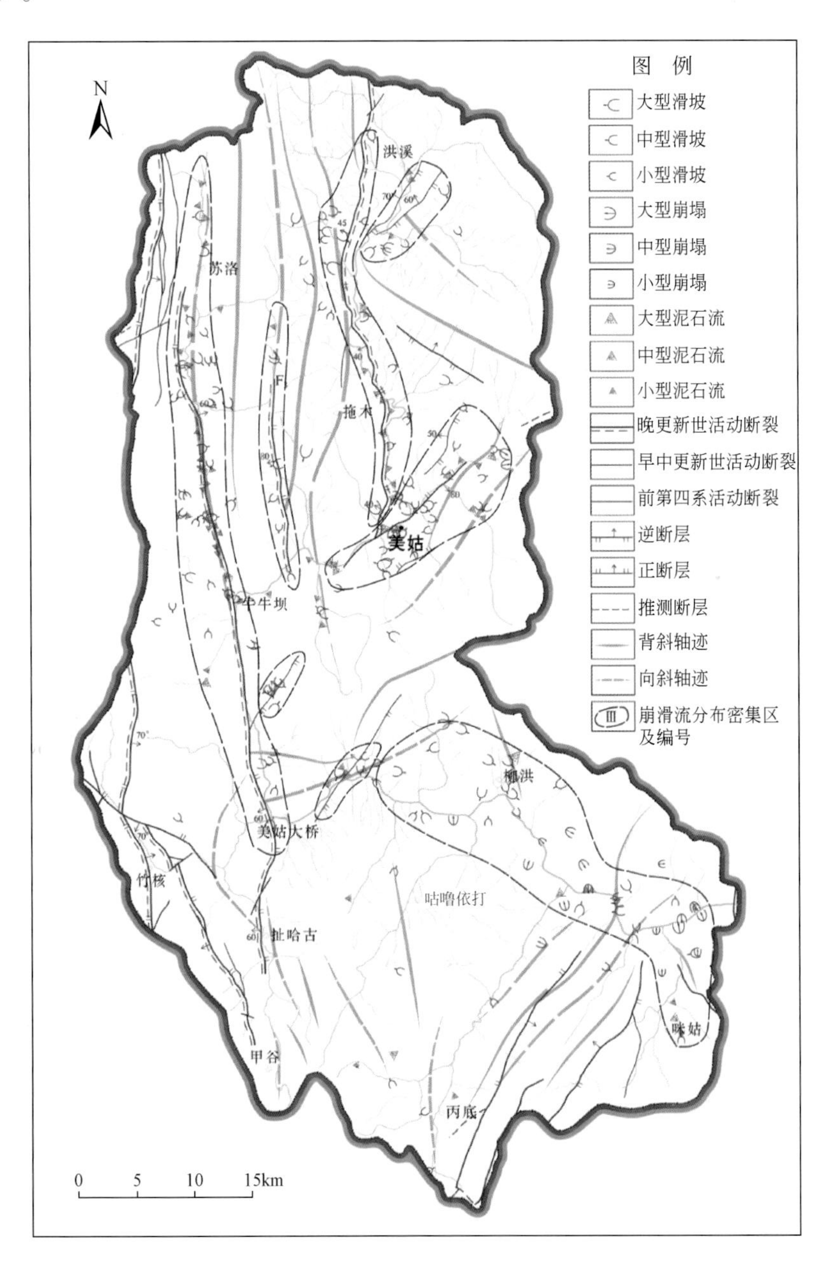

图 5.4　美姑河流域地质灾害分布与活动构造图

5.2.4.2　断裂特殊的几何学和强烈变形学特征是地质灾害发育的物质和结构条件

美姑流域内断裂在几何学特征上多表现为大断裂由数条雁列式的次级断裂组成，如美姑河断裂牛牛坝—美姑大桥段并非一条单一的逆冲断层，而是由 3 条断层组成的断裂带，地表上这 3 条断层呈右行斜列展布（孙东等，2007）；如洪溪以南的挖依觉断层和沙枯断层近于平行展布总体构成一个断裂带，如三河（美姑）断裂由一条主断层以及断层北东部位和南西部位均有与之平行的断裂一起构成右行斜列断裂带，同时还有数条与之垂直的横断层分布。这些组成断裂带的单条次级断层往往可以形成数米至数十米的断层破碎带，多条次级断层加剧了岩石的强变形范围，构成了地质灾害孕育的结构条件。

流域内经历了不同层次的多期构造变动，特别是浅层次脆性构造变形在多期次构造作用的叠加下，不仅形成了一定宽度的断层破碎带，并成为力学性质的弱化带，而且在断裂构造两盘影响范围内由主应力场或派生构造应力场形成的构造破裂面（结构面），构成断层两侧相当宽度的影响带（岩体破碎带）。断层破碎带内不同方位、不同性质的构造破裂面（结构面）将岩石切割成一系列的强变形产物，如美姑河断裂带的 3 条次级断裂的破碎带累计宽度可达 60 ～ 200m，破碎带内的物质组成多为构造角砾岩、碎斑岩，虽有一定的固结，但总体上还是较为松散，这为外动力地质作用（如风化剥蚀、 流水侵蚀等）提供了有利的物质和结构条件，所以沿断裂带往往形成深沟谷负地形，这种陡峭的斜坡地形为崩塌和滑坡灾害的发生提供了空间条件，松散的断层破碎带岩石是泥石流物源之一，断层两盘影响带的密集结构面是控制崩塌的优势结构面。

5.2.4.3　断裂的活动是大型滑坡启动的内动力因素

美姑河流域分布有数个大型古滑坡（图 5.5），如尔解卡尔古滑坡、古沟－万波沟古滑坡（胡正涛，2009）、拉马古滑坡（宋亚伟等，2008）等，这些大型古滑坡规模巨大，个别现今仍有局部复活的迹象（宋亚伟等，2008）。

前人对这些古滑坡的形成时间研究不多，仅对古沟－万波沟古滑坡有过研究（胡正涛，2009），滑坡堰塞沉积物放射性碳（^{14}C）测年结果显示，滑坡发生在距今约 1.3 万年，地质历史上属晚更新世末期。而区域内的断裂最新活动时间为晚更新世早中期（美姑河断裂、尔马－洛西断裂），目前仅有 1 个古滑坡测年数据表明的古滑坡的形成时间与断裂的活动时间的对应关系上虽然不能吻合，但我们见识了龙门山断裂带活动（2008 年“5・12”汶川地震）形成的大型地质灾害，所以仍然相信区内多个大型的古滑坡体的形成可能与断裂活动或者大的构造事件有必然的联系，断裂的活动或大的构造事件是大型地质灾害体形成的内动力因素，在这一方面需要进一步深入研究。

5.2.4.4　典型活动断裂对地质灾害的控制

1）美姑－洪溪断裂带穿过的区域

美姑县城（巴普镇）－龙门乡－觉洛乡－峨曲古乡一带，发育地质灾害密度为 155.94

处 /100km²，大于全区的平均密度 72.9 处 /100km²，且该区域发育多处大型、特大型古滑坡堆积体。该区域内地质灾害多发于美姑河左岸（图 5.6），分析其原因主要有以下几点：

（1）该区域为美姑－洪溪断裂穿越带，断裂在区内长约 18km，断层面倾向西，倾角约 60°，为逆冲断裂，由于受断裂挤压作用，断裂下盘砂岩、粉砂岩中斜交主断裂面的裂隙非常发育，岩体破碎；

（2）该区域位于受斯依阿莫倒转背斜西翼和拖木向斜东翼的挟持区域内，在美姑河左岸多为顺向坡和顺向斜向坡；

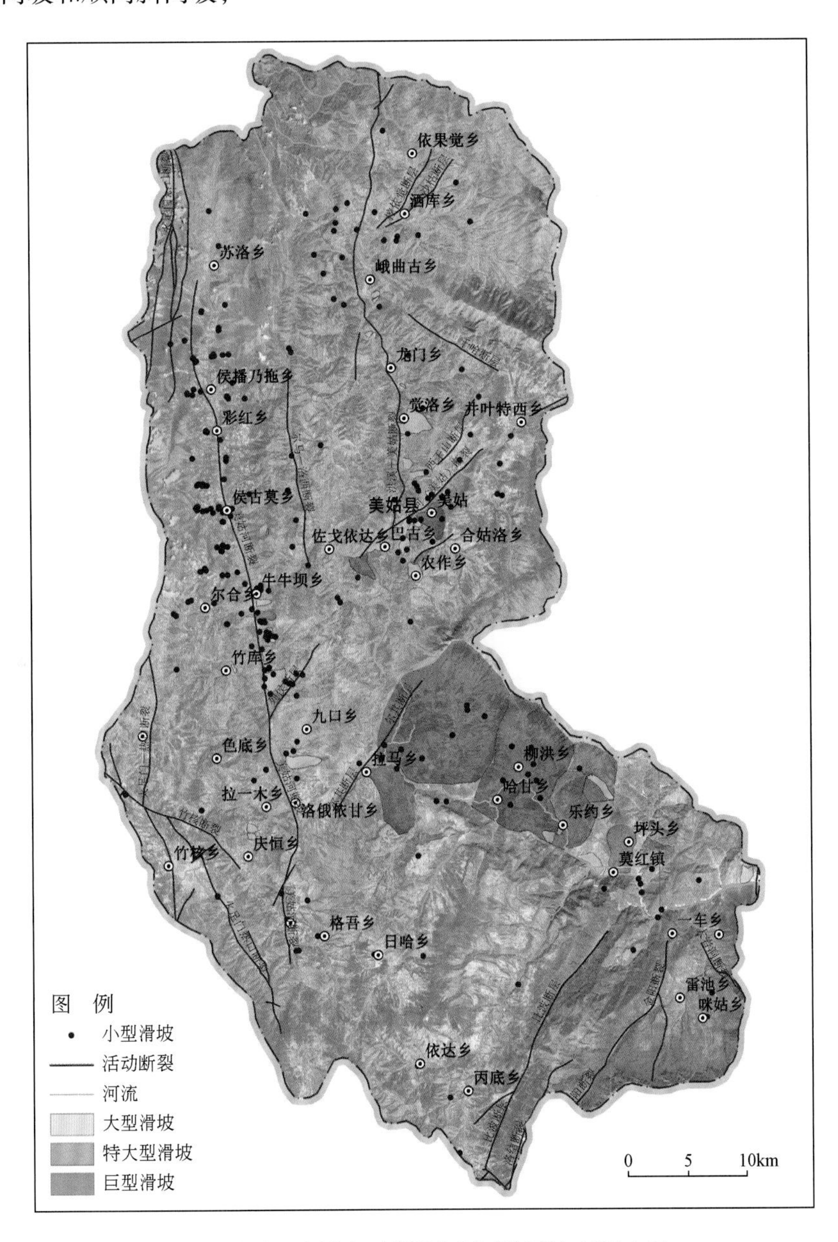

图 5.5　美姑河流域大型滑坡与活动断裂空间展布图

（3）省道103线位于美姑河左岸，修建公路切坡对沿线斜坡扰动较大，也是灾害密集发育的原因之一。

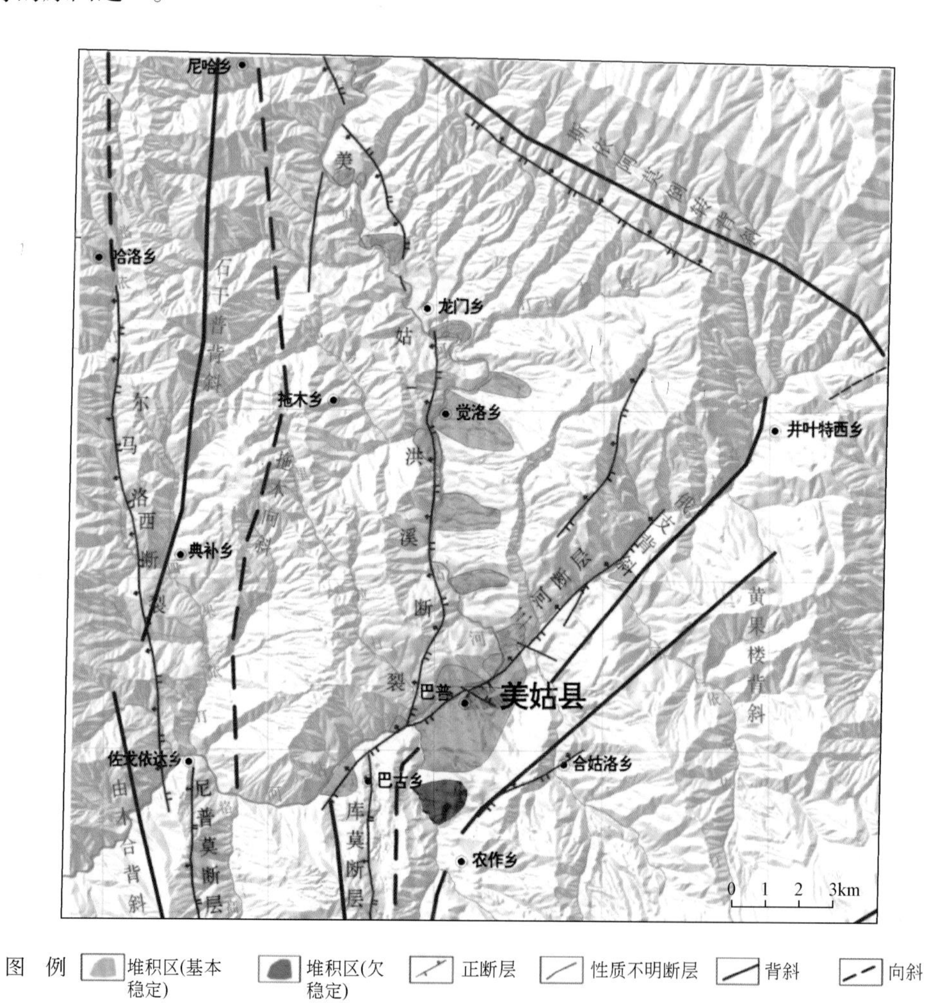

图 5.6　美姑洪溪断裂带穿越区大型滑坡堆积体

2）尼普莫断裂穿越的区域

佐戈依达乡－依洛拉达乡－子威乡一带，同时受木合背斜和三比沃切背斜影响，导致在洛高依达沟两岸多为顺向坡，同时受断裂、褶皱的挤压作用，岩体破碎，地质灾害发育，在该区域发育滑坡地质灾害36处、崩塌35处、泥石流37处，共发育地质灾害108处，发育地质灾害的面密度为105.1处/100km^2。

3）巴古乡、美姑县城断裂交汇地带

该区域为多条断裂交汇地带，美姑－洪溪断裂从该区通过，两侧发育一系列分支断裂（三河断裂、库莫断裂）。在该区域内不仅地质灾害发育数量多、密度高，而且发育多处大型滑坡，如巴普镇达戈村滑坡、巴古乡达尔滑坡、巴普镇基伟村滑坡、美姑县城南滑坡等，说明在断裂的交汇、转折、交叉部位，这些区段相对于断裂平直展布的区段的地质灾害发育数量、密度明显较高、灾害体积明显增大，说明了不同断裂部位对地质灾害发育的控制作用。

4）美姑河断裂与牛牛坝河谷区滑坡分布

野外调查发现，美姑河牛牛坝段左岸斜坡带，从牛牛坝到四阿亲村 4.8km 的斜坡带发育古滑坡 4 处、泥石流沟 4 条、现代滑坡 3 处，且发育两处滑坡泥石流灾害链，这些集中分布的古滑坡和现代滑坡的后缘高程均在 2100m 左右，后缘基本在同一水平线上，前缘以美姑河河谷为界。地层上主要为 J_2s 的紫红色、灰白色砂岩、粉砂岩、泥岩互层，坡度约 15° ～ 20°。整个斜坡体为顺向坡。美姑河断裂从并列式滑坡群的前缘经过，活动断裂控制了河谷区地貌演化，成为研究区斜坡演变的主要内动力作用。这种大型古滑坡和现代滑坡密集分布的特征可能与美姑河断裂密切相关，受控于美姑河活动断裂，反映了构造对滑坡的控制作用。

5.2.5　构造地震对地质灾害的控制

地震动力作用是崩塌和滑坡活动的主要动力之一，也可以说是最重要的动力因素，“5·12” 汶川地震的崩塌和滑坡灾害再次给予了佐证（郭进京等，2009），汶川地震触发了数以万计的同震崩塌、滑坡、泥石流等地质灾害，这些地质灾害的空间分布固然受地形地貌、地层岩性和人类工程活动等因素的影响，然而主要还是受到发震断层的控制，沿发震断裂呈带状分布（黄润秋等，2008）。因地震而触发地质灾害呈现出一系列与通常重力环境下地质灾害迥异的特征（刘洪兵和朱晞，1999；黄润秋和许强，2008），强震条件下，坡体的失稳首先表现为震动条件下的坡体溃裂，滑体物质常常表现为“一跨到底”的“溃散”型滑动和堆积特征，甚至表现为高初速或“抛射”型的起始运动特征（黄润秋，2008，2009）。

美姑河流域处于西部安宁河 - 则木河强地震带和东部马边 - 盐津 - 大关强地震带之间，据有地震记载以来，区内并无强震发生（$M>6$ 级），属外围两强震带的影响波及区。

区内有多处大型、特大型甚至巨型的古滑坡堆积体，如牛牛坝河谷区左岸的牛牛坝古滑坡、尔解卡俄古滑坡等（图 5.7），这些滑坡的发生除与研究区特殊的地形地貌关系外，推测可能与美姑河断裂控制的地震活动有关。

美姑河流域内没有发生过强震的记录资料，仅 1963 年 9 月 11 日在美姑县尼觉西附近发生过 5.0 级。区域上（经度 102° ～ 104°，纬度 27° 20′ ～ 29°）发生过大于等于 6.0 级的强震共计 15 次，其中 $M \geqslant 7.0$ 级地震 5 次分别发生在安宁河断裂带 2 次，则木河断裂带 1 次，大毛滩断裂和莲峰断裂附近各 1 次；大多数 6.0 ～ 6.9 级地震皆发生安宁河断裂、则木河断裂、马边 - 盐津断裂带、莲峰断裂附近。时间最近的一次强震是 1974 年 7 月 1 日发生在大毛滩断裂上的 7.1 级地震，而当时发生的地质灾害已无详细记录，最近 3 次离美姑河流域最近的中强震分别是 2014 年 4 月 17 日、2014 年 8 月 17 日发生在永善附近震级分别为 5.1 级、5.2 级的两次地震和 2014 年 10 月 1 日发生在美姑河流域西侧边界之外普雄河断裂带上的 5.2 级地震。但区域古地震时间和古滑坡年龄数据的缺乏限制了我们开展地震与滑坡的关系研究，现有的资料表明区内的大型古滑坡可能主要形成时间在晚更新世期间，普雄河断裂研究的两次古地震时间事件虽不能与滑坡年龄很好对应，但证明在晚更新世期间存在强震诱发了数量众多的大型、巨型古滑坡。

从 2003 ～ 2015 年地质灾害数量来看（图 5.8，表 5.2），在 2014 年地质灾害数量要高于前后年份，也是近十年中地质灾害数量最多的一年，且这一年发生了两次大型滑坡，时间分别是 2014 年 6 月 21 日巴普镇达戈村滑坡和 2014 年 9 月 8 日巴普镇三河村滑坡，时间上位于永善附近两次中强震之后，推测滑坡的形成受到了地震的影响，地震在滑坡的过程中起到了孕育的作用，而之后的强降雨则为直接诱发因素。

图 5.7　牛牛坝河谷区左岸并排式地震滑坡带

1. 牛牛坝古滑坡；2. 特西乃拖古滑坡；3. 尔解卡俄古滑坡；4. 四米洛滑坡；5. 四阿亲古滑坡；6. 尔库古滑坡；7 和 8 分别为牛牛坝古滑坡的解体型次级滑坡

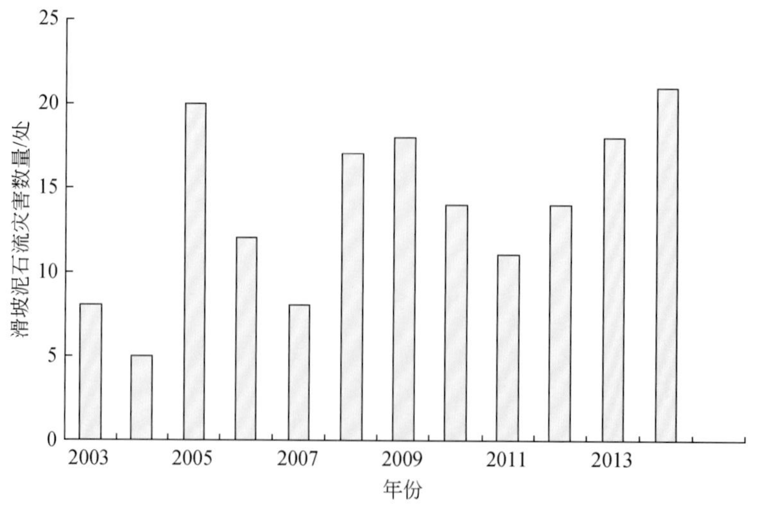

图 5.8　2003 ～ 2015 年美姑河流域地质灾害统计直方图

表 5.2　2003 ～ 2015 年美姑河流域地质灾害统计表　（单位：处）

年份	滑坡灾害			泥石流灾害			合计
	大型	中型	小型	大型	中型	小型	
2003			6			2	8
2004			2			3	5
2005		7	5		1	7	20
2006		2	7			3	12
2007		1	3			4	8
2008	1	5	5		1	5	17
2009		5	4		3	6	18
2010		5	8			1	14
2011		2	5		1	3	11
2012	1	2	9			2	14
2013	1	4	4		3	6	18
2014	2	4	11			4	21
2015		1	13			2	16

总结认为，美姑河流域内的地质构造对地质灾害的控制主要表现为以下几点。

（1）地质构造控制了地貌的发育，如山脉、河流的展布皆受构造的控制，其通过地形地貌对地质灾害的发育产生影响。

（2）美姑河流域位于“川滇 SN 向构造带”与“四川盆地新华夏系沉降带”交接地带，也是青藏高原隆升区域四川盆地的过渡带，断裂构造发育，与地质灾害的空间分布具有良好的对应性。

（3）地质构造，尤其是断裂及其伴生的破裂构造直接破坏了岩体的结构，使岩体的物理力学强度降低。构造带中多期次构造运动的变形行为的叠加，使岩体完整性显著降低，更易于被风化，为灾害的孕育提供了条件。

（4）研究区位于南北地震活动带上，断裂的活动可诱发构造地震，地震往往可以产生强烈的震动，激发不稳定斜坡或者岩石失稳，形成灾害。

5.3　褶皱地貌对地质灾害控制研究

5.3.1　褶皱地貌

美姑河及连渣洛河河谷区主要为顺向坡，两河谷之间为背斜山脊，河谷区为向斜河谷，河谷与褶皱横剖面的地层弯曲方向相同，表现为顺构造地貌（coincident tectonic landform）特征，其是地貌形成的初级阶段（图 5.9），与地貌发育晚期的逆构造地貌（向斜成山，背斜成谷）明显不同（田明中和程捷，2009）。美姑河河谷区恰好位于高原隆升条件下地貌演化初期的顺构造地貌区，是EW向挤压作用下的NS向褶皱山地，以向斜谷、背斜山为特征，NS向大型挤压逆冲活动断裂沿褶皱翼部发育，EW向横张裂隙短而密集，不同的褶皱挤压部位的地层受构造挤压强度不同，如宽缓河谷区滑坡数量小，狭窄河谷区滑坡数量多，其对滑坡的孕灾模式差异明显。

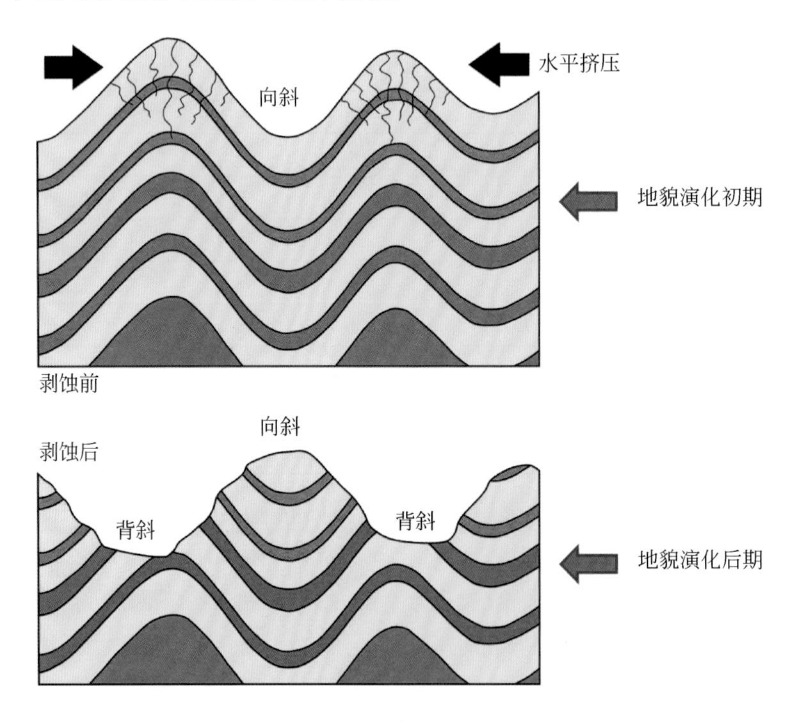

图 5.9　背斜与向斜褶皱演化过程示意图

区内地质构造主要为SN向、NE-SW产出的褶皱和断裂构造（图5.3、图5.4）。褶皱由西向东主要有碧鸡山背斜、石干普背斜、美姑河向斜、苏保背斜等，其中以美姑河向斜规模最大。岩石经过了多次构造运动的破坏，岩体中的片理和裂隙较为发育，加之后期遭受强烈风化和剥蚀，岩体强度有所降低，这就导致了岩石的风化、卸荷、崩塌、坠落等地质作用显著，造成滑坡、崩塌、泥石流等不良物理地质现象较普遍。

区内的地质灾害多发育于断裂带沿线、褶皱密集区和断裂交汇等构造部位，尤其是美姑河断裂带穿越区，崩塌滑坡泥石流密集发育，充分说明了活动构造对地质灾害的控制作用。

5.3.2　褶皱构造对地质灾害的控制

5.3.2.1　褶皱作用控制的斜坡结构是控制地质灾害发育的基本条件

褶皱作用导致地层连续变形，形成了一系列不同倾角不同倾向的地层，这些倾斜的地层与地形地貌一起组成了不同的斜坡结构类型。在美姑河中上游及连渣老河两岸，受美姑河向斜和拖木向斜的控制，多形成顺向坡（图 5.10 ～图 5.12），是地质灾害高发区，地质灾害类型主要为顺层中小型滑坡和崩滑体，而这些滑坡和崩滑体又构成了泥石流的物源。而在美姑河上游右岸的石干普背斜西翼，地层与向东倾斜的地貌构成逆向坡，地质灾害的面密度相对要小得多，且发育有限的地质灾害均为垂直支流方向的横向斜坡上的中小型滑坡。因此，褶皱形成的倾斜地层与地形一起组成斜坡结构是控制地质灾害（主要为岩质滑坡、崩塌等）发育的基本条件。

图 5.10　连渣洛河两岸的 J_2s 顺向坡地层（马拖村）

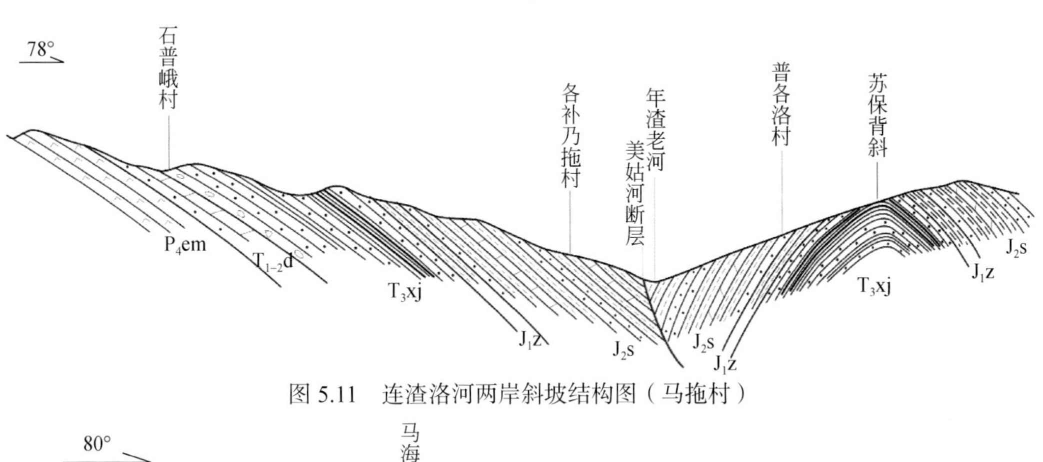

图 5.11　连渣洛河两岸斜坡结构图（马拖村）

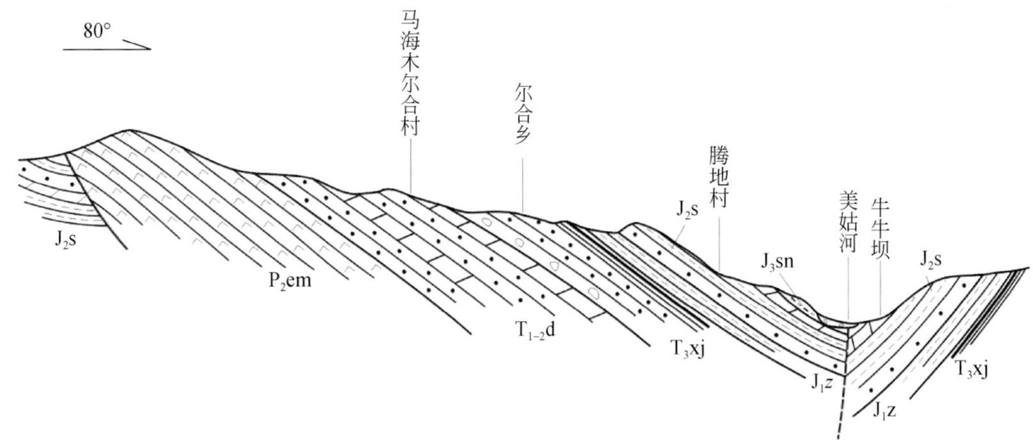

图 5.12　美姑河两岸斜坡结构图（牛牛坝乡）

5.3.2.2　褶皱变形伴生节理构成了地质灾害孕育的结构面

在伴随褶皱作用过程中，在褶皱核部外侧容易形成纵张节理，在内侧容易形成剪节理，并同时伴有横节理的形成，这些节理结构面将岩石切割成块，降低了岩石的整体块度，为地质灾害的孕育提供了条件。

美姑河流域内小型地质灾害发育，其中小型滑坡94处，占总滑坡的63%，尤其是规模极小（方量＜100m³）的崩滑体，大多与节理发育有关。

流域内构造应力场主要一期为东西向的挤压构造。区内的碎屑岩及玄武岩广布，碎屑岩中的砂岩段及玄武岩属于较坚硬的岩类，在东西向的挤压应力场下，这些较坚硬岩石在形成褶皱和断裂构造的早期，往往均会产生一些脆性变形，形成一些共轭节理，表现为共轭“X”型节理面或同层面裂隙（图5.13），将岩石切割成不均一块体。“X”型节理面根据主应力和破裂面的差别又分为剖面“X” 型和平面“X” 型（图5.13），在流域内，其平面“X” 型节理在地质灾害发育中起到了重要作用。

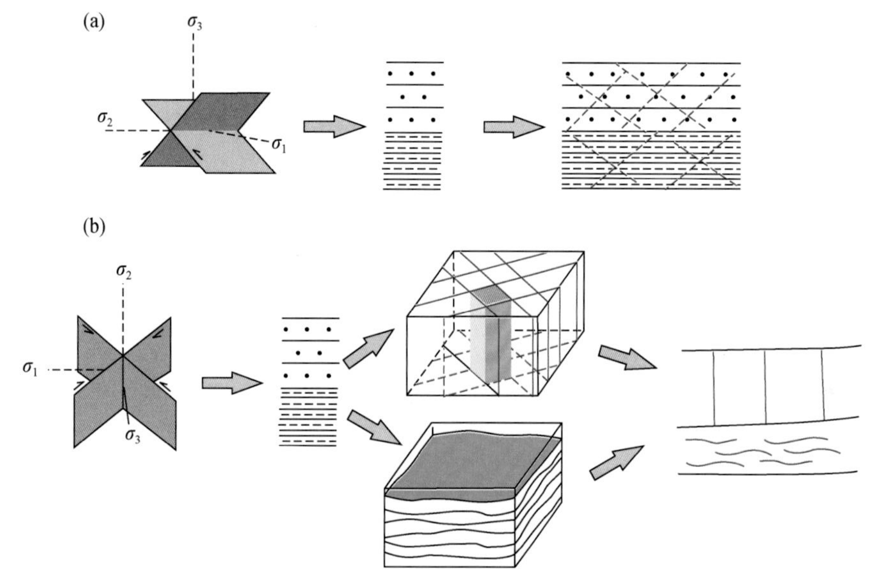

图5.13　水平挤压褶皱早期共轭节理形成模型及岩性差异变形图

（a）剖面“X”型节理模式；（b）平面“X”型节理模式

较坚硬－坚硬岩与较软岩在同一应力场作用下（σ_1 水平，σ_2 直立）产生了不同的变形方式，较坚硬－坚硬岩（砂岩、石灰岩、玄武岩等）主要发生垂直层面脆性剪切破裂作用，表现为平面共轭“X”型节理面，与层面裂隙一起，切割岩体；较软岩（泥岩、粉砂质泥岩、页岩）发育平行层面劈理化变形，岩石更易向强风化状态转化；软硬岩界面容易形成软弱面。

受平面共轭“X”型节理面控制的岩体，当为逆向斜坡和横向斜坡结构时，上覆和下伏的软弱岩易遭受风化，上覆的软岩容易被侵蚀，下伏软岩风化脱落后容易形成凹腔，当凹腔发展到一定程度临空条件较好时，平面共轭“X”型节理与层面所围限的硬岩类容易掉落形成崩塌；当斜坡结构为顺向斜坡时，节理受地下水活动控制、当前缘有较好临空条件，被平面共轭“X”型节理与层面所围限的硬岩类及其上覆的软岩一起，易于沿着坚硬岩与下伏的软弱岩层面或软弱界面形成顺层滑动的滑坡，或者是小型崩滑体。以上两种模式在流域内北部的中生代地层中广泛发育，且较为典型。

随着构造作用的进一步加强，逐渐形成了区域性的 SN 走向的褶皱构造和在褶皱转折端附近形成了一系列的纵张节理、压性节理及横向节理（图 5.14）。以上的节理又与特殊的地层条件耦合造成了区内岩石的破碎（图 5.15），这些节理构造均对地质灾害的发育有一定的控制作用。同时在褶皱的变形过程中，在应力集中部位容易发展成逆冲断裂构造，在断层发育过程中会形成一系列与之平行的节理构造，这类节理亦可以构成灾害体的边界。

区内的碎屑岩多表现为软硬相间的组合特征，在构造作用下，相对坚硬的砂岩体发生的是刚性剪切破裂作用，而相对较软的泥岩、粉砂质泥岩、页岩等则表现为塑性变形，或者是密集的劈理化破裂，往往导致了大规模的节理破裂被限制在相对坚硬的砂岩体和玄武

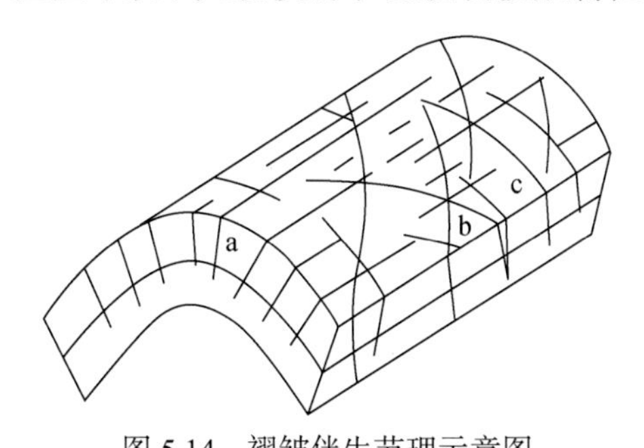

图 5.14　褶皱伴生节理示意图

a. 纵张节理；b. 横向剪节理；c. 斜向剪节理

图 5.15　坚硬岩类与软弱岩类差异变形特征

图 5.15　坚硬岩类与软弱岩类差异变形特征（续）

岩体中，将岩石切割成块；而塑性滑动或劈理化破裂多发于在较软岩中，这种变形往往进一步降低了软岩的工程性能。

坚硬岩的块体极易沿其下伏的工程性能差的软岩滑动，并由此引发崩塌、滑坡、泥石流等，如四俄千泥石流沟多与这类构造发育有关。

在美姑河下游地区古生代碎屑岩与碳酸盐岩广泛分布，在 NE 向的构造形成过程中，发生了岩石的褶皱变形，褶皱变形过程中的纵张节理、压性节理及横向节理导致岩石裂隙呈现网状，当流水深切形成深切峡谷，地形陡峻，外加地下水进入裂隙内部，容易引起被褶皱相关节理围限的岩石崩塌，这也是美姑河下游深切河谷区是主要崩塌发生区域的主要因素之一。

5.3.2.3　褶皱的弯滑作用为滑坡提供了初始滑动面

美姑河流域的褶皱作用机制主要为水平方向挤压形成的纵弯褶皱，可以分为弯滑作用和弯流作用。该地区中生代碎屑岩沉积层由于岩性主要为砂岩、泥岩等软弱相间岩层，在纵弯褶皱形成过程中，软硬接触面易作为弯滑面，产生相对滑动（图 5.16）。在后期应力松弛后，该滑动面易产生“回落”或者作为软弱面，为滑坡或者崩滑体的滑面。本区内形成许多的小型崩滑体及大型的顺层基岩滑坡基本沿软硬接触面，即早期的褶皱弯滑作用的滑动面发生。

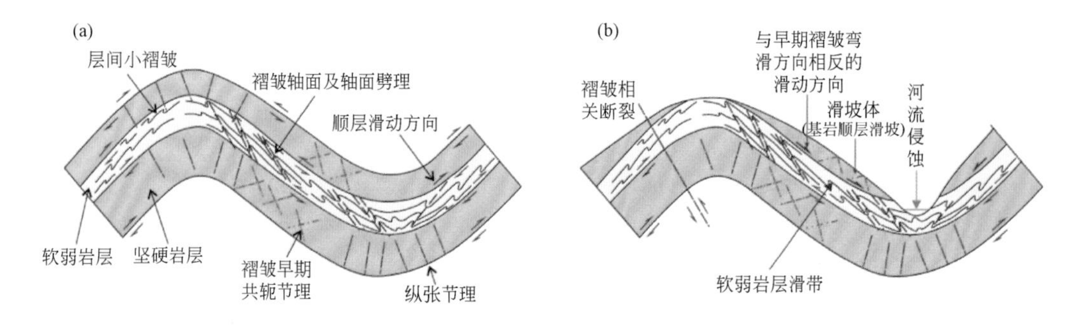

图 5.16　软硬相间地层纵弯褶皱弯滑作用示意图

（a）弯滑褶皱相关伴生构造；（b）弯滑褶皱作用控制下的滑坡

5.4　其他地质条件对地质灾害控制研究

5.4.1　斜坡结构类型对地质灾害的控制

斜坡结构是控制本区内地质灾害发育的最重要条件。美姑河流域受美姑河向斜的控制，两岸地层均倾向美姑河，与两岸斜坡构成了典型的顺向坡，由于微地貌的关系，个别地段有少部分横向斜坡。从调查的地质灾害来看，本区域的顺向坡控制了相当数量的滑坡灾害，牛牛坝滑坡就是顺向坡控制地质灾害的典型。因此，顺向坡为主的斜坡结构类型为地质灾害发生提供了有利条件。

岩质斜坡及岩土复合型斜坡，根据基岩层面倾向与地形坡向组合关系可主要划分为以下 4 个亚类。

（1）顺向斜坡：岩层倾向与坡向夹角小于 60° 的斜坡类型。流域北部沿美姑河中段和连渣老河发育美姑河向斜，河谷两岸地层倾向均向河谷方向，表现为顺向斜坡，坡度约 25° ～ 40°，为该地区的主要斜坡结构类型，斜坡稳定相对较差。另外在美姑河流域的南部甲谷—格五乡一线和丙底 - 莫红乡一带，由于褶皱作用导致地层的产状变化，在局部有呈条带状分布的顺向坡分布区。这类斜坡是区内小型基岩滑坡和崩滑体的主要斜坡结构类型。

（2）横向斜坡：岩层倾向与坡向交角为于 60° ～ 120° 的斜坡类型。美姑河流域东北部西区，美姑河支流水系发育方向基本与褶皱构造垂直，倾向河流方向的斜坡多表现为横向斜坡。在美姑河下游河段，主河道基本垂直于褶皱构造方向，倾向主河道的斜坡也多构成横向斜坡。这类斜坡往往稳定性较好，不易发生地质灾害。

（3）逆向斜坡：岩层倾向与坡向交角大于 120° 的斜坡类型。在流域北部的苏洛背斜东翼、石干普背斜的西翼，由于朝向连渣老河和美姑河的斜坡与地层的倾向刚好相关，形成逆向斜坡；美姑河流域的南部甲谷—格五乡一线和丙底 - 莫红乡一带，水系方向基本与褶皱走向一致，局部有呈条带状展布的逆向斜坡。这类斜坡在节理发育的砂泥岩互层区容易形成崩塌地质灾害，亦是基覆界面滑坡的主要斜坡结构。

（4）块状岩体斜坡：没有明显的层理构造，主要受节理控制的岩石斜坡类型。流域北部东西边界附近、流域中部的西边界、流域中东部地区，地层多为二叠系峨眉山玄武岩岩组，岩性为块状结构，岩质坚硬，抗风化作用较强，斜坡稳定性较强。但局部地区，坚硬的玄武岩节理发育，其稳定性受到影响。

5.4.2　地层岩性对地质灾害的控制

美姑河流域地质灾害主要集中分布在上游地区，牛牛坝以下的中下游地区主要分布在河流的左岸。从地质灾害分布的地层来看（图 5.17），美姑河上游（牛牛坝以上）地质灾害以滑坡和泥石流为主，主要分布在晚三叠世须家河组至中侏罗统沙溪庙组之中；中游（牛牛坝—柳洪段）的以滑坡为主，主要分布在上二叠统宣威组、下—中三叠统中；下游（柳洪以下）地质灾害以滑坡和崩塌为主，主要分布在震旦系至二叠系之中。

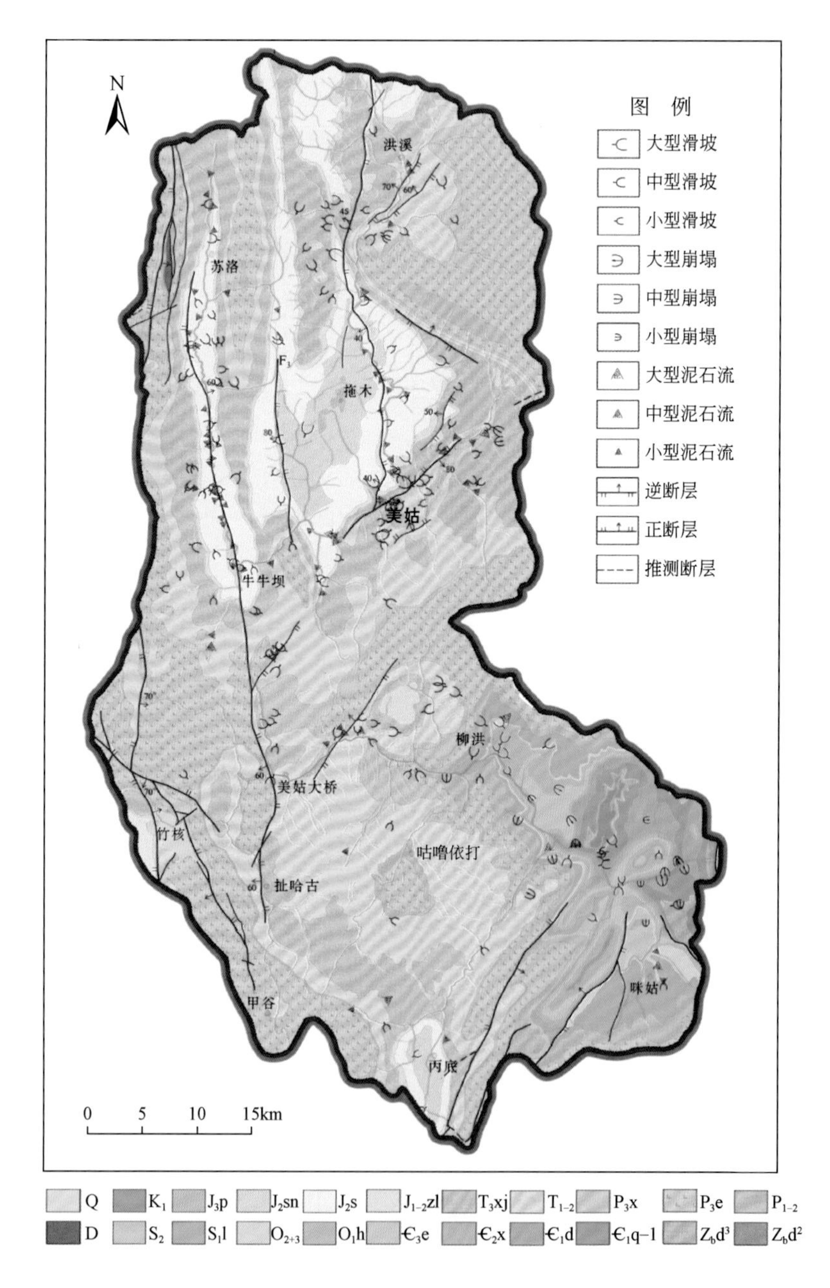

图 5.17　美姑河流域地质灾害分布图

美姑河流域地质灾害分布的地层最多的为上三叠统须家河组，其次为中侏罗统沙溪庙组和中—下二叠统（图 5.18）。须家河组中地质灾害以滑坡为主，有部分泥石流分布，这与须家河组主要为砂岩与泥页岩的互层岩性有一定的关系，其岩组属于半坚硬砂泥岩互层岩组，其中的泥页岩及煤层属于易滑地层。沙溪庙组中的灾害类型主要为泥石流和滑坡，这与沙溪庙组属于较软－半坚硬砂泥岩岩组有关，岩石总体较软，抗风化能力弱，岩性多为泥岩，遇水易滑。中—下三叠统中的地质灾害以滑坡为主，有少量泥石流，这与本套地层岩性为砂岩、粉砂岩、泥岩不等厚互层出露有关。流域内的崩塌主要分布在坚硬－半坚硬的地层之中，包括震旦系、寒武系、下志留统、中二叠统和须家河组。

值得注意的是，区内的古生界和新元古界中虽地质灾害的数量不多，但据现场调查结果显示，在美姑河下游深切河谷段发育了数个规模巨大的古滑坡，如拉马古滑坡、坪头滑坡、柳洪滑坡、火洛滑坡等，因此认为地层岩性一方面除了控制灾害的数量，还控制了灾害体的规模。

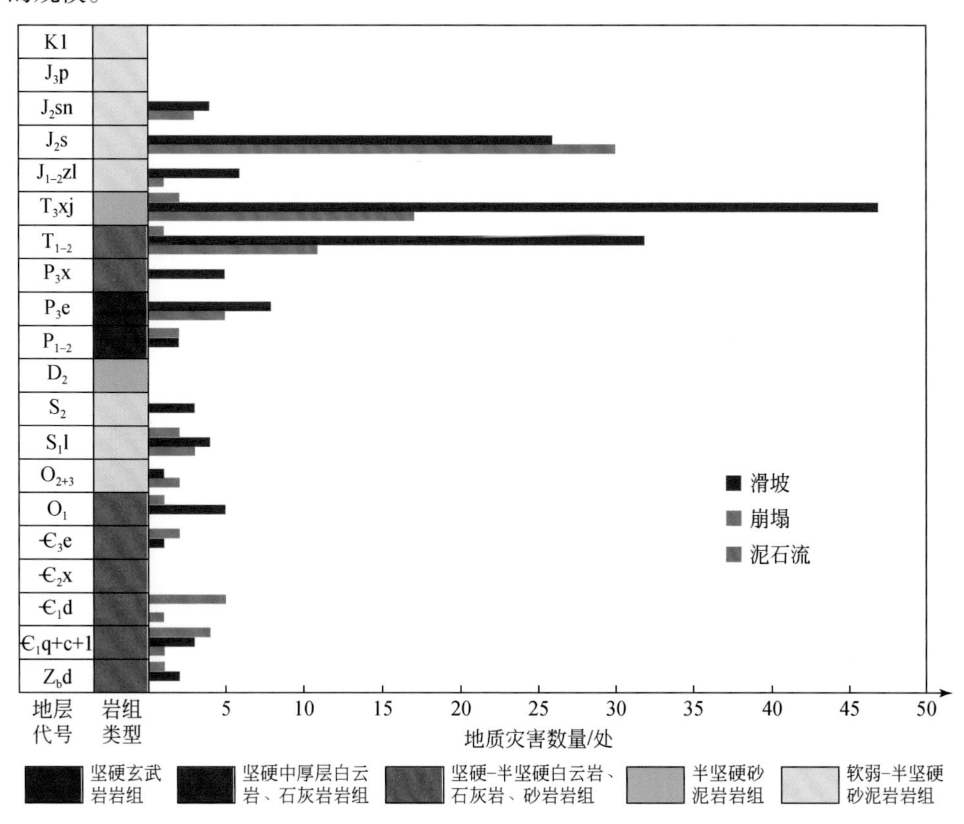

图 5.18　美姑河流域地质灾害在地层中的分布图

5.4.3　地形地貌对地质灾害的控制

从地貌形态来看，地质灾害的分布与地形地貌具有密切的联系，深切峡谷区为地质灾害孕灾提供了临空基础，具体可归纳为以下几点。

（1）区内滑坡主要分布于构造侵蚀剥蚀中山区等构造断层河谷沿线和河谷由窄转宽的咽喉区域。原因是研究区的河谷多为断裂构造隆深河谷下切而形成，加之该区域岩性多为侏罗系、三叠系砂、泥岩等软弱岩层，在河谷开阔区域大都是人类居住及构筑物主要分布区，如连渣洛河沿线、美姑河上游段等，一般人类工程经济活动强烈，松散堆积体多，且谷底地应力大，岩体破碎。

（2）崩塌主要分布于构造侵蚀剥蚀中山陡坡硬岩出露区。该区域坡度大、植被稀疏、风化强烈。

（3）泥石流分布往往可跨多个地貌单元，其堆积区一般位于河谷地区，物源往往为滑坡崩塌发育的区域。

（4）滑坡的运动方式以水平运动为主，水平位移大于垂直位移，而崩塌的运动方式以垂直运动为主，垂直位移大于水平位移，因此，坡度在 20° ～ 50° 的斜坡体上有利于滑坡的发育分布，坡度在 30° 以上的陡崖有利于崩塌（危岩）的发育分布。

5.4.4　软硬相间的互层砂泥岩及其风化壳为灾害发育提供了物质基础

美姑河流域大面积分布着为中生代碎屑岩地层，岩性多为较软薄层状泥岩、页岩和较坚硬薄 - 中厚层状砂、粉砂岩互层岩组。其中侏罗系紫红色薄层状泥岩、粉砂质泥岩等较软岩遇水易崩解，抗风化能力差，强度低，工程地质性能差，往往构成软弱夹层和易滑岩组，岩质滑坡多以此类岩组为滑带或以此类软弱岩与砂岩的接触界面为滑面，产生灾害；三叠系须家河组（T_3xj）含灰色、灰黑色页岩夹灰色泥岩及煤线，岩质较软易风化，局部岩体已成全风化，承载力极差，往往使得斜坡稳定性较差（图 5.19）。

图 5.19　美姑河流域内的 T_3xj 和 J_2x 中软弱夹层

中生代的红层砂泥岩互层其总体抗风化能力差，其地表受物理风化作用较强，风化带厚度一般较大，多数可达十余米，风化带产物遇水同样易软化，工程性能降低，造成风化带产物沿风化剥蚀界面失稳，产生灾害。据统计，流域内约 40% 以上的滑坡灾害均属于此类，这类滑坡多为表层残坡积层滑坡。

受地形和微地貌的控制，个别地段第四系残坡积覆盖层较厚，基覆界面作为控制性结构面，往往易造成上覆的残坡积层失稳。调查发现大量的上部是残坡积覆盖层，下部为基岩面，在降雨过程中，地表水岩残坡积层入渗，遇下伏基岩层面后不能入渗至基岩内部，转而沿基岩层面与残坡积层的接触界面运移，从而使得该结构面软化，最终造成上部的残坡积层失稳，形成小规模的滑坡或者崩滑体，这类灾害多为土质滑坡。

同时，风化剥蚀产物极为松散，在部分坡度较陡、植被相对较差的地段，在强降雨过程中，松散的风化剥蚀产物在降雨初期由含水不饱和逐渐转为饱和，当降雨持续，松散的风化剥蚀产物含水饱和后，就全部转为地表径流，会逐渐带走表层的松散堆积物，从而构成泥石流的物源。

以上表明，流域内的软弱及软硬相间的砂泥岩组合及其风化后的特征产物，是地质灾害发育的又一基本条件。

5.5　降雨对地质灾害控制研究

降雨是诱发滑坡形成的重要因素；降水的入渗既可增加坡体自重，还会转化为地下水和地表洪流；地下水降低土的抗剪强度，增加孔隙水压力，地表洪流对斜坡进行冲刷，携带、搬运大量的松散物质，从而诱发滑坡、崩塌、泥石流等地质灾害的形成。

美姑河流域的降水昼夜差异大，夜雨多，降水量占 71%，区内降雨年内分布不均，使地质灾害的发生在时间上存在差异，据访问调查，区内的滑坡主要分布在 5 ～ 9 月的雨季；区内虽然降雨稀少，但集中降水量较大，在历史上曾多次出现极端的暴雨天气，1998 年区内发生区域性暴雨，泥石流群发，致使 10 个乡、79 个村、395 个村民小组、10800 户受灾，冲毁铁索桥 5 座，冲毁乡级公路 24km，死亡 1 人，直接经济损失 1500 万元。

流域地质灾害调查数据也表明，降雨的多少直接影响地质灾害的发生频率，研究区每年的 6 ～ 9 月为雨季，同时也是地质灾害的高发季节，调查已查明的地质灾害多发生于该时段，这和该时段降雨量较大有直接的关系，其他月份发生的地质灾害则明显减少或没有。

美姑河流域的美姑县气象站记录的 1980 ～ 2014 年年均降水量总体呈平稳趋势，但同时间段的地质灾害数量呈现迅速增加的趋势，年平均降水量与地质灾害数量关系不显著（图 5.20），这一方面可能是降雨具有季节性；另一方面可能是越到近期，地质灾害的发生时间统计得越准确。

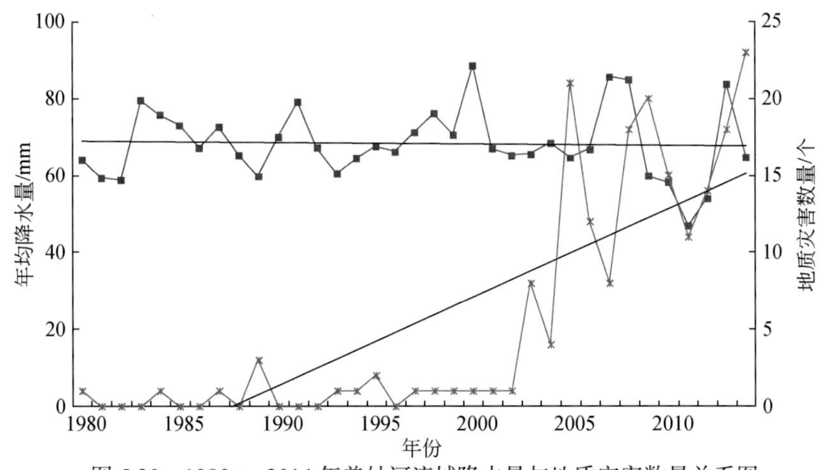

图 5.20　1980 ～ 2014 年美姑河流域降水量与地质灾害数量关系图

2008 年 7 月 1 ～ 5 日，美姑县气象站记录的 5 天累计雨量为 120mm，同年 7 月 1 ～ 31 日雨量累计为 224mm，5 天雨量占全月雨量的 54%；同时间段，昭觉气象站记录的 5 天累计雨量为 223mm，而 7 月 1 ～ 31 日雨量累计为 377mm，5 天雨量占全月雨量的 59%（图 5.21）。位于两气象站近中间部位的采红乡 2008 年 7 月 5 日同时发生尔洛依达泥石流和洛久村 3 组滑坡（图 5.22），降雨对这两处泥石流和滑坡的控制作用显著。

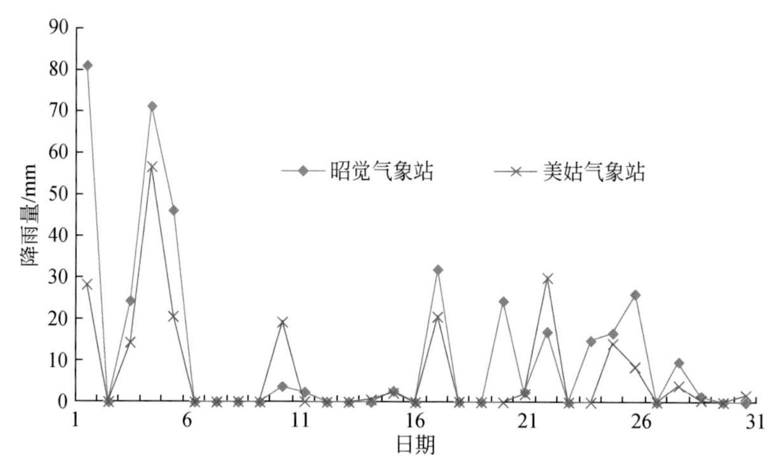

图 5.21　2008 年 7 月 1 ～ 31 日昭觉县和美姑县气象站降雨量曲线

图 5.22　采红乡尔洛依达泥石流和洛久村 3 组滑坡

A 点为目前；*B* 点巨大滚石的原位置

采红乡洛久村 3 组泥石流流域面积 3.71km^2，主沟长度 4km，纵坡降 234‰，泥石流形成区最高点高程 2687m，堆积区为连渣洛河河谷区，海拔高程为 1752m，整个流域最大落差 935m，目前威胁沟口的 7 户 30 人，财产约 30 万元。由于该泥石流形成区面积大，流通区的末端迅速收缩，微地貌上为喇叭口地形，2008 年 7 月 1 ～ 5 日的降雨将长 10 ～ 12m、宽 4 ～ 5m、高 5 ～ 6m 的巨大新田沟组砂岩块体滚动搬运至下方 180m 处，搬运最远的一块滚石为 270m（目前的连渣洛河河床滚石）。

位于泥石流沟口连渣洛河对岸的色洛滑坡位于采红乡拉坝村 1 组，滑坡体规模约 $16.5 \times 10^4 m^3$，目前威胁 19 户 96 人及财产 110 万元。

另外本次工作调查期间多次经历暴雨，调查的灾害中有部分就是在今年暴雨期间发生，如永乐乡公路边小型碎石土滑坡、比尔乡 S208 线沿线浅表层滑坡（图 5.23）等，因多次滑坡交通完全中断。

图 5.23　2015 年降雨引发的残坡积碎石土滑坡堵塞道路

5.5.1　气候控制下的地质灾害

温度变化与地质灾害的关系主要表现在冬春季由于温度变化引发冰雪融水诱发滑坡泥石流，同时，冰雪融水增加造成河床侧蚀作用加强，同样可能诱发地质灾害。

由于地表水冲刷、切割斜坡坡脚，形成临空面，诱发滑坡、崩塌等地质灾害的形成，这是区内典型的现象之一。由于连渣洛河对前缘不断冲刷，前缘局部产生滑坡，导致后缘斜坡形成临空面，从而产生牵引式累进性滑动，且多发育于冲刷岸（凹岸）；受地表诱发（影响）滑坡共发育 32 处，其中主要分布于连渣洛河流域，发育 28 处。

统计美姑县城区站点 1980 ～ 2014 年年均温度与地质灾害发生数量关系发现（图 5.24），34 年间年均温度和地质灾害发生数量有较好的相关性，一方面因为全国性的升温趋势不可逆转，美姑河流域也不例外；另一方面反映了该区域地质灾害数量在增加，地质灾害防灾减灾面临的形势严峻。

总结起来，地质、地形条件对滑坡发生的控制主要表现在以下几方面。

（1）深切峡谷区为地质灾害孕灾提供了临空基础；

（2）软硬相间互层砂泥岩及其风化壳为灾害发育提供了物质基础；

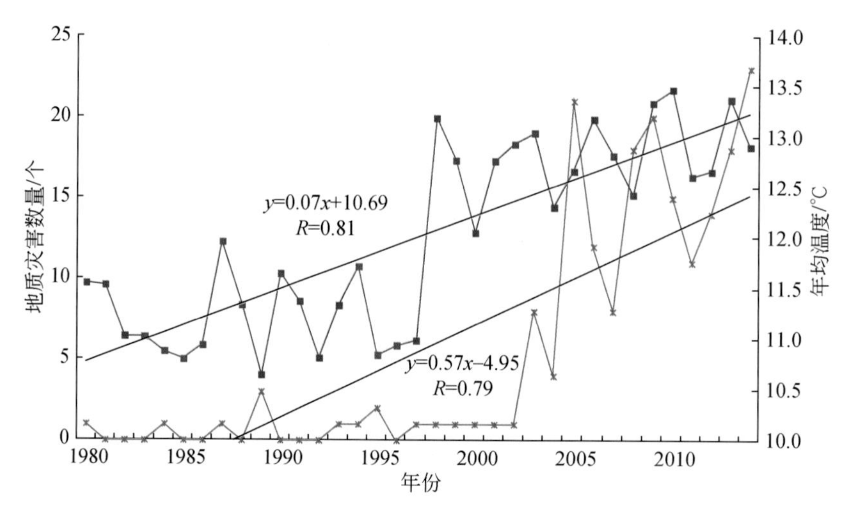

图 5.24　1980 ～ 2014 年美姑河流域年均温度与地质灾害数量关系图

（3）顺向坡为主的斜坡结构类型为地质灾害发生提供了有利条件；

（4）强烈的褶皱变形及其伴生构造面为地质灾害发生提供了边界条件；

（5）断裂几何学和变形学特征是地质灾害发育的结构条件，同时断裂的运动学特征亦可改变地形并提供临空条件；

（6）顺构造地貌控制了区内地质灾害的空间展布；

（7）焚风效应为区内泥石流发育提供了更多物源；

（8）顺构造地貌区砂泥岩互层为滑坡易发部位。

第 6 章　美姑河流域地质灾害综合成灾模式

6.1　河谷区地质灾害综合成灾模式

6.1.1　孕灾地质背景条件

地质灾害的孕灾 – 成灾受控于其地质背景条件、内外动力地质作用及激发条件等（图 6.1）。其地质背景条件与其所处的大地构造环境密切相关，一方面早期的沉积环境过程决定了其沉积建造，形成了地层的原始沉积结构，也就是各类岩石及其岩性组合序列。地史上的内动力地质作用对岩石的改造明显，诸如岩石的褶皱作用和破裂作用。后期的内外动力地质作用耦合过程进一步孕育了地质灾害，包括内动力地质作用造成的地壳隆升，河流侵蚀、地面剥蚀作用对地形地貌的形成具有控制作用；表层的风化作用可降低岩石的力学性能，加剧原有破裂面的扩展；地下水的径流软化岩石，减小摩擦系数；地貌的演化与不同的岩石空间产状组合构成了不同的斜坡类型，这些均对地质灾害起到了重要的孕育作用。短时间内的高能量释放，如断裂的活动产生的瞬间位移、强烈的地震活动等是导致地质灾害发生的直接诱因之一，强降雨产生的岩石饱水、重力增加、岩石软化等也是诱发地质灾害的关键因素，人类工程活动亦可使岩石的应力场改变，诱发地质灾害。

美姑河流域曾经历了海相沉积→大陆岩浆岩喷发→滨海沉积→陆相沉积几个大的阶段。新元古代至古生代期间，该地区主要是海洋沉积环境，历经了浅海、潮坪、滨海沼泽等各类沉积环境，沉积了一套以碳酸盐岩为主夹部分碎屑岩的沉积地层，其中的碳酸盐岩地层属于较坚硬 – 坚硬岩石，部分碎屑岩属于软弱 – 半坚硬岩石，因此在该时期，建造了震旦系坚硬的白云岩、砂岩地层，寒武系—中二叠统坚硬碳酸盐岩、砂岩夹软弱泥页岩地层段。晚二叠世，伴随着区域构造环境的改变，发生了川滇地区著名的峨眉地幔柱上涌，岩浆活动剧烈，形成了一套厚度较大以大陆溢流玄武岩为主的坚硬地层。早—中三叠世，区内有短暂下降，形成了一套由陆相碎屑岩到滨海潮坪相的碳酸盐岩，总体表现为半坚硬碳酸盐岩、砂岩夹软弱泥岩。晚三叠世后，区内逐渐海退，形成了一套三角洲逐渐过渡到河湖相的碎屑岩沉积，表现为软弱泥岩与半坚硬 – 坚硬砂岩相间的沉积组合。因此，区内的原生沉积建造经历了数个阶段，其岩石组合特征差别大（图 6.1），这是孕育地质灾害的基本条件，尤其是原生的沉积结构面、砂泥岩互层（软硬相间）组合（T_3—K_1）、软弱夹层（S_1l、P_3x、T_1f—T_1j）等。

地质背景条件		孕灾条件	激发条件	地质灾害
沉积建造 —岩性 —软弱、半坚硬、坚硬层 —原生结构面	内动力地质作用改造 喜马拉雅运动 燕山运动 ……	外动力地质作用 风化、剥蚀、侵蚀、 搬运堆积、地下水	内-外动力地 质作用及其他	滑坡 崩塌泥石流
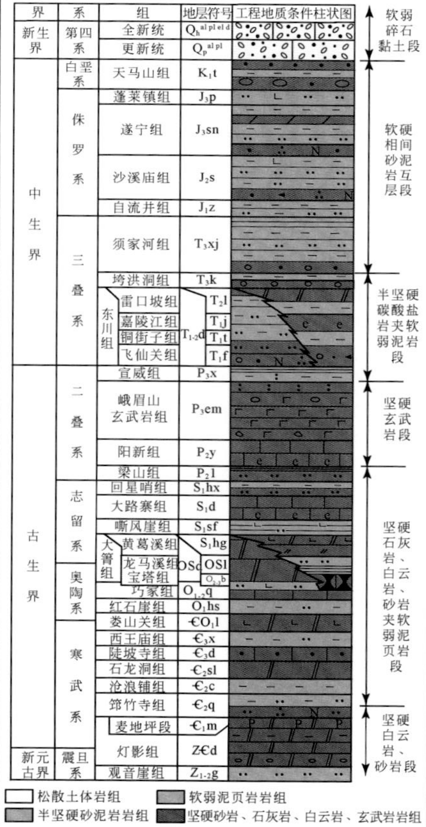 界 / 系 / 组 / 地层符号 / 工程地质条件柱状图 新生界 第四系 全新统 $Q_h^{al\ pl\ el\ d}$；更新统 $Q_p^{al\ pl}$ —— 软弱碎石黏土段 中生界 白垩系 天马山组 K_1t；侏罗系 蓬莱镇组 J_3p、遂宁组 J_3sn、沙溪庙组 J_2s、自流井组 J_1z；三叠系 须家河组 T_3xj —— 软硬相间砂泥岩互层段 三叠系 垮洪洞组 T_3k；东川组（$T_{1-2}d$）：雷口坡组 T_2l、嘉陵江组 T_1j、铜街子组 T_1t、飞仙关组 T_1f —— 半坚硬碳酸盐岩夹软弱泥岩段 古生界 二叠系 宣威组 P_3x、峨眉山玄武岩组 P_3em —— 坚硬玄武岩段 二叠系 阳新组 P_2y、梁山组 P_2l；志留系 回星哨组 S_1hx、大路寨组 S_1d、嘶风崖组 S_1sf；大箐组（OSd）：黄葛溪组 S_1hg、龙马溪组 OSl、宝塔组 $O_{2-3}b$；奥陶系 巧家组 $O_{1-2}q$、红石崖组 O_1hs；寒武系 娄山关组 €O₁l、西王庙组 $€_3x$、陡坡寺组 $€_3d$、石龙洞组 $€_2sl$、沧浪铺组 $€_2c$、筇竹寺组 $€_2q$ —— 坚硬石灰岩、白云岩、砂岩夹软弱泥页岩段 寒武系 麦地坪段 $€_1m$；新元古界 震旦系 灯影组 $Z€d$、观音崖组 $Z_{1-2}g$ —— 坚硬白云岩、砂岩段 图例：松散土体岩组；软弱泥页岩岩组；半坚硬砂泥岩岩组；坚硬砂岩、石灰岩、白云岩、玄武岩岩组	1.岩石破裂作用 断裂作用 —形成连续型结构面 （构成灾害体边界） —位错改变地形 节理破裂 —形成不连续构造 结构面 （构成灾害体边界锥形） 2.岩石褶皱作用 层面改造 —原生结构面加强 (软弱层内及坚硬岩层 接触面发生弯滑、层 间错动) 地层倾斜 —不同倾向-倾角地层 褶皱伴生破裂 —坚硬-半坚硬层内发育 纵张-横张-剪切节理	1.地貌演化 —侵蚀加剧地形坡度 —剥蚀改变地形 —剥蚀搬运堆积形成 第四系堆积 ● 中上游“U”型河谷地貌 ● 下游“V”型河谷地貌 2.风化 —强化扩大边界 —降低岩石能干性 3.地下水 —软化软弱层 4.地貌演化形成不 同的斜坡结构 —顺向坡 —逆向坡 —横向坡 —斜向坡 5.地貌与构造关系 ●中上游顺构造地貌 ●下游逆构造地貌 ……	1.断裂活动 —位移、错断 2.地震 —强震动 3.强降雨 —软化 4.人类活动 —切坡 —砍伐 —弃渣 ……	滑坡 一构造控制型 一基覆界面滑坡 一顺构造地貌型 一基岩切层型 一古滑坡局部复活型 崩塌 一高陡危岩崩塌型 一浅层堆积物崩滑型 一顺构造地貌型 泥石流 一崩滑-碎屑流-泥石流 一支沟群发汇集泥石流 一侵蚀基底型

图6.1　美姑河流域地质灾害孕灾-成灾原理图

区内经历了数次强烈的构造作用，包括了印支运动、燕山运动、喜马拉雅运动等，但对区内起到强烈改造的阶段为喜马拉雅运动，分别先后形成了 SN、NE、NW-NNW 3 个方向的褶皱和断裂构造（孙东等，2008）。该次构造运动导致了古生代—中生代沉积的岩石发生了褶皱和断裂作用，原始沉积地层被掀斜，构造节理形成，原生沉积结构面在褶皱过程中产生弯滑作用，被进一步加强和改造，褶皱过程中形成了与之伴生的纵张、剪切型节理，局部形成大型连续性破裂面——断裂。这些后期由于内动力地质作用导致的构造破裂面及加强的原生结构面成为地质灾害孕育的重要边界条件（图 6.1）。

喜马拉雅运动使得区内地壳隆升，基本形成了现今 SN 向褶皱为主构造格局，在褶皱的核部由于构造作用的加强，形成了一系列与褶皱轴向一致的逆冲断裂。但由于区内各地所处的构造位置差别、构造扩展变形的差异，导致了各期构造变形在启动时间上、变形强度上、地壳隆升幅度上均具有一定的差异，根据现今构造形迹来看，流域北部和西部主要受控于南北向构造变形，南部和东部地区主要受控于 NE、NW 向构造变形。岩石的力学差异型、构造变形强度导致了地貌演化的差异，美姑河流域中上游（北部）主要表现为背斜成山、向斜成谷的顺构造地貌，多形成顺向斜坡结构；下游地区则相对较为复杂，河谷地区以顺向坡、逆向坡为主，局部发育横向斜坡。这些不同的地貌与岩层组合的斜坡结构是控制地质灾害孕育的另一重要因素。

6.1.2　上游河谷区综合成灾模式

1）井叶特西河综合成灾模式

井叶特西河支流之上河谷段，包括美姑河和井叶特西河河谷区，斜坡结构均表现为左岸为顺向坡斜坡结构，右岸为逆向坡斜坡结构（图 6.2）。规模较大的滑坡均位于河流左岸的顺向坡岸坡区，逆向斜坡的右岸区发育小规模的基覆界面土质滑坡及高陡硬岩崩塌（图 6.2）。

在美姑河左岸的砂泥岩互层区发育树千村古滑坡（图 6.2），滑坡发育在侏罗系中统沙溪庙组（J_2s）之中，地层倾角基本与地层坡度一致，表现为典型的顺向坡斜坡结构，受坡面侵蚀作用的影响，地形略有起伏，导致节理较为发育的砂岩层在不同地段有所出露。当节理发育的砂岩出露地表时，容易接受降雨的补给，转化为地下水。由于本区是砂泥岩互层分布区，在砂岩层之下为泥岩层，属于相对隔水层，地下水不能继续下渗，转而在砂泥岩界面上运移，逐渐软化接触面附近的泥岩。由于砂岩层之上有大套的砂泥岩互层分布，受重力的影响，当砂泥岩界面软化后不能继续支撑上覆岩体时，发生大型基岩顺层滑坡，滑面为砂泥岩界面及其之下的泥岩层（图 6.2）。

在井叶特西河左岸发育基伟村基岩切层滑坡（图 6.2）。该滑坡除受顺向斜坡控制外，还受断裂、皱褶明显控制。滑坡体原始位置为黄果楼背斜经过之处，其背斜核部地层为晚二叠世坚硬的峨眉山玄武岩，在岩石褶皱过程由于岩石的能干性强，褶皱相关的伴生节理发育，导致岩石脆性破裂明显，岩体松散，为滑坡体提供了原始滑动物质。井叶特西河河谷区为三河（美姑）断裂经过之处，该断裂为东倾陡立逆冲断裂，一方面断裂造成的岩石

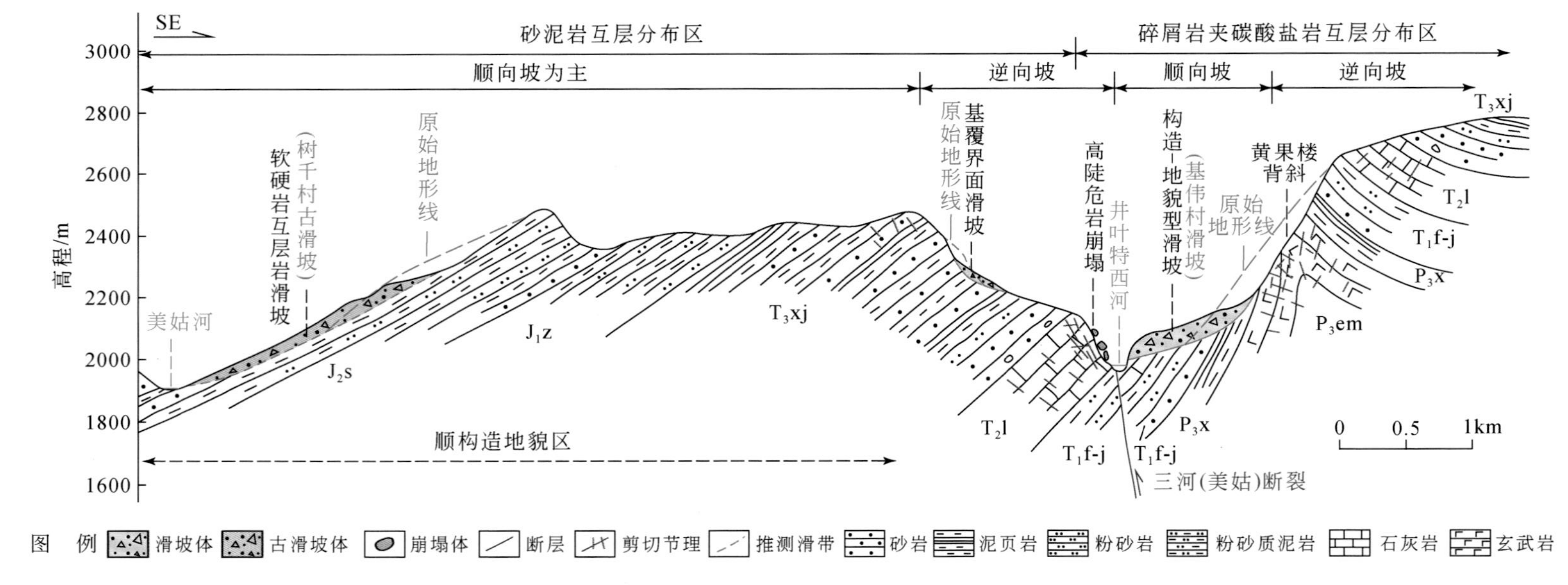

图6.2 美姑河上游滑坡崩塌成灾模式(美姑河–井叶特西河河谷区)

破裂作用为河流的发育提供了条件，另一方面伴随着断裂两盘的相对位移，其东盘逐渐上升，加之河流沿断裂的切割，造成河谷左岸地形坡度加剧，形成的深切“V”型河谷为滑坡前缘临空提供了条件，最终形成了构造－地貌滑坡型之下的断裂褶皱－顺层斜坡－深切河谷型滑坡。

美姑河及井叶特西河右岸均表现为逆向斜坡结构，沉积建造表现为软硬相间岩石，坚硬岩石在构造作用下发育脆性的破裂变形，形成了剪节理结构面，不连续的节理结构面将岩石切割成块状。受差异风化作用的影响泥岩风化强烈，在坚硬岩石之下易形成凹地形，为坚硬岩石提供了临空条件，上覆坚硬块状岩石易发生崩落（图 6.3），但这种崩塌规模一般不大。另外由于人工切坡或者河流的强烈侵蚀，也易造成这类坚硬岩石崩落（图 6.3）。

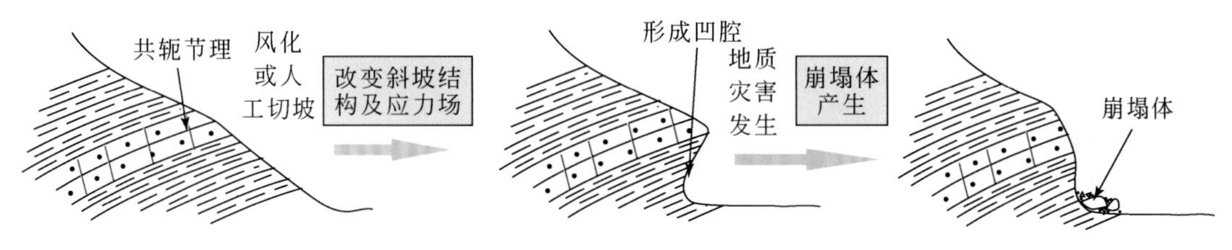

图 6.3　砂泥岩互层区逆向斜坡崩塌机理

逆向斜坡与砂泥岩互层组合时，强降雨条件下，降雨往往沿着松散第四系下渗，由于覆盖层之下的基岩处于逆向斜坡，仅表层风化带具有略高的渗透率，下部新鲜基岩渗透条件差，基本为相对隔水层。导致地下水沿下伏基岩下渗的条件差，基本转为沿基覆界面处运移，在基覆界面处形成了地下水强径流带（图 6.4）。一方面第四系覆盖层在强降雨时处于饱水状态，自重增加；另一方面沿地下水的强径流造成基覆界面软化，容易形成松散堆积物沿基覆界面崩滑（图 6.4），形成灾害。其规模的大小取决于地形的坡度、松散物结构和松散堆积物量等因素。

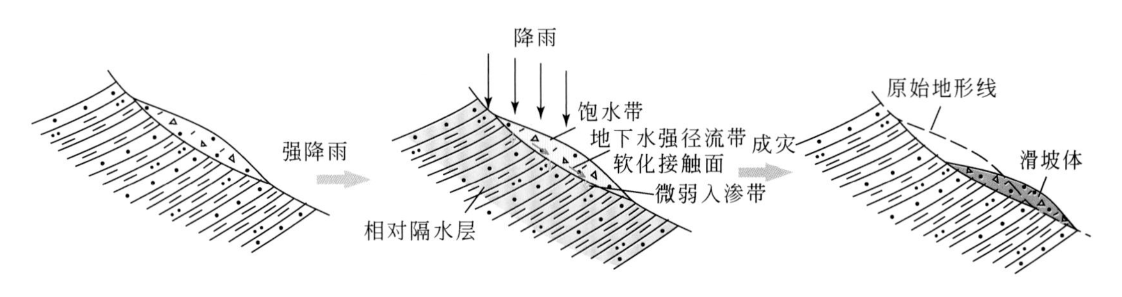

图 6.4　砂泥岩互层区逆向斜坡基覆界面滑坡机理

2）美姑县城段综合成灾模式

美姑河上游支流井叶特西河及美姑河美姑县城至佐戈依达乡段，河谷形态为深切“V”型谷，平面上呈线性展布，与三河（美姑）断裂高度吻合，显示了断裂构造控制了现代水系演化的特征（图 6.5）。美姑河左岸地貌由河谷向山顶呈现出缓坡逐渐过渡陡坡的形态，黄果楼背斜构成了地貌高点（图 6.5）。沿三河断裂的井叶特西河和美姑河左岸发育了一系列的古滑坡和现代滑坡（图 6.5）。

在美姑县城，美姑河左岸地层倾向与坡向、倾角与地形坡度基本一致，为典型的顺坡向斜坡结构的顺构造地貌（图 6.6）。地层为中生界下、中三叠统碳酸盐岩、碎屑岩组合，地表出露中三叠统雷口坡（T_2l）组白云岩、石灰岩，下伏有下三叠统（T_1）砂岩、泥岩。沿河谷地带发育有走向 NE、倾向 SE 的三河断裂（图 6.5），倾角较陡，约 70° ～ 80°。断裂由于受后期的改造，准确断层带已无法分辨，推测该断层破碎带较宽，不是单一断层面，而是由一个主断面和数个次级断层面构成（图 6.6）；黄果楼背斜在斜坡顶部形成地形高点，在背斜的北西翼上形成地形的陡缓交界，由于该褶皱是典型纵弯褶皱，加之褶皱上部是碳酸盐岩、下部为玄武岩，均属于较坚硬－坚硬岩类，在褶皱形成的过程容易发生脆性破裂变形，伴生了大量的纵张节理，其基本沿褶皱轴迹呈 NE 走向分布（图 6.6）。

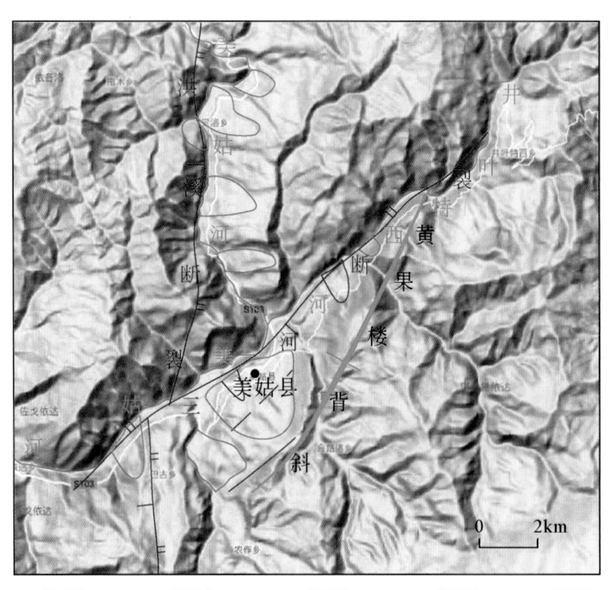

图 6.5　美姑河上游典型区段断裂与地质灾害分布图

本次及以往研究成果均认为在美姑县城一带发育一大型古滑坡体，称之为巴普镇古滑坡（或美姑县城古滑坡）。该古滑坡后缘至前缘距离约 3km，规模巨大。综合分析表明，该古滑坡受构造控制，前缘的三河断裂和后缘的黄果楼背斜及其伴生构造均对该古滑坡起到了关键的孕育作用，其次下三叠统碎屑岩中的软弱泥岩层是另一关键性控制因素。前缘三河断裂对滑坡的控制体现在 3 个方面：首先，断裂带的岩石破碎为美姑河沿构造下蚀提供了优势条件，导致河流下蚀加强，形成深切“V”型谷；其次，断裂属于南东盘上升的逆冲断裂，会导致东盘逐渐上升，西盘下降，加剧了上下盘的高差；除此之外，该断裂带的次级断裂面或者影响带的构造破裂为滑坡体提供了前缘剪出（或者反翘）的先存结构面（图 6.6）。黄果楼背斜伴生的纵张节理虽属于不连续性结构面，但其为滑坡体的后缘结构面贯通或者拉裂等提供了基本条件，另外背斜翼部构成了地形急剧变化，导致后部的岩石因为重力而逐渐失稳，因此背斜亦为滑坡体的孕育起到了关键作用（图 6.6）。

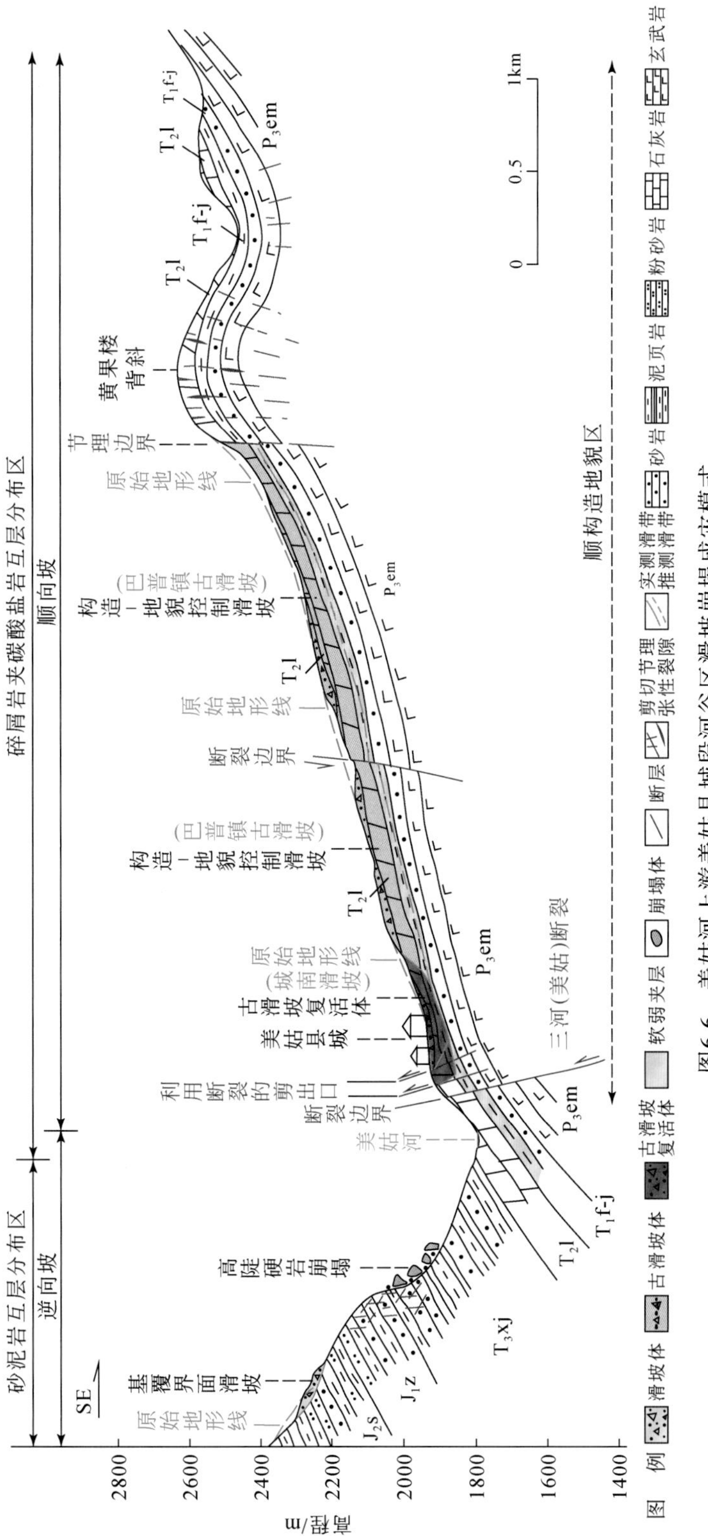

图6.6　美姑河上游美姑县城段河谷区滑坡崩塌成灾模式

现今地形来看，在河流左岸斜坡上有数个台阶，台阶阶坎具有线状分布特征，推测在下伏基岩中应存在早期小规模的断层构造，这些断层在早期构造变形时可能属于压性，但伴随着美姑河下蚀及沿河一带的地形演变导致坡度变陡，由于岩石的重力作用，加之下伏有下三叠统（T_1）的泥岩夹层，受降雨及地下水的软化作用，早期的先存压性断裂面构成岩石的块体边界，逐渐转变张性，形成了滑坡体的多期活动边界（图 6.6）。

随着前缘美姑河沿三河断裂的进一步下蚀，前缘的临空条件得到加强，加之降雨及地下水的大量入渗，下三叠统砂泥岩的隔水层阻止其下渗，地下水转为顺层面沿斜坡向下运移，逐渐软化其原古滑坡滑动面，古滑坡体前缘逐渐失稳，形成了新的滑坡体——城南滑坡。

由此可见，县城一带的深切“V”型河谷左岸，主要受三河断裂、黄果楼背斜等构造的控制，其次受顺坡向的坚硬岩层夹软弱泥岩层控制，孕育了巴普镇古滑坡，其为典型的构造－地貌控制型滑坡之下的断裂褶皱－顺层斜坡－深切河谷型滑坡，滑坡体前缘的城南滑坡属于古滑坡的前缘复活型（图 6.6）。

县城段河谷区右岸与左岸区别较大，地层主要为中生代上三叠统至中、下侏罗统砂泥岩互层，其倾向与左岸一致，倾向 NW，在河谷右岸构成了逆向斜坡结构。在河谷右岸的砂岩层分布段和地形坡度变陡耦合的情况下，形成一些规模不大的高陡坚硬岩崩塌；在有残坡积层与下伏基岩隔水条件的耦合下，形成基覆界面崩滑体（图 6.3、图 6.4、图 6.6）。

3）连渣洛河河谷区综合成灾模式

连渣洛河是美姑河上游一级支流，于牛牛坝汇入美姑河。连渣洛河流域总体上受美姑河向斜和美姑河断裂带控制，除此之外在左岸斜坡中上部分布有苏洛背斜，连渣洛河基本沿美姑河向斜核部的美姑河断裂发育，褶皱与断裂双重控制了河谷的演化。

美姑河向斜控制了连渣洛河流域总体的顺构造地貌，尤其是左岸的低海拔区和右岸的大部分地区，基本上均为顺构造地貌下的顺向斜坡结构。流域地层主要为上三叠统（T_3）至中—上侏罗统（J_3）陆相碎屑岩地层，表现为砂泥岩互层（软硬相间）的岩石组合结构。在河流右岸高海拔地区，出露有二叠系峨眉山玄武岩及中—下三叠统碎屑岩及碳酸盐岩。两岸地层总体均倾向河谷，倾角总体上大于坡角（图 6.7）。

在左岸低海拔区和右岸中低海拔区，均表现为典型的顺构造地貌下的顺向斜坡结构，这一区域主要发育了顺层砂泥岩互层型崩塌、崩滑，基覆界面滑坡，切成基岩及堆积物复合型滑坡等地质灾害（图 6.7），往往这些有构成泥石流灾害的物源，组成崩滑体→碎屑流→泥石流的灾害链。

砂泥岩互层区顺向斜坡结构时，经常发生基覆界面滑坡，其滑坡的规模主要受松散堆积体规模控制，在连渣洛河流域，多发生小规模的基覆界面滑坡，极个别规模稍大，如侯古莫乡基覆界面滑坡（图 6.7）。这种成灾模式多受降雨的控制，当松散堆积物下部为泥岩层时，泥岩层往往构成相对隔水层，而上部的堆积层一般透水不含水，当降雨或者强降雨时，降水及地表径流通过松散堆积物下渗，松散堆积物逐渐饱水，下渗的地下水遇到基覆界面下伏的泥岩层时，几乎不能渗入泥岩层，转而沿着含隔水界面（基覆界面）向坡下运移，在该面附近形成地下水强径流带，软化接触面附近的松散堆积物，加之上覆的松散堆积层饱水后自重增加，逐渐失稳，形成基覆界面滑坡（图 6.8）。值得注意的是，这种基覆界面滑坡一方面必须有松散堆积物，另一方面需有下伏基岩为泥岩层的耦合条件。

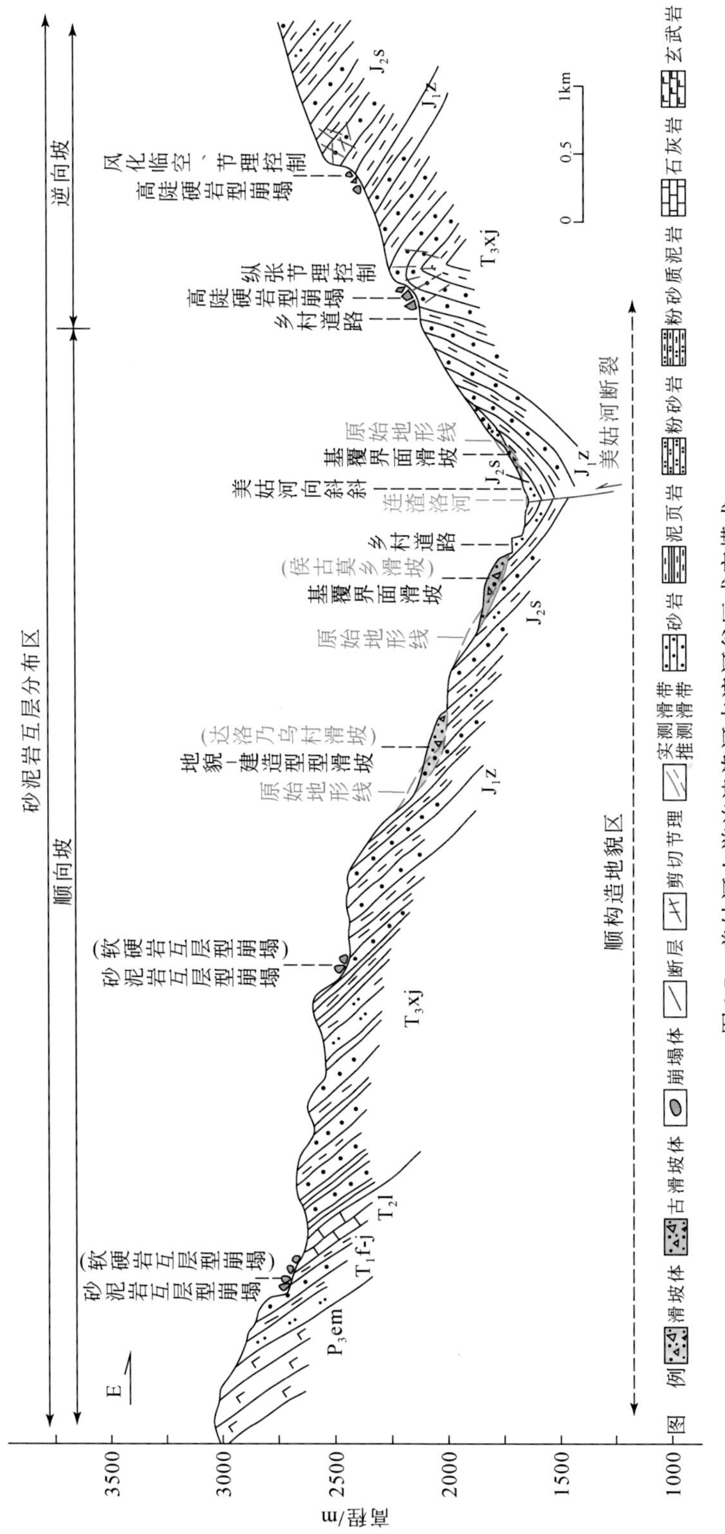

图6.7　美姑河上游连渣洛河支流河谷区成灾模式

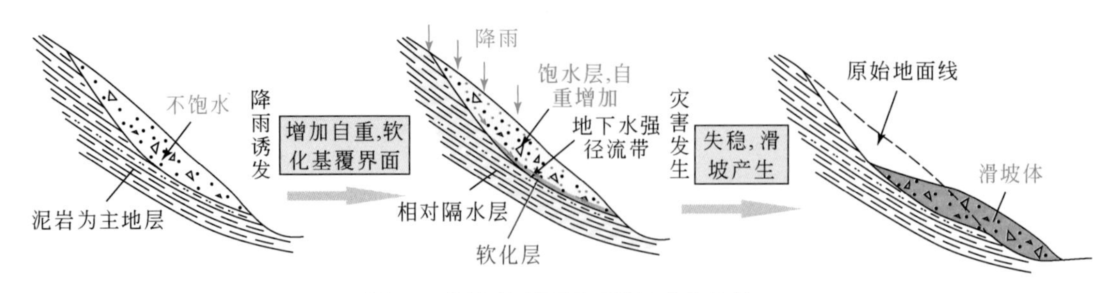

图 6.8　顺向坡基覆界面滑坡成生机理

在砂泥岩互层、顺向斜坡、坡度大于倾角的耦合条件下，极易发生砂岩的崩塌、崩滑（图 6.7）。当斜坡上节理发育的砂岩（较坚硬）层出露地表时，且前缘斜坡陡于地层倾角，在降雨激发条件下，极易发生这类崩塌。砂岩中的节理裂隙极易接受大气降雨或者地表径流的下渗，下伏泥岩层往往属于相对隔水层，当地下水沿砂岩裂隙下渗遇阻水泥岩时，在砂泥岩接触界面附近形成饱水层，并软化接触界面，导致上部砂岩岩石失稳，形成块状崩塌（图 6.9）。这类崩塌的决定性条件是有先期构造结构面切割砂岩层成块状、砂岩前端由于自然风化或者人为切坡导致临空、降雨激发等，其次还有一个因素是砂岩裸露，构造裂隙可接受大气降雨及地表水的入渗。

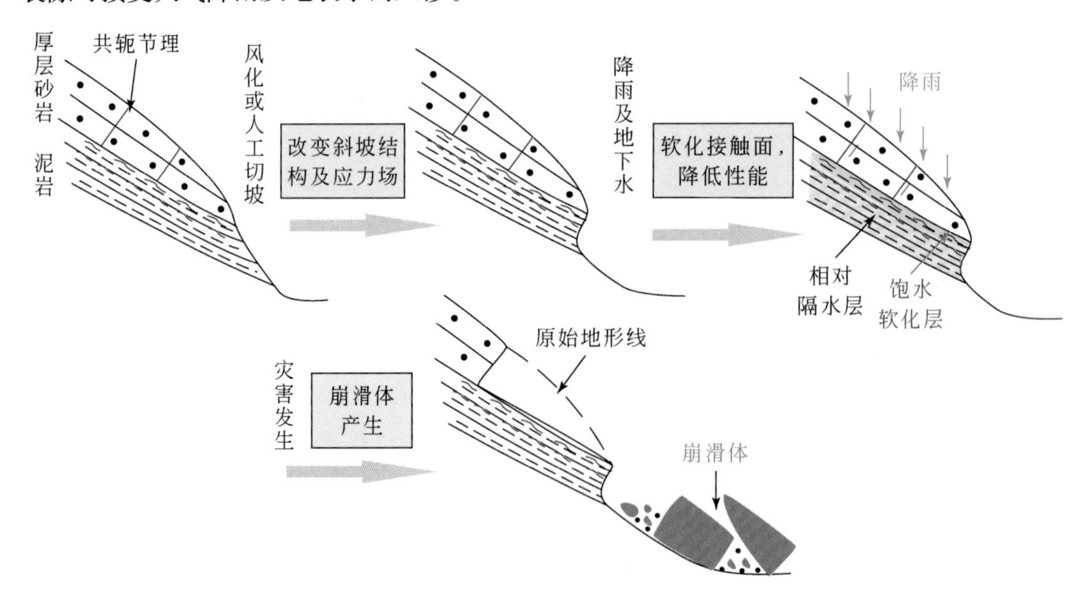

图 6.9　砂泥岩互层顺层砂岩崩塌成生机理

除此之外，在一些斜向斜坡和砂泥岩单层较薄的互层区，往往形成切层的基岩滑坡。这种灾害主要取决于先存不连续节理结构面和前缘的临空条件。岩体内的坚硬层（砂岩）在构造作用过程中形成了不连续结构面，当前缘产生临空时，岩石后缘沿着不连续结构面易逐渐产生贯通性的拉裂，在降雨地下水软化底部某一软弱层时，岩石失稳，形成切层基岩滑坡，属于地貌建造型滑坡大类下面的软硬岩互层型类。

在左岸的高海拔区域由于受苏洛背斜的影响，斜坡结构转变为逆向斜坡，逆向斜坡区多发育高陡硬岩崩塌和基覆界面滑坡。在苏洛背斜转折端一带，由于褶皱伴生裂隙发育，在地形较陡时，易形成崩滑或崩塌体，这种规模一般较小。

6.1.3　中游河谷区综合成灾模式

美姑河中游地区主要是位于牛牛坝至大桥段，与上游年渣洛河流域河谷区类似，主要受美姑河向斜及美姑河断裂控制。在中游哈阿觉以北区域，地层为软硬相间的砂泥岩互层组合区，河谷两岸均为美姑河向斜控制区，地层倾向美姑河，倾角略陡于坡角，是典型的顺构造地貌下的顺坡向斜坡结构区（图 6.10）。

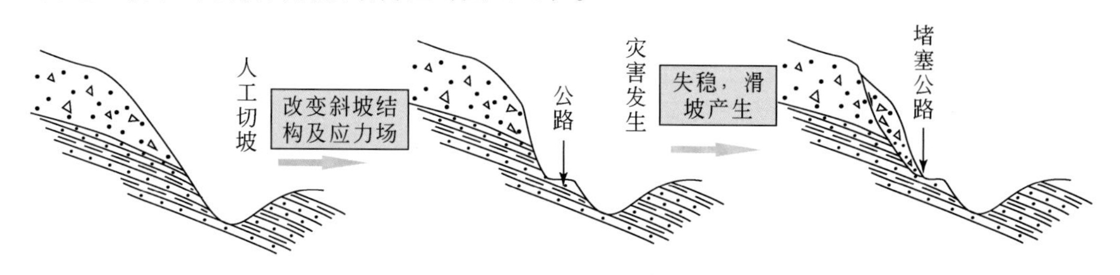

图 6.10　顺向斜坡松散堆积物滑坡发生机理

牛牛坝一带，河谷两岸均发育有基覆界面滑坡、第四系松散堆积层滑坡、砂泥岩（软硬岩）互层型崩滑、砂泥岩（软硬岩）互层崩塌等成灾模式的崩塌、滑坡灾害（图 6.10）。

基覆界面滑坡、砂泥岩（软硬岩）互层型崩滑、砂泥岩互层（软硬岩）崩塌与连渣洛河河谷区类似，其成生机理也无大的差别。除此之外，在该河谷区还发育第四系松散堆积物滑坡型，其产生的机理主要是在人工改变斜坡坡度后，由于斜坡上部的松散堆积物在前缘临空条件良好，自身重力作用下产生的滑坡（图 6.11）。这种类型的滑坡主要原因在于斜坡坡度的改变，在自然条件下或者降雨条件下均可能产生滑坡。

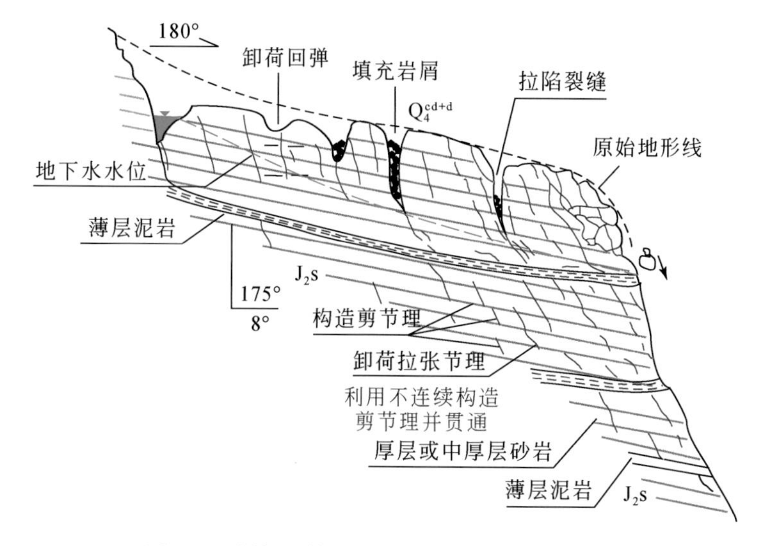

图 6.11　缓倾坡外砂岩夹泥岩组合崩塌成灾机理

在砂泥岩互层区，偶有块状砂岩夹薄层泥岩地层组合结构。在整体的美姑河向斜上构造上，局部由于发育次级绕曲，个别地段易形成地层缓倾，倾角小于地形坡度的缓倾坡外型斜坡结构（图 6.12）。块状砂岩层易在构造变动过程中形成不连续的节理结构面，随着风化作用的加强，这种早期的剪切结构面在风化作用下逐渐扩展，容易接受降雨补给，特别是强降雨过程中的冲刷作用携带了大量的土壤、植物碎屑等逐渐充填至早期的构造节理裂隙中。在地形较陡的情况下，一方面地下水促使下部泥岩层软化；另一方面由于静水压力增加，充填物的涨缩等容易形成块状砂岩的崩塌、崩落，造成灾害（图 6.12）。

在美姑河中游河段，同时包括连渣洛河河谷区，均有大量的泥石流灾害分布。通过调查表明，这类泥石流灾害属于崩滑－碎屑流－泥石流类型或侵蚀揭底型均有。在中游的河谷右岸砂泥岩互层区，大量小规模的基覆界面滑坡、砂泥岩互层型崩滑、砂泥岩互层崩塌和第四系松散堆积物滑坡多在强降雨条件下成灾，崩滑体多崩滑至斜坡上的支流溪沟中，溪沟在暴雨条件下携带上述物质向下游流动，形成碎屑流，最终在到达美姑河的沟口形成泥石流（图 6.10），这类多属于崩滑－碎屑流－泥石流类型。另外，支沟坡降较缓地段，由于停留有上次泥石流的堆积物，在更强的水动力条件下，易产生侵蚀揭底型泥石流。在某些支沟中上游，水系成树枝状，支沟众多，原始节理构造面密集，由于人为砍伐因素，水土保持较差，强降雨条件下可产生面状冲刷、小型崩滑等，为支流泥石流形成创造了条件。在极端强降雨条件下，多条冲沟汇集到一级支沟内形成支沟群发型泥石流。值得注意的是，在该地区，人类工程活动的弃渣，如乡村公路挖方无序堆放、采矿矿渣沿沟堆放等，均为泥石流的形成提供了物源（图 6.10）。

6.1.4　下游河谷区综合成灾模式

美姑河下游主要位于美姑大桥至金沙江段，该段河谷总体走向为 NWW-SEE 向，河谷形态不同于中上游的“U”型河谷，总体表现为深切的“V”型河谷。从河谷区地层分布上来看，与中上游的差别也较大，中上游主要为中三叠统至侏罗系砂泥岩互层区，局部远离河谷分布于少量的玄武岩地层；下游段主要出露古生界，局部有少量三叠系中下部地层。其中的晚三叠世峨眉山玄武岩和震旦系白云岩属于较为连续的坚硬岩层，其次还出露有大量古生界半坚硬－坚硬的碳酸盐岩和砂岩，之间夹有宣威组（P_3x）泥岩、志留系（S）泥页岩等软弱岩层。

从斜坡结构来看，在美姑大桥—列口段（R_1），两岸以顺向缓倾顺向坡为主。火洛—金沙江河段，由于受柳洪背斜和莫红背斜的影响，斜坡结构与构造关系密切，在火洛—柳洪段（R_2），两岸均表现为逆向坡；在莫红—坪头段（R_3）左岸为顺向斜坡，右岸为逆向斜坡结构；马处哈—大坪子段（R_4）多表现为逆向斜坡或横向、斜向斜坡结构（图 6.11）。

1）大桥—列口段（R_1）成灾模式

美姑河下游大桥—列口段河谷形态为深切“V”型河谷，两岸均为顺向斜坡结构，河流切割上三叠统峨眉山玄武岩，致使峨眉山玄武（P_3em）岩上部宣威组（P_3x）软弱泥页岩出露在河谷斜坡中下部。该区域坚硬的玄武岩厚度较大，在美姑河一带形成较为宽缓的向斜构造（图 6.13）。

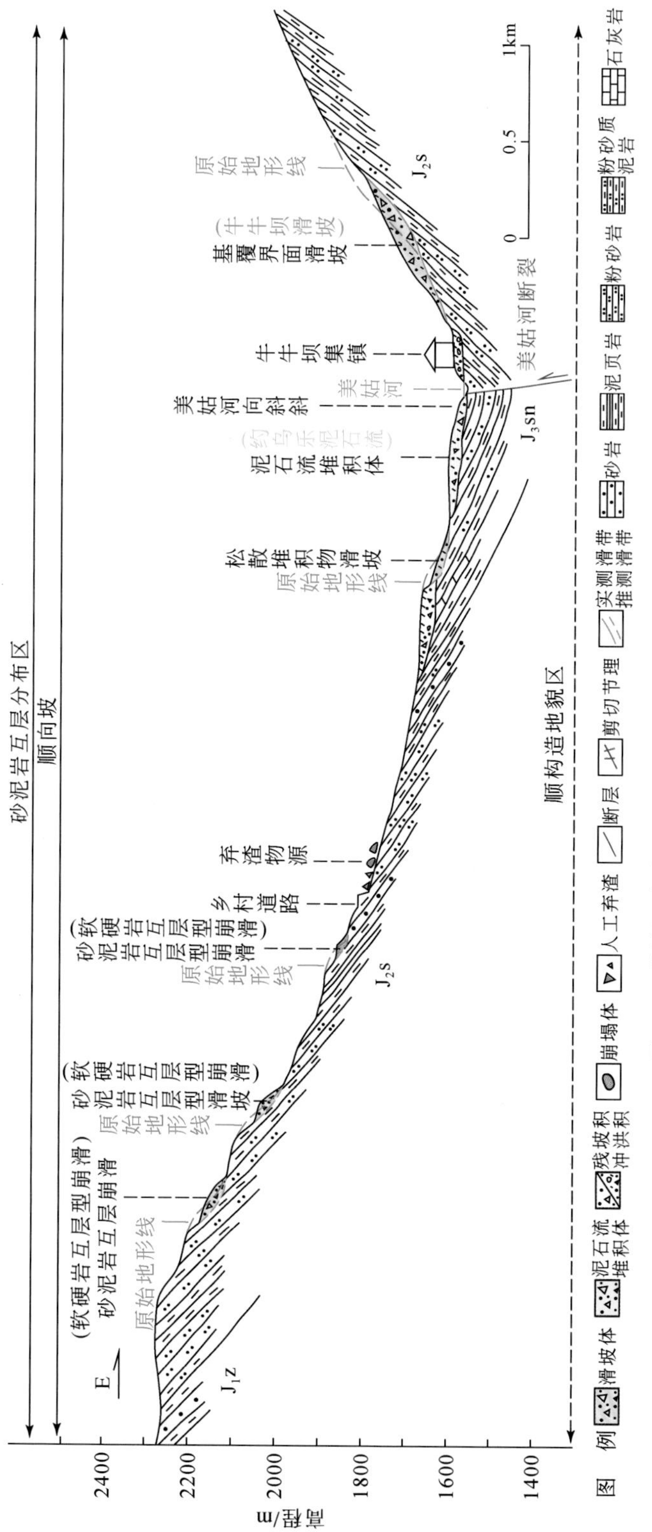

图6.12　美姑河中游牛牛坝段河谷区地质灾害成灾模式图

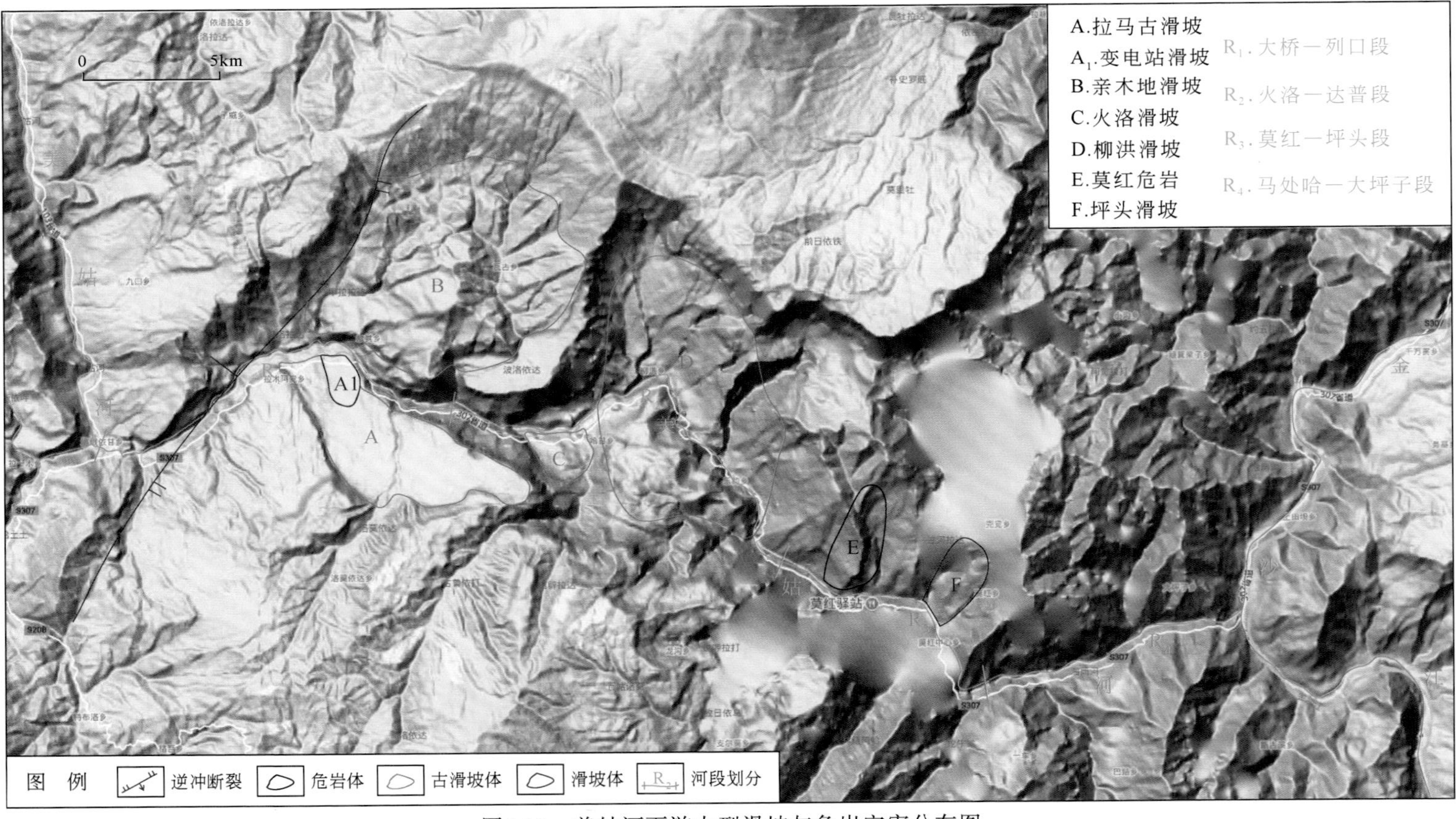

图6.13　美姑河下游大型滑坡与危岩灾害分布图

在美姑河右岸分布了一大型古滑坡——拉马古滑坡（图 6.11），该古滑坡平面形态呈舌状伸入美姑河，整体表现为前缘平缓，后缘较陡，中部起伏不平。前后缘长度约 6km，东西向最大宽度约 10km，分布面积达到 $20km^2$。在滑坡堆积体中部冲沟及滑坡前缘公路边，均可见到滑床出露，可见残余堆积体厚度在 3 ～ 40m，平均残余堆积体厚度 15m，残余滑坡堆积体方量约为 $3.0\times10^8m^3$。滑坡体中部呈碎块石堆积，前缘呈舌状伸入河谷，堆积体后缘，主要是一些大的块石及未完全解体的岩体。底部为宣威组灰绿色砂岩及黏土岩，其黏土岩作为滑坡的滑带，滑坡滑床在滑坡中后部为峨眉山玄武岩，靠近前缘部分，滑床由峨眉山玄武岩与宣威组砂岩共同构成（王金鹏，2016），属于典型硬岩夹软弱层型滑坡（图 6.14）。

拉马古滑坡为美姑河下游右岸规模较大的一古滑坡，该滑坡主要孕灾因素包括：①滑坡前缘的河谷“V”型深切形成前缘临空陡坡；②玄武岩之上的宣威组软弱泥岩夹层；③缓倾坡外的顺坡向斜坡结构；④下三叠统飞仙关组（T_1f）、嘉陵江组（T_1j）以砂岩为主的地层构造节理结构面发育。其诱发因素主要为降雨，其次可能与地震有一定的联系。

拉马古滑坡的孕育至成灾大致经历了以下几个阶段（图 6.15）。

（1）河流强烈侵蚀、前缘陡坡地貌演化阶段：伴随着构造活动造成区域性整体隆升，美姑河下蚀作用加强，而位于河谷区两岸则表现为面状剥蚀，缓慢下降，这种缓慢剥蚀和河流的快速下蚀，造成了美姑河近河地带的陡坡地貌。在构造作用的过程中，上部的下三叠统砂岩形成了一系列不连续的构造节理面［图 6.15（a）］。

（2）节理结构面扩展、陡倾结构面拉裂阶段：美姑河持续下蚀，软弱夹层宣威组（P_3x）泥岩被切割出露地表并临空，坡体前缘高陡斜坡进一步加剧，使得坡体应力重分布。在陡壁顶部一定范围内形成拉应力集中，早期的节理构造面逐渐贯通，沿贯通的节理面形成拉张裂缝；在宣威组（P_3x）中形成剪应力集中，开始出现塑性挤出；伴随着前缘沿宣威组（P_3x）的剪切变形，后部的早期节理面开始扩展，在后部的地表，个别贯通的节理结构面出现拉张，开始出现拉裂缝［图 6.15（b）］。

（3）软弱岩层压缩变形，上覆硬岩拉裂、坡体失稳滑动阶段：“三明治”软弱夹层结构使其宣威组（P_3x）软弱层在上覆硬质岩重力作用下发生压缩变形。一方面软弱层长期处于美姑河水位变幅影响带内（王金鹏，2016），水的浸泡软化和风化作用使得软弱层力学性质更差；另一方面，降雨或地表径流沿后部的拉张裂缝及上部的节理结构面入渗，遇底部的玄武岩阻挡，地下水沿软弱层与上下接触的硬岩接触面运移，造成宣威组（P_3x）软弱层抗剪能力下降，上覆岩层在后部拉张裂隙贯通后，同时由于上覆岩层层重力作用，宣威组（P_3x）在上覆岩层重力作用下向美姑河临空面方向塑性挤出，并带动上部的硬岩一起滑动，形成滑坡，或者由于地震的激发产生了滑动。斜坡上部的岩体在降雨和地下水的作用下，产生蠕滑，拉裂和节理结构面持续扩展［图 6.15（c）］。

（4）后缘拉裂变形失稳滑动阶段：前缘岩体滑动为后部的岩体提供了临空条件，在降雨或者强震的作用下，后部岩体与第三阶段类似失稳，产生新的扩展滑动变形［图 6.15（d）］。

（5）前缘复活、后缘持续拉裂崩滑阶段：古滑坡体滑动进入美姑河后，堵塞河谷，前缘临空条件消失。伴随着河流侵蚀作用的持续进行，堆积在河床上的滑坡堆积物逐渐被冲刷带走，在古滑坡体前缘再次形成临空条件，当降雨或强震时，古滑坡体前部再次失稳，形成古滑坡体复活体，产生新的滑坡。古滑坡体后部由于滑动留下了临空条件，原来稳定的岩体有了临空条件，早期的构造节理结构面逐渐贯通，激发条件具备时，产生新的崩塌或者崩滑，逐渐向后部扩展［图 6.15（e）］。

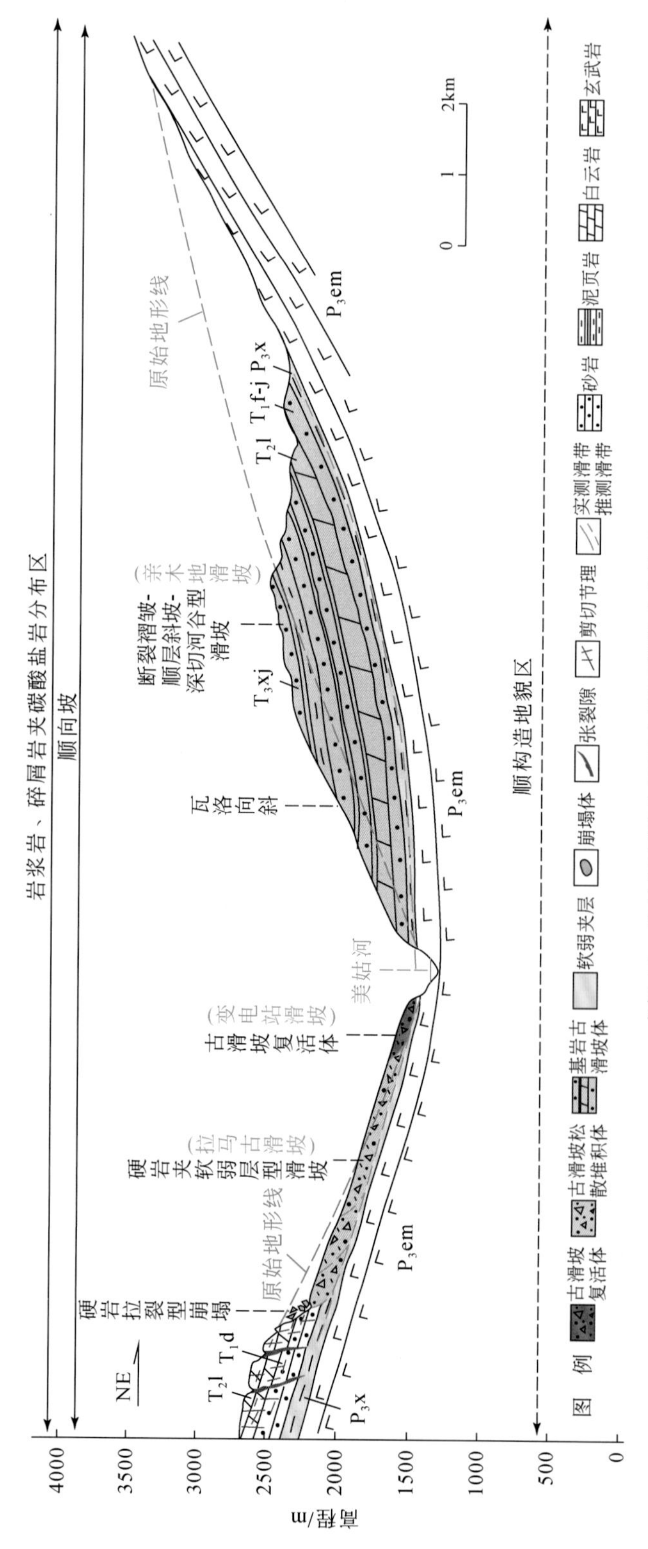

图6.14　美姑河下游大桥至火洛西侧段成灾模式

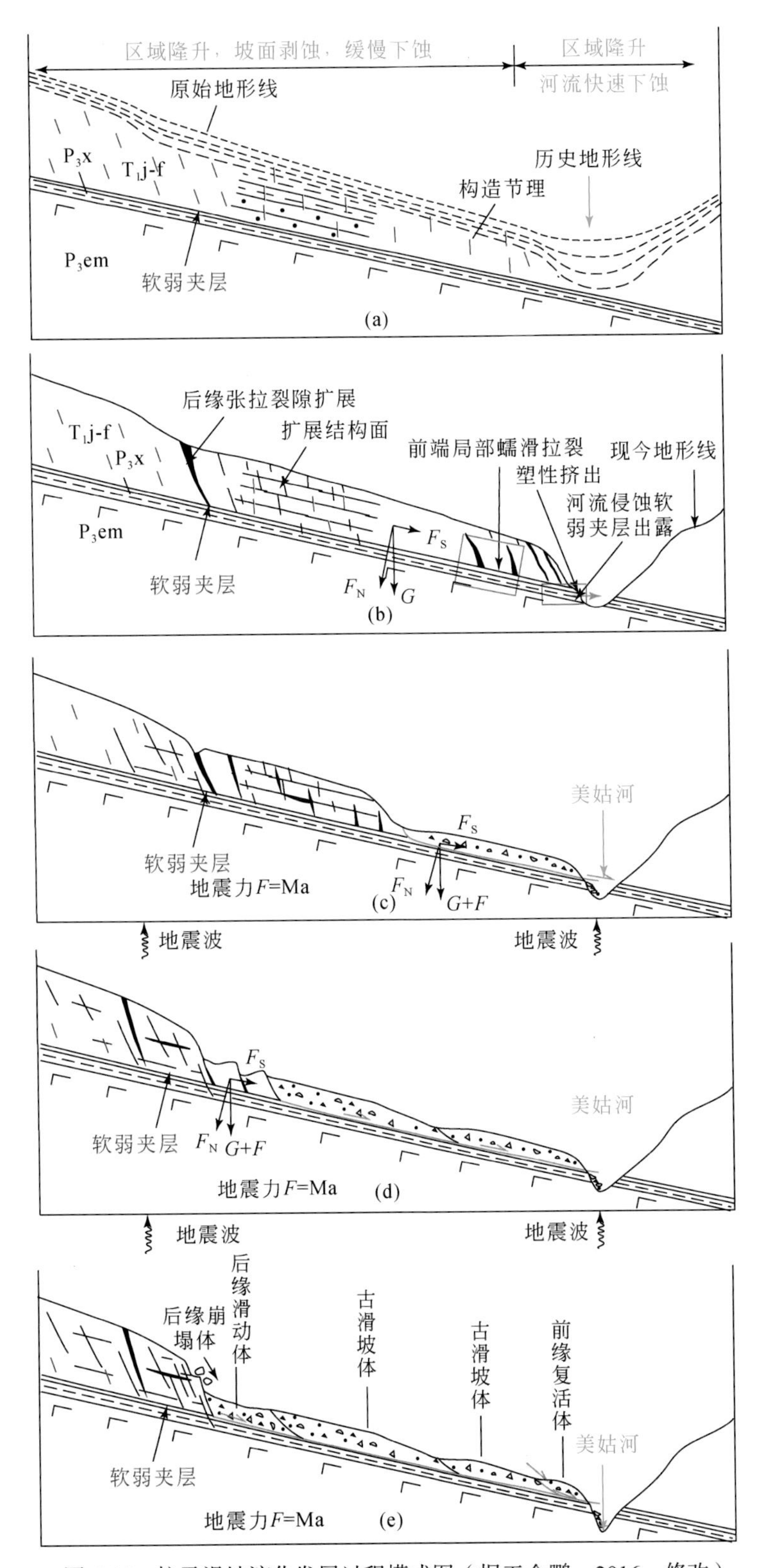

图 6.15　拉马滑坡演化发展过程模式图（据王金鹏，2016，修改）

美姑河下游大桥—列口段河谷左岸构造较为特殊，一是展布了一条走向 NE 的陡立断裂构造（图 6.11），在亲木地一带，发育有瓦洛向斜，该向斜形状极为特殊，成“勺”状，并且表现为向美姑河斜倾的“勺”状，断裂位于“勺”西北部（图 6.24）。地层上，该处与拉马类似，呈现出“三明治”组合结构，下部为厚度较大、岩性坚硬的峨眉山玄武岩（P_3em），中间为宣威组（P_3x）软弱层，上部为下三叠统砂岩夹泥岩、中三叠统碳酸盐岩，上三叠统砂泥岩互层（图 6.13、图 6.16）。

通过圈椅状地形、双沟同源、侧向和后缘的“大光面”等标志可识别该处存在一大型古滑坡，本次称之为亲木地古滑坡（图 6.11）。该古滑坡后缘至前缘距离约 8km，横向宽度约 6.5km，总面积近 50km^2，是流域内规模最大的古滑坡（图 6.11）。

该古滑坡是典型的构造－地貌型滑坡类下面的断裂褶皱－顺层斜坡－深切河谷型滑坡，地层在该处构成一向 SSW 倾斜的“勺”状，其出口在 SW 方向的美姑河左岸。地层的特殊形状为两期叠加皱褶形成，在其北西侧发育一陡倾的逆冲断裂，该断裂作为了滑坡体的北西侧边界（图 6.16）。与拉马古滑坡一样，晚三叠世峨眉山玄武岩构成滑床，上覆的宣威组（P_3x）泥页岩构成滑带，上部的三叠系、侏罗系构成滑体（图 6.13、图 6.16）。倾斜的“勺”状构造，顺坡向地形地貌是该滑坡孕育的基本条件；美姑河河流的下蚀作用使得宣威组（P_3x）软弱夹层地层切割出露于山坡，并在前缘形成高陡斜坡及其极好的临空条件，是滑坡形成的重要孕灾条件；强震和降雨的耦合作用是岩体失稳滑动的激发条件。

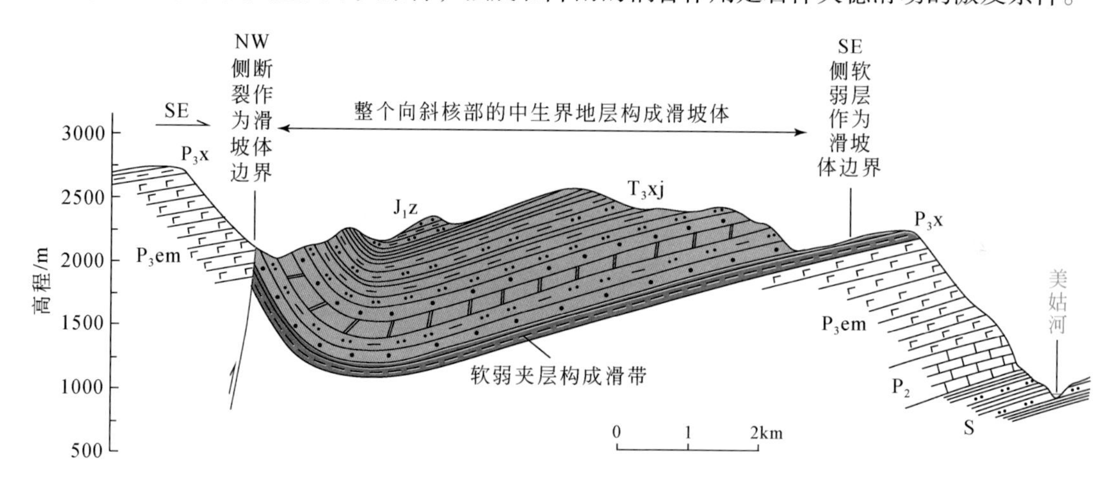

图 6.16 美姑河下游亲木地古滑坡横剖面

2）火洛—柳洪段（R$_2$）成灾模式

美姑河下游火洛—柳洪段（R$_2$）河谷形态相较于大桥—列口段的深切“V”型河谷要宽缓一些，由于受柳洪背斜的影响，两岸斜坡多为逆向斜坡结构，仅在河谷左岸沿河区有一部分顺向斜坡结构（图 6.17）。河流深切至古生界奥陶系，沿河谷两岸主要为古生界奥陶系—二叠系。在河谷谷地一带主要为中—上奥陶统砂岩、泥岩夹石灰岩、白云岩，属较坚硬夹软弱岩体；在河流左岸低高程区出露有柳洪背斜核部的下奥陶统中厚层灰岩，属较坚硬岩体；左岸斜坡中部和右岸低高程区域主要分布为志留系砂岩夹泥页岩，属较软弱－软弱岩体；在左岸斜坡上部和右岸斜坡下部均发育有中三叠统石灰岩和上三叠统峨眉山玄武岩，属于较坚硬－坚硬岩体，总体在该段表现为一沿河谷左岸展布的斜歪背斜，左岸产状陡于右岸（图 6.17）。

从河谷区地貌特征来看，左岸斜坡长度大，坡度稍缓；右岸斜坡短、坡度陡（图 6.17）。在河流两岸均发育有一大型古滑坡体，分别是左岸的柳洪古滑坡，右岸的火洛古滑坡（图 6.11、图 6.17）。

河谷左岸发育有柳洪古滑坡，其滑坡产生的位置基本与柳洪背斜的位置重叠，柳洪背斜核部地层主要为下奥陶统中厚层石灰岩，属于较坚硬－坚硬岩体，在褶皱的过程中由于岩石的能干性较强，同期伴生了较多的纵张节理和横向、斜向剪节理，使得岩石较为破碎（图 6.17）。受美姑河河流下蚀的影响，在柳洪背斜西翼形成高陡斜坡，前缘临空条件产生，由于沿背斜转折端先存构造节理面密集发育，不连续的节理面逐渐贯通，沿贯通的先存构造节理面形成滑面，上覆破碎的岩体在强震激发条件下发生滑动，形成柳洪古滑坡。该古滑坡规模较大，形成的滑坡体可能阻塞了美姑河，现今的美姑河属于堰塞湖在滑坡体中前部溃坝后继续下蚀的结果，因此在美姑河右岸河谷区堆积了大量的滑坡堆积体（图 6.11、图 6.17）。

美姑河左岸柳洪背斜的北东翼，主要表现为向坡内倾斜的逆向斜坡，在斜坡上部主要为二叠系中上统坚硬的灰岩和玄武岩，这些坚硬岩体在构造变形过程中产生了一系列的不连续性节理结构面，这些结构面在地表物理风化作用下，结构面逐渐扩展，偶有数条贯通，在地形较陡前缘临空时，易发生高陡硬岩崩塌（图 6.17）。

该段右岸发育有火洛古滑坡（图 6.11、图 6.17、图 6.18），面积约 $1.8\times10^6 m^2$，其滑坡整体后缘长 2.5km，滑向方向长 2km；滑坡堆积体平均厚度约 150m，总体积约 $2.7\times10^8 m^3$，估计原始体积约 $6\times10^8 m^3$，滑坡形成于晚更新世中晚期以前（许声夫，2016）。滑坡区出露的地层主要由二叠系中统阳新组石灰岩和上统峨眉山玄武岩、志留系下统龙马溪组粉砂岩、页岩组成的基岩及第四系各种成因的松散堆积物（图 6.17）。斜坡中上部二叠系属于坚硬岩体，斜坡下部的志留系龙马溪组为软弱岩体，尤其是在志留系与二叠系的接触界面附近有一套碳质页岩，强度极低。

据许声夫（2016）研究成果表明，该滑坡的滑坡体物源为二叠系，包括中统阳新组石灰岩，上统峨眉山玄武岩，其主要滑面为志留系顶部与二叠系交界的一套碳质页岩。该斜坡体的变形破坏是由于内、外动力作用相互交织、耦合（图 6.19）。在早期的区域性构造作用（内动力地质作用）下，坚硬的二叠系石灰岩和玄武岩形成了一些垂直层面的构造节理，随着美姑河的下切，在该河谷段形成了深切“V”型河谷，导致河流右岸坡度陡，使得二叠系石灰岩和玄武岩地层反倾并暴露在河谷右岸陡坡之上［图 6.19（a）］。随着美姑河河流下切的加强，斜坡变陡，在自身重力作用下发生蠕变，出现卸荷裂隙，原有构造节理面进一步扩展延伸［图 6.19（b）］；在地表风化、地下水（外动力地质）作用下，斜坡顶部的裂隙进一步加大，前缘产生临空条件，在顶部出现拉裂现象［图 6.19（c）］；斜坡中部的构造节理面也处于持续扩展变形中，重力造成的卸荷裂隙进一步发育，将原始不连续的构造节理结构面连同起来，在斜坡中上部形成贯通的大裂缝，在斜坡下部出现新的卸荷裂缝，在斜坡顶部由于表生风化作用和地下水、地表水作用下将破碎岩体带至拉张裂隙中充填［图 6.19（d）］；随着重力作用的进行，下部二叠系石灰岩中的原有不连续

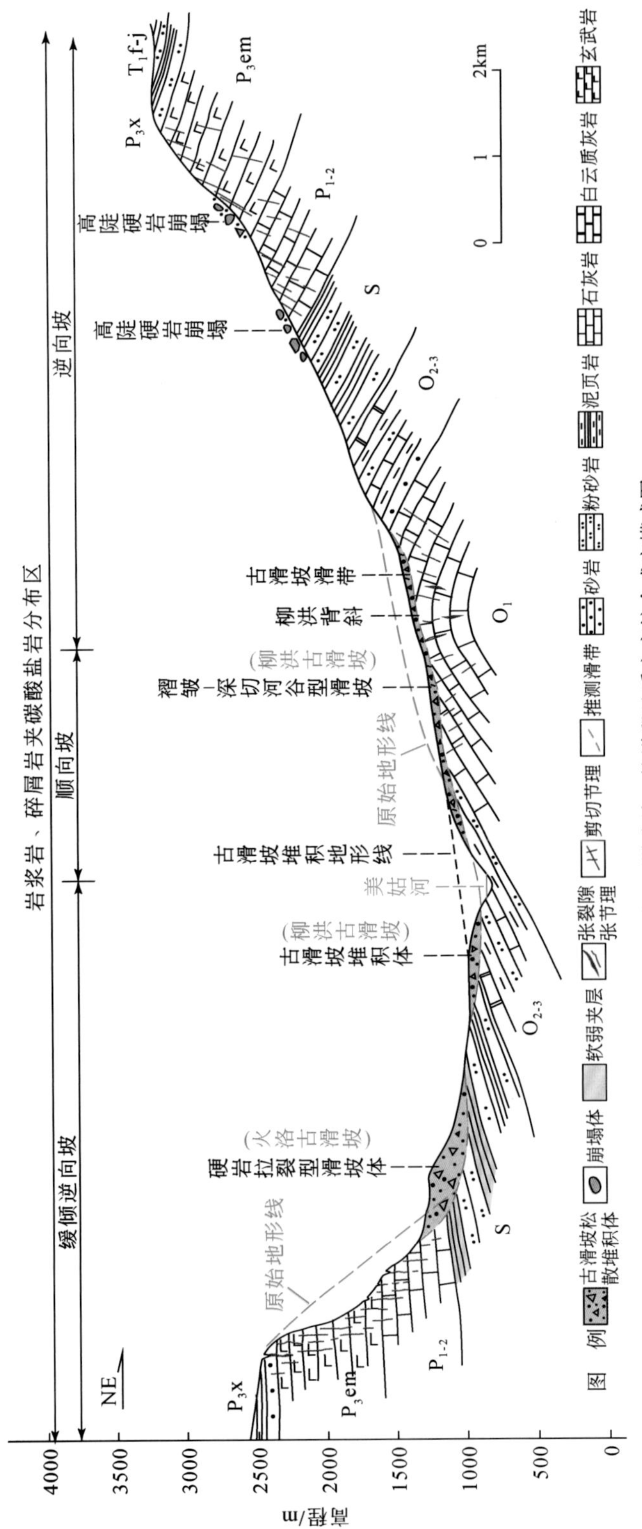

图6.17　美姑河下游火洛—柳洪段地质灾害综合成灾模式图

构造节理结构面和卸荷结构面继续扩展，最终演变成岩体从斜坡顶部玄武岩至斜坡下部石灰岩的贯通性大裂隙。最终在强震作用下，斜坡被分割的坡体就整体失稳，脱离母体，产生倾倒变形，或者是沿志留系顶部的碳质页岩层整体滑动，形成滑坡灾害［图 6.19（e）］。

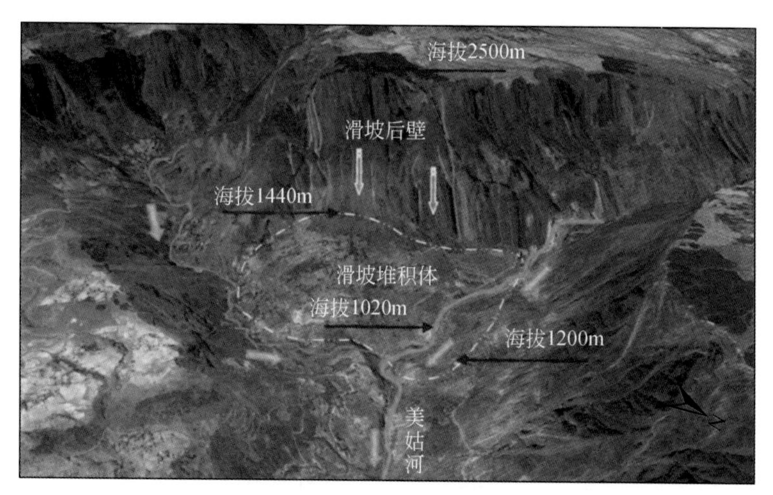

图 6.18　火洛古滑坡示意图（据许声夫，2016）

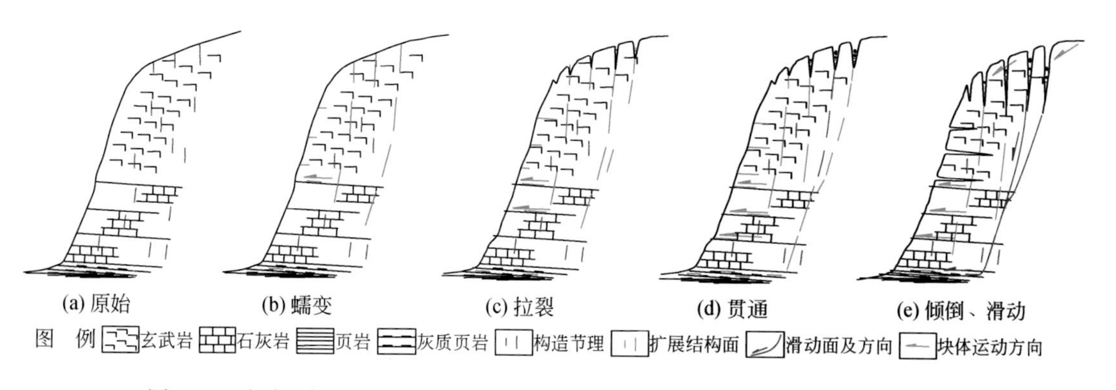

图 6.19　火洛反倾岩质斜坡的变形破坏机理及过程（据许声夫，2016，有改动）

3）莫红—坪头段（R_3）成灾模式

美姑河下游莫红—坪头段（R_3）河谷形态为深切“V”型河谷区，受莫红短轴状背斜和柳洪背斜叠加的影响，河谷段地层总体倾向南西，岩性主要为下古生界震旦系白云岩、寒武系砂泥岩夹石灰岩（图 6.20）。

河流在该段总体近 EW 走向，在河谷左岸，构成顺坡向斜坡结构，其岩性主要为震旦系灯影组白云岩，局部分布有下部的观雾山组砂岩、粉砂岩夹白云岩；河谷右岸整体构成缓倾逆向斜坡结构，斜坡下部主要为震旦系灯影组白云岩，中上部为寒武系砂泥岩夹石灰岩（图 6.20）。

在美姑河左岸莫红集镇北东侧山脊上发育一高陡危岩——莫红危岩（图 6.11、图 6.20）。构造上位于莫红背斜 SE 倾伏端，地层倾向 SSW，斜坡坡脚高程约 690m，坡顶高程约 1400m，相对高差约 710m，整体坡度一般在 30° ～ 50°，多与地层层面一致，局部基岩陡壁处坡度较陡，达到 80° 以上（图 6.20）。坡体上松散堆积物主要为第四系崩坡积层碎块石土，坡体前缘有崩坡积物堆积物，呈扇状分布。根据现场调查，该危岩体可划分为两个危岩带，一个位于海拔 740 ～ 850m 区间，离集镇距离较近，另一个位于 1050 ～ 1400m 区间（图 6.20），危岩体总方量超过 $3\times10^4m^3$。最近一次崩塌发生于 2014 年 5 月 8 日雨后，位于低高程前缘危岩带中下部的危岩体发生垮塌坠落，虽未造成人员伤亡，但造成了车毁、路面损害的经济损失。在危岩带可见宽度约 20cm 沿主要裂隙结构面延伸的裂缝，延伸长度在 3 ～ 5m，裂缝间基本无充填。莫红集镇为三峡公司溪洛渡水电站复建工程，于 2014 年 3 月在坡体设置了 3 道被动防护网，累计长度 430m，对莫红集镇及公路起到了一定的防护作用。

莫红危岩受典型的顺构造地貌下的顺向斜坡结构控制，河谷斜坡陡峻、构造节理结构面是其成灾的关键因素，特殊的背斜核部及倾伏端是造成其岩石破碎的重要因素。斜坡的岩性主要为震旦系灰质白云岩、含磷粉砂岩，岩石属于较坚硬 - 坚硬级别，加之该处位于莫红背斜和柳洪背斜叠加区，坚硬岩石在褶皱变形过程中沿背斜的核部形成了众多的纵张、横向斜向剪节理。这些与褶皱伴生的构造节理结构面基本垂直或大角度相交于层面，与沉积建造原生层面一起将坚硬岩石分割成不规则的网格状碎块。

由于美姑河的深切作用，导致斜坡呈阶梯状，在莫红集镇北侧构成了两个坡度极陡的“陡坎”（图 6.20）。陡坎基本与先存的横向剪节理结构面一致，坡度在 70° 以上，陡坎前缘处于临空状态，岩层面的产状倾向美姑河，倾角约 30°。被先存节理结构面切割的碎块状岩石由于前缘临空，下部倾向河谷的层面（碎块底面）坡度较大，在自身重力作用下，可以沿层面蠕滑，并在岩体后方出现拉张裂缝。在地震或者强降雨条件下，这种碎块状岩体极易失稳，发生由河谷向坡顶逐渐演变的渐进式崩塌，其破坏方式主要为倾倒式，次为坠落式及滑移式。根据现今的崩塌发育情况来看，本危岩体单次崩塌规模不大，究其原因，认为控制崩塌的结构面主要为节理结构面，这种褶皱相关构造节理结构面一般在单层内发育，极个别切割多层，单条延伸仅 3 ～ 5m，连续性和贯通性较差，因此灾害发生时，一般单个崩塌受节理裂隙密度和层厚的共同控制，一般单个规模不大，极个别岩层厚度为块状、巨厚层状时，规模较大。

综上所述认为，莫红危岩首先与构造密切相关，一是位于坚硬岩层的背斜转折倾伏端，不连续的构造结构面起到了关键的控制作用，属于构造边界控制型崩塌；另外背斜倾伏端与河流的深切割共同耦合了其典型的顺向斜坡结构，为崩塌的孕灾提供了条件。强降雨及地震是激发其灾害成灾的重要因素。

在莫红危岩的东侧、河流左岸，发育有一滑坡（图 6.11），该滑坡发育高程为美姑河河床 610m 向上至 1200m 高程范围，平均宽度 600m，纵向斜坡长度约 1.5km。岸坡表部整体呈上部相对平缓、中部凸出、前缘变陡的形态（图 6.21）。

斜坡岩性基本为震旦系灯影组薄层白云质灰岩、硅质灰岩、粉砂岩、磷块岩中夹中厚层白云岩，向下逐渐过渡为厚层、巨厚层状白云岩。产状表现为一缓倾河谷的层状地层，产状 230° ～ 245° ∠ 20° ～ 25°，总体表现为一顺向斜坡，地层倾角略缓于坡脚（图 6.20），构造位置上靠近莫红背斜核部，背斜轴迹走向 28°。

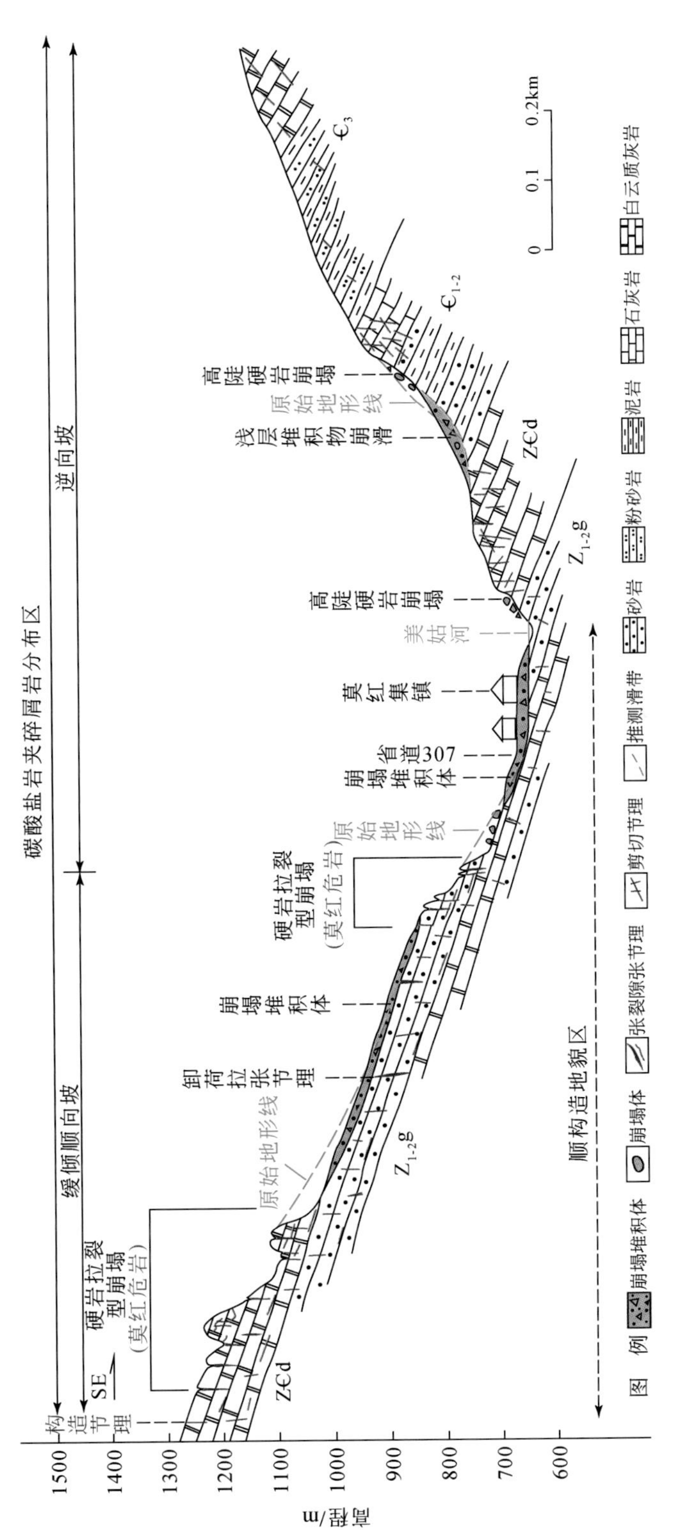

图6.20　美姑河下游莫红一带河谷区综合成灾模式图

该滑坡位于左岸尔古沟—万波沟段凹形岸坡前缘，地表上部相对平缓、中部凸出、前缘变陡。从顶至底分布着多级缓平台，小型冲沟发育；滑坡后缘至坡顶分水岭段，地形相对平缓；上下游两侧分别受尔古沟和万波沟限制，整体处于前缘临空、两侧局限临空的状态（胡正涛，2009）。

据前人研究结果，在滑坡体内部发现了数条断裂及层间挤压错动带，基本横穿滑坡体，靠近前部的一条断层具有逆冲性质，虽在该断层向上的区域未通过平硐或钻探手段直接揭露到断裂带，但氡气测量（胡正涛，2009）显示在滑坡体中后部存在数个高异常带，推测在滑坡体后部及后缘存在与前部逆冲断裂近于平行展布的断层（图 6.21）。据胡正涛（2009）资料显示，在滑坡体右侧尔古沟内，沿沟下游存在一条推测的断裂构造，从构造上看此处位于莫红背斜的西翼。存在着褶断型断裂的可能性，根据尔古沟上游遥感资料，存在一条与尔古沟斜交的线性冲沟，综合推测沿西侧存在一条近 SN 走向的逆冲断裂（图 6.22）。

由此可见，坪头滑坡其西侧边界为一断层控制，东侧受万古沟控制（图 6.22），后缘推测与断裂相关（图 6.22），为典型的构造－地貌控制型滑坡，属于断裂－顺层斜坡－深切河谷型亚类，主要控制滑坡的构造为断裂构造。坪头滑坡与莫红危岩有着相似的斜坡结构，但其最终的变形破坏机制则差别较大，莫红危岩表现为小块的崩塌，而坪头滑坡则表现为规模巨大的整块滑动，认为其与控制变形的边界条件有关，莫红危岩主要控制构造为不连续或贯通性差的褶皱相关节理结构面（图 6.20），而坪头滑坡则表现为连续性、贯通性好的断层（图 6.21、图 6.22）。

坪头滑坡的成生机理经历了构造地质作用和各种外动力地质的改造，自更新世以来，在 NW-SE 向构造应力作用下，莫红倾伏背斜总体构造格局得以形成，伴随着区域应力场的改变或者局部应力场的翻转，在莫红背斜的北西翼、南东侧形成了柳洪背斜。两期褶皱的叠加，一方面形成了倾向 SSW 的地层产状；另一方面形成了与两期褶皱轴近于平行的逆冲断层构造（尔古沟断层大致与莫红背斜轴面平行，垂直滑坡体的断层与柳洪背斜轴面近于平行），美姑河的下蚀作用改变了此地的地形，形成了河流左岸的顺向斜坡结构，在斜坡上发育有陡倾山内的逆冲断层［图 6.23（a）］。河谷下切过程中的岸坡岩体卸荷、风化剥蚀，并产生冻融泥石流，在坡体表面形成了典型的冰水堆积（崔杰，2009）［图 6.23（b）］；随着阶段性的加积过程，在坡体上形成了多期叠加堆积物，岸坡岩溶地下水系统逐渐形成，由于河流下蚀作用持续，坡体前部地形坡度加剧，岸坡在前缘形成临空和饱水条件，坡体前部以先存的 f_1 断层为后缘边界产生拉裂并发生以层面为滑动面的顺坡向滑动［图 6.23（c）］，滑体呈楔形体向河谷滑动后前缘抵达河床而制动，在滑体沿后缘拉开时，上部覆盖层发生垮落，充填在块体后缘的拉张裂缝中［图 6.23（c）］；岸坡在滑坡前缘滑块发生滑动后，滑块体在后缘充水、底部扬压力、前缘临空、底滑面力学强度降低的多重因素作用下达到启动条件，从而发生后部块体滑移破坏，并在后缘产生新的拉张裂缝，垮塌物质对后缘裂缝进行充填，前部滑块滑动后堆积与河谷的滑坡物质被美姑河带走，河流继续下切［图 6.23（d）］。

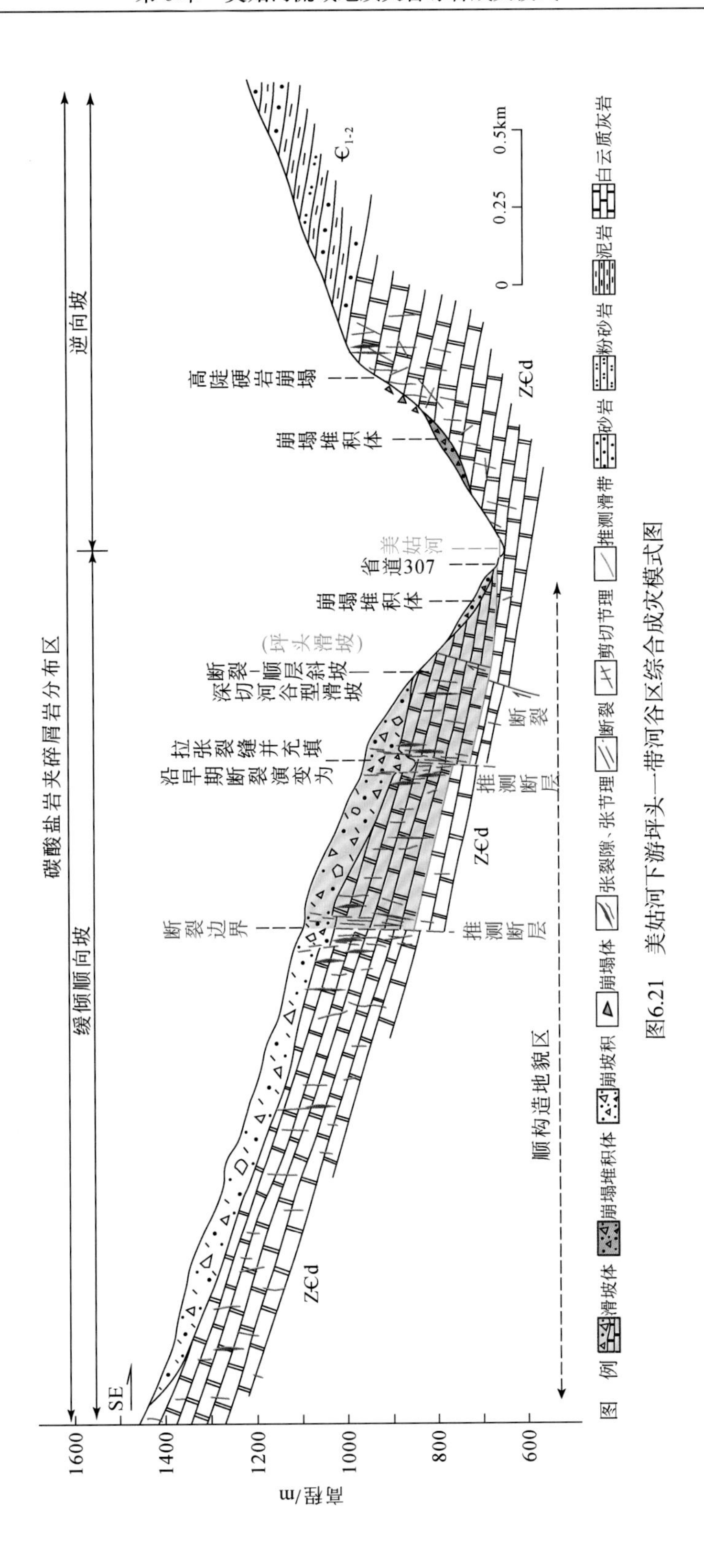

图6.21　美姑河下游坪头一带河谷区综合成灾模式图

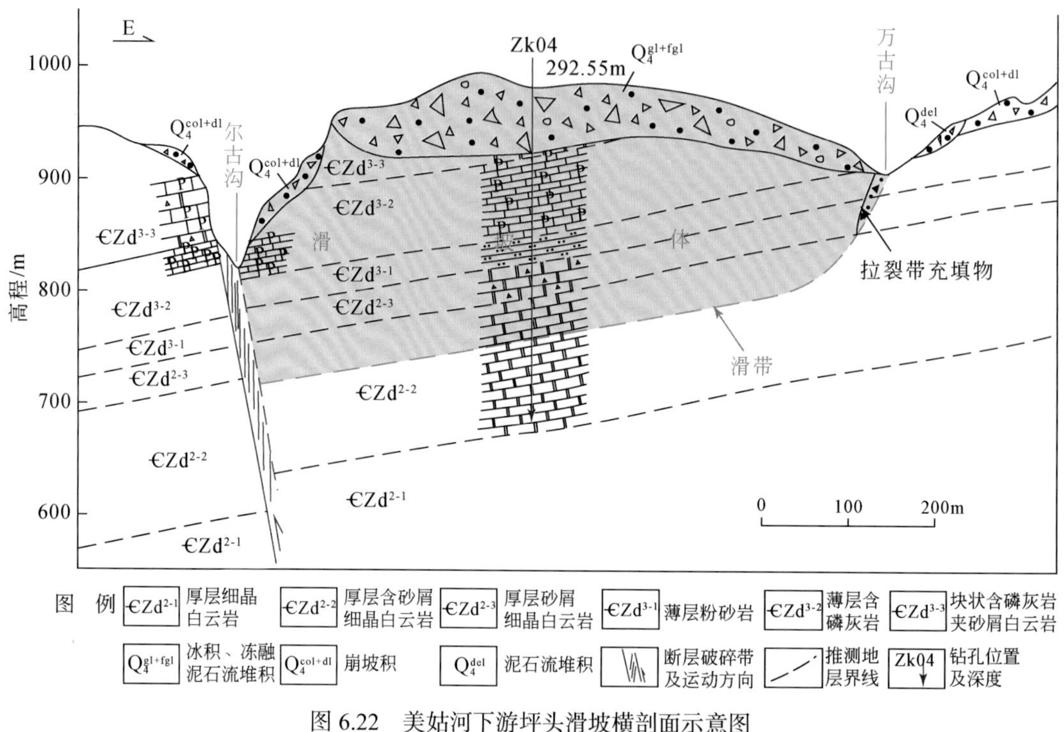

图 6.22　美姑河下游坪头滑坡横剖面示意图

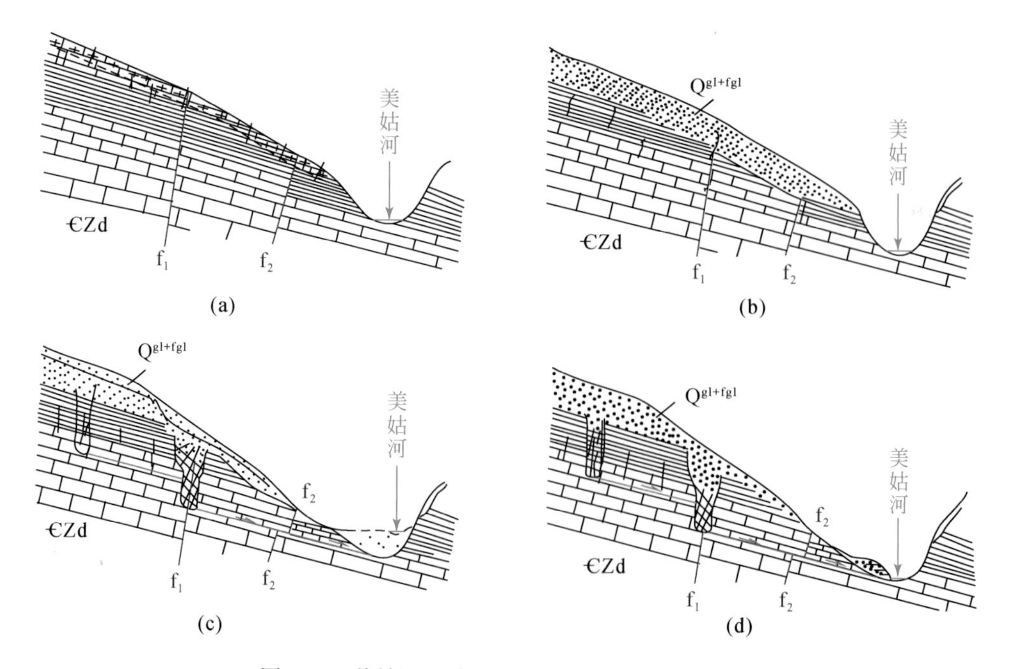

图 6.23　美姑河下游坪头滑坡成灾机理模式图

美姑河下游莫红—坪头段（R_3）河流右岸并未识别到大量或者大规模的地质灾害，究其原因与其独特的斜坡结构（图 6.20、图 6.21）和岩石力学性质密切相关。该段河流右岸主要为倾向山体内的逆向斜坡结构，下部为震旦系灯影组白云岩，中上部为寒武系砂泥岩夹石灰岩，总体属于坚硬岩体夹软弱至半坚硬岩体。岩石的变形主要表现为坚硬岩石在构造作用下发育节理结构面，加之沉积建造结构面，致使岩石亦呈碎块状，但由于其层面倾向山内，没有可利用的滑动面，仅在地形极陡、前缘临空时，由于特殊的激发条件形成崩塌体，或者再节理结构面贯通性良好地段形成崩滑体（图 6.20、图 6.21），但这种灾害规模比左岸的小很多。

4）马处哈—大坪子段（R_4）成灾模式

美姑河坪头以下的马处哈—大坪子段（R_4）大型地质灾害不发育，通过分析对比发现该段两侧岩性为寒武系砂泥岩夹碳酸盐岩为主，受构造控制，其多表现为逆向斜坡结构。该河谷段虽河谷形态仍为深切“V”型谷，但不具有像莫红—坪头段（R_3）、大桥—列口段（R_1）这样的顺坡向跌破结构，也不具备像火洛—柳洪段（R_2）这样厚度巨大且连续的坚硬岩层；因此未孕育大型地质灾害，主要还是一些规模不大的基岩崩塌和基覆界面滑坡。

6.2　地质灾害成灾模式流域分布

通过对美姑河全河谷区地质灾害分析，表明美姑河流域地质灾害，尤其是大型地质灾害的孕灾条件复杂，包括构造、斜坡结构、工程地质条件、地形地貌等，其触发因素是灾害发生的关键（表 6.1）。上述因素中对大型灾害体起决定性作用的是构造变形，包括断裂（如美姑县城巴普镇古滑坡、坪头滑坡）、褶皱（如亲木地巨型古滑坡）、节理结构面（如莫红危岩）；其次是斜坡结构对地质灾害的控制明显，无论是规模大小，均有此规律，如顺向斜坡控制了绝大多数的基岩滑坡和部分基覆界面滑坡，逆向斜坡、横向 - 斜向坡主要控制的是小型崩塌和大部分的基覆界面滑坡，同时基覆界面滑坡往往与下伏岩层的隔水性能有密切的耦合关系。岩体的工程地质性能及其组合关系对灾害体规模和也体现了一定的差异性，在砂泥岩互层的软硬相间组合区，往往形成的灾害体规模较小，而在碳酸盐岩及玄武岩等半坚硬 - 坚硬的岩体以及半坚硬 - 坚硬夹泥页岩等软弱岩层的区域内则发育大型滑坡、崩塌灾害体。地形地貌亦是控制灾害体规模的关键因素，在美姑河流域中上游的广大宽缓的“U”型谷发育小规模的地质灾害体，而在大桥至金沙江段和牛牛坝至井叶特西河段的深切的“V”型河谷区，往往发育规模极大的以滑坡为主的灾害体。从灾害体的时间上看，流域类分布了众多的大型、特大型、巨型古滑坡体，这些古滑坡体最为主要的激发条件是地震，而降雨激发的是小型和中型灾害体，人类工程活动激发的多为小型灾害体。

表 6.1　美姑河流域地质灾害孕灾因素表

主控因素	亚类	控制方式
构造 A	断裂	断裂带破坏岩石完整性为灾害体提供物质；断裂面及影响带破裂面为灾害体提供边界；断裂带加剧地形演化
	褶皱	为斜坡结构提供了基础；转折端伴生节理破坏岩石完整性为灾害体提供物源；弯滑作用的层间滑动为滑坡提供滑面
	节理	破坏岩石完整性，为灾害体提供物源；节理面为灾害体演化提供先存结构面，甚至提供边界

续表

主控因素	亚类	控制方式
斜坡结构 B	顺向斜坡	不稳定斜坡，为滑坡、崩滑体提供优势的原生沉积结构面
	逆向坡	较稳定斜坡结构，与节理耦合时，主要孕育崩塌灾害，少数孕育切层基岩滑坡；与泥岩耦合时容易孕育基覆界面滑坡
	横向－斜向坡	较稳定斜坡结构，与节理耦合时，主要孕育崩塌灾害；与泥岩耦合时容易孕育基覆界面滑坡
工程地质条件 C	软硬相间地层	软弱层为灾害体提供滑面；软硬相间层的构造变形学差异为灾害孕育提供基础，易孕育小型地质灾害
	半坚硬－坚硬岩层	构造变形以脆性破裂为主，脆性破裂面为灾害提供先存结构面，甚至是边界
	半坚硬－坚硬夹软弱岩层	软弱夹层为滑坡提供滑面；半坚硬－坚硬岩层的脆性破裂面为灾害提供先存结构面，甚至是边界
地形地貌 D	深切的“V”型谷	提供前缘极好的临空条件，与顺向斜坡（尤其是地层倾角小于坡角）结构耦合时，容易孕育大型、特大型灾害体
	宽缓的“U”型谷局部陡坡地形	局部陡坡地形为灾害体提供临空条件
触发因素 E	地震	强震动引起岩土体失稳；地震波震散岩土体
	降雨	形成岩土体饱水，加重岩土体重力，引起失稳；软化滑带，减小摩擦阻力；补给地下水，引起静水压力增加；形成强地表径流，冲刷、携带各类物源形成泥石流
	人类活动	切坡加剧地形坡度，造成斜坡失稳；无序堆渣，构成灾害物源；人为加载，造成斜坡失稳

美姑河流域地质灾害的成灾模式主要是由于上述各种因素（表 6.1）的耦合控制而体现出明显差异性。结合典型河谷区地质灾害的孕灾成灾条件，认为美姑河流域滑坡可分为四大类，崩塌可分为三大类，泥石流可分为三大类（表 6.2）。

（1）滑坡：可分为构造－地貌型（I_1）、地貌－建造型（I_2）、基覆界面型（I_3）和古滑坡局部复活型（I_4）四类。

构造－地貌型（I_1）：该类型滑坡主要控制因素是各类构造变形及变形后的斜坡结构和深切河谷地貌耦合结果，其按构造类型的不同可以分为断裂－顺层斜坡－深切河谷型（$\text{I}_{1\text{-}1}$）、断裂褶皱－顺层斜坡－深切河谷型（$\text{I}_{1\text{-}2}$）和褶皱－深切河谷型（$\text{I}_{1\text{-}3}$）三个亚类。三个亚类的具体控制因素和典型灾害体案例见表 6.2。

地貌－建造型（I_2）：该类型滑坡主要控制因素是地貌与原始沉积建造耦合的结果，深切河谷及局部陡坡地貌与原生沉积建造结构面形成顺向斜坡结构，原生沉积建造形成的岩体类型差异控制了灾害的变形方式。沉积建造中的软岩构成滑面，与地貌耦合后形成了软硬岩互层型滑坡（$\text{I}_{2\text{-}1}$）和硬岩夹软弱层型滑坡（$\text{I}_{2\text{-}2}$）；沉积建造中坚硬岩石在节理的控制下构成了硬岩拉裂型滑坡（$\text{I}_{2\text{-}3}$）。三个亚类的具体控制因素和典型灾害体案例见表 6.2。

基覆界面型（I_3）：该类型滑坡主要控制因素是地貌中的斜坡坡度较陡与下伏基岩良好的隔水性能耦合，诱发因素主要是降雨。

表 6.2　美姑河流域地质灾害成灾模式分类表

地灾类型	成灾模式	亚类	主要孕灾因素	激发因素	分布区	实例
滑坡 I	构造 - 地貌型（I_1）	断裂 - 顺层斜坡 - 深切河谷型（$\mathrm{I}_{1\text{-}1}$）	①断层构造，②顺向斜坡，③深切“V”型河谷	地震、降雨	美姑河上游牛牛坝至井叶特西河段、美姑河下游	坪头滑坡
		断裂褶皱 - 顺层斜坡 - 深切河谷型（$\mathrm{I}_{1\text{-}2}$）	①断层及褶皱构造，②顺向斜坡，③深切“V”型河谷			美姑县巴普镇城古滑坡、亲木地古滑坡、基伟村滑坡
		褶皱 - 深切河谷型（$\mathrm{I}_{1\text{-}3}$）	①褶皱构造，②深切“V”型河谷			柳洪滑坡
	地貌 - 建造型（I_2）	软硬岩互层型（$\mathrm{I}_{2\text{-}1}$）	①坡度及斜坡结构，②沉积建造，③构造节理面	降雨	美姑河上游连渣洛河、巴普镇以上段，美姑河中游牛牛坝段	八千洛滑坡
		硬岩夹软弱层型（$\mathrm{I}_{2\text{-}2}$）	①深切“V”型河谷，②顺向斜坡结构，③沉积建造，④构造节理面	地震、降雨	美姑河上游牛牛坝至井叶特西河段、美姑河下游段、美姑河中游哈阿觉至大桥段	拉马古滑坡
		硬岩拉裂型（$\mathrm{I}_{2\text{-}3}$）	①深切“V”型河谷，②沉积建造，③构造节理面			火洛古滑坡
	基覆界面型（I_3）		①下伏岩体隔水性能，②斜坡坡度	降雨、人类活动	美姑河上游、中游，连渣洛河流域	牛牛坝、侯古莫
	古滑坡局部复活型（I_4）		①地形坡度，②斜坡结构	降雨、地震、人类活动	美姑河上、中、下游	城南、拉马、四俄千
崩塌 Ⅱ	逆向斜坡高陡硬岩崩塌型（II_1）		①逆向斜坡结构，②节理构造，③地形坡度	地震、降雨	美姑河上、中、下游	
	顺构造地貌型（II_2）	软硬岩互层崩滑型（$\mathrm{II}_{2\text{-}1}$）	①斜坡结构，②沉积建造，③构造节理面，④地形坡度	降雨、人类活动	美姑河上、中游	
		硬岩拉裂崩滑型（$\mathrm{II}_{2\text{-}2}$）	①斜坡结构，②沉积建造，③构造节理面	地震、降雨	美姑河下游	莫红危岩
	浅层堆积物崩滑型（II_3）		①下伏岩体隔水性能，②斜坡坡度	降雨、人类活动	美姑河上、中游	
泥石流 Ⅲ	崩滑 - 碎屑流 - 泥石流灾害链型（III_1）			降雨		四阿亲滑坡泥石流
	支沟群发汇集型（III_2）			降雨、人类工程活动		瓦尼来乌泥石流
	侵蚀基底型（III_3）					约乌乐泥石流

古滑坡局部复活型（Ⅰ$_4$）：该类型滑坡主要控制因素是地形坡度，其次是斜坡结构，诱发因素地震、降雨和人类活动均有可能，在流域内城南滑坡，变电站滑坡（拉马滑坡前缘）均是典型。

（2）崩塌：可分为逆向斜坡高陡硬岩崩塌型（Ⅱ$_1$）、顺构造地貌型（Ⅱ$_2$）和浅层堆积物崩滑型（Ⅱ$_3$）3 种类型，其中的顺构造地貌型（Ⅱ$_2$）又可分为软硬岩互层崩滑型（Ⅱ$_{2-1}$）和硬岩拉裂崩滑型（Ⅱ$_{2-2}$）两个亚类（表 6.2）。

逆向斜坡高陡硬岩崩塌型（Ⅱ$_1$）：该类型崩塌首先是在逆向斜坡分布区，崩塌物质多为节理发育的硬岩（包含软硬岩互层结构中的硬岩），其次是有较陡的地形坡度，共同孕育了这类崩塌，但总体上该类型崩塌具有多期次，单次规模小的特点。

顺构造地貌型（Ⅱ$_2$）：该类型崩塌其主要的控制因素是顺向坡斜坡结构，其次节理对其控制明显，往往作为其边界，由于构成斜坡的沉积建造差异，其可以分为两类。

软硬岩互层崩滑型（Ⅱ$_{2-1}$）：这类主要发育在美姑河上游地区的三叠系上统至侏罗系中，硬岩中节理发育，软岩构成崩滑界面，在降雨过程中易发生此类灾害。总体上该类灾害规模不大，但极个别由于受边界条件和坡度的控制，可能孕育中型崩塌灾害。

硬岩拉裂崩滑型（Ⅱ$_{2-2}$）：这类崩塌主要分布在美姑河中下游的古生界中，岩石为厚度较大的坚硬岩，节理裂隙发育，构成边界，沉积层面构成其崩滑界面，降雨及地震是诱发的因素。这类灾害体规模较大，如下游的莫红危岩属此类型。

浅层堆积物崩滑型（Ⅱ$_3$）：这类崩滑体在流域内分布广泛，主要受地形坡度和下伏基岩的隔水性能控制。当地形坡度较陡与下伏基岩隔水性能较好耦合时，在降雨条件下容易诱发此类崩滑体，但规模一般不大，多属于小型。

（3）泥石流：根据区内的泥石流特点，可分为崩滑 - 碎屑流 - 泥石流灾害链型（Ⅲ$_1$）、支沟群发汇集型（Ⅲ$_2$）和侵蚀基底型（Ⅲ$_3$）3 种类型（表 6.2）。

崩滑 - 碎屑流 - 泥石流灾害链型（Ⅲ$_1$）：区内四阿亲滑坡泥石流属于这类的典型，其众多的小型崩滑体构成了泥石流的主要物源，在强降雨条件下，小型崩滑体集中爆发，形成碎屑流，最终形成泥石流。

支沟群发汇集型（Ⅲ$_2$）：这类泥石流沟沟域由一条主沟及两侧多条支沟构成，区内的瓦尼来乌是典型，在支沟沿线发育大量的崩滑体，从而形成了大量松散堆积体，在强降雨条件下群发泥石流，汇集于主沟并启动主沟物源。

侵蚀基底型（Ⅲ$_3$）：这类泥石流一方面与人类工程活动密切相关，大多由修建公路开挖弃渣和矿山弃渣堆放与斜坡或者沟道内，构成物源；另一方面沿沟两侧形成的崩滑体岩斜坡崩滑至沟内，形成小型的堵塞体。在强降雨过程中，形成揭底型泥石流。

从以上的控制因素、河谷区成灾模式，典型模式划分等不难看出，流域内地质灾害孕灾成灾具有一定的规律性。综合流域上的各类控制因素的差异性，将流域内可分为 10 种地质灾害成灾模式（图 6.24）。

1）顺构造地貌 - 砂泥岩互层控制的小型崩滑、基覆界面滑坡、顺层基岩滑坡区

分布在上游地区，包括主要连渣洛河两岸，其次在觉洛以东、美姑县城以北区域亦有所分布（图 6.24）。其典型的地层为上三叠统至侏罗系，尤其是上三叠统须家河组（T_3xj）和中侏罗统沙溪庙组（J_2s）的砂岩、泥岩互层最为发育，数量众多，其斜坡结构为顺向斜

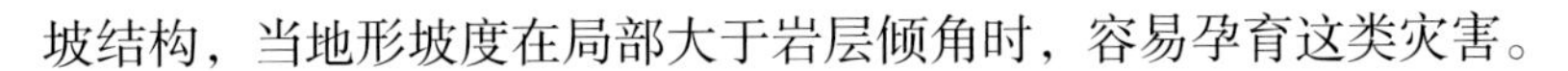
坡结构，当地形坡度在局部大于岩层倾角时，容易孕育这类灾害。

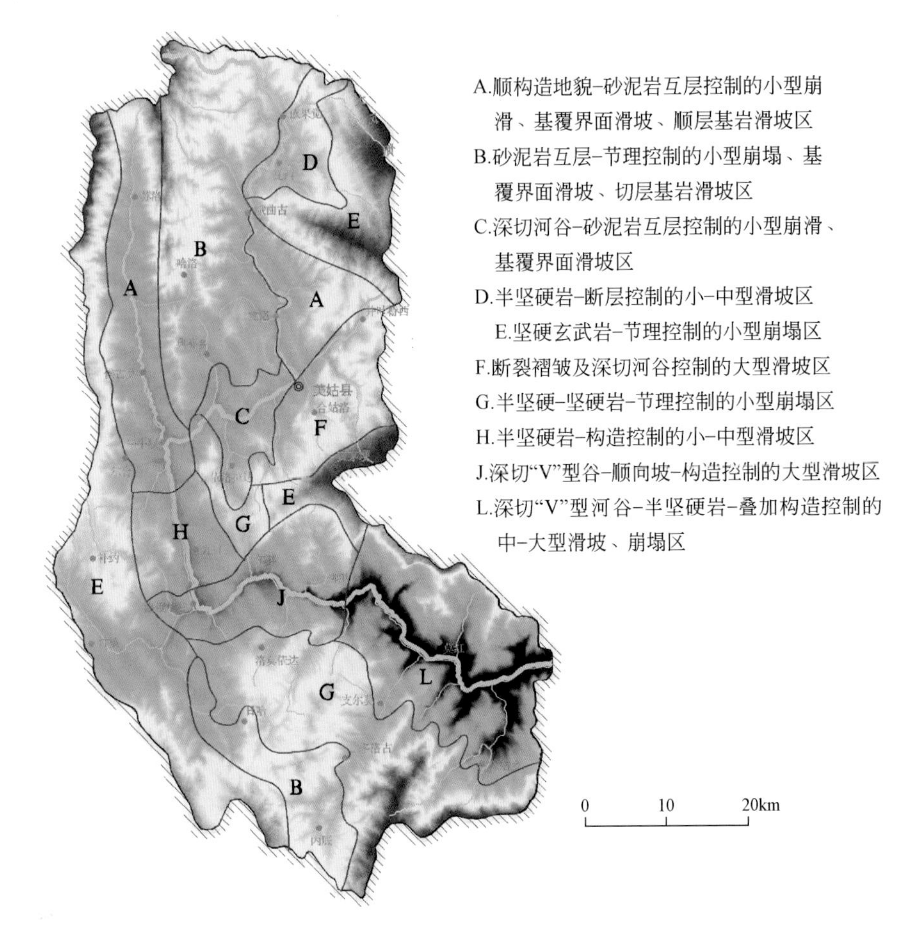

图 6.24　美姑河流域地质灾害成灾模式分布图

2）砂泥岩互层 - 节理控制的小型崩塌、基覆界面滑坡、切层基岩滑坡区

主要分布在美姑河流域上游的中部，其次在流域南部的丙底 - 日哈一带有少量分布（图 6.24）。其典型的地层为上三叠统至侏罗系，尤其是上三叠统须家河组（T_3xj）和中侏罗统沙溪庙组（J_2s）的砂岩、泥岩互层最为发育，数量众多，斜坡结构较为复杂，横向坡、逆向坡广布，节理是控制其发育灾害发育的关键性结构面，地形也对其有重要贡献。

3）深切河谷 - 砂泥岩互层控制的小型崩滑、基覆界面滑坡区

主要分布在上游的牛牛坝至美姑县城沿河地段，该区域地貌上表现为深切“V”型河谷，分布地层亦为上三叠统至侏罗系砂岩、泥岩互层，尤其是上三叠统须家河组（T_3xj）和中侏罗统沙溪庙组（J_2s）面积最广。节理亦是其控制因素，斜坡结构较复杂，各种类型均有，深切河谷地貌是最为主要的控制因素，多形成小型崩滑体和基覆界面滑坡。

4）半坚硬岩 - 断层控制的小 - 中型滑坡区

主要分布在流域东北部的瓦西一带（图 6.24）。地层为三叠系中下统砂岩、白云岩、

石灰岩夹泥岩，区内分布有挖依觉断层（F_8）和沙枯断层（F_9）（详见第2章），沿断裂滑坡体密集分布，断裂的破裂变形为滑坡提供了物质基础，个别断裂破裂面可构成滑坡的边界条件，多形成小型的滑坡，极个别规模可达到中型。

5）坚硬玄武岩–节理控制的小型崩塌区

主要分布在上游的东北部、流域西部边界附近、中游的东部地区（图6.24），岩石以上三叠统峨眉山坚硬玄武岩为主，在构造变形过程中坚硬玄武岩亦产生脆性剪切破裂变形，形成了众多的节理结构面，但连续性不好。由于其抗风化能力强，现今多位于山顶地带，地形坡度总体上稍缓，局部由于流水切割或其他因素影响较陡，在局部较陡地形地段，节理结构面往往作为岩体边界，形成崩塌，崩塌的规模取决于节理的密度，总体上规模较小，不易形成大规模的灾害体。

6）断裂褶皱及深切河谷控制的大型滑坡区

主要分布在上游井叶特西河左岸的美姑县城一带（图6.24），该区域有三河断裂沿河谷区展布，有俄支背斜、黄果楼向斜等与河谷呈小角度相交。俄支背斜为典型的梳状褶皱，较为紧闭，靠近褶皱核部产状较陡，两翼交换，该区域的大型滑坡（巴普镇古滑坡、基伟村滑坡）均分布在褶皱的西翼及转折端附近，一方面背斜的核部节理发育导致岩石破碎，为滑坡提供了物源；另一方面褶皱的西翼与深切河谷地貌一起构成了典型的顺向坡斜坡结构，属于不稳定斜坡，再次与褶皱相关的纵张、横向剪节理等可为滑坡提供边界条件。三河断裂基本沿河谷区展布，一方面为河谷的演化提供了条件，河流沿断裂破碎带侵蚀，形成深切河谷地貌；另一方面断裂的运动学特征导致河流左岸在局部形成陡坡地形，断层面及其影响带或次级断层可为滑坡提供边界。在该区域由于断裂褶皱极为发育，与深切河谷一道耦合又形成了顺向斜坡结构，加之其下伏有飞仙关组（T_1f）、宣威组（P_3x）软弱岩，可为滑坡提供滑面，孕育和控制了大型滑坡灾害。

7）半坚硬–坚硬岩–节理控制的小型崩塌区

主要分布在流域中部和南部的分水岭附近（图6.24），地形相对平缓。地层主要为中下三叠统飞仙关组（T_1f）、嘉陵江组（T_1j）、雷口坡组（T_2l），岩性为石灰岩、白云岩夹泥岩、砂岩、粉砂岩。该区域受宽缓褶皱的影响，与褶皱伴生的各类节理较发育，节理构成崩塌的边界条件，在地形较陡处容易形成崩塌灾害，但在该区域数量不多，且规模较小。

8）半坚硬岩–构造控制的小–中型滑坡区

主要分布在美姑河中游下段的中—下三叠统分布区（图6.24），地层包含飞仙关组（T_1f）、嘉陵江组（T_1j）、雷口坡组（T_2l），岩性为石灰岩、白云岩夹泥岩、砂岩、粉砂岩。该区域受宽缓褶皱及美姑河断裂发育，岩石较破碎。一方面褶皱构成地层倾斜，形成各类斜坡结构；另一方面褶皱伴生节理构成滑坡体的边界。断裂亦可构成滑坡体的边界，导致区内易孕育小型滑坡灾害，个别地段可孕育中型滑坡灾害。

9）深切“V”型谷–顺向坡–构造控制的大型滑坡区

位于美姑河下游的大桥—列口段的河谷区（图6.24），该段河谷深切，呈“V”型河谷，高差大；地层均为缓倾河谷的上二叠统至侏罗系，其中右岸最新地层为下三叠统，河谷两岸均为典型的顺向坡斜坡结构；在左岸受构造的影响，亲木地一带发育一叠加褶皱，总体上构成一倾斜的“勺”状，并在褶皱的北西翼上发育尔其断裂（F_{13}）（详见第2章），褶皱的形态及断裂是孕育亲木地滑坡的关键，右岸的下三叠统垂直层面的节理裂隙发育，是孕育拉马古滑坡的重要条件；除上述之外，两岸的上三叠统宣威组（P_3x）软弱岩是孕育滑坡的重要滑面，下伏的坚硬峨眉山玄武岩（P_3em）作为滑床。该区域内的古滑坡规模巨大，是研究大型滑坡的天然场所。

10）深切“V”型河谷－半坚硬岩－叠加构造控制的中－大型滑坡、崩塌区

该区域分布在美姑河下游列口以下的河谷区（图6.24）。该段河谷深切，呈“V”型河谷，高差大；地层均为古生界石灰岩、砂岩、白云岩夹泥岩、页岩、粉砂岩，局部河谷段为二叠系厚度较大的坚硬玄武岩、石灰岩，受构造的影响，产状复杂，斜坡结构多样，顺向坡、逆向坡、横向坡等均有分布；该区域构造叠加明显，发育有NE向的断裂[比波断裂（F_{14}）、洛结断裂（F_{15}）、金阳断裂（F_6），详见第2章]，NE向褶皱[支耳木向斜（23）、莫红背斜（24）、马切洛布向斜（25），详见第1章]，NW向褶皱（柳洪背斜）等多期构造叠加，同时在柳洪背斜发育有与之平行展布的不连续断层展布，上述多期褶皱构造伴生了大量的褶皱相关节理和断层，形成了先存结构面，这些结构面在地质灾害的孕育过程中作为了重要的边界条件，形成了诸如火洛滑坡、柳洪滑坡、莫红危岩崩塌、坪头滑坡等中－大型滑坡、崩塌灾害。

第7章　美姑河流域泥石流展布规律及危险性预测

7.1　泥石流时空展布及危险性预测研究现状

7.1.1　泥石流时空发育特征研究现状

泥石流是指在山区，沟谷内小至黏土、大至巨砾的碎屑物质在水流作用下的固、液两相流，具有爆发性强，破坏性大，搬运淤积掩埋能力强等特点。我国是泥石流频发的国家，尤其是西南山区和青藏高原一带，每年由于泥石流造成的直接经济损失达20亿元，死亡300～600人。因此对区域性泥石流分布特征的研究可以为当地政府地质灾害防治规划提供可靠依据，具有十分重要的社会意义和应用价值。

关于泥石流研究，前人已经做了大量工作，如符文熹等（1997，1998）根据气候（降水）、地形地貌、深大断裂、地震活动、地层岩性等因素，分别对全国和川西泥石流分布规律进行了研究；黄忠恕和余应中（1998）结合长江上游陇南地区的地质背景对陇南山区的泥石流分布特征进行分析；王昕洲等（2000）根据太行山区地形地貌、气候特征、区域性地质构造活动及强烈的地壳抬升等因素对河北省太行山区泥石流灾害的发育分布特征进行分析；邹小虎等（2007）对鲜水河下游泥石流发育分布特征进行研究；任非凡和谌文武（2008）分析了G212线陇南段泥石流发育的时空分布特征；梁烈（2012）依据自然、地质条件等分析了临合高速公路工程区泥石流分布规律。

针对美姑河流域泥石流沟研究，唐川等（2005，2006）对金沙江美姑河牛牛坝水电站库区内泥石流沟进行了调查研究，分析了这些泥石流对水电站库区工程建设的影响，认为库区现有不同类型泥石流沟31条，其中属于高度危险的泥石流沟4条，中度危险的泥石流沟15条；唐红梅等（2005）对美姑河流域公路两侧泥石流沟的物源进行了探索研究，并首次将物源补给量与不同降雨频率相结合获取了不同降雨频率泥石流最大可供物源量；黄达等（2006）对美姑河尔马洛西沟泥石流特征及危险性进行了研究，判断出尔马洛西沟为部分堵型泥石流沟，为牛牛坝水电站建设中的泥石流防治工程提供了可靠的设计依据。陈洪凯等（2009）对美姑河流域牛牛坝公路泥石流灾害防治提出建设性意见，这些研究为认识美姑河流域泥石流的发育特征打下了良好基础，但迄今还缺少对美姑河流域整体的泥石流发育特征进行规律性的研究。

7.1.2　泥石流危险范围预测研究现状

国内外在泥石流危险范围和预测模型方面进行了大量研究，如 Takahashi（1981）提出了计算泥石流最远冲出距离的经验模型公式，此模型主要考虑泥石流的流速、泥深、沟道坡度和堆积扇坡度等要素；Hungr（1984）探讨了泥石流的体积、堆积扇扩散角及堆积特征与冲出距离的关系；Ikeya（1989）通过泥石流体积和沟道坡度因素得到了泥石流最远堆积长度的计算方法；Cannon（1988）和 Rickenmann（1999）通过动力学理论，计算得到泥石流最远堆积范围的函数模型；Rickenmann（2005）和 Adam（2008）通过数据统计分析，估算了泥石流最远距离；Berti（2007）对泥石流危险范围分区进行了研究；Rickenmann（2005）和 Adam（2008）结合泥石流的影响因子，包括泥石流的高程差、泥石流的大小等因素，计算分析得到了泥石流最远冲出距离估算公式。

在泥石流综合减灾技术方面，刘希林（1990）基于我国西南和西北地区部分代表性泥石流提出了泥石流堆积扇危险范围的概念；刘希林等（1992）基于东川小流域和甘肃武都和天水等地的 15 条泥石流，采用控制参数的方法模拟出泥石流危险范围的预测模型；刘希林（1993）进行模型试验，对泥石流危险范围预测的数学表达式进一步改进，其精度得到进一步提高。

关于堆积扇危险范围预测的数学模型，不同学者基于动力学理论和堆积扇形成的内在因素，反推出泥石流危险范围预测的数学模型。例如，唐川等（1991）根据流域背景预测法，对不同地区的泥石流危险范围进行预测，总结出适应不同地区泥石流危险范围预测模型，对小江流域泥石流的堆积特征，总结得出不同泥石流堆积扇的形成模式，以及导致其各种形态的内在机理和堆积扇的组合形态；田连权（1991）根据对东川蒋家沟的研究，总结出在黏性泥石流区域各种堆积现象的形成原因；李阔和唐川（2006）在泥石流堆积模型研究的基础上，选取泥石流补给量、堆积区坡度、泥石流密度影响因子等建立了泥石流危险范围模型，并在昆明东川实践应用；杨军等（2009）通过对洛门镇响河沟内的泥石流的 8 个影响因子的比重，得出泥石流危险范围预测的数学模型，然后根据其实际影响因子的数据得出单沟泥石流的危险范围；朱静等（2012）考虑泥石流物源量和流域高差影响因子，对汶川震后暴雨地区的泥石流危险范围进行了预测；常鸣等（2012）在雅鲁藏布江米林段泥石流危险范围预测的基础上，得出符合雅鲁藏布江米林段特殊地质背景的泥石流危险范围预测模型。

对比国内外这些模型可以发现，它们都借助了一些影响因子如泥石流的流域面积、沟道长度、松散物源储量、地形地貌特征等建立预测关系，详见表 7.1。

还有不少学者基于三维数值模拟，对泥石流三维流动特性进行模拟研究。例如，马宗源（2006）基于 CFX 对泥石流流场三维数值模拟研究，得出其流场内速度、压力的分布情况；苟印祥（2012）开展了泥石流动力特性的数值模拟研究，模拟计算了走马岭泥石流的速度、压力、泥深等流场数据；徐江（2014）在合理确定边界条件和控制参数的基础上对上卓沟泥石流流动过程进行三维流域模拟，得到流速、压力等流场数据；胡卸文等（2016）基于有限体积法软件，得到泥石流相关动力学参数，并选择 Bingham 流变模型对江口沟泥石流流动过程进行了三维数值模拟，得出泥石流危险范围。

表 7.1　泥石流危险范围函数模型

作者	数学模型	参数
Ikeya	$L=8.6(V\tan\theta_u)^{0.42}$	物源量、沟道坡度
Rickenmann	$L=25V^{0.3}$	物源量
Cornminas	$\mathrm{Log}(H/L)=-0.105\mathrm{Log}V-0.012$	物源量、流域高差
Rickenmann	$L=15V^{1/3}$	物源量
Lorente 等	$L=7.13(VH)^{0.271}$	物源量、流域高差
刘希林	$L=0.8061+0.0015A+0.000033W$	流域面积、物源量
唐川	$L=0.36^{0.06}+0.03(W\cdot H)^{0.54}-0.18$	流域面积、高差、物源量

现阶段研究泥石流危险范围的方法主要有：结合区域内泥石流影响因子，预测泥石流危险范围函数模型；另外根据公式得出泥石流运动学参数，建立三维数值模拟，得出流场内速度、压力分布情况，圈算出泥石流堆积区危险范围。然而并未有学者将两种方法结合起来进行互相验证，得出更准确可信的泥石流危险范围的函数模型。本章将在美姑河流域泥石流沟调查的基础上，将两种研究泥石流危险范围预测的方法结合起来，使得到的泥石流堆积区的危险范围更接近真实性和实用性，为当地政府防灾减灾提供可靠地质依据。

7.2　美姑河流域泥石流时空展布规律

在系统收集前人研究资料的基础上，结合本次在美姑河流域的实地泥石流调查，统计得出流域内主要泥石流沟的高程差、流域面积、主沟坡降比及泥石流流向等基本参数。通过 GIS 对泥石流灾害进行矢量化处理，得出流域内泥石流空间分布图，统计发现美姑河流域主要发育有 90 条泥石流沟（图 7.1），主要分布于河谷区两侧的坡体上，如主河道美姑河河谷地区、美姑河支流井叶特西河、连渣老河、尔觉河等河谷区。这里结合地形条件、降雨等级条件分别对泥石流进行分类，最后分析降雨因素对泥石流空间分布规律的控制原因。

7.2.1　泥石流特征参数

美姑河流域内 90 条泥石流沟的流域面积与主沟坡降比详见表 7.2 和表 7.3。

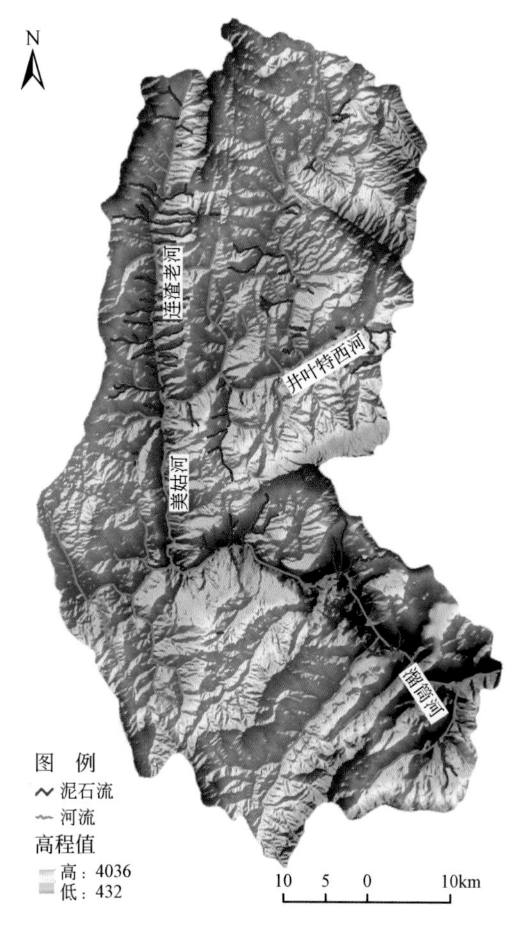

图 7.1　美姑河流域泥石流空间分布图

表 7.2　美姑河流域内泥石流沟流域面积统计表

编号	流域面积 /km²	编号	流域面积 /km²	编号	流域面积 /km²
1	3.62	10	0.35	19	0.38
2	0.37	11	3.49	20	6.7
3	3.12	12	1.7	21	1.68
4	1.33	13	1.78	22	8.2
5	1.44	14	0.38	23	2.09
6	0.23	15	0.75	24	0.35
7	1.37	16	0.55	25	0.79
8	0.89	17	0.24	26	0.46
9	0.54	18	4.64	27	0.18

续表

编号	流域面积 /km²	编号	流域面积 /km²	编号	流域面积 /km²
28	5.76	49	9.78	70	0.2
29	1.27	50	16.43	71	0.65
30	3.81	51	0.35	72	1.62
31	0.09	52	12.81	73	22.7
32	2.53	53	0.12	74	1.4
33	3.5	54	0.21	75	0.6
34	3.51	55	2.43	76	4.82
35	2.44	56	10.18	77	5.9
36	5.54	57	0.14	78	2.19
37	0.45	58	0.17	79	0.32
38	4.11	59	1.58	80	1.8
39	0.16	60	4.39	81	0.41
40	0.33	61	2.03	82	0.85
41	0.09	62	1.45	83	0.82
42	0.2	63	0.28	84	0.67
43	0.84	64	5.47	85	0.65
44	2.83	65	0.13	86	0.2
45	0.37	66	1.57	87	0.7
46	1.71	67	0.64	88	2.8
47	1.65	68	1.34	89	2.77
48	0.25	69	14.37	90	3.5

表 7.3　遥感解译及现场调查获取的泥石流沟主沟坡降比

编号	坡降比 / ‰	编号	坡降比 / ‰	编号	坡降比 /‰
1	346	11	126	21	218
2	322	12	251	22	245
3	209	13	275	23	171
4	185	14	382	24	344
5	314	15	249	25	242
6	575	16	205	26	321
7	402	17	236	27	355
8	360	18	125	28	243
9	384	19	276	29	294
10	315	20	196	30	203

续表

编号	坡降比 / ‰	编号	坡降比 / ‰	编号	坡降比 /‰
31	278	51	220	71	275
32	234	52	99	72	280
33	457	53	323	73	167
34	325	54	130	74	405
35	304	55	247	75	361
36	193	56	176	76	182
37	309	57	304	77	282
38	206	58	379	78	241
39	295	59	169	79	200
40	390	60	428	80	206
41	503	61	166	81	222
42	259	62	211	82	230
43	225	63	122	83	280
44	144	64	196	84	184
45	337	65	184	85	212
46	270	66	94	86	120
47	241	67	140	87	500
48	377	68	87	88	184
49	206	69	100	89	387
50	284	70	148	90	227

通过对表 8.2 中各条泥石流的主沟坡降比进行范围内划分，发现泥石流主沟坡降主要集中在 100‰ ～ 400‰，坡降比小于 100‰ 的泥石流沟只有 3 条，大于 400‰ 的泥石流有 7 条（表 7.4）。由此可能说明，较小的坡降比不易于泥石流的发生；较大的坡降在强雨条件下，更有利于泥石流发生。

表 7.4　泥石流主沟坡降比百分比

主沟坡降比 /‰	＜ 100	100 ～ 200	200 ～ 300	300 ～ 400	＞ 400
数量 / 条	3	23	36	21	7
比例 /%	3.33	25.56	40	23.33	7.78

研究发现，流域内泥石流的空间分布差异性较大，泥石流流向的玫瑰花图（图 7.2）和泥石流流向分布比例表（表 7.5）显示泥石流流向主要分布于 60° ～ 110° 与 240° ～ 300° 两个范围之间，泥石流沟口的方位近乎与河道垂直。

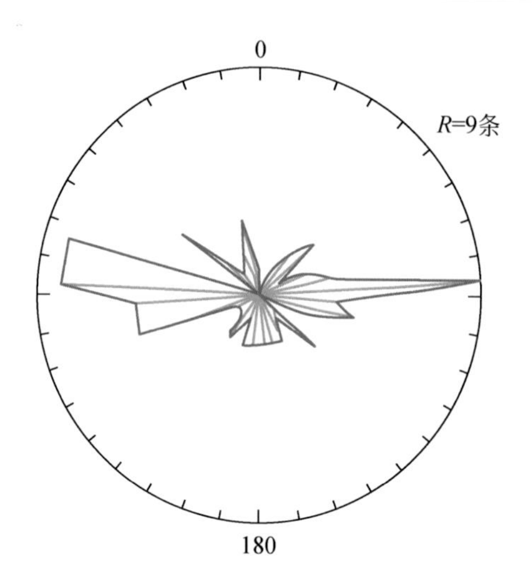

图 7.2 美姑河流域内泥石流流向玫瑰花图

表 7.5 美姑河流域内泥石流流向分布比例

泥石流方向 /（°）	＜60	60～120	120～160	160～200	200～240	240～300	300～360
数量 / 条	8	23	6	8	5	27	13
比例 /%	8.89	25.56	6.67	8.88	5.56	30	14.44

7.2.2 美姑河流域泥石流沟分类

根据泥石流分类标准，将流域内泥石流分为坡面型泥石流、单沟型泥石流和多支沟型泥石流 3 种。

坡面型泥石流：这类泥石流是在坡面松散物质重力作用下发生的，主要发生于松散堆积层较厚的位置，或岩体岩性较弱（如泥岩、页岩、粉砂质泥岩）的坡体，其中泥石流流域形态清晰，形态多以瓢形、长条形为主，流域面积大都小于 1.0km^2，其沟道坡降大于 400‰。这类泥石流流域区短，其中流通区和堆积区往往直接贯通相连。这种类型的泥石流一般规模较小，突发性较大，主要受降雨条件影响。

单沟型泥石流：单沟型泥石流是流域内的主要类型，是研究和调查的重点。由于受地形影响，形成共轭节理发育的“U”型冲沟和“V”型冲沟，并且沟床比降较大，多大于 200‰，两侧沟壁较陡，在强降雨条件下，沟道两侧残坡积物易发生崩塌、滑坡，松散物质滑入沟道形成物源，增加了泥石流方量。典型的单沟型泥石流如牛牛坝煤场沟泥石流沟（图 7.3）。

多支沟型泥石流：是指存在多条支沟的沟谷型泥石流，支沟内存在的大量碎屑堆积体在强降雨的条件下形成支沟群发型泥石流，汇聚于主沟内并启动主沟物源发生泥石流灾害，危害较大（图 7.4）。

3 种类型泥石流沟的数量统计见表 7.6。

图 7.3　牛牛坝煤厂沟泥石流流通区和堆积区

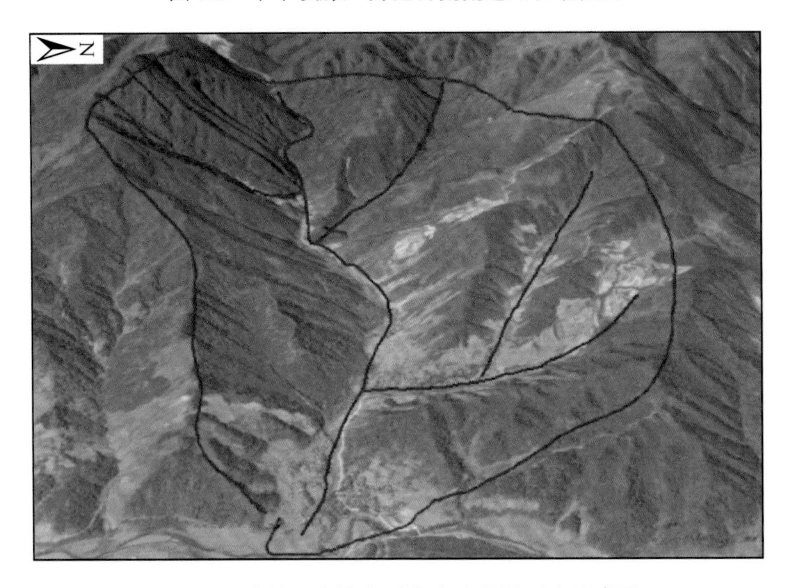

图 7.4　美姑河流域典型多支沟谷泥石流遥感图

表 7.6　美姑河河谷区泥石流沟按类型统计表

分类	坡面型泥石流	单沟型泥石流	多支沟型泥石流
数量 / 条	5	66	19
比例 /%	5.56	73.33	21.11

由表 7.6 可以看出，流域内分布有 5 条坡面型泥石流沟、66 条单沟型泥石流、19 条多支沟型泥石流。其中单沟型泥石流所占比例最高，为 73.33%，这可能与流域内断层分布密集和岩层软弱面发育有密切关系。

7.2.3　泥石流与降雨关系研究

7.2.3.1　基于降雨等级的泥石流分类

降雨因素是流域内泥石流发生的主要因素，它既为泥石流的发生提供能量，又起到搬运作用。泥石流发生前后降雨等级的不同，对泥石流发生产生的影响也不同。结合美姑河流域的降雨数据和气象部门的降雨分级标准（表 7.7），对流域内泥石流暴发当日降雨等级进行统计，发现无降雨的有 33 条，占 32.56%；降雨等级为小雨和中雨的合计为 26 条，大雨的个数为 21 条，分别占 25.58% 和 23.26%；降雨等级为暴雨的 8 条，大暴雨的 2 条（图 7.5）。

表 7.7　降雨等级分类标准

降雨等级	小雨	中雨	大雨	暴雨	大暴雨	特大暴雨
24 小时雨量 /mm	＜ 10	10 ～ 25	25 ～ 50	50 ～ 100	100 ～ 200	＞ 200

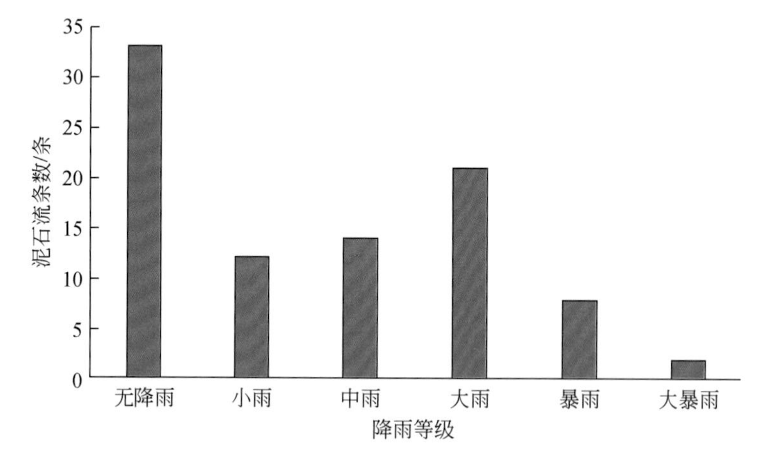

图 7.5　泥石流与当日降雨等级的关系

对于暴发当日并未发生降雨的 33 条泥石流的前 10 天的降雨进行统计，得出 33 条泥石流沟中至少有 6 天出现了降雨情况，最多的可达到 9 天，累计降雨量最少有 34.4mm，最多可达 88.9mm。正是由于前期降雨的积累，导致了泥石流的暴发，这里称之为前期降雨积累型泥石流。

对于暴发当日降雨等级为小雨、中雨、大雨的 47 条泥石流的前 10 天的降雨进行统计，发现 47 条泥石流沟中最少有 3 天出现了降雨情况，最多可达到 7 天，累计降雨量处于 24.7 ～ 78.9mm。正是由于持续降雨才导致泥石流暴发。这里称之为多日降雨持续型泥石流。

对于暴发当日降雨等级为暴雨及以上的 10 条泥石流，称之为暴雨型泥石流。正是由于暴雨动能大、挟沙能力强，能够短时间内造成泥石流灾害的发生。此类型泥石流具有突发性以及流速快、流量大、物质容量大和破坏力强等特点。流域内共发现 10 条暴雨型泥石流。如侯古莫乡八嘎村 1 组格洛拉达泥石流、侯古莫乡马拖村 1、5 组马拖沟泥石流、竹库乡乃嘎村 1、2 组泥石流、牛牛坝乡阿波觉村 6 组泥石流和侯古莫乡列口村 1、4、5 组补可拉达泥石流等。

流域内 3 种类型泥石流类型所占比例见图 7.6。

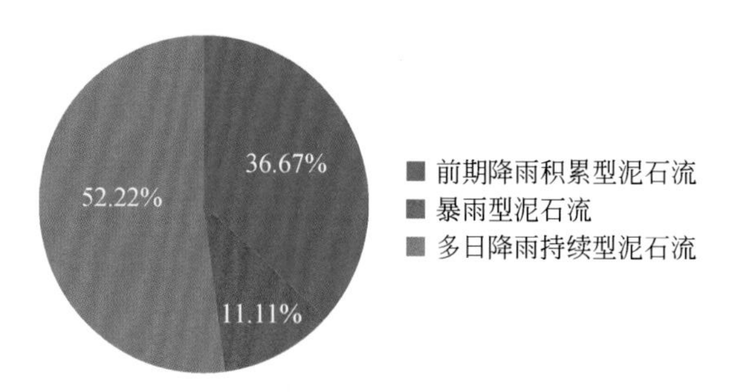

图 7.6　不同类型泥石流所占比例

7.2.3.2　泥石流分布与降雨量的关系

据美姑县水文站 1959 ～ 2015 年资料统计，美姑河多年平均流量为 33.7m³/s，折合年径流量 10.6×10⁸m³，丰水期 6 ～ 10 月占全年径流的 78.6%，11 月至翌年 5 月仅占全年的 21.4%，最小水流量多发生于 3、4 月，历年实测最小流量 4.02m³/s（1963 年）；年最大流量最早出现在 5 月（1978 年 5 月 26 日），最晚发生于 9 月（1982 年 9 月 19 日），历年中年最大洪水发生于 5 月 1 次、6 月 11 次、7 月 14 次、8 月 4 次、9 月 5 次，以 6、7 两月最多，约占总次数的 71.4%。实测年最大流量系列的最大值为 1410m³/s（1987 年 7 月 20 日），最小值为 326m³/s（1961 年 8 月 2 日和 1978 年 5 月 26 日），两者与多年平均值 683m³/s 相比分别为 2.03 倍及 0.48 倍。

美姑河流域雨量充沛，年均降水量为 1018.7mm，其中降雨主要集中在 6 ～ 9 月，占年雨量的 57.5%（图 7.7）。以流域内的 90 条泥石流按暴发的月份进行统计，可以看出泥石流主要集中暴发于 6 ～ 9 月，这与流域内降雨主要集中在 6 ～ 9 月相吻合（图 7.7），说明降雨量越大，越有利于泥石流灾害的发生。

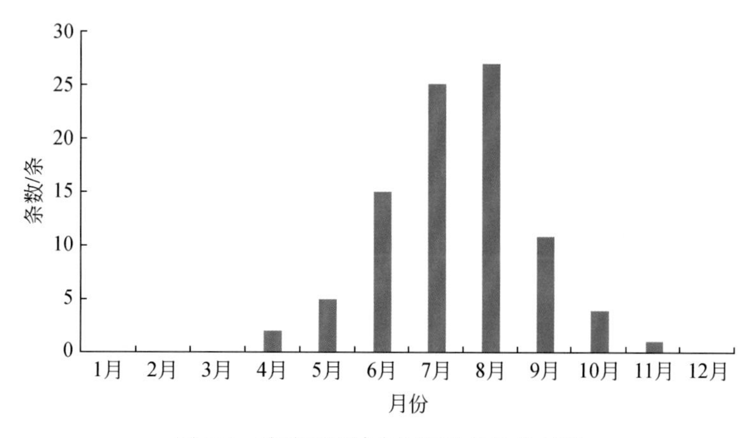

图 7.7　美姑河流域内泥石流月份分布图

根据美姑河流域内美姑、昭觉和越西 3 个县雨量监测站获取的近 50 年的降水资料，采用克里金（Kriging）法空间插值得出流域区的年均降水量，并利用自然断点（natural break）法将流域区的年均降水量（mm）分类为 10 级，得出降水等值云图（图 7.8）。

从图 7.8 可以看出，流域年均降水量从 WN 方向的美姑河发源地依果觉乡、苏洛乡，向 ES 的雷波县境内逐渐降低，由此可以认为流域内年均降水量大致由西北区域向 ES 递减，这可能与流域内地势高差较大、空间气候特征有关；流域内泥石流的分布也主要集中于 WN 方向，北起美姑县苏洛村一带，向南经侯播乃拖、牛牛坝、美姑大桥段，泥石流分布密集,也说明降雨量越大,越有利于泥石流灾害的发生,流域内 WN 方向年均降水量较大、地表径流丰富，为泥石流发生提供足够的动力条件。

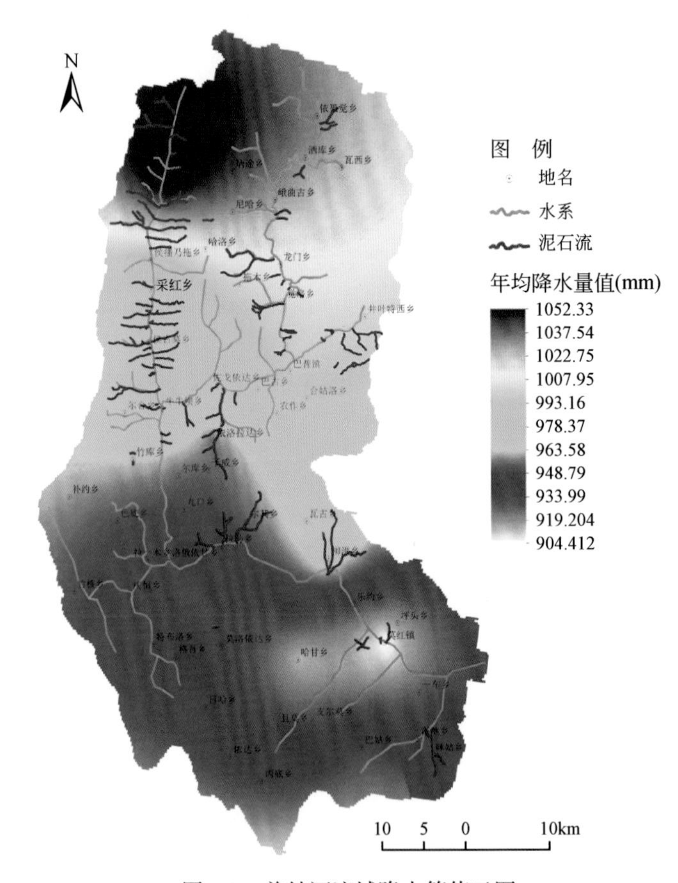

图 7.8　美姑河流域降水等值云图

7.3　美姑河流域泥石流危险性预测评价

基于美姑河流域内地质灾害调查结果，认为 5 ～ 10 月降雨量较大，易造成泥石流灾害。历史上美姑河流域泥石流灾害也时有发生，如高洛依达流域内由于连降暴雨，曾发生多期泥石流灾害，2005 年 5 月 30 号石膏厂沟暴发了较大规模的泥石流，造成堆积区附近居住的 2 人死亡；2007 年至今，依洛拉达沟每年均有不同程度的泥石流发生；约乌乐泥石流沟，每年雨季都有不同程度的泥石流发生。这里对流域内潜在的泥石流危险范围进行预测，为研究区泥石流危险性评价与风险管理提供科学依据。

7.3.1　泥石流堆积扇概述

在泥石流的研究过程中，堆积区的研究是必不可少的环节。泥石流的动力堆积过程，形成了泥石流的堆积区。根据刘希林（2002）对堆积扇的分类，结合研究区内的地形形态，研究区内的堆积扇多为沟谷型泥石流堆积扇。根据泥石流性质和发育阶段的不同，泥石流的平面堆积形态亦不同。在泥石流的堆积初期，泥石流堆积形态多为不规则形态，有不规则的长条形及椭圆形等，随着泥石流进一步堆积，扩散角不断增大，堆积区内堆积扇形态逐渐成形。

根据刘希林等（1995）通过对小江流域 107 条泥石流沟的堆积上进行分析总结，将典型的泥石流堆积扇分为 3 个不同的过渡带：①无扩散带，位于堆积扇顶端，外形呈狭窄舌状；②建设带，是堆积扇的主体，分布范围广，为泥石流堆积泛滥的主要部位；③即定带，位于堆积扇前段，宽度大，是泥石流沉积扩散的结果。然后他们将这些堆积扇形态分类，概括为 A 型、B 型、C 型 3 种堆积扇，如图 7.9 所示。

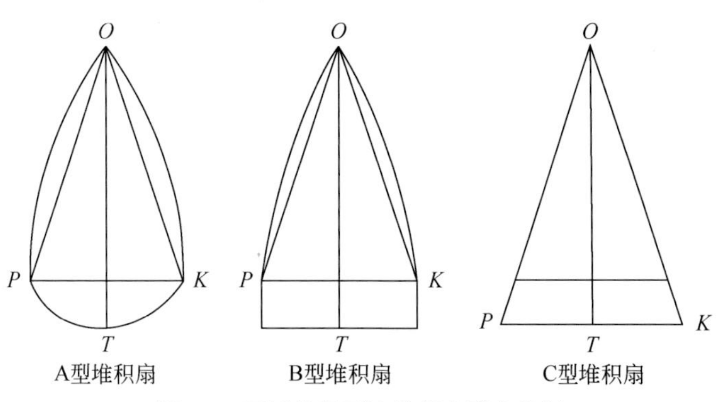

图 7.9　不同的泥石流堆积扇形态特征

研究区内泥石流堆积体形态各异，根据现场调查及结合遥感解译等手段，对堆积扇形态进行判定，得出研究区内 3 种类型的堆积扇都有存在，其中 A 型堆积扇的比重最大，如位于牛牛坝乡的普各洛泥石流堆积扇（图 7.10）保存较为完整。

图 7.10　年渣洛河普各洛泥石流堆积扇

泥石流堆积区危险范围的预测，即为堆积扇平面形态的预测。国内外有一些学者认为，不管一条泥石流的规模大小如何，都对应着一个最大的冲出距离，这个最大冲出距离一旦确定，该泥石流沟的潜在危险范围就可以基本确定。最大冲出距离是指泥石流从起始堆积的位置到停止沉积扩散位置的距离，即堆积区最大堆积区长度（L），即图 7.9 中 OT 的长度；堆积区扩散范围还应考虑扩散的宽度，即堆积区最大堆积区宽度（B），即图 7.9 中 PK 的长度。本章研究泥石流堆积区危险范围，重点考虑堆积区最大堆积长度与堆积区最大堆积宽度。

7.3.2 危险范围模型影响因子的确定

在研究泥石流灾害时，要着重考虑泥石流的物源区、流通区、堆积区这 3 个部分内容，其中计算泥石流危险范围即为泥石流堆积区的研究，其中的物源区提供丰富的物源、流通区内较陡的坡降及较大的流域高差，为泥石流发生提供了较大的势能及挟沙能力。因此在计算泥石流危险范围时，要着重考虑泥石流的地形地貌因素。

根据国内外对泥石流危险范围计算模型来看，都是借助一些影响泥石流发生的因子，如泥石流流域面积、流域高差、物源量、沟道粗糙度等来建立的函数模型。其中泥石流沟内的相对高差、主沟坡降、流域面积等地形因素，以及泥石流的物源量都是本流域内泥石流危险范围预测要着重考虑的因素。

研究区内的 90 条泥石流沟的堆积扇，大部分保留完好，只有少数堆积区被破坏。这里在对泥石流危险范围进行预测分析时，根据野外实地调查，以及 Spot6 和 QuickBird 数据遥感解译，通过张怀珍（2012）建立的就泥石流参数预测估算方法，对泥石流堆积体的基本参数，包含泥石流最大堆积长度，泥石流最大堆积宽度等因子（表 7.7）。

表 7.7 美姑河流域内泥石流因子统计表

泥石流沟道编号	最大堆积区长度（L）/km	最大堆积区宽度（B）/km	流域高差（H）/km	物源量（V）/10^4m^3	泥石流沟道编号	最大堆积区长度（L）/km	最大堆积区宽度（B）/km	流域高差（H）/km	物源量（V）/10^4m^3
N01	1.47	0.78	1.068	21.55	N13	1.00	0.41	0.51	13.21
N02	0.10	0.06	0.084	0.5	N14	0.38	0.28	0.497	0.93
N03	0.43	0.36	0.701	0.88	N15	0.56	0.35	0.594	2.1
N04	0.54	0.26	0.379	3.1	N16	0.26	0.16	0.249	0.8
N05	0.50	0.43	0.863	1.1	N17	0.23	0.12	0.166	0.92
N06	0.31	0.23	0.408	0.72	N18	0.53	0.38	0.68	1.6
N07	0.57	0.37	0.631	2.11	N19	0.33	0.16	0.225	1.44
N08	0.62	0.35	0.543	3.1	N20	0.86	0.59	0.998	4.3
N09	0.23	0.23	0.465	0.34	N21	0.30	0.26	0.514	0.52
N10	0.14	0.09	0.125	0.5	N22	0.16	0.23	0.542	0.15
N11	0.69	0.33	0.463	4.8	N23	0.22	0.27	0.617	0.24
N12	0.32	0.17	0.25	1.22	N24	0.30	0.20	0.337	0.8

续表

泥石流沟道编号	最大堆积区长度（L）/km	最大堆积区宽度（B）/km	流域高差（H）/km	物源量（V）/10^4m^3	泥石流沟道编号	最大堆积区长度（L）/km	最大堆积区宽度（B）/km	流域高差（H）/km	物源量（V）/10^4m^3
N25	0.37	0.22	0.365	1.2	N58	0.20	0.09	0.111	1.1
N26	0.03	0.15	0.402	0.04	N59	0.36	0.19	0.281	1.5
N27	0.11	0.11	0.191	0.25	N60	0.45	0.29	0.504	1.4
N28	0.35	0.16	0.225	1.73	N61	0.59	0.37	0.609	2.4
N29	0.55	0.39	0.684	1.8	N62	0.60	0.32	0.478	3.2
N30	1.16	0.51	0.648	16.58	N63	0.17	0.04	0.07	0.03
N31	0.18	0.07	0.08	1.2	N64	0.67	0.46	0.786	2.7
N32	0.21	0.09	0.111	1.22	N65	0.16	0.08	0.102	0.8
N33	0.30	0.15	0.207	1.32	N66	0.20	0.11	0.149	0.78
N34	0.11	0.09	0.131	0.37	N67	0.16	0.08	0.101	0.8
N35	0.66	0.49	0.895	2.26	N68	0.30	0.18	0.285	0.98
N36	0.67	0.48	0.857	2.4	N69	0.36	0.26	0.474	0.89
N37	0.40	0.24	0.377	1.4	N70	0.18	0.05	0.049	2.1
N38	1.05	0.60	0.9	8.7	N71	0.30	0.21	0.374	0.7
N39	0.47	0.16	0.192	4.2	N72	0.46	0.18	0.8	0.96
N40	0.79	0.41	0.595	5.6	N73	1.41	0.71	0.96	20.88
N41	0.30	0.15	0.208	1.27	N74	0.69	0.31	0.43	5.27
N42	0.12	0.11	0.199	0.27	N75	0.82	0.37	0.493	7.55
N43	0.42	0.28	0.488	1.2	N76	0.84	0.43	0.625	6.45
N44	0.36	0.27	0.506	0.81	N77	1.55	0.92	1.33	20.55
N45	0.33	0.22	0.377	0.88	N78	0.62	0.31	0.45	3.68
N46	0.74	0.47	0.782	3.5	N79	1.24	0.61	0.835	15.87
N47	0.60	0.51	1	1.5	N80	1.74	0.91	1.2	33.67
N48	0.35	0.25	0.448	0.86	N81	0.89	0.43	0.6	7.87
N49	1.27	0.50	1.475	0.15	N82	1.84	0.97	1.28	37.8
N50	2.55	1.45	2.238	30.8	N83	1.09	1.12	1.52	41.33
N51	0.21	0.15	0.251	0.51	N84	1.11	0.55	0.75	12.55
N52	0.38	0.33	0.649	0.7	N85	0.98	0.47	0.64	9.88
N53	0.31	0.16	0.236	1.23	N86	0.86	0.41	0.576	7.49
N54	0.21	0.05	0.087	0.05	N87	1.16	0.58	0.8	13.67
N55	0.37	0.34	0.715	0.6	N88	0.25	0.10	0.13	1.44
N56	0.05	0.05	0.059	0.36	N89	0.86	0.42	0.6	7.2
N57	0.16	0.07	0.081	1	N90	0.69	0.30	0.4	5.68

7.3.2.1 泥石流堆积区最大长度、宽度与主沟坡降的关系

泥石流主沟坡降为泥石流沟主沟沟源与沟口高程之差与主沟长度的比值。将流域内 90 条泥石流主沟坡降因素与泥石流堆积区最大长度和宽度进行非线性相关分析，二者相关性一般（图 7.11、图 7.12），因此在美姑河流域暂不考虑坡降比作为计算危险范围模型的影响因子。

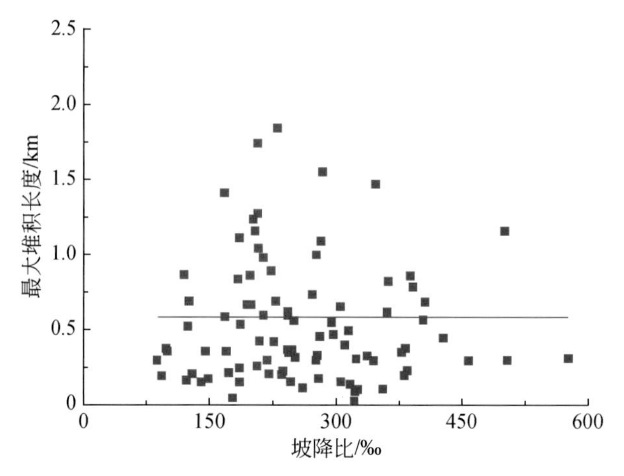

图 7.11 坡降比与堆积区最大长度关系

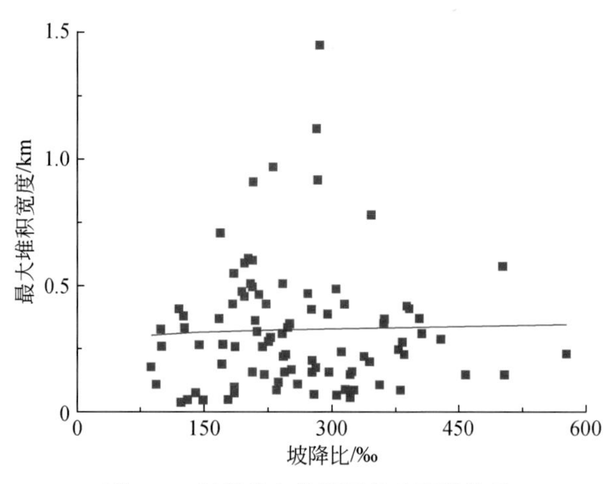

图 7.12 坡降比与堆积区最大宽度关系

7.3.2.2 泥石流堆积区最大长度、宽度与流域面积的关系

泥石流流域面积，即流域周围分水线与沟口、断面之间所包围的面积。将流域内 90 条泥石流沟的流域面积与泥石流沟堆积扇的最大长度与宽度进行非线性拟合，得到堆积扇最大长度（L）与流域面积（A）的关系式 $L=0.525A^{0.229}$，相关系数 $R^2=0.15$，相关性一般；堆积扇最大宽度（B）与流域面积的关系式 $B=0.307A^{0.231}$，相关系数 $R^2=0.18$，相关性亦一般（图 7.13、图 7.14）。因此在计算研究区内危险范围函数模型时，也暂不考虑泥石流流域面积这个影响因子。

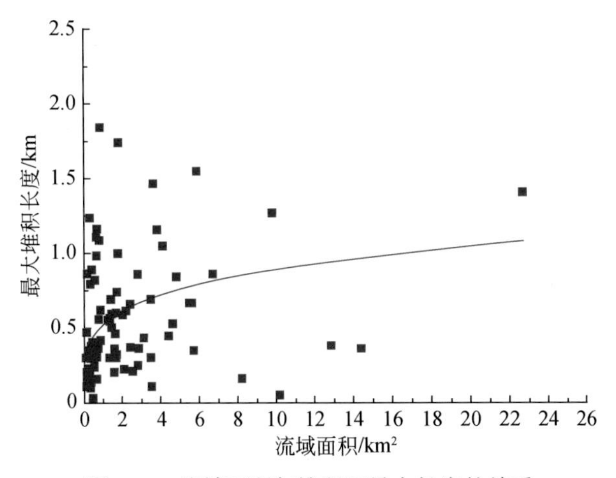

图 7.13　流域面积与堆积区最大长度的关系

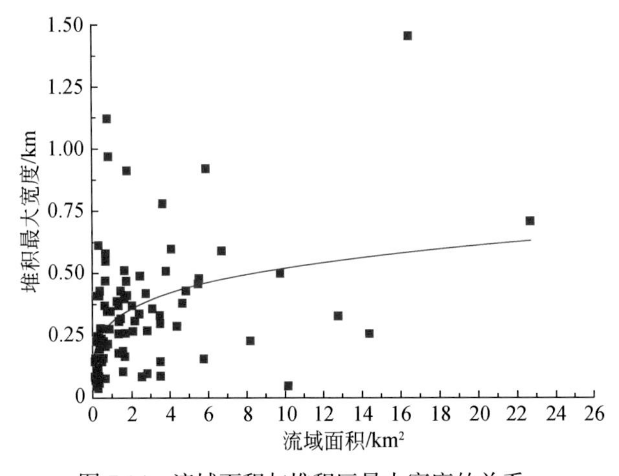

图 7.14　流域面积与堆积区最大宽度的关系

7.3.2.3　泥石流堆积区最大长度、宽度与流域高差的关系

泥石流堆积扇的形成与泥石流沟的地形特征有很大关系，能够直接反应泥石流沟地形特征的参数为泥石流流域高差，泥石流暴发时，流域高差直接为泥石流提供势能，势能越大，转化为泥石流动能也就越大。

为了把流域高差作为判定泥石流堆积范围模型的预测因子，首先要研究分析、确定流域高差与泥石流堆积区最大长度、最大宽度是否有显著的回归效果。这里通过经典的数据统计软件 Origin 里面的分析界面，运用简单的函数公式模型，分析得出泥石流堆积区最大长度、最大宽度与流域高差的回归曲线（图 7.15、图 7.16），关系式为

$$L_f=1.056H^{0.997} \tag{7.1}$$

$$B_f=0.628H^{1.015} \tag{7.2}$$

式中，L_f 为泥石流最大堆积区长度；B_f 为泥石最大堆积区宽度；H 为泥石流流域高差。在非线性回归中，相关系数是检验回归方程相关性的重要参数，其中相关系数 R^2 介于 0 与

1 之间，并且 R^2 越接近 1 表示其相关性越好。通过对相关系数的检验，得出式（7.1）其相关系数 R_1^2=0.747，显示美姑河流域内泥石流堆积区最大长度与流域高差回归效果显著，因此可以将流域高差作为预判泥石流堆积区最大长度的一个影响因子；式（7.2）相关系数 R_2^2=0.940，表示美姑河流域内泥石流堆积区最大宽度与流域高差回归效果显著，因此也可以将流域高差作为预判泥石流堆积区最大宽度的一个影响因子。

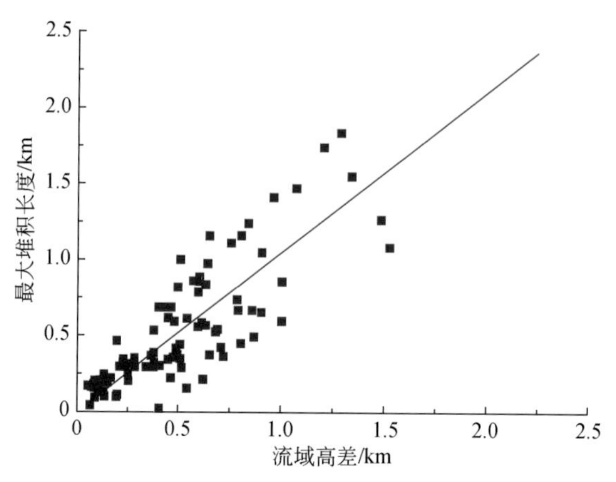

图 7.15　流域高差与堆积长最大度的关系

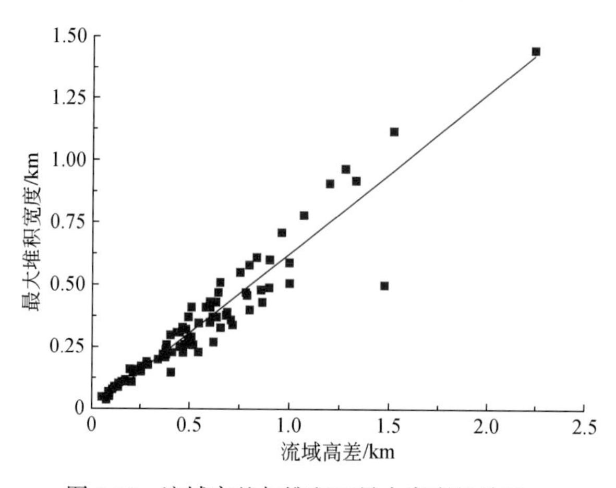

图 7.16　流域高差与堆积区最大宽度的关系

7.3.2.4　泥石流堆积区最大长度、宽度与物源量的关系

泥石流堆积区最大长度、最大宽度与物源量的多少有直接的联系，在暴雨激发下，物源从物源区通过流通区，在堆积区形成堆积扇。研究区内根据地形的原因，泥石流沟道内的物源大多来源于物源区一部分堆积物、沟道两侧崩滑堆积体、沟床堆积物源和公路弃渣物源等。同样运用 Origin 软件里的分析界面，运用简单的函数公式模型，得出物源量与泥石流堆积区最大堆积长度、最大堆积宽度的回归统计分析，得出两者的回归曲线（图 7.17、图 7.18），关系式为

$$L_f=0.361V^{0.445} \tag{7.3}$$

$$B_f=0.221V^{0.431} \tag{7.4}$$

式中，L_f 为泥石流堆积最大堆积长度；B_f 为泥石流堆积最大堆积宽度；V 为泥石流物源量。通过对相关系数的检验，得出式（7.3）相关系数 R_1^2=0.840，显示美姑河流域内泥石流堆积区最大长度与物源量回归效果显著，可以将物源量作为预判泥石流最大堆积长度的一个影响因子；式（7.4）相关系数 R_2^2=0.776，表示美姑河流域内泥石流堆积区最大宽度与物源量回归效果显著，因此也可以将物源量作为预判泥石流最大堆积区宽度的一个影响因子。

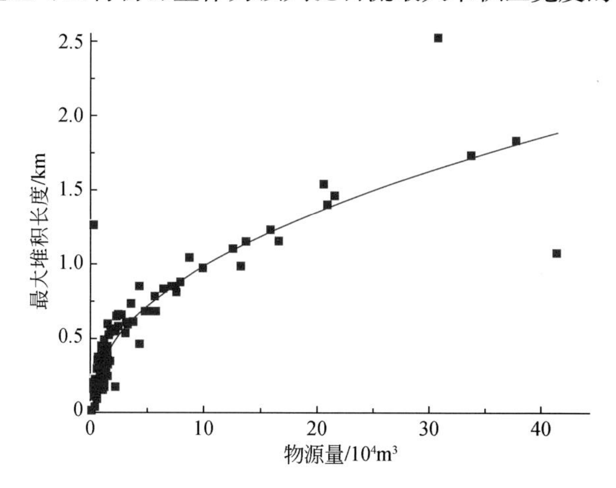

图 7.17　物源量与堆积区最大长度关系

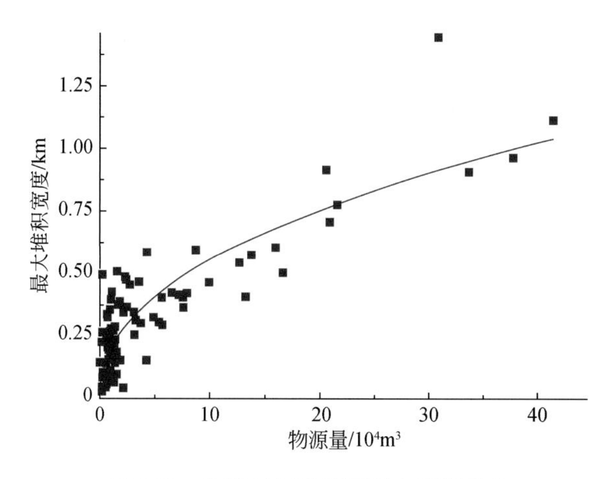

图 7.18　物源量与堆积区最大宽度关系

7.4　泥石流危险范围预测模型建立与验证

7.4.1　泥石流危险范围预测模型建立

通过对泥石流单因子的非线性回归统计分析，可以得出美姑河流域内泥石流堆积区最大堆积长度、最大堆积宽度与泥石流的流域高差、物源量的回归效果显著，因此可以通过泥石流的流域高差、物源量这两个因子对美姑河流域内泥石流危险范围模型进行预测。

根据美姑河流域内泥石流的具体情况，以及相对高差、物源量与堆积长度和宽度的非线性关系，参考 Rickenmann 等（1999）根据欧洲山地发生的泥石流建立的指数形式经验模型 $L=15V^{1/3}$ 及 Lorente 等（2003）根据西班牙 Pyrenean 地区泥石流建立的指数经验函数。

$$L=7.13(VH)^{0.271} \tag{7.5}$$

式中，L 为泥石流堆积区最大长度，m；V 为泥石流冲出量的总量，m^3；H 为泥石流流域高差，m。

在前人泥石流危险范围研究的基础上，采用非线性回归方法，建立对泥石流堆积区最大长度、最大宽度的指数模型。利用 Matlab 软件进行编程，在美姑河流域的 90 条泥石流沟中，随机抽取 45 条泥石流沟作为样本，计算堆积区最大堆积长度、最大堆积宽度与泥石流流域高差、物源量的非线性关系，结果作为美姑河流域预测泥石流危险范围的模型。其中随机抽取的泥石流沟编号见表 7.9。

表 7.9　随机抽取 45 条泥石流样本编号

编号	编号	编号	编号	编号	编号	编号	编号	编号
N02	N10	N18	N25	N35	N50	N64	N75	N83
N03	N12	N19	N26	N38	N52	N68	N77	N85
N04	N14	N21	N27	N44	N55	N71	N79	N87
N06	N15	N22	N30	N45	N58	N72	N81	N88
N09	N16	N23	N33	N48	N60	N74	N82	N89

在 Matlab 软件中运用 nlinfit 函数进行非线性最小二乘数据拟合，此函数运用高斯－牛顿算法，通过 nlinfit 函数的调用格式及代码编写，得出泥石流堆积区最大长度与泥石流流域高差、泥石流物源量的指数函数的非线性关系式

$$L_f=0.3592 \cdot H^{1.6365}+1.2435 \cdot V^{0.1366}-0.9703 \tag{7.6}$$

通过函数拟合程度的检验，得出函数的相关系数 R^2=0.8958，认为函数的回归性效果显著，并且与 45 条泥石流沟进行验证对比，认为泥石流最大堆积长度均在可控范围之内。

在 Matlab 中运用同样的函数得出泥石流堆积区最大宽度与泥石流流域高差、泥石流物源量的指数函数的非线性关系式

$$B_f=0.4425 \cdot H^{1.03901}+0.0707 \cdot V^{0.4956}-0.1992 \tag{7.7}$$

该函数的相关系数 R^2=0.926，与前面的 45 条泥石流沟进行验证对比，认为泥石流堆积最大宽度也在可控范围之内。

7.4.2　泥石流危险范围模型验证

为了确保泥石流危险范围预测模型的实用可靠性，我们通过除样本外的 45 条泥石流

沟中随机选取 20 条泥石流沟进行验证分析，并对其误差结果进行统计（表 7.10），通过数据验证，能够清晰地反映出模型的可靠性。

表 7.10 实测值与预测值对比分析表

编号	最大堆积长度			最大堆积宽度		
	实测值 /km	预测值 /km	误差 /%	实测值 /km	预测值 /km	误差 /%
N01	1.47	1.3213	−11.25	0.78	0.773	−0.91
N05	0.5	0.5717	12.54	0.43	0.4501	4.47
N07	0.57	0.5758	1.01	0.37	0.3627	−2.01
N08	0.62	0.6133	−1.09	0.35	0.3405	−2.79
N11	0.69	0.6723	−2.63	0.33	0.39	0.06
N13	1	0.9183	−8.90	0.41	0.4387	6.54
N17	0.23	0.2781	17.30	0.12	0.1179	−1.78
N20	0.86	0.9055	5.02	0.59	0.5854	−0.79
N24	0.3	0.2964	−1.21	0.2	0.1874	−6.72
N28	0.35	0.4012	12.76	0.16	0.1669	4.13
N29	0.55	0.5701	3.53	0.39	0.3812	−2.31
N31	0.18	0.3103	41.99	0.07	0.0932	24.89
N39	0.47	0.5667	17.06	0.16	0.2004	20.16
N40	0.79	0.7568	−4.39	0.41	0.4034	−1.64
N41	0.3	0.342	12.28	0.15	0.147	−2.04
N42	0.12	0.0951	−26.18	0.11	0.1	−10.00
N43	0.42	0.4156	−1.06	0.28	0.2707	−3.44
N46	0.74	0.7455	0.74	0.47	0.4638	−1.34
N80	1.74	1.5243	−14.15	0.91	0.9058	−0.46
N84	1.11	1.0109	−9.80	0.55	0.5494	−0.11

通过已得出的泥石流危险范围预测模型，利用式（7.6）和式（7.7）对随机抽取的 20 条泥石流沟的危险范围进行计算获得 20 条泥石流沟的预测的最大堆积长度与最大堆积宽度，再将预测值与实测值的差值和实测值作比值得到了误差率。

通过计算得出泥石流危险范围的预测值及误差率（表 7.10），泥石流堆积区最大长度的绝对误差率大部分处于 0.1% ～ 20%，只有个别泥石流沟处于此范围之外，只有编号为 N31 的侯古莫乡马拖村 1、5 组马拖沟泥石流、编号为 N42 的觉洛乡帕古村 3、4 组泥石流等的预测最大堆积长度超出实际测量的较多，其余都在可控范围之内。而泥石流最大堆积宽度根据所拟合的预测模型，所预测的最大堆积区宽度的绝对误差率基本处于 0.1% ～ 20%，拟合结果与实测结果基本一致，只有编号为 N31 的侯古莫乡马拖村 1、5 组马拖沟泥石流、编号为 N39 的井叶特西乡普干村 4、5 组波罗依休泥石流的预测最大堆积区宽度超出实际测量的较多，其余的都在可控范围之内。根据验证堆积区最大长度、最大堆宽度的残差分布图（图 7.19、图 7.20），也可看出预测值与实测值分布于标准线的两侧，且偏差均较小。

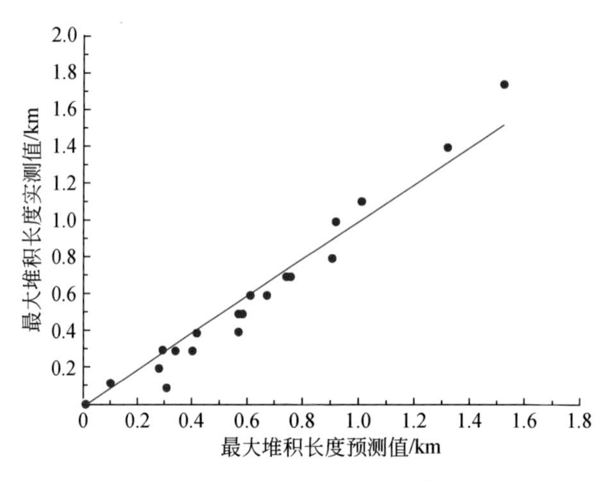

图 7.19　堆积区最大长度残差分布图

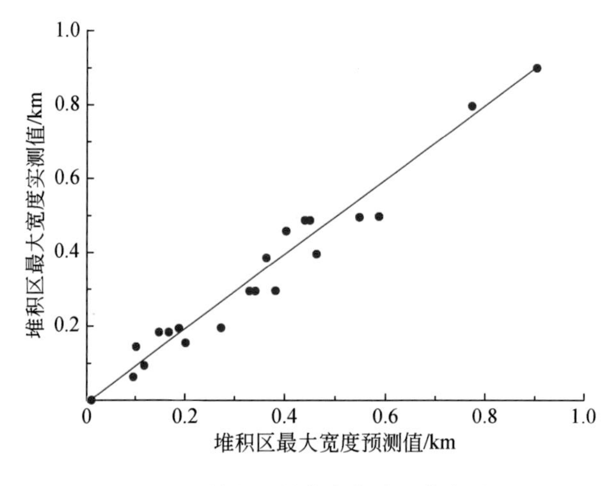

图 7.20　堆积区最大宽度残差分布图

7.5　基于 CFX 的约乌乐泥石流沟数值分析

美姑河流域牛牛坝乡的约乌乐泥石流是一条存在已久的泥石流沟。据调查访问，约乌乐沟近 20 年来多次发生过泥石流，其中 2009 年曾发生过夹砂洪水，漫过乡道，所幸未造成大的经济财产损失。目前，由于村道修建堆积少量弃渣以及约乌乐沟中游段滑坡、崩塌提供的物源，在暴雨条件下发生泥石流灾害的危险性也相应增加。由于约乌乐泥石流沟口附近居民密集，若发生泥石流地质灾害，将直接造成重大经济损失。

7.5.1　约乌乐泥石流地形地貌

约乌乐沟流域地形总体上属于中山峡谷区，沟域内地形陡峻，地势西高东低，沟域形态近似为矩形，地形临空条件较为发育，为沟域内工程活动弃渣、滑坡等不良地质现象的发育，为泥石流松散固体物源的汇集提供了有利条件。

约乌乐沟泥石流为美姑河的支流，地理位置处于美姑县牛牛坝乡一带，约乌乐沟总体上为“V”型谷，具有岸坡陡峻、切割深度较大的特点。美姑河河岸标高 1542m，泥石流形成区后缘山顶处标高 2342m，相对高差 800m。沟域面积 1.62km^2，主沟长度约 1.95km，平均纵坡 360‰，而以主沟下游段总体上纵坡略缓，纵坡 128‰，且呈明显上陡下缓的空间变化特征。约乌乐沟支沟发育较少，分布不对称（图 7.21）。

图 7.21　约乌乐泥石流全貌图

约乌乐沟总体上为“V”型谷地貌，尤其是下游沟段，一般沟谷较为狭窄，纵坡较陡。约乌乐沟上、中游段宽度略大，下游沟段谷宽一般为 60 ～ 150m，下游入河（美姑河）处谷宽约为 40m。

约乌乐沟泥石流沟域由形成区（清水区）、物源 - 流通区和堆积区 3 个部分组成，流通、堆积区主要分布于主沟中下游区段，其余地段为形成区（清水区）。上游较宽，从月元洛以下至沟口沟段逐渐变窄，下游沟段谷宽一般为 60 ～ 150m，下游入河（美姑河）处谷宽约为 40m，但局部地段也较为狭窄，局部形成卡口，为泥石流工程治理设拦碴坝等拦挡工程提供了有利条件。

7.5.1.1　形成区（清水区）

约乌乐沟泥石流的形成区（清水区）分布于沟道上游月元洛段，面积 1.38km^2，地形陡峻，斜坡坡度多为 30° ～ 40°，沟谷纵坡降大，多在 330‰ ～ 400‰，森林植被发育，不良地质现象少，分布零星，不直接参与泥石流发生。约乌乐沟中上游清水区普遍坡度较大（多在 30° ～ 40°），沟谷纵坡降较大（大多在 300‰ 以上），形成区（清水区）呈现明显的冲刷痕迹，但经过现场调查显示，约乌乐泥石流形成区并未有显著的冲刷迹象，可能的原因有：①上游虽坡降比较大，但是整体汇水面积较小，水动力条件不足以达到冲刷的条件；②上游植被茂盛，沟道内松散物质堆积量少，基岩裸露，不足以出现大量物源出现淤积现象。综合以上因素，该区域沟床多表现为冲淤平衡的特征。

7.5.1.2　物源－流通区

约乌乐沟泥石流的物源－流通区分布中下游沟段两岸，该区沟谷岸坡陡峻，岸坡有滑坡堆积和公路弃渣零星堆积，该段沟床纵比降上陡下缓，纵坡一般为 120‰ ～ 270‰，松散堆积体量相对较大，为泥石流的发育提供了一定的物源量。根据现场勘查，该区域为该泥石流松散固体物源的主要分布区，加以足够大的坡度，为松散固体物质参与到泥石流活动中，提供有力的地形条件。

主沟的流通区段大多地段可见基岩沟床，这些特点决定，在较强的水动力冲刷作用下，泥石流下蚀冲刷作用通常大于松散物质堆积作用，其冲淤特征主要表现为冲刷的特点。其中沟道拐向局部地段也可能出现小规模的淤积，形成了泥石流的淤积段。

7.5.1.3　流通堆积区

约乌乐沟下游段为泥石流的流通堆积区，该段沟床总体上宽度 40 ～ 80m，沟床平均纵坡 128‰，不利于泥石流排导，纵坡陡峻，水动力条件良好，沟道两侧有公路弃渣，提供了一定量的松散固体物源，为泥石流的发育提供了较丰富的物源补充和动力条件。流通堆积区分布于沟道下游出山口的沟段，由于其沟道坡降为 128‰，相对比较平缓，而沟道宽度变宽，泥石流的势能降低，该地形特征条件决定该沟段冲淤特征主要以淤为主，最终形成约乌乐沟泥石流堆积区。

从约乌乐沟泥石流堆积扇的形态特征分析，约乌乐扇区范围总长度约 460m，前缘宽度最大处可达 180m 左右，堆积厚度为 8m 左右，堆积方量可达 $24.4\times10^4\text{m}^3$，而目前沟道主要由堆积扇体左侧通过。从约乌乐沟堆积区形成成因的初步分析，约乌乐泥石流沟曾多次发生过泥石流活动。从地形条件来看，该沟域具备了发生泥石流的条件，随着村道修建及沟道中部滑坡、崩塌出现后，沟道内松散固体物源量的不断增加，在强降雨条件下，其发生泥石流的可能性依然存在。

7.5.2　约乌乐泥石流基本特征计算

研究泥石流动力学特征时，动力学参数是工程防治的基本数据，主要包括泥石流的流量和流速。泥石流流速和流量的大小直接影响着泥石流的危险程度。所以说对泥石流的研究，必须定量计算得出泥石流动力学参数，可以直观的得出泥石流的冲击力，最大冲出量及最大淤积厚度。根据对泥石流动力学分析，能够进一步得出泥石流的危险程度。根据 2015 年“约乌乐沟泥石流勘查报告”计算结果，泥石流容重 $\gamma_c=15.23\text{kN/m}^3$，泥石流固体颗粒 $\gamma_H=26.5\text{kN/m}^3$。

7.5.3　基于 CFX 的约乌乐泥石流数值模拟

7.5.3.1　CFX 软件

CFD 英语全称为 Computational Fluid Dynamics，即计算流体动力学，是流体力学的一个分支。CFD 是近代流体力学、数值数学和计算机科学结合的产品。CFD 中常用的两个软件 FLUENT、CFX 都已被 ANSYS 公司收购，其中 CFX 是由英国 AEA 公司开发研究的，是一种适用于流体的分析软件，主要用于模拟流体运动、热传导、多相流、化学反应、燃烧问题。CFX 软件主要采用有限元法进行计算，自动对时间步长进行控制。这里主要运用 CFD 软件中的 15.0ANSYS CFX 进行泥石流数值模拟。

7.5.3.2　数值模拟前的基本假设

在进行泥石流数值模拟的过程中，进行几种基本假设，便于数值模拟顺利进行。其一是认为泥石流流体为单一的均质单相流，泥石流沟道、侧壁均为刚性体，在泥石流过程中均未发生变形，这样便于模拟泥石流对沟道的侵蚀模拟。

7.5.3.3　模型建立及其网格划分

在区域地质背景研究的基础上，截取泥石流沟道的三维地质体，基于泥石流沟道进行泥石流流体的数值模拟。这里并不能直接在 ANSYS 中建立模型，而是将综合的商业建模软件 CAD、Rhino 结合建立泥石流沟的模型。

首先将约乌乐泥石流的 DEM 栅格文件，通过 ArcToolbox 模块中的转换工具，将栅格文件转换为等高线文，在 ANSYS 软件中建立泥石流沟的三维地质背景模型（图 7.22）；其次为了获得泥石流堆积区的基本情况，截取泥石流沟道中流通区至堆积区部分的三维模型(图 7.23)，模型为 1.95km×0.85km，高差为 590m，并在 Rhino 软件中将沟道模型保存为通用的 IGES 格式文件，然后在 ANSYS 平台下的 ICEM CFD 软件中对约乌乐泥石流沟进行网格划分。

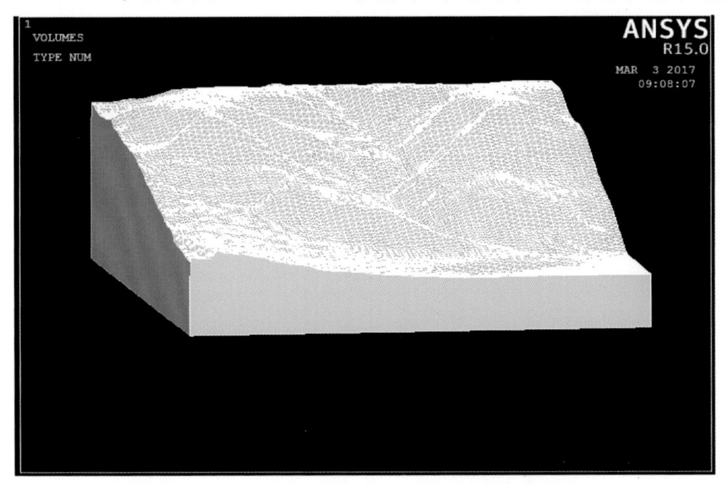

图 7.22　约乌乐沟泥石流三维地质背景模型

图 7.23 约乌乐泥石流沟流通区及堆积区三维模型

基于泥石流流体计算的有限体积法，对约乌乐泥石流沟采用有限体积法的四面体网格单元，将网格尺寸设置为 10m×10m×10m 的单元格，模型最后获得 112275 个节点，626538 个单元格。

7.5.3.4 泥石流流变模型的选定

由于约乌乐泥石流为黏性泥石流，泥石流的流变特征表现为泥石流流体所受到的切应力与其对应的流体流变速度梯度的相对关系。充分对比前人建立的多种流变模型：牛顿流体模型、伪塑性流体模型、膨胀性流体模型、宾汉流体模型等。结合约乌乐泥石流的实际情况，该泥石流流变特性更接近于宾汉模型，并且于 CFX 软件中也有描述其黏性泥石流的流变特性的宾汉（Bingham）模型，因此其数学模型为

$$\tau = \tau_{\mathrm{B}} + \eta \frac{\mathrm{d}u}{\mathrm{d}y} \tag{7.30}$$

式中，τ 为剪应力；τ_{B} 为 Bingham 模型的极限剪应力；η 为黏滞系数（刚度系数）。

其中关于悬浮液宾汉极限剪应力，采用费祥俊等（2004）通过对黄河泥沙悬浮液的流变试验，得出其宾汉极限剪应力（τ_{B}）与其体积浓度有关。

$$\tau_{\mathrm{B}} = 9.8 \times 10^{-2} \exp(B\varepsilon + 1.5) \tag{7.31}$$

$$\varepsilon = \frac{S_{\mathrm{v}} - S_{\mathrm{v0}}}{S_{\mathrm{vm}}} \tag{7.32}$$

$$S_{\mathrm{v}} = \frac{S_{\mathrm{vm}}}{\left(1 + \dfrac{1}{\lambda}\right)^3} \tag{7.33}$$

$$S_{v0}=1.26S_{vm}^{3.2} \tag{7.34}$$

式中，B 为常数，为 8.45；λ 为线性浓度，取值为 1.82；S_{vm} 为颗粒极限浓度；S_v 为黏性泥石流的体积比浓度。

其中对于黏度系数较大并且固体颗粒较均匀的宾汉模型的泥石流，S_v 值＞0.6，S_{vm} 值在 0.55～0.65。结合约乌乐泥石流沟的实际情况，S_v 取值为 0.63，S_{vm} 取值为 0.58，计算得出该泥石流在宾汉模型下的极限剪应力 τ_B 为 405Pa。

对泥石流黏滞系数（刚度系数）的取值，根据梁大兰等（1982）在蒋家沟泥石流的观测、试验得出的泥石流重度和黏滞系数（刚度系数）的关系（表 7.18），泥石流重度取值为 15.23kN/m^3，黏滞系数取值为 1.2Pa•s。

表 7.18　泥石流重度与黏滞系数关系

重度 /（kN/m^3）	黏滞系数 /（Pa•s）
＜15	＜0.5
15～18	0.5～3.0
＞18	＞3.0

7.5.3.5　泥石流数值模拟参数的设定

在 CFX 软件中进行泥石流的数值模拟之前，其参数的设置是非常重要的，这关系到泥石流是否能够准确无误地反映出其流动过程。其流动过程是一个极其漫长的过程，每一个时间段，流动状态都不同。因此在 CFX 中设置为瞬态模拟，总时间设定为 250s，步长选定为 1s，其步长设置越短，其计算的收敛性越好。在 CFX 求解控制器中，必须控制残差值在一定范围内，保证其迭代的收敛，其中的残差值包括最大残差值和均方根残差值（Root Mean Square，RMS）。为了保证计算结果的准确度，最大残差值应该小于 1.0×10^{-3}，而均方根残差值一般是最大残差值的 1/10。

在进行流体数值模拟中，边界的设定也是非常重要的，对于计算结果是否收敛关系重大。在 ANSYS 软件下的 CFD 模拟软件 CFX 中，边界条件设置包括：进口（inlet）、出口（outlet）、开放（opening）、壁面（wall）、对称面（symmetry）。此次泥石流数值模拟，为了验证泥石流堆积情况，在 ICEM CFD 划分网格软件中，对泥石流沟道的几何模型创建 parts，为后面生成边界创造条件，其中进口边界设置在流长进口处，出口边界设置在流长的出口处，流长上部及两侧设置为 opening，模型底部壁面设置为 wal 且为非光滑面壁，参数设置为 0.35m/s。

约乌乐泥石流沟预计模拟为 50 年一遇的暴雨泥石流，根据前面雨洪法计算得来的泥石流洪峰期流量为 27.384m^3/s，泥石流重度为 15.23kN/m^3。其他流场参数设置见表 7.19。

表 7.19　泥石流流场参数设置

属性	参数设定
模拟模式	常规模拟
流体类型	亚音速常规流体
湍流类型	k-ε
分析模式	瞬态分析
流体类型	Bingham
泥石流初始流量	根据约乌乐沟具体情况设置
泥石流容重	15.23kN/m^3
差分格式	二阶迎风格式
壁面条件	非光滑
残差类型	RMS
收敛条件	RMS ＜ 1.0×10^{-4}

7.5.3.6　数值模拟求解

前期参数设定完成后，开始进行求解。在 CFX 求解过程中，有专门的求解管理器进行监控（图 7.24），监测求解过程收敛情况。

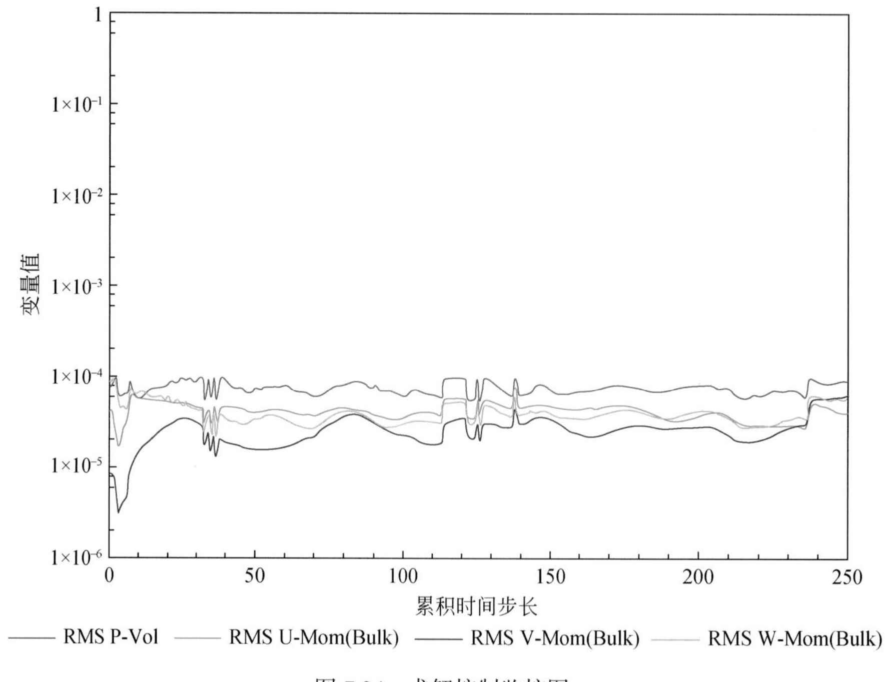

图 7.24　求解控制监控图

从图 7.24 中可以看出，求解初期动量和质量变化波动较大，经过 10 步迭代后基本稳定，趋于收敛，通过迭代对泥石流全过程进行监控，直至整个泥石流过程结束。

7.5.3.7　数值模拟处理及分析

本次模拟采用 ANSYS CFX 软件对约乌乐泥石流沟进行全流域、全过程模拟，即对泥石流的启动、流动过程以及至沟口的堆积全过程进行模拟。经过迭代计算后，得到泥石流流动过程中不同时刻的速度云图（图 7.25）。

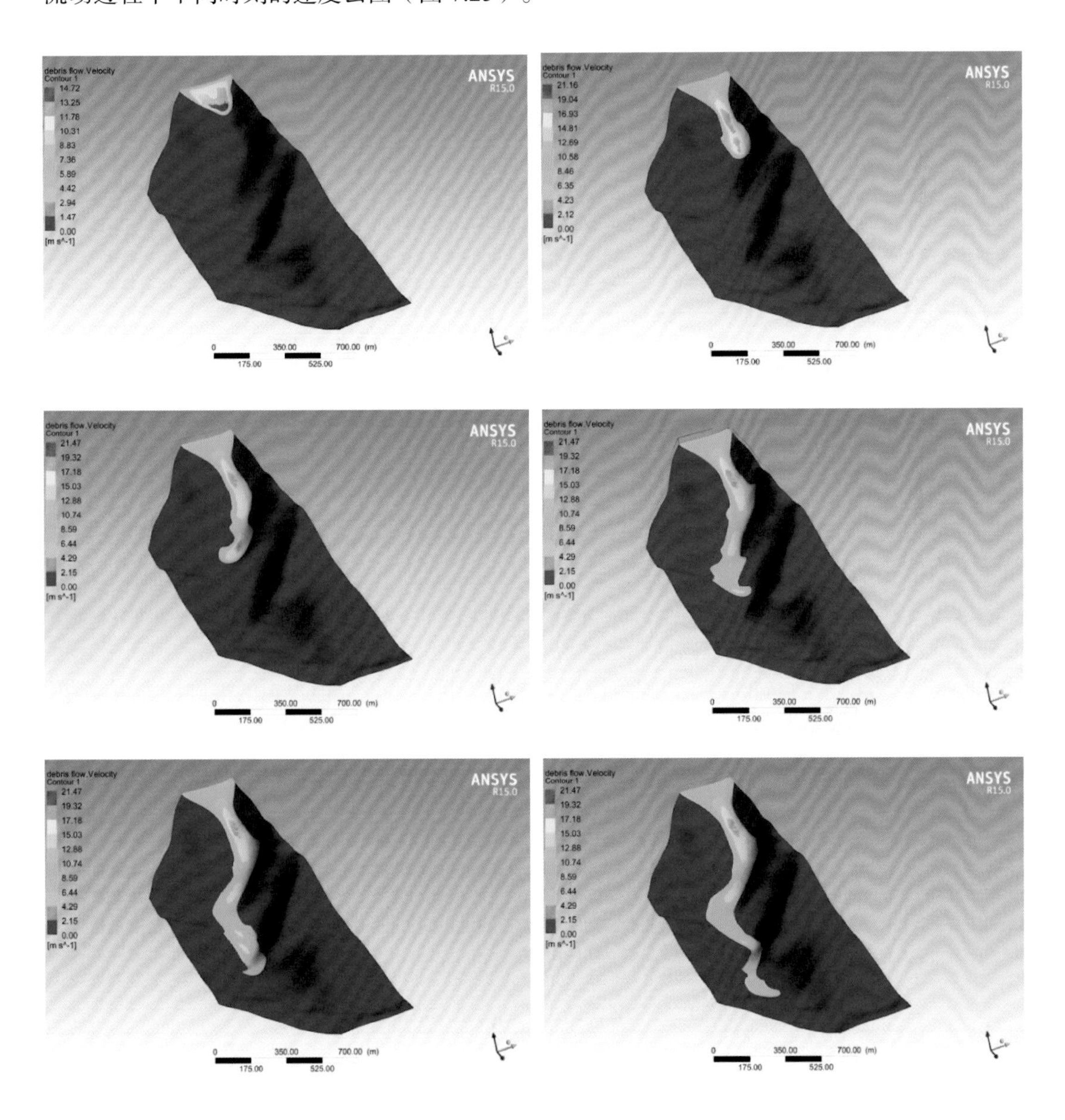

图 7.25　不同时间泥石流速度云图

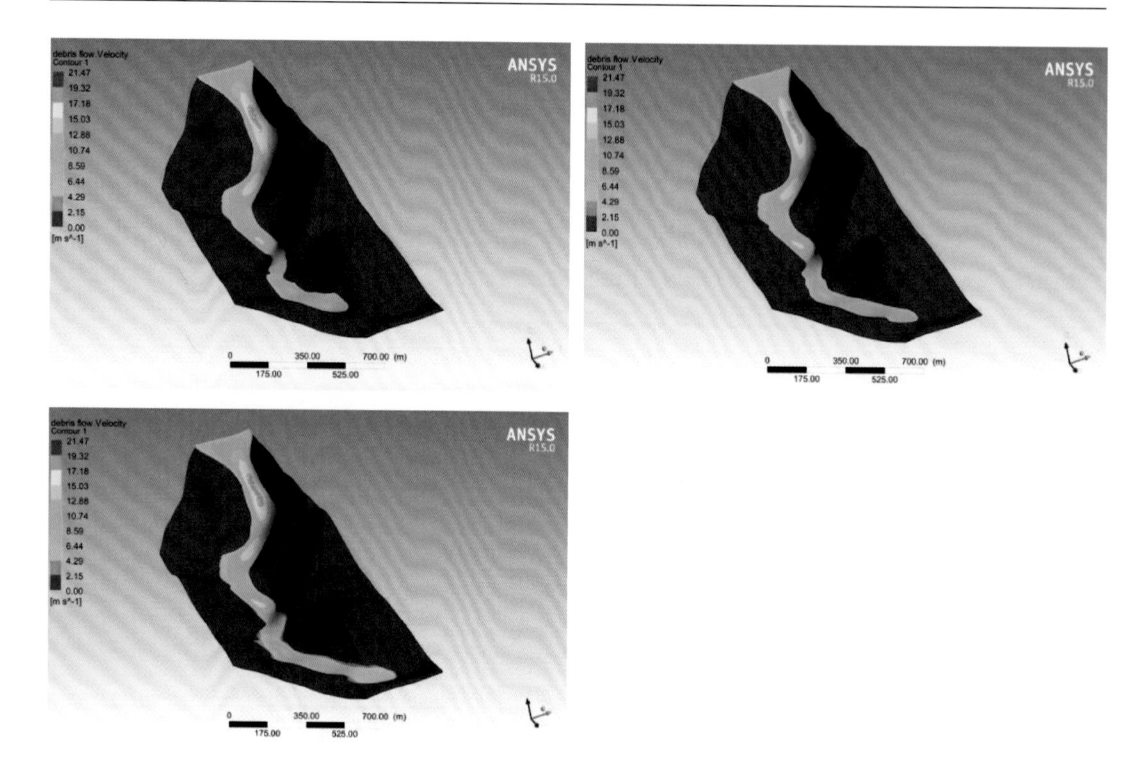

图 7.25 不同时间泥石流速度云图（续）

通过计算得出泥石流最大的瞬时速度为 21.47m/s，位于主沟沟道变窄的位置，其沟道的坡降较大，汇水能力较强，速度增长较快；沿沟道向下流动，遇见弯道时速度值明显减小，泥石流平均速度为 13.5m/s；至沟口堆积时刻时，速度值进一步减少，沟口附近的平均速度为 6.76m/s。根据数值模拟，整个流域内泥石流平均流速为 13.8m/s，与铁道科学研究院西南分院推荐的适用于我国西南地区黏性泥石流的流速改进公式所计算的泥石流速度 12.50m/s，二者误差为 9.4%，在可控范围内，进一步验证了该数值模拟的准确性和可靠性。

约乌乐泥石流流体在进口处速度逐渐增大，并达到最大值；向下流动的过程中，随着坡降逐渐减小和沟道的摩擦作用，速度值在地形区域平缓的沟口附近减小，泥石流进行淤积，最后泥石流流动结束时的云图，可以清晰地得到约乌乐泥石流在沟口附近堆积扇的面积，在图中根据比例可以估算出泥石流堆积体最大堆积长度和最大堆积宽度。根据实地调查确定沟口的位置，在模型中找到沟口的具体位置，然后在模型中得到约乌乐泥石流堆积区最大堆积长度约为 472m，最大堆积宽度约为 186m。根据堆积区危险范围函数模型，计算得出泥石流最大堆积长度为 515m，最大堆积宽度为 221m（表 7.20）。

表 7.20 不同计算条件下约乌乐沟危险范围值

名称	最大堆积区长度	最大堆积区宽度
野外实测值 /m	460	180
函数模型计算值 /m	515	221
数值模拟值 /m	472	186

对比分析，现场调查、询问得到的泥石流堆积区最大堆积长度与计算得到的危险范围函数得出的结果误差在 10.6%，最大堆积宽度的误差在 18.5%；数值模拟得出的最大堆积长度与危险范围函数得出的结果的误差在 6.8%，最大堆积宽度的误差在 15.8%，都在可控范围之内。根据数值模拟得出的结果与函数模型进行验证，进一步验证了泥石流危险范围函数模型在美姑河流域的适用性。

第 8 章　美姑河洛高依达小流域滑坡泥石流调查评价

美姑河流域共有 20 个子流域，以洛高依达小流域滑坡泥石流数量多、分布广、危害最为严重，因此，以该小流域为典型点进行解剖，总结评价方法和认识，为美姑河流域内的其他小流域地质灾害评价和防灾减灾提供示范。

洛高依达小流域位于四川省凉山州美姑县南西侧约 8km 处，美姑河左岸，沟口坐标：E103°3′15.49″，N28°18′4.4″，流域面积 33.5km^2（图 8.1），主沟长 9.8km，主沟平均纵坡降 110‰。该流域主要涵盖上游的子威乡、中游的依洛拉达乡及沟口的佐戈依达乡斯干千聚居区等，共计 3 个乡镇，23 个村落。

洛高依达流域支沟发育，共计约 17 条支沟，水系呈叶脉状，且分布不对称，多为季节性沟道，沟内水流量受降雨量影响较大。大部分支沟分布于沟域西部，约有 10 条支沟。沟域东部支沟较少，发育约 7 条支沟。这些支沟通常上游纵坡降较小，沟道宽度多较窄，下游纵坡较大，流量较大，具陡涨陡落的山溪性水流特征，雨季支沟泥石流较为发育。沟域内没有水库、湖泊等地表水体，因此，泥石流暴发的水源主要为暴雨洪水。

流域内支沟已爆发过两次致灾较为严重的泥石流，对当地居民的生命财产安全带来了巨大的危害。据统计，依洛拉达沟泥石流于 2007 年至今每年均有不同程度的泥石流灾害，其中 2007 年及 2010 年泥石流发生规模较大。2007 年 7 月暴雨（日降雨量大于 120mm，相当于 10 ～ 20 年一遇暴雨）致使依洛拉达沟暴发泥石流，堆积面积为 $1.5\times10^4m^2$，估计总冲出量达 $5\times10^4m^3$。2010 年泥石流灾害，主要是在持续暴雨（日降雨量大于 100mm，相当于 10 年一遇暴雨）作用下，致使形成区 – 流通区内的固体物源形成泥石流，并在沟体中下游地段携带沟内表层松散堆积物质进行运移，泥石流冲毁依洛拉达乡中心校大门及附近 3 座民房，泥石流堆积于学校操场上，未造成人员伤亡，此次泥石流为暴雨洪水诱发，调查发现主沟道中均为块碎石，主沟泥石流性质为稀性泥石流，规模为中型。

根据现场访问调查，且莫村 5 组泥石流最近一次爆发在 2001 年，造成 4 间房屋被冲毁，12 人受伤，4 人死亡。从 2001 年至今未再次发生大规模泥石流。泥石流的暴发使其沟域内的相当一部分物源得到输排，目前仍有少部分还赋存于沟域内。泥石流堆积区内无人员居住，但形成流通区内且莫村 5 组所在缓坡易形成坡面泥石流，影响且莫村 5 组 6 户 41 人生命财产安全。同时泥石流直接威胁到进出子威乡及依洛拉达乡的进山公路，并威胁到由佐戈依达乡至典补乡的乡村公路。

图 8.1　洛高依达小流域流域范围遥感影像图

8.1　地质灾害发育特征

8.1.1　地质灾害类型及数量

小沟域内地质灾害发育共计 63 处，主要以泥石流和滑坡灾害为主，其中滑坡灾害 38 处，崩塌灾害 8 处，泥石流灾害 17 处。滑坡、泥石流和崩塌地质灾害分别占到灾害总量的 60.3%、12.7% 和 27.0%。

流域内地质灾害隐患点共 4 处（2 处滑坡，2 处泥石流），直接威胁到居民的生命财产安全，详见表 8.1。

流域内地质灾害隐患点共计 59 处，其中泥石流沟 15 条，滑坡 36 处，崩塌 8 处（多以泥石流沟内物源储备的形式出现，见表 8.2，图 8.2、图 8.3）。

表 8.1　洛高依达小流域地质灾害隐患点一览表

编号	灾害点名称	灾害类型	经度	纬度	规模 /m³	威胁人数	威胁财产 / 万元
h1501	依洛拉达乡且莫村 2 组吉侯果果屋前滑坡	滑坡	103°3′10″	28°16′9″	70000	8 户 32 人	90
h1502	依洛拉达乡且莫村 2 组滑坡	滑坡	103°3′20″	28°15′56″	77000	6 户 37 人	25
N16	依洛拉达乡尔合村 1 组泥石流	泥石流	103°3′24″	28°15′27″	12300	50 户 487 人	500
N17	依洛拉达乡且莫村 5 组泥石流	泥石流	103°2′24″	28°16′2″	17300	12 户 64 人	35

表 8.2　滑坡、崩塌灾害基本信息统计表

滑坡崩塌编号	位置		规模		主要诱发因素	稳定性评判		威胁对象	可参与泥石流活动量 /m³
	经度	纬度	体积 /m³	分级		现状	趋势		
H0601	103°02′50″	28°17′37″	14714.7	小型	地震、降雨	较稳定	不稳定	无	7357
H0602	103°03′03″	28°16′53″	21324.8	小型	地震、降雨	较稳定	不稳定	无	8530
H0603	103°02′52″	28°16′53″	10206	小型	地震、降雨	较稳定	不稳定	无	3062
H0604	103°02′43″	28°16′48″	7840	小型	地震、降雨	较稳定	不稳定	无	4704
H0605	103°02′31″	28°16′34″	819	小型	地震、降雨	较稳定	不稳定	无	410
H0606	103°02′18″	28°16′22″	200.2	小型	地震、降雨	较稳定	不稳定	无	60
H1506	103°02′51″	28°16′30″	12852	小型	地震、降雨	较稳定	不稳定	无	2570
H1509	103°02′39″	28°16′26″	6987.4	小型	地震、降雨	较稳定	不稳定	无	2096
H1501	103°03′49″	28°16′05″	2062.5	小型	地震、降雨	较稳定	不稳定	无	1031
H1502	103°03′52″	28°16′02″	552	小型	地震、降雨	较稳定	不稳定	无	221
H1515	103°04′53″	28°15′52″	480	小型	地震、降雨	较稳定	不稳定	无	240
H1519	103°04′54″	28°15′55″	1800	小型	地震、降雨	较稳定	不稳定	无	900
H1516	103°05′05″	28°15′57″	5040	小型	地震、降雨	较稳定	不稳定	无	2520
H1503	103°02′54″	28°15′27″	1260	小型	地震、降雨	较稳定	不稳定	无	756
H1504	103°02′53″	28°15′26″	3150	小型	地震、降雨	较稳定	不稳定	无	1575
H1505	103°02′59″	28°14′26″	3628.8	小型	地震、降雨	较稳定	不稳定	无	1452
H1507	103°02′49″	28°14′23″	3245.76	小型	地震、降雨	较稳定	不稳定	无	1623
H1508	103°02′24″	28°14′16″	182	小型	地震、降雨	较稳定	不稳定	无	73

续表

滑坡崩塌编号	位置		规模		主要诱发因素	稳定性评判		威胁对象	可参与泥石流活动量/m³
	经度	纬度	体积/m³	分级		现状	趋势		
H1601	103°03′38″	28°13′05″	3600	小型	地震、降雨	较稳定	不稳定	无	1440
H1602	103°03′51″	28°13′12″	720	小型	地震、降雨	较稳定	不稳定	无	360
H1603	103°03′46″	28°13′08″	4000	小型	地震、降雨	较稳定	不稳定	无	1600
H1604	103°03′44″	28°13′05″	910	小型	地震、降雨	较稳定	不稳定	无	546
H1605	103°04′14″	28°13′10″	36	小型	地震、降雨	较稳定	不稳定	无	14
H1606	103°04′14″	28°13′12″	440	小型	地震、降雨	较稳定	不稳定	无	176
H1607	103°04′19″	28°13′13″	3375	小型	地震、降雨	较稳定	不稳定	无	1688
H1608	103°04′21″	28°13′17″	1350	小型	地震、降雨	较稳定	不稳定	无	540
H1609	104°04′23″	28°13′15″	3780	小型	地震、降雨	较稳定	不稳定	无	2646
H1511	103°03′31″	28°15′21″	12000	小型	地震、降雨	较稳定	不稳定	无	6000
H1510	103°03′36″	28°15′18″	10000	小型	地震、降雨	较稳定	不稳定	无	3000
H1512	103°03′39″	28°15′17″	12000	小型	地震、降雨	较稳定	不稳定	无	6000
H1513	103°03′45″	28°15′16″	9600	小型	地震、降雨	较稳定	不稳定	无	3840
H1514	103°04′02″	28°15′10″	12000	小型	地震、降雨	较稳定	不稳定	无	6000
H1517	103°02′58″	28°16′12″	3000	小型	地震、降雨	较稳定	不稳定	无	900
H1518	103°02′51″	28°16′11″	1750	小型	地震、降雨	较稳定	不稳定	无	350
h1501	103°03′10″	28°16′09″	70000	小型	地震、降雨	较稳定	不稳定	8户32人	28000
h1502	103°03′20″	28°15′56″	77000	小型	地震、降雨	不稳定	不稳定	6户37人	38500
H0607	103°03′12″	28°17′18″	1160	小型	地震、降雨	较稳定	不稳定	无	580
H1520	103°03′22″	28°16′22″	4875	小型	地震、降雨	较稳定	不稳定	无	1950
B0601	103°03′08″	28°16′36″	204.12	小型	降雨、地震	较稳定	不稳定	无	102
B0602	103°03′07″	28°16′34″	76.16	小型	降雨、地震	较稳定	不稳定	无	23
B1501	103°03′57″	28°16′02″	100	小型	降雨、地震	较稳定	不稳定	无	60
B1503	103°04′36″	28°15′43″	54	小型	降雨、地震	较稳定	不稳定	无	11
B1502	103°03′40″	28°13′57″	360	小型	降雨、地震	较稳定	不稳定	无	144
B1601	103°03′03″	28°16′53″	180	小型	降雨、地震	较稳定	不稳定	无	54
B0603	103°03′51″	28°13′37″	180	小型	降雨、地震	较稳定	不稳定	无	72
B0604	103°03′08″	28°17′09″	60	小型	降雨、地震	较稳定	不稳定	无	30
合计									143805

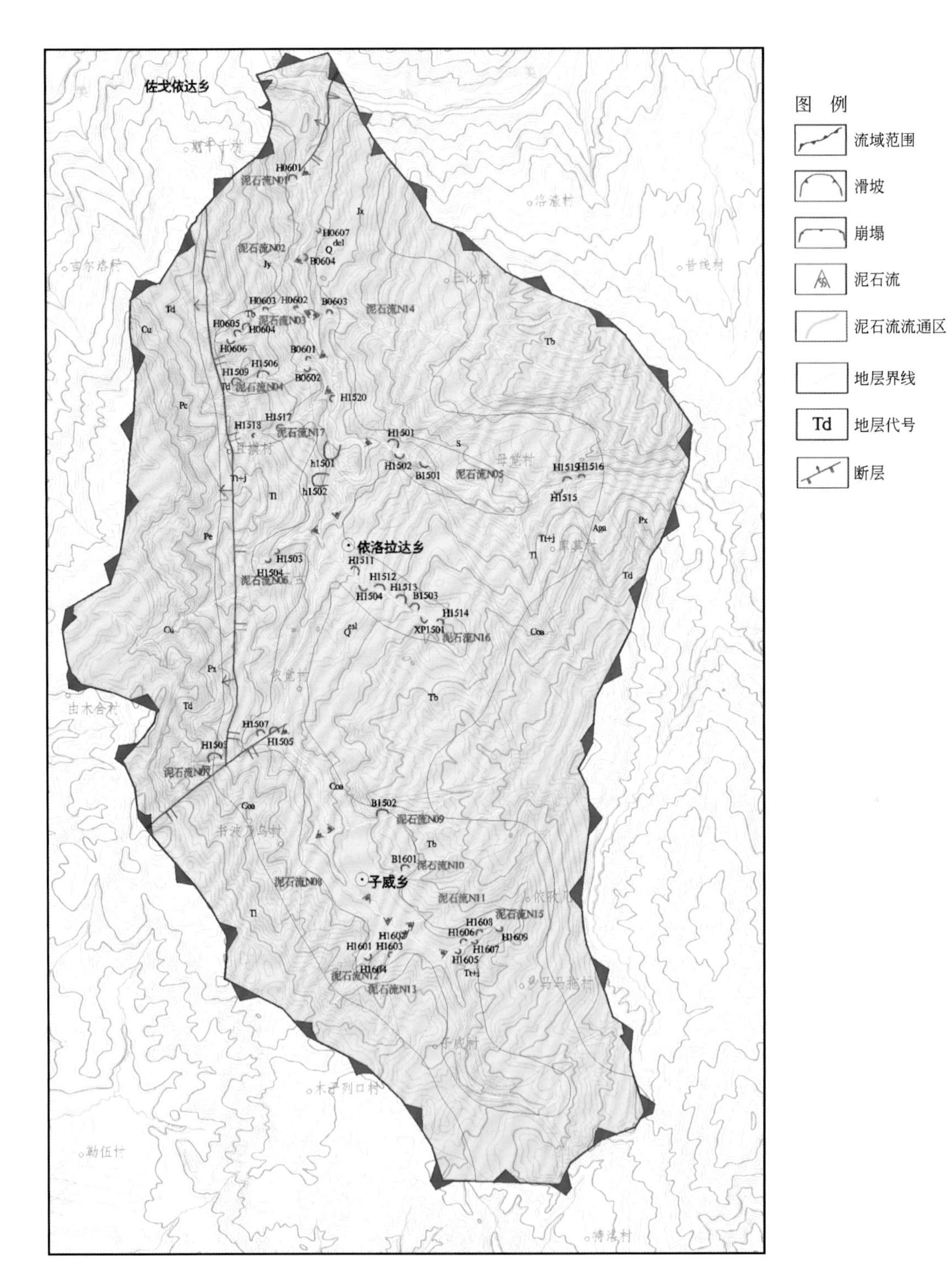

图 8.2　洛高依达小流域内地质灾害分布图

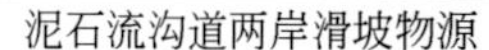

泥石流沟道两岸滑坡物源　　泥石流沟道两岸崩塌物源

图 8.3　洛高依达小流域内泥石流沟道物源

支沟沟道内堆积物　　沟道两岸岸坡松散堆积物

图 8.3　洛高依达小流域内泥石流沟道物源（续）

8.1.2　滑坡泥石流“灾害链”分析

（1）地形条件有利于泥石流和滑坡的形成。洛高依达小流域流域面积 33.5km^2，主沟平均纵坡降 147‰，上游纵坡大，主要发育 17 条支沟，各支沟纵坡降均大于 100%，利于泥石流形成。沟道两岸斜坡坡度 20° ～ 40°，易形成滑坡。

（2）区内第四系分布广泛，为灾害发育提供地层条件。泥石流沟道两岸、斜坡中下部分布有大量的第四系崩坡积堆积体，成分以砂岩、粉砂岩、泥岩为主，结构松散，极端条件下易失稳。

另外，流域范围内沟道中上游及两岸斜坡中上部，基岩裸露，岩性以砂岩、泥岩为主，受地质构造影响，岩体节理裂隙极为发育，岩体结构破碎，易形成崩塌，为泥石流提供物源。

（3）近年来，极端暴雨时有发生，导致洛高依达小流域时常爆发泥石流，其中依洛拉达沟泥石流于 2007 年和 2010 年爆发过两次较为严重的泥石流，2007 年 7 月暴雨致使依洛拉达沟泥石流总冲出量达 5×10^4m^3，2010 年依洛拉达沟泥石流再次爆发，冲毁依洛拉达乡中心校大门及附近 3 座民房，泥石流堆积于学校操场上。2001 年 7 月，区内支沟且莫村 5 组泥石流爆发，造成 4 间房屋被冲毁，12 人受伤，4 人死亡。

（4）不合理人类工程活动频繁。区内乡村道路改造和建房时，人工弃渣随意堆放至沟内，为泥石流提供物源。

综合地形地貌、地层岩性、水源条件、人类工程活动等因素，洛高依达小流域在极端条件下可能会形成“灾害链”效应，威胁沟道两岸居民及沟内的依洛拉达乡场镇。

8.2　洛高依达小流域泥石流形成条件

8.2.1　地形条件

洛高依达沟沟域形态总体上呈树叶状，支沟较为发育，沟域形态受构造影响呈不对称分布，主沟纵长约 9.8km，沟域面积 33.5km^2，流域最高点位于勘查区南侧，高程约 2863m，最低点位于洛高依达沟北侧汇入美姑河河口处，高程 1702m，相对高差约 1161m，主沟平均纵坡降 110‰。

受地质构造控制，洛高依达沟流域地形上呈不对称分布，总体上左岸侧较宽，支沟很发育，右岸侧较窄，支沟较发育。沟域左岸发育有 10 条支沟，右岸发育 7 条支沟，沿主沟两岸零星分布有少量坡面泥石流冲沟，多集中在中下游区沟道右岸。

沟域内多为中低山地貌，上游地缘开阔，地势较缓，下游坡体高陡，局部缓坡平台发育，平均坡度在 25° 以上，支沟平均纵坡降约 240‰，部分沟谷纵坡较大，特别是主沟下游段及左岸支沟纵坡降多在 300‰ 以上，根据不同地段坡度、植被情况、斜坡结构特征等的差异，降雨的径流系数一般在 0.1 ～ 0.2，为泥石流水源的汇流集中提供了基础。

洛高依达沟沟域不是由典型的形成区、流通区和堆积区组成，特别是没有典型的流通区。根据泥石流形成条件和运动机制及泥石流松散固体物源的分布，将沟域划分为 3 个片区。子威乡南侧沙马马拖村，子威沙洛村，子威村片区各支沟植被较为发育，物源分布较少，地质灾害不发育，因此划为泥石流形成区（清水区）；子威乡聚集区至下游至沟口斯干千聚集区两岸崩滑现象发育，沟床堆积物丰富，为沟域内泥石流松散固体物源的主要分布区域，划为泥石流形成区（物源区），沟口至 103 省道交汇处为泥石流流通堆积区。

1）形成区（清水区）地形地貌条件

形成区（清水区）分布于沙马马拖村，子威沙洛村，子威村片区及主沟道上游，面积 6.5km^2，主要地貌特征为，四周地形陡峻，中部开阔下凹，沟道两岸斜坡坡度多为 15° ～ 25° 以上，沟谷纵坡较小，多在 150‰ ～ 220‰，且森林植被发育，而松散堆积层覆盖较薄，主要为基岩斜坡，大多不会参与泥石流活动，主要为泥石流的形成汇集水源和提供水动力条件。

2）形成区（物源区）地形地貌条件

该段沟床纵比降由沟源至沟口逐步增大，部分支沟纵坡达到 200‰ ～ 350‰，沟床堆积物十分丰富，为泥石流的形成提供了大量沟道堆积物源。

该区地形地貌条件及地质结构特征决定其成为泥石流的主要松散固体物源分布区，同时，山高坡陡的特点也为这些松散固体物源参与泥石流活动，为泥石流的形成提供了有利条件。

3）流通堆积区地形地貌条件

流通堆积区位于沟口至 103 省道区域，长约 1.2km，宽约 0.8km，面积约 $96\times10^4m^2$。两侧山体高陡，基岩出露，地势开阔，泥石流堆积扇前缘宽约 160m，长约 120 ～ 200m，扇体完整性约 40%，主坡降较小。轴纵平均堆积厚度约 2 ～ 3m。沟口堆积区右侧可见少量居民房，由于长期受到外地质营力的作用及后期人为改造等因素的影响，沟道内水流沿堆积区左侧流经，扇区堆积物质不会参与泥石流活动，该段沟谷平均纵坡 100‰，纵坡较缓，有利于泥石流物质的淤积。

4）各支沟地形地貌条件

流域内支沟多呈现出中、下游沟谷下切较深，纵坡降较大，两岸山体高陡，基岩出露明显，沟口至沟源段发育较多跌水的规律，为泥石流物源的汇聚以及流通提供了便利的条件，具体每条泥石流沟的特征参数见表 8.3。

表 8.3　洛高依达小流域内泥石流特征信息统计表

泥石流编号	规模	植被覆盖率 /%	主沟纵坡降	沟槽断面	相对高差 /m	两岸坡度 /(°)	流域面积 /km²	泥石流发展阶段
N01	中型	30	367‰	V	191	35	0.303	发展期
N02	小型	70	349‰	V	166	24	0.143	形成期
N03	中型	65	356‰	V	835	26	1.466	发展期
N04	中型	85	361‰	V	702	20	0.785	发展期
N05	中型	60	102‰	U	212	24	9.600	发展期
N06	小型	75	238‰	V	417	24	0.527	发展期
N07	小型	50	218‰	V	367	36	0.076	发展期
N08	小型	45	230‰	V	219	22	0.134	形成期
N09	小型	70	192‰	V	345	26	4.500	形成期
N10	小型	45	207‰	V	300	36	0.150	形成期
N11	小型	80	215‰	V	260	19	0.247	形成期
N12	小型	70	201‰	V	213	31	0.240	发展期
N13	小型	60	199‰	V	165	32	0.064	发展期
N14	小型	75	235‰	V	731	22	1.200	形成期
N15	小型	70	147‰	U	289	20	0.982	发展期
N16	中型	45	180‰	V	940	35	3.500	衰退期
N17	小型	35	387‰	V	846	36	0.680	衰退期

8.2.2　物源条件

洛高依达沟沟域内泥石流松散固体物源较丰富，且分布均匀性较差，呈现出形成物源区内部分片区灾害现象点集中发育，譬如子威乡南部两岸支沟，流域中游右岸以及下游均发育有大量地质灾害现象点（图 8.4）。

据统计计算的结果，沟域内崩滑堆积固体物源总量为 36.22×10^{4}m^3，可能参与泥石流活动的动储量为 25.35×10^{4}m^3；沟道两岸坡面侵蚀物源总量为 2.88×10^{4}m^3，可能参与泥石流活动的动储量为 0.58×10^{4}m^3；沟底堆积物源总量为 3.67×10^{4}m^3，可能参与泥石流活动的动储量为 1.47×10^{4}m^3；共计有松散固体物源量 42.77×10^{4}m^3，可能参与泥石流活动的动储量为 27.40×10^{4}m^3。

由上述统计结果可以看出，沟域内崩滑堆积物是泥石流群爆发的主要潜在物源，占总动储量的 93%，而沟道两岸堆积物以及沟底搬运沉积物分别占到 2% 和 5%，推测流域内沟道堵塞程度一般或者间歇性爆发泥石流水动力较强，沟道弯曲较少，松散固体物源多被搬运到主沟或支沟沟口堆积区，汇入主沟后搬运至下游或沉积在主河道拐弯处。

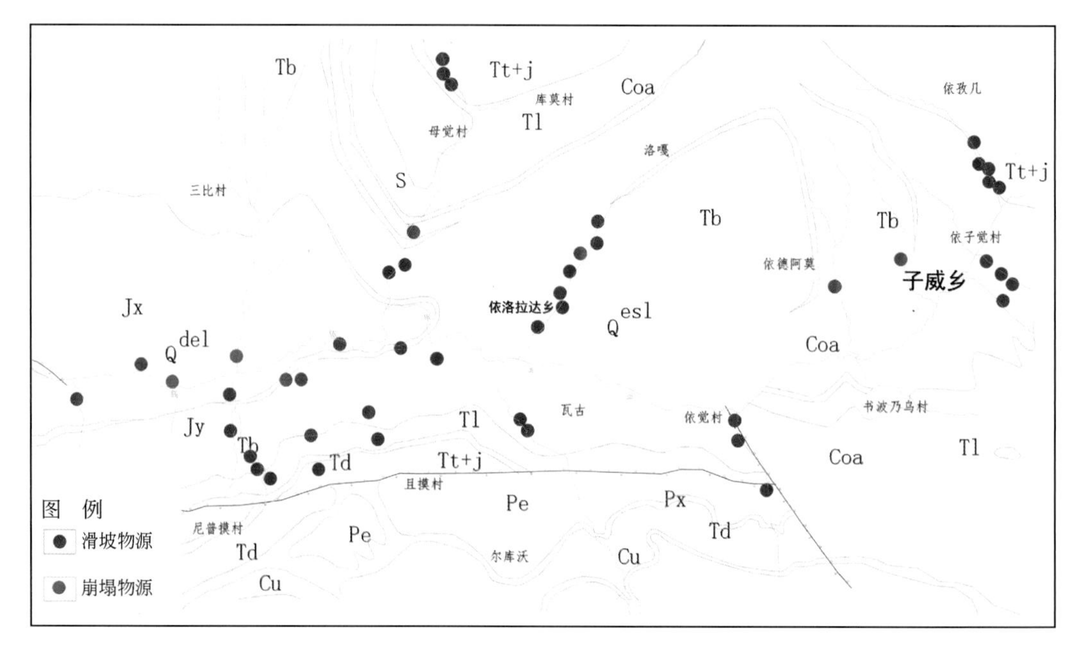

图 8.4　洛高依达小流域内物源分布图

1）崩滑堆积物源

洛高依达沟沟域内崩滑物源主要分布于两岸支沟内，根据本次调查发现，流域内发育有崩滑灾害物源点 46 处，其中滑坡 38 处，崩塌 8 处，按规模划分崩塌与滑坡均为小型。这些崩塌和滑坡均为泥石流提供物源总量 36.22×10^{4}m^3，其中可参与泥石流活动的动储量为 25.35×10^{4}m^3，为洛高依达沟的主要物源类型。

38 处滑坡物源均为小型土质滑坡，按照威胁对象可以分为两类。一类是发育于居民聚集区的危险滑坡体，共计两处，如依洛拉达乡且莫村两组滑坡，滑体方量均在 70000m^3 左右，滑坡后缘具有明显的多级下错陡坎，两侧边界分明，坡上居民房屋均有不同程度的开裂现象，多为人类活动改造对环境的影响而引发的滑坡。

另一类是沟道内发育的滑坡物源，共计 35 处，目前无直接威胁对象，多作为群发泥石流的潜在物源而存在，最终参与泥石流的爆发而间接威胁到流域居民的生命安全。如滑坡 H1608，H1502 等为斜坡表层的滑移变形（图 8.5、图 8.6），滑体物质多为残坡积粉土，粉质黏土。滑坡灾害发育区其沟道两岸坡度为 30° ～ 40°，物源方量在 1000 ～ 20000m^3 不等，厚度约 2 ～ 5m。主要是由于沟道内水流常年冲刷侧蚀两岸，雨季期间，水位反复上升下降，软化坡脚，前缘临空面发育，诱发较多牵引式滑坡。

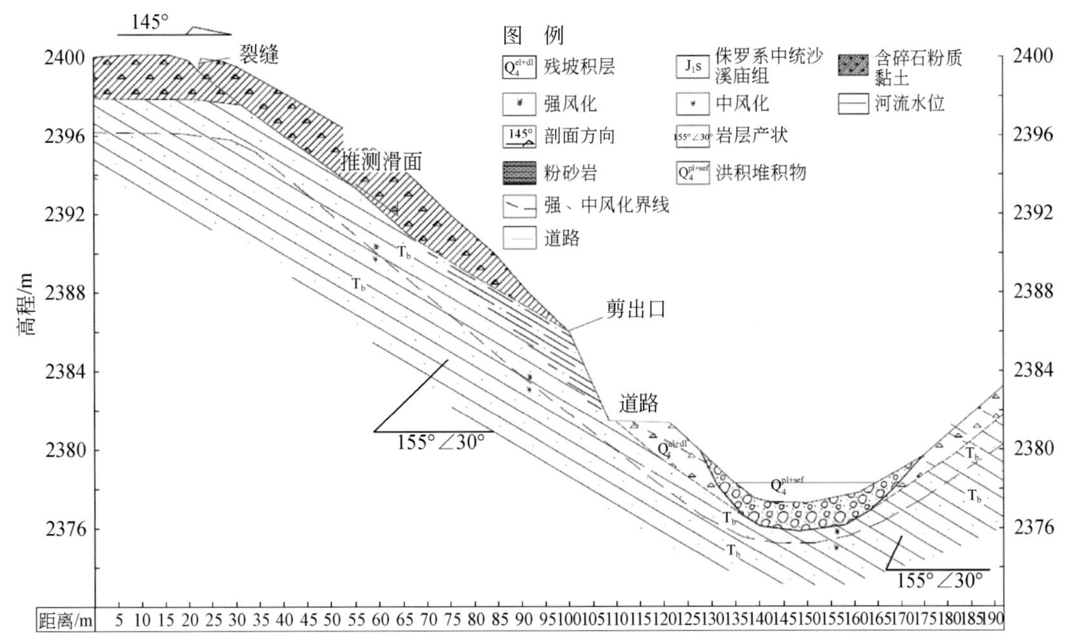

图 8.5　N15 沟道 H1502 滑坡工程地质剖面图

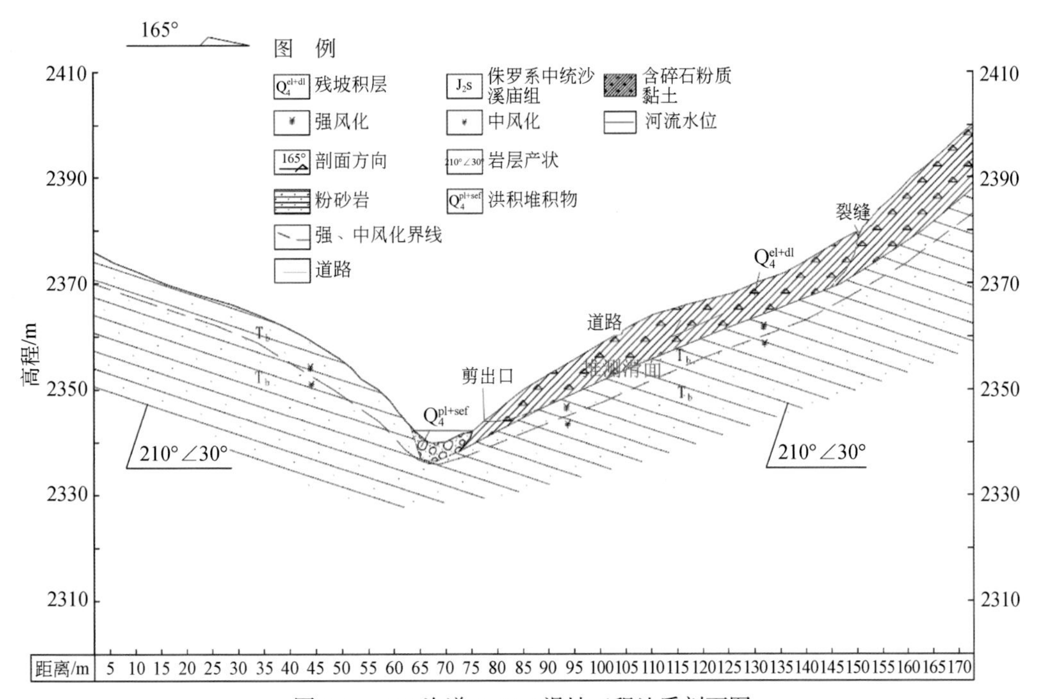

图 8.6　N15 沟道 H1608 滑坡工程地质剖面图

崩滑堆积物源参与泥石流活动的方式主要包括 3 种：

第一种是崩滑堆积物堆积于沟道内的，在暴雨洪水或泥石流冲刷下，堆积体被冲刷、裹挟而参与泥石流活动，可参与泥石流活动的物质主要为进入沟道内可能被洪水冲切的部分和该部分被带走后，堆积体上部将滑塌达到稳定休止角以上的部分，视其对沟道的堵塞情况及堆积坡度和稳定性、堆积物颗粒特征和结构差异、稳定休止角的差异，其可能参与泥石流活动的物源量一般占 40% ～ 70%；

第二种情况是残余在坡体上的松散堆积体及崩坡积物分布于斜坡下部，但未进入沟床的情况，其参与泥石流活动的方式主要在暴雨冲刷下，部分物源进入沟道，再被泥石流裹挟带走，由于其运动路径和过程相对较长，运动中部分物质仍可能被斜坡上的树木阻挡或缓坡地带缓冲而停积，因此其可能参与泥石流活动的比例相对较小，且主要以细粒物质为主，视堆积坡度及堆积物颗粒级配的不同，其可能参与泥石流活动的物源量一般占 10% ～ 30%；

第三种情况为目前仍存留于斜坡体上，但处于不稳定状态，可能发生整体破坏的崩滑体，其可能堵塞下方沟道，然后被冲溃并参与泥石流活动，视其坡度、所处斜坡位置及可能运动的速度、崩滑体颗粒级配特征及下方沟道特征的差异，其可能参与泥石流活动的物源量可占 50% ～ 70%。

2）沟道堆积物源

洛高依达沟沟道堆积物源主要为原沟道的堆积物以及暴雨或泥石流将坡面物源或崩滑堆积体搬运至沟道中堆积形成的松散堆积物源。尤其是 N05 泥石流沟道内堆积物较为丰富，沟道堆积物较厚。本次调查物源总量约为 $3.67\times10^4m^3$，其中可能参与泥石流的物源量为 $1.47\times10^4m^3$，为流域内群发性泥石流的又一重要物源。

由于沟道堆积物源参与泥石流活动的方式主要为沟床的揭底冲刷，其动储量估算主要按沟底拉槽下切可能掏蚀的部分及拉槽下切后，两侧岸坡可能失稳进而参与泥石流活动的物源两部分相加组成，具体计算时考虑沟道冲刷深度和可能冲刷的宽度等因素，而冲刷深度的确定又与沟道形态特征、宽度、纵坡降、水力条件、堆积物颗粒级配及结构特征因素相关，当沟道摆动强烈时，按可能摆去的幅度和可能的平均揭底冲刷深度确定。

根据野外调查情况，主沟道内沉积的松散物源可参与泥石流活动的量较少，主要物源多来自沟道两岸的支沟。

N15—N09 段沟床植被发育，近期冲刷痕迹不显著，显示沟床基本稳定，其可能参与泥石流活动的可能性较小。

N09—N06 段沟床堆积物相对较薄，显示该段以区域性强烈抬升为主的构造运动特征，沟道局部地段可见基岩沟床出现，虽然沟道侵蚀相对较强烈，但物源量则相对较少，沟底以及两侧可见薄层沉积块碎石夹卵石，其可能的冲刷深度一般为 2m 左右。

N06 至沟口段沟道宽度增大，沟道内可见大量松散堆积物，由于沟床纵坡降的增加，少量物质具备参与泥石流活动的条件，但该段冲淤特征仍以淤积为主，冲刷较为微弱。

流域内主沟中下游各支沟沟道相对纵坡较大，水动力条件较好，冲刷强烈，如 N03 沟道，上游较宽阔，至沟口段逐步变窄，可见多处跌水，调查期间，暴雨过后均可见沟口处有新的松散物源冲出堆积在村道上。其冲刷深度视一次降雨量和沟水流量的不同而表现出一定的差异性，有的支沟已将松散固体堆积物冲出沟口堆积至主沟道内，有的则经过一定距离的搬运就停积在沟道内相对平缓处，但由于个别支沟纵坡降大，如沟域普降大暴雨，在水动力条件强大时，其冲刷深度均较大，结合本次调查的支沟泥石流冲切情况，预测其冲刷深度为 1 ～ 3m，视沟域面积及汇流条件、沟道堆积物颗粒特征和结构、沟道纵坡及堵塞情况等会略有差异。此外，主沟道上游左岸各支沟，包括 N09 沟、N10 沟等沟道基本稳定，其沟道物质可能参与泥石流活动的可能性较小。

3）坡面侵蚀物源

洛高依达流域整体上植被发育情况较好，多以灌木、草丛以及区域性森林为主。局部地段成片的坍滑现象严重，植被遭到一定程度的破坏，这些地段水土流失在植被恢复前这段时间内可能加剧，将为泥石流的形成提供一定的松散物源。经本次调查统计，沟域内坡面侵蚀潜在物源量约 $2.88\times10^4m^3$，可能参与泥石流活动的动储量为 $0.58\times10^4m^3$。

坡面侵蚀物源区参与泥石流活动的方式主要为水土流失，包括面蚀和沟蚀的情况均有，侵蚀强烈的可能形成坡面泥石流或坡面冲沟泥石流，如主沟下游右岸沟蚀，冲沟由坡顶延伸至坡底，沟宽 0.5 ～ 2m，沟底还可见明显的在降雨条件冲蚀堆积的块碎石扇形堆积体。

物源区即已有坡面冲沟泥石流发育，其可能参与泥石流活动的物源量即主要受侵蚀强度控制，而侵蚀强度主要受降雨量、斜坡结构、斜坡表层岩土体结构特征、斜坡坡度、植被特征、地震破坏情况等因素控制，总体上这些坡面侵蚀物源区坡度均较大，有的沟段植被破坏也较为严重，其一般侵蚀深度约 0.5m，且部分因侵蚀区植被、下部缓坡、公路等阻挡，其可参与泥石流活动的物源量将进一步折减。

洛高依达流域坡面侵蚀为流域内群发泥石流的又一重要物源，但是由于研究区坡面泥石流发育较少，规模较小，沟道两岸的陡坡松散沉积物也仅在部分支沟内出现，因此对泥石流致灾效应的影响较小。

4）支沟物源发育详情

流域内支沟为泥石流群物源的主要提供对象，根据现场调查及遥感解译的结果统计分析，预估流域内泥石流支沟所提供的物源占总量的 60% ～ 80%，上游，中游沟道右岸以及中下游左岸灾害较为发育，每条支沟的详细物源量情况如表 8.4 所示。

表 8.4　洛高依达小流域内泥石流支沟物源信息统计表

泥石流编号	滑坡个数	崩塌个数	崩滑物源量 /m^3	沟道堆积物源量 /m^3	坡面侵蚀物源量 /m^3	总储量 /m^3	动储量 /m^3
N01	1	0	10300.29	475.52	523.46	15713.68	10595.19
N02	0	0	0	853.20	612.78	1465.98	463.84
N03	5	0	40390.00	2936.28	1489.6	44815.88	30332.69
N04	2	2	20119.68	980.14	948.39	22048.21	14469.31
N05	5	2	10088.50	10425.50	744.00	21288.00	11279.15
N06	2	0	4410	1401.54	2158.24	7969.78	4079.26
N07	3	0	7056.56	1910.60	740.88	9708.04	5852.01
N08	0	0	0	1137.5	388.08	1525.58	532.62

续表

泥石流编号	滑坡个数	崩塌个数	崩滑物源量 /m³	沟道堆积物源量 /m³	坡面侵蚀物源量 /m³	总储量 /m³	动储量 /m³
N09	0	1	360.00	756.00	364.00	1480.00	375.20
N10	0	1	180.00	936.00	1462.00	2578.00	666.80
N12	1	0	3600.00	1320.50	2730.00	7650.50	3594.20
N13	3	0	5630.00	48.15	159.00	5837.15	4006.51
N14	0	1	180.00	3252.30	231.00	3663.3	1347.12
N15	5	0	8981.00	126.00	496.00	9603.00	6436.30
N16	5	0	55600.00	8071.00	1219.00	64890.00	42392.2
N17	2	0	4750.00	1920.00	1365.00	34887.50	15875.00
合计	34	7	171646.00	36550.23	15631.43	255124.6	152297.40

5）泥石流的启动物源

如前文统计，洛高依达沟沟域内可能参与泥石流活动的松散固体物源动储量为$27.40\times10^4m^3$，这些物源多分布于17条支沟中，少量来自主沟道。这些物源并非同时参与一次泥石流活动，且一次参与泥石流活动的松散固体物质也并非都会全部冲出泥石流沟进入主河。

出现这种情况主要受到以下几个方面因素的影响：

首先，洛高依达沟沟域面积大，沟域内存在区域性降雨差异，只有在泥石流物源分布集中区出现集中降雨或暴雨洪水等条件时，这部分物源才可能启动参与泥石流的活动，因此，上述潜在物源若要成为真正的泥石流启动物源需要同时具备物源、水动力这样两个启动条件。这种降雨与物源分布的不均一特性也决定了泥石流活动的各项差异性，现阶段调查的物源往往要分多次参与泥石流活动。

另外，支沟泥石流物源并非均能参与主沟泥石流的活动，仅在形成支沟泥石流，被支沟泥石流冲出并汇入主沟的部分才可能在主沟洪水或泥石流卷动、裹挟下参与主沟泥石流的活动，其他部分则可能在支沟沟口宽缓地带或沟中相对平缓沟段内停积下来，不会参与主沟泥石流的活动，因此，可能参与主沟泥石流活动的物源量并非主支沟物源量的简单相加，支沟泥石流物源可能参与主沟泥石流活动的部分应为支沟泥石流的固体物源冲出量的一部分。

此外，即便汇入并参与主沟泥石流活动的物源也不一定全部被冲出泥石流沟，在泥石流运动过程中，随着沟道纵比降和宽度的变化，有的地段发生水沙分离，必然有相当部分固体物质沿沟道发生堆积，而不会冲出泥石流沟。

因而，泥石流的启动物源是由潜在物源的多次搬运，沉积等复杂过程而保留下来的，为了进行更为合理的防治工程设计，还是根据泥石流灾害史和以往泥石流特征值的检算结果进行计算。

综上所述，洛高依达流域内除两个直接威胁居民生命安全的滑坡灾害外，泥石流是对流域内生态以及人类生活影响较大的致灾对象，故下文将更加具体的评价区域内泥石流灾害的发育特征。

8.3　泥石流易发性与危险性评价

根据泥石流沟域基本特征和参数，按照《泥石流灾害防治工程勘查规范》（DT / T 0220—2006）附录 G“泥石流沟的数量化综合评判及易发程度等级标准”，洛高依达主沟泥石流易发程度评分为 99 分，其易发程度属中易发，各支沟易发程度统计见表 8.5。

表 8.5　洛高依达支沟泥石流易发程度信息表

泥石流编号	植被覆盖率 /%	主沟纵坡降 /‰	沟槽断面	相对高差 /m	两岸坡度 /（°）	流域面积 /km^2	评分	易发程度
N01	30	367	V	191	35	0.303	85	中易发
N02	70	349	V	166	24	0.143	59	低易发
N03	65	356	V	835	26	1.466	87	中易发
N04	85	361	V	702	20	0.785	78	低易发
N05	60	102	U	212	24	9.600	82	低易发
N06	75	238	V	417	24	0.527	76	低易发
N07	50	218	V	367	36	0.076	85	中易发
N08	45	230	V	219	22	0.134	66	低易发
N09	70	192	V	345	26	4.500	66	低易发
N10	45	207	V	300	36	0.150	69	低易发
N11	80	215	V	260	19	0.247	66	低易发
N12	70	201	V	213	31	0.240	69	低易发
N13	60	199	V	165	32	0.064	76	低易发
N14	75	235	V	731	22	1.200	77	低易发
N15	70	147	U	289	20	0.982	85	中易发
N16	45	180	V	940	35	3.500	115	严重
N17	35	387	V	846	36	0.680	94	中易发

由表 8.5 可见，洛高依达沟 17 条主要支沟泥石流易发程度评分平均值约为 78.5 分，易发程度评价为 11 个低易发，5 个中等易发，1 个高易发，其中 N16 为高易发，N01，N03，N07，N15，N17 易发程度评分也较高，其余 11 条泥石流支沟易发程度相对较低。总体上看，洛高依达沟左岸各支沟泥石流易发程度高于右岸各支沟，且当支沟泥石流群爆发将物源汇聚到主沟内，在大暴雨提供强劲水动力条件下，将引起主沟泥石流爆发，将直接威胁到流域内居民的生命安全。

根据前述对泥石流灾害史的调查，洛高依达主沟目前还未发生过明显的致灾性泥石流，但流域内各支沟活动较为活跃，从近期泥石流灾害史看，且莫村 5 组泥石流（N17）

于2001年爆发，至今未再发生大的泥石流；依洛拉达沟泥石流（N16）分别于2007年，2010年爆发过泥石流并给人类活动带来了巨大的影响。其中2007年泥石流堆积面积为$1.5\times10^4m^2$，堆积体方量约$2\times10^4m^3$，估计总冲出量达$5\times10^4m^3$。2010年爆发的泥石流冲出的固体物质基本堆积在沟口两侧50m范围内，堆积长度约200m，淤积面积约$12000m^2$，淤积厚度0.5～1.5m，共淤积约$2.04\times10^4m^3$的固体物质，由于泥石流堆积于学校操场上，未造成人员伤亡。

目前流域内并未发生过大的地震，但是由于主沟道西侧有一平行于主沟道走向的断层，受区域性地质构造的影响，有可能诱发小型地震，或受周边断层的影响进而诱发地震，使得沟内崩塌、滑坡等不良地质现象大大增加，再加上暴雨作用，坡面侵蚀加剧，可能参与泥石流活动的松散固体物源量大增，现沟内可参与泥石流活动的固体物源动储量达$27.40\times10^4m^3$。

综合考虑流域内主沟和各支沟的发展阶段以及区域上天然与人为因素的影响，推测洛高依达沟整体处于发展期。

8.3.1　地质灾害易发性分区

结合上述小流域内物源灾害的发育情况以及泥石流沟道的发展频率和阶段，对流域整体进行易发性评价见图8.7。

高易发区：流域内沿主沟道两岸以及各支沟中下游不同区段均发育有不同量的地质灾害现象点与隐患点。由于流域内沟道两岸多出露侏罗系与三叠系泥岩、砂岩，硬度较低，风化严重。尤其是泥岩长期受沟道水流冲刷浸泡，软化明显，故沿沟道两岸的灾害点易发程度较高。

中易发区：沟道中上游区地质灾害点发育较少，但仍有少量表面松散堆积层，在强降雨的冲刷下仍可发生小型滑塌或者作为泥石流的爆发物源。

低易发区：沟道上游一方面海拔较高，沟道下切侵蚀较弱，另一方面人类活动较少，对自然的改造影响脚下，故地质灾害几乎不发育（图8.7）。

根据前述对泥石流成因机制和引发因素的分析，高依达沟属暴雨沟谷型泥石流，泥石流规模主要与沟域内松散固体物源的累计和动态变化情况及与引发泥石流的暴雨情况相关，当沟域内松散固体物源累计较多，且遇到集中暴雨时，往往就会发生较大规模的泥石流灾害。

从主沟中上游泥石流的发展趋势来看，总体上具有物源由上游逐渐向下游逐渐输移的特点，当在各堵点处累积达到一定程度时，其发生溃决破坏和启动形成大规模泥石流灾害的危险性将逐渐增大。

8.3.2　泥石流危险性分区

结合现场实地调查与遥感解译，将流域内灾害分布情况进行统计分析，绘出洛高依达小流域的区域危险性分区图8.8。

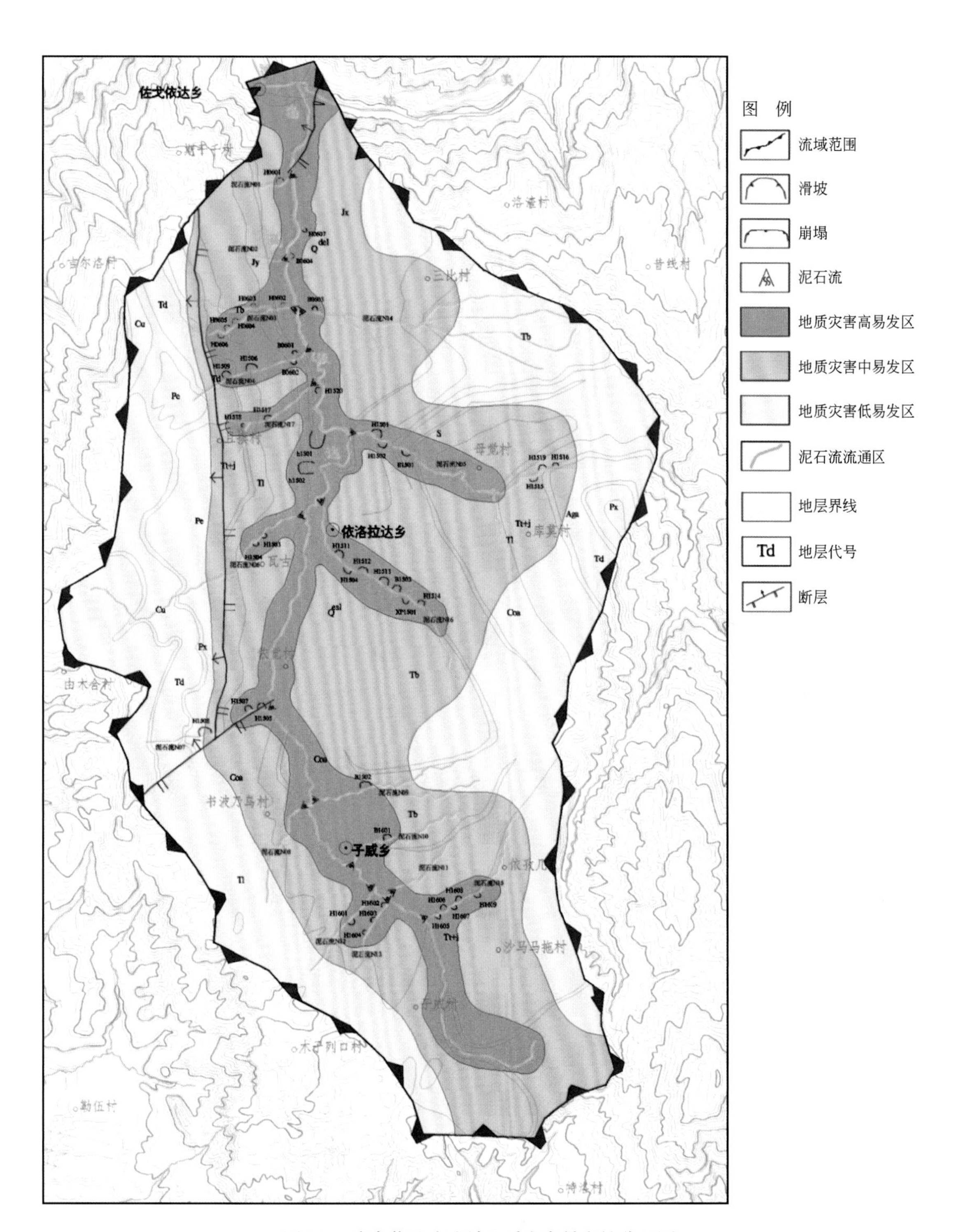

图 8.7　洛高依达小流域地质灾害易发性分区图

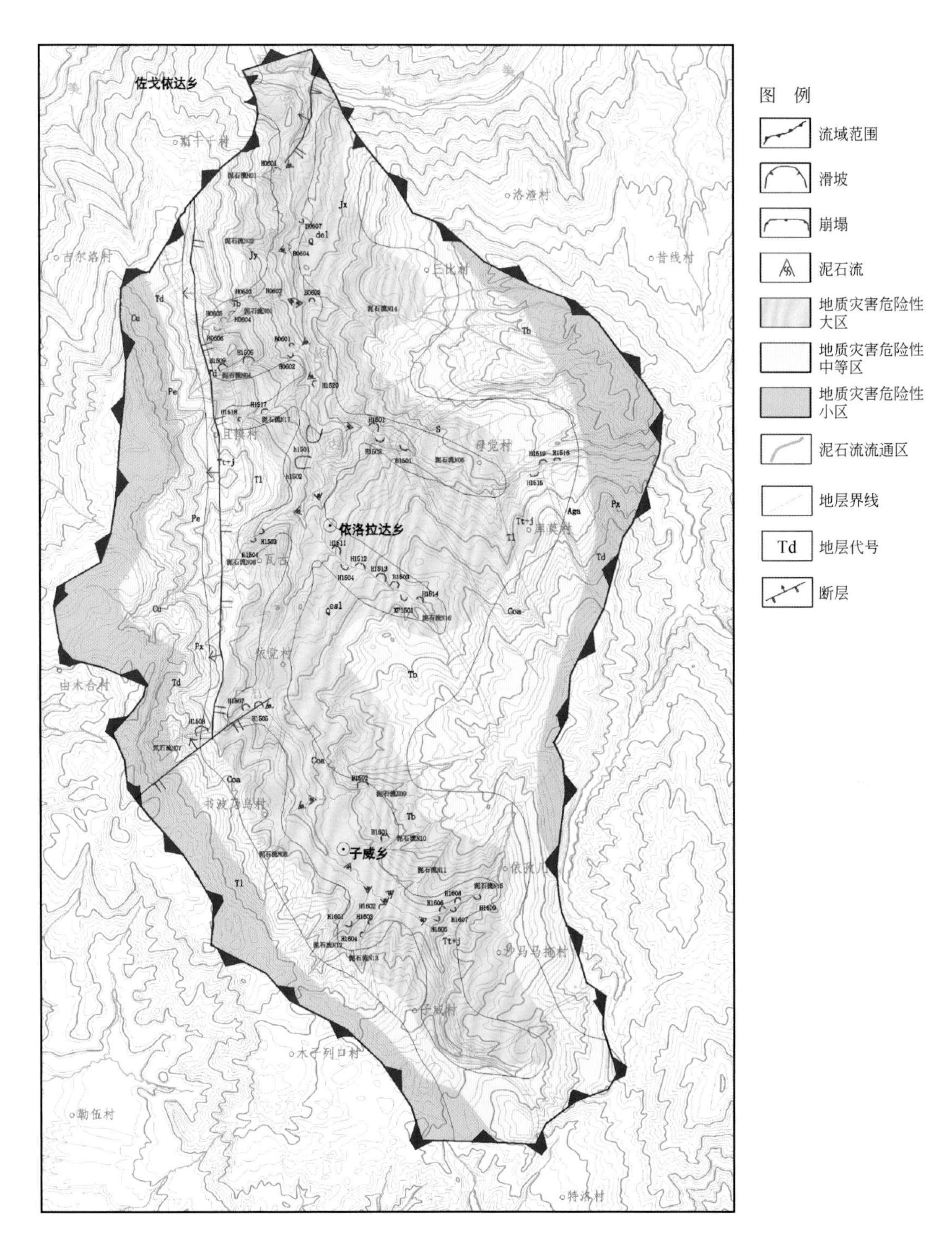

图 8.8　洛高依达小流域地质灾害危险性分区图

高危险区：洛高依达流域地质灾害高危险区主要分布于主沟道以及支沟两侧灾害物源较为发育地区，尤以主沟以及支沟的 N03、N04、N15、N13、N17 等，沟道两岸有大量崩塌滑坡地质灾害现象点以及丰富的沟道物源和坡面侵蚀物源等，为泥石流的爆发提供了优质的潜在条件，且该区域为流域内居民聚集生活相对密集的范围。

中等危险区：多为泥石流支沟中上游物源匮乏区至流域界线下端缓坡段。该区域地质灾害不是很发育，仅有零星的崩塌，滑坡或少量的岸坡松散堆积物，人类活动并不活跃。

一般危险区：为流域分水岭边界附近，基岩裸露，物源量较少，几乎无人类居住。

8.4　小流域地质灾害综合防治

8.4.1　防治分区

根据流域内地质灾害点的分布规律与规模，综合考虑滑坡、崩塌、泥石流等灾害的单体致灾性与其相互作用而诱发的灾害链效应的影响，将洛高依达流域整体划为重点防治区，次重点防治区和一般防治区（图 8.9）。

重点防治区：洛高依达流域内主沟道两岸崩滑堆积体发育，部分支沟纵坡降大，沟道顺直，沟道中下游为居民聚集集中区，而且内有大量地质灾害现象点以及丰富的沟道堆积物源与岸坡侵蚀物源，如沟道 N16、N17 和主沟道弯折拐弯处发育的两处滑坡灾害等均对流域内居民的生命安全有着直接或间接的危害，尤其是沿沟道两岸以及主沟道沟口堆积区，应纳为重点防治区。

次重点防治区：沟道中上游居民点较少，偶有零星的崩滑物源或者薄层松散覆盖层，如沟道 N12 中游，N05 中上游发育的灾害点虽然对人类活动没有直接的影响，但是对于沟道泥石流的爆发提供了物源条件，并且部分小型崩滑体存在于流域居民出行的道路两侧，存在着较大的潜在威胁，应纳入次重点防治区。

一般防治区：为流域边界附近，几乎无人类活动，地质灾害不发育区段。

8.4.2　综合防治措施建议

根据洛高依达小流域内地质灾害的形成特征、危害形式、危害程度、发展趋势，泥石流防治总目标是减轻泥石流危险区范围内居民的生命财产安全，并为沟道两岸聚居点、沟口县城及社会经济发展创造良好的环境。建议对美姑县洛高依达小流域采取综合防治措施建议（表 8.6，图 8.10）。

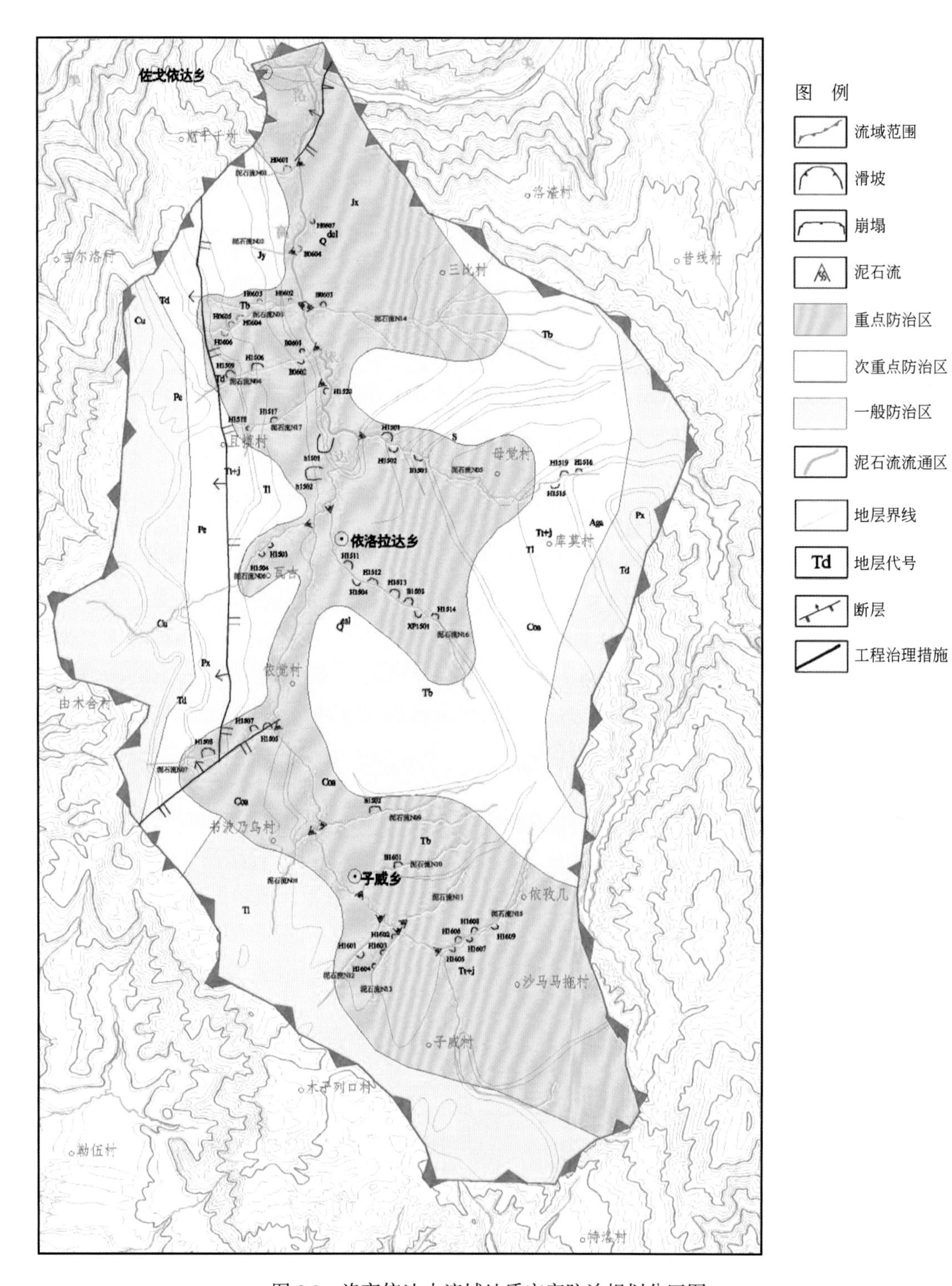

图 8.9 洛高依达小流域地质灾害防治规划分区图

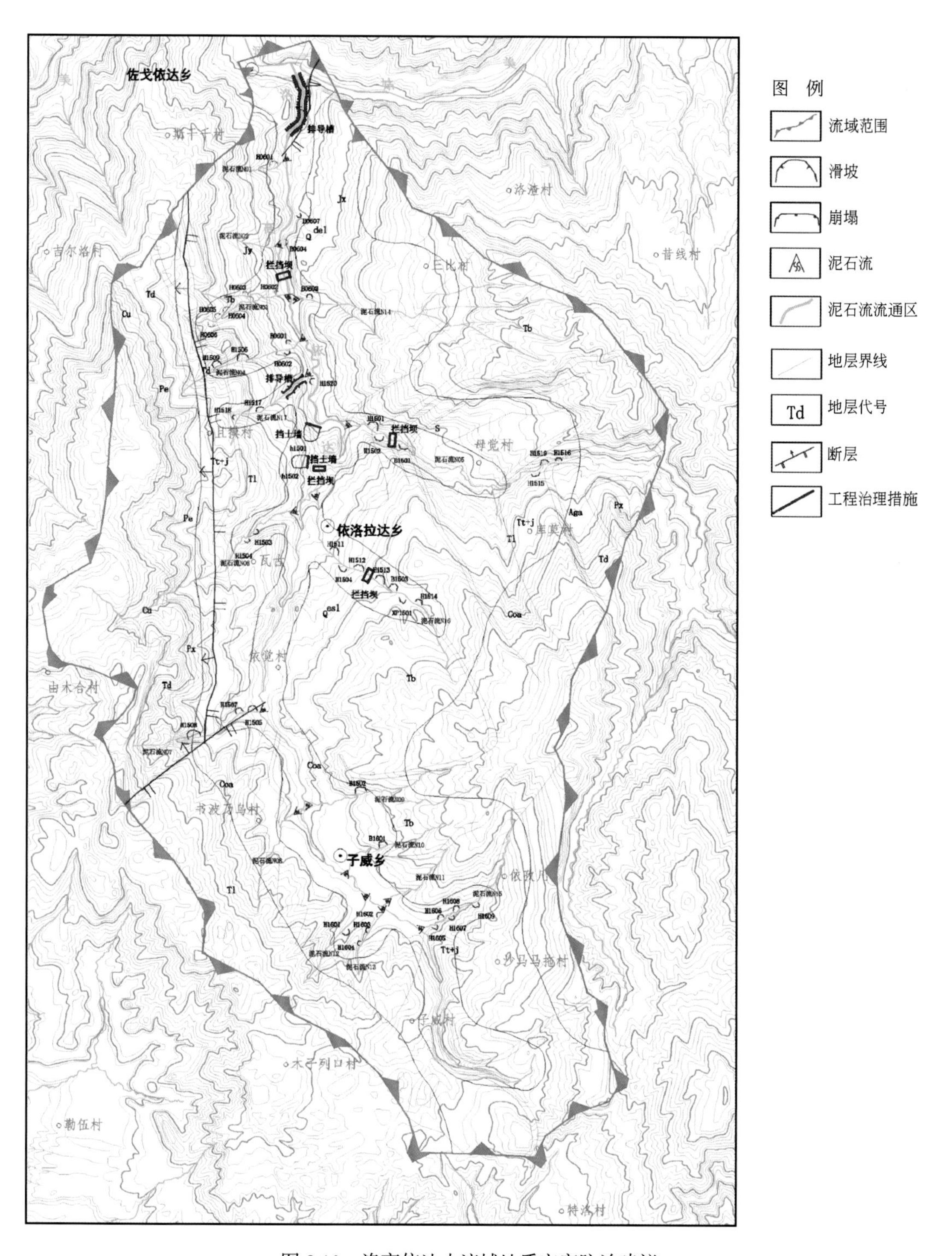

图 8.10　洛高依达小流域地质灾害防治建议

表 8.6　洛高依达小流域地质灾害防治措施表

序号	灾害点名称	灾害类型	经度	纬度	防治措施	防治方案
1	依洛拉达乡且莫村 2 组吉侯果果屋前滑坡	滑坡	103°03′10″	28°16′09″	监测预警	
2	依洛拉达乡且莫村 2 组滑坡	滑坡	103°03′20″	28°15′56″	排危除险	挡土墙
3	依洛拉达乡尔合村 1 组泥石流	泥石流	103°03′24″	28°15′27″	工程治理	拦挡坝 + 排导槽
4	依洛拉达乡且莫村 5 组泥石流	泥石流	103°02′24″	28°16′02″	工程治理	排导槽

洛高依达沟下游流通堆积区沟道受人类工程活动影响较大，沟道一般深 2 ～ 5m，宽度 20 ～ 150m，沟道堵塞程度中等，沟口段与主河呈迎向相交，总体排导条件较差，若爆发泥石流将危及堆积扇区两侧居民聚集区，但沟道走向总体上较为顺直，且在清理沟道的前提下修建排导工程的条件总体上也较好。

据此，对于区域建议防治方案为：

（1）对两处滑坡灾害采取合理布置挡墙，坡体上加设多段排水槽，指定人员按时监测滑坡变形迹象，并提前规划好避灾路线，避免坡体后缘人工扰动的影响。

（2）支沟 N03，N13，N15，N16 下游应及时采取沟道清淤，植树造林等措施，加强监测；支沟 N05、依洛拉达乡流域，主沟（N03 沟口北侧和滑坡 h1502 右侧）布置 4 座拦挡坝，两段排导槽，起到稳拦物源和削峰减流的作用，减少到达洛高依达沟下段的固体物质量，降低泥石流容重，并调节下游泥石流洪峰流量，减轻下游排导槽的压力段；

（3）在支沟 N17、流域沟口主河道处以及主河道沟口段上部修建排导槽还规整沟槽断面，减小弯道曲率，将拦挡坝下游的泥石流物质顺畅地导入主河美姑河，保护流通堆积区右岸居民的安全；

（4）对于 N06，N07 沟段由于受到断层作用的影响，应对沟内堆积物进行及时的清淤，必要时在沟道低洼地段设置小型排导堤；

（5）对于主沟道下游段人类活动活跃，由于公路开挖，削坡建房向沟内倾倒了大量工程弃渣，多呈松散堆积状，应及时采取人工疏导清淤；

（6）对洛高依达流域采用专业监测进行防控，指派固定监测人员按时观察灾害点情况，并提前规划好撤离路线，将流域内居民纳入群测群防体系，以便在极端条件下能够有效地应对地质灾害，减小对人类生命安全的威胁。

第 9 章　美姑县城驻地巴普镇地质灾害调查评价

巴普镇场镇为美姑县政府驻地，地理位置位于 103°6′1.13″～103°8′40.02″E，28°18′51.93″～28°20′40.76″N，场镇位于美姑河左岸古（老）滑坡堆积体上，呈 NE 向展布，长约 4.0km，宽约 1.55km，场镇建成区及规划区面积 $6.2km^2$。巴普镇场镇现状对外交通主要依托省道 103 线（成美路）和县道屏美路，县城环城路修通后主要过境交通基本走环城路通过，大大缓解了过境交通对城市交通的干扰。

基于地面调查和遥感影像数据，在查清巴普镇地质灾害发育现状的基础上，重点开展了大比例尺的地质灾害易发性及危险性分区评价，制定了巴普镇地质灾害防治规划，为县城区城镇化建设和城市规划精准服务。

9.1　地质灾害发育特征

根据收集资料分析和野外调查，场镇内共发育地质灾害点 10 处，其中滑坡 7 处、崩塌 2 处、泥石流 1 处（表 9.1）。

表 9.1　巴普镇地质灾害基本情况表

序号	灾害编号	名称	类型	规模 /10^4m^3	威胁对象
1	No.001	巴普镇城南滑坡	滑坡	72	聚居区
2	No.002	巴普镇俄普村 3 组滑坡	滑坡	2.4	分散农户
3	No.003	巴普镇巴普村 2、5 组滑坡	滑坡	5	聚居区
4	No.004	巴普镇峨普村 1 组滑坡	滑坡	0.3	分散农户
5	No.005	巴普镇蓄科所附近滑坡	滑坡	3.18	聚居区
6	No.006	巴普镇俄普村 3 组变电站滑坡	滑坡	1.3	聚居区
7	No.007	省道 103 沿线 1# 崩塌	崩塌	0.5	省道
8	No.008	省道 103 沿线 2# 崩塌	崩塌	1.2	省道
9	No.009	省道 103 沿线 1# 滑坡	滑坡	10	省道
10	No.015	巴普镇峨普村 3 组泥石流	泥石流	1.4	分散农户

地质灾害在巴普镇场镇内分布具有特殊性，大多分布在公路沿线如省 103 和环城公路，并且不同的灾种在空间上分布特征各不相同，滑坡地质灾害主要集中分布在环城公路沿线，巴普镇北侧东侧一带，而崩塌主要分布在省 103 沿线，巴普镇南侧一带，泥石流主要分布

于城南沟一带。地质灾害发育分布受岩性、风化影响，但受人类工程活动影响最大，场区内的地质灾害与人类工程活动密不可分。

适宜的地形坡度是地质灾害发育的前提条件，也是滑坡、崩塌等地质灾害发育类型的控制性因素之一，根据调查资料统计显示，滑坡发生的斜坡坡度一般为 20° ～ 40°，在 30° 左右的斜坡最为发育，而崩塌发生的斜坡坡度一般为 40° 以上，以坡度处于 60° ～ 80° 的斜坡最多；各灾种的分布在地形坡度上的相对集中性与其运动特征密切相关，滑坡的运动方式以水平运动为主，水平位移大于垂直位移，而崩塌的运动方式以垂直运动为主，垂直位移大于水平位移，因此，坡度在 20° ～ 50° 的斜坡体上有利于滑坡的发育分布，坡度在 50° 以上的陡崖有利于崩塌（危岩）的发育分布（图 9.1）。

图 9.1　美姑县巴普镇地灾分布图

9.1.1　滑坡

滑坡是巴普镇内最主要的地质灾害类型，占 70%。典型的滑坡点如城南滑坡、蓄科所滑坡、巴普村 2、5 组滑坡等，滑坡地质灾害与区内人民的生产生活息息相关；滑坡的发育分布具有明显的分带性，主要分布于环城公路沿线，该区域主要分布以三叠系白果湾组砂泥岩互层为主的地层是滑坡的物质基础，其间的组合关系不同，控制了滑坡的发育，同时在很大程度上制约其活动方式和规模。

场区内共发育 7 处滑坡，其中中型 1 处，威胁 29 户 91 人，威胁资产 1000 万，其余 6 处均为小型。7 处滑坡均为土质滑坡。土质滑坡体组成物质多为块石土、碎石土、角砾土、粉质黏土夹角砾、粉土等，其成因多为崩坡积、残坡积或古滑坡堆积，结构较松散。

按滑坡运动形式划分为牵引式、推移式。由于前缘失去支撑而产生的滑坡为牵引式滑坡，一般形成多级滑动；由中后部启动形成的滑坡为推移式滑坡，一般形成整体滑动；场区内滑坡均为牵引式滑坡，皆因修建公路开挖坡脚造成临空而产生滑动。

根据滑坡发生时间，将滑坡划分为古滑坡、老滑坡和新滑坡三类。全新世以前发生滑动、现今整体稳定的滑坡称之为古滑坡；全新世以来发生滑动、现今整体稳定的滑坡称之为老滑坡；现今正在发生滑动的滑坡称之为新滑坡（现代滑坡）。本次调查的滑坡有 1 处为老滑坡（目前局部出现活动），其余均属新滑坡，现今多在持续发生变形。

按诱发滑坡的主要因素可划分为自然滑坡和人类诱发滑坡，后者又细分为工程复活滑坡和工程诱发新滑坡。调查场镇内滑坡基本以人类诱发滑坡为主，人类工程滑坡包括公路开挖工程及城镇建设活动和人类灌溉诱发，滑坡的发生是多种因素共同作用的结果；如美姑县城南滑坡，由于修建省道 103 线及美姑县环城路，对滑坡堆积体前缘及中部进行了切坡，后出现整体滑动。

滑坡按滑体（最大）厚度划分为浅层滑坡、中层滑坡、深层滑坡三类。依据地面测绘及部分勘查点资料统计（表 9.2），滑坡体厚度一般 5 ～ 10m，多数属浅层滑坡。浅层滑坡（厚度＜ 10m）5 处，占总数的 71.4%、中层滑坡（厚 10 ～ 25m）2 处，占总数的 28.6%、深层滑坡（厚＞ 25m）0 处。

表 9.2　滑体厚度统计表

类型	划分标准	数量 / 处	比例 /%
滑体厚度 /m	浅层（＜ 10m）	5	71.4
	中层（10 ～ 25m）	2	28.6
	深层（＞ 25m）	0	0
	合计	7	100

按滑坡平面形态划分，场镇内滑坡多呈半圆形和舌形，矩形相对较少（表 9.3）。半圆形如巴普镇俄普村 3 组滑坡、巴普镇峨普村 1 组滑坡等，舌形如巴普镇城南滑坡、巴普镇蓄科所附近滑坡等，矩形如巴普镇巴普村 2 组、5 组滑坡等。

表 9.3　场镇内滑坡形态统计表

滑坡形态	滑坡数量	百分比 /%
半圆形	4	57.1
舌形	2	28.6
矩形	1	14.3

滑坡侧壁多形成剪切裂缝或错抬，部分滑坡两侧以冲沟为界。在滑坡两侧壁一般形成负地形，部分形成双沟同源的典型滑坡特征。

滑坡前缘一般位于坡脚、谷底或公路内侧。场镇内大量滑坡由公路削坡引起，造成斜坡前缘鼓胀，压迫公路或直接堆积在公路上。滑坡前缘临空面地形坡度相对较陡，尤其处于变形阶段的滑坡最明显，而滑动后趋于稳定的滑坡其前缘一般较平缓。

场镇内滑坡表部特征主要有冲沟、错抬、马刀树、电杆歪斜等，活动滑坡表面局部无植被覆盖，特征明显。

错台是由于多级滑动形成的一种滑坡表部特征，主要出现在以牵引式滑动为主的滑坡中后部，错台高度数十厘米至数米不等，延伸长度数米至数十米，坡度一般 60° ～ 90°，与滑动方向垂直。错台底部多有拉张裂缝发育，马刀树是活动滑坡的显著特征。

场镇内滑坡主要为残坡积、崩坡积滑坡，滑体物质多为块石土、碎石土，少量为角砾土、含角砾黏性土等，结构较松散，多具有架空现象，滑坡体厚度一般 5 ～ 20m，多数属浅层 - 中层滑坡。滑体土一般不含水，深部土体湿度相对较高，在降雨期间临时含水，松散块碎石土有利于降水入渗。淋滤作用使土岩界面上黏性土富集，成为（潜在）滑动带。场镇内大量滑坡滑动带（面）为松散土体与基岩接触面，滑带（面）坡度与滑坡地形坡度基本一致，一般 20° ～ 50°，占滑坡总数的 71.3%。区内大量滑坡主控因素为人类工程活动，滑坡呈多级或局部滑动，滑动带（面）不明显，勘探孔或探槽中也较难分辨。一般从物质组成、湿度、密实度等方面，结合裂缝及其他变形特征综合判定。

9.1.2　泥石流

由于研究区位于城镇内，泥石流灾害较发育，仅发育一条泥石流俄普村 3 组泥石流。俄普村泥石流发源于美姑县城西南部，沟域形态上大致呈矩形，沟域平均纵向长度 2.03km，平均宽度 0.5km，沟域面积 1.54km^2。沟流向由南东向北西，坡降 125‰ ～ 340‰，平均纵坡降 243‰。主沟沟谷形态较单一，总体横向上呈“U”型，为单沟，沟心高程在 1720 ～ 2100m。

据调查，泥石流第一次爆发于 2006 年，一次性固体冲出量约 0.4×10^4m^3。随着城南滑坡的治理，泥石流物源大大减少，仅为一些坡面松散物源，泥石流趋于逐渐稳定，且从 2006 年至今未发生过泥石流灾害。由此推断，俄普村 3 组泥石流目前处于衰退期，易发程度为低易发。该泥石流主要威胁堆积区内的 2 户 4 人，及省道 103 约 50m 长的道路行车安全，危险性小。

9.1.3　崩塌

巴普镇崩塌均为以岩质崩塌，按形成机理划分为倾倒式、滑移式、鼓胀式、拉裂式、错断式 5 种类型，研究区崩塌以倾倒式为主。崩塌运动形式多为崩落式和滚动式。

9.2　地质灾害易发性及危险性分区

9.2.1　地质灾害易发性分区

根据野外调查资料，依据地质灾害形成发育的地质环境条件、发育现状、人类工程活动与研究工作程度。分析研究地质灾害的发育特征，即灾种、分布、密度、规模、危害程度等以及控制地质灾害发育的主导因素的区域差异性，参考表 9.1 进行地质灾害易发程度区划分。

根据定性划分结果，并结合实际情况综合划分地质灾害易发区，将巴普镇重点场镇划分为高易发区、中易发区、低易发区三大类（图 9.2）。

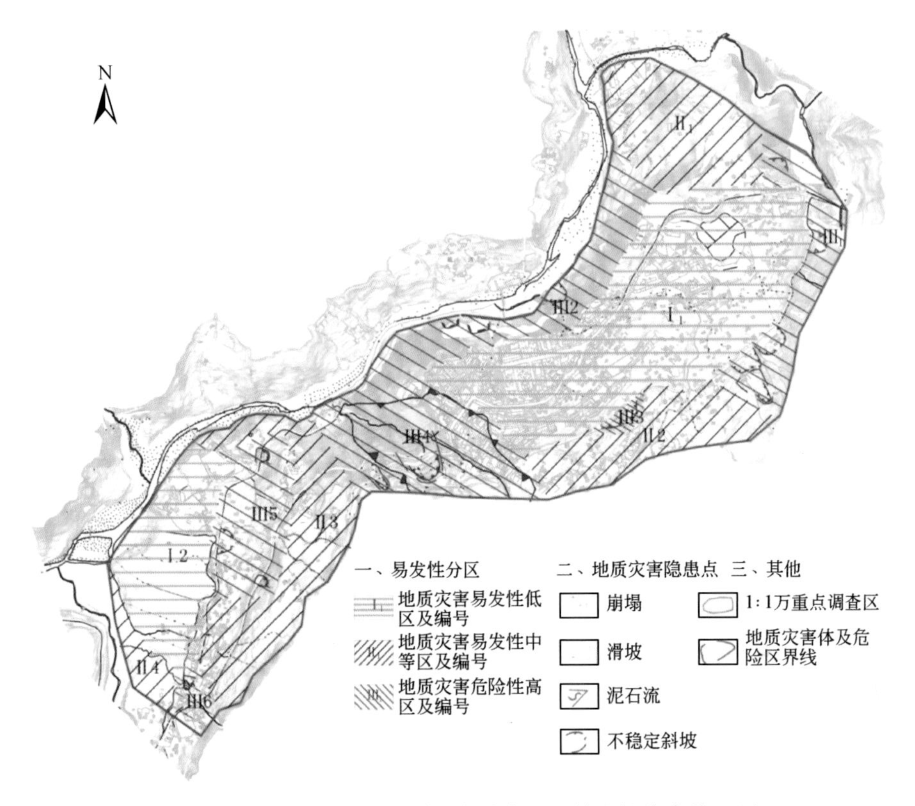

图 9.2　美姑县巴普镇地质灾害分布图及易发性综合分区图

1）地质灾害低易发区

巴普镇重点场镇地质灾害低易发区面积 2.6km^2，占整个规划区面积的 41.93%。Ⅰ$_1$ 区面积 1.4km^2，位于巴普镇重点场镇中部缓坡地带，该区为县政府所在地，建筑密集，人类工程活动较多，地灾灾害较少。Ⅰ$_2$ 区面积 1.2km^2，位于巴普镇下俄普村美姑河一级阶地上，地势平缓，表层植被主要为农作物，地质灾害不发育。

2）地质灾害中易发区

巴普镇重点场镇地质灾害中易发区面积 1.4km^2，占整个规划区面积的 22.58%。Ⅱ$_1$ 区面积 0.3km^2，位于巴普镇场镇北侧角，该处斜坡较为发育，坡度在 20°～30°，人类工程活动较少，地质灾害相对不发育。Ⅱ$_2$ 区面积 0.4km^2，位于巴普镇场镇南侧俄普村 1 组、2 组，该地整体坐落于斜坡上，坡度在 20°～50°，人类工程活动较多，局部地区因削坡建房、修建公路发生小型垮塌，地质灾害较为发育。Ⅱ$_3$ 区面积 0.6km^2，位于巴普镇场镇以南省 103 斜坡上，坡度在 40° 左右，人类工程活动较少，主要为省道 103 沿线的人类工程活动，地质灾害较不发育。Ⅱ$_4$ 区面积 0.1km^2，位于巴普镇场镇西侧美姑河河漫滩，该处岩性为第四系冲洪积物，以河卵石、砾石为主，人类工程活动较少，地质灾害较不发育。

3）地质灾害高易发区

巴普镇场镇地质灾害高易发区面积 2.2km^2，占整个规划区面积的 35.49%。Ⅲ-1 区面积 0.18km^2，位于环城公路南侧巴普村 2 组、5 组，该处斜坡发育，地层岩性以三叠系白果湾组砂泥岩为主，为易滑地层，地质灾害发育。Ⅲ-2 区面积 0.52km^2，位于巴普镇场镇北侧 103 沿线，该处斜坡高差近 200m，岩性以三叠系东川组石灰岩为主，多发生小型崩滑，地质灾害发育。Ⅲ-3 区面积 0.06km^2，位于巴普镇场镇北侧巴普村，该处地质灾害发育。Ⅲ-4 区面积 0.73km^2，位于巴普镇场镇城南沟，该处发育城南滑坡、蓄科所滑坡、俄普村 3 组泥石流，地质灾害发育。Ⅲ-5 区面积 0.24km^2，位于巴普镇西侧下俄普，该处发育俄普村 3 组滑坡、俄普村 1 组滑坡，地质灾害发育。Ⅲ-6 区面积 0.47km^2，位于巴普镇场镇最西侧，发育县城变电站滑坡。

9.2.2 地质灾害危险性综合分区

根据“区内相似，区际相异”的原则，采用定性和半定量分析法，对巴普镇规划区进行地质灾害危险性等级分区。地质灾害危险性分区依据见表 9.4 所列标准进行。

表 9.4　地质灾害危险性分区表

评价要素 / 危险性分级	地质环境条件复杂程度	地质灾害发育强度			地质灾害危害程度		
		危险性程度	灾害点密度	灾害点规模	受威胁对象		潜在经济损失
					工程或建筑物	人数	
危险性高	复杂－中等	大	大－中等	大－中等	城镇或主体建筑	30 人以上	1000 万元以上
危险性中	中等－简单	中等－小	大－中等	大－中等	集中居民区或附属建筑物	3 ～ 30 人	100 万～ 1000 万元
危险性低	简单	小	小	小	分散居民区或无其他建筑	3 人以下	100 万元以下

遵照表 9.4 的原则，对场镇进行危险性划分（图 9.3）。

1）危险性低区

地质灾害危险性低区包括：Ⅰ$_1$ 位于巴普镇中心区，为镇政府所在地，是巴普镇政治、经济、文化最发达的地区，面积 2.1km^2，占全场镇的 33.8%，该区地势平缓，整体坡度 10° 左右，地质灾不发育；Ⅰ$_2$ 位于巴普镇场镇西南侧下俄普区，地势平坦，临近美姑河，面积 0.72km^2，占全场镇的 11.6%，少有地质灾害发育。

2）危险性中区

地质灾害危险性中区包括：Ⅱ$_1$ 位于巴普镇场镇最北侧，临近美姑河，面积 0.81km^2，占场镇规划区的 13.06%，该区域地势较为平缓，斜坡较少，受地质灾害威胁较小。Ⅱ$_2$ 位于巴普镇场镇南侧环城公路沿线，面积 0.41km^2，占场镇规划区的 6.6%，该处斜坡发育，坡度在 20° ～ 40°，表层为第四系松散堆积物，以碎石土为主，下伏基岩为白果湾组砂泥岩，虽然该区域地势高陡，地质灾害较发育，但该区域极少有人居住，所以为危险性中区。

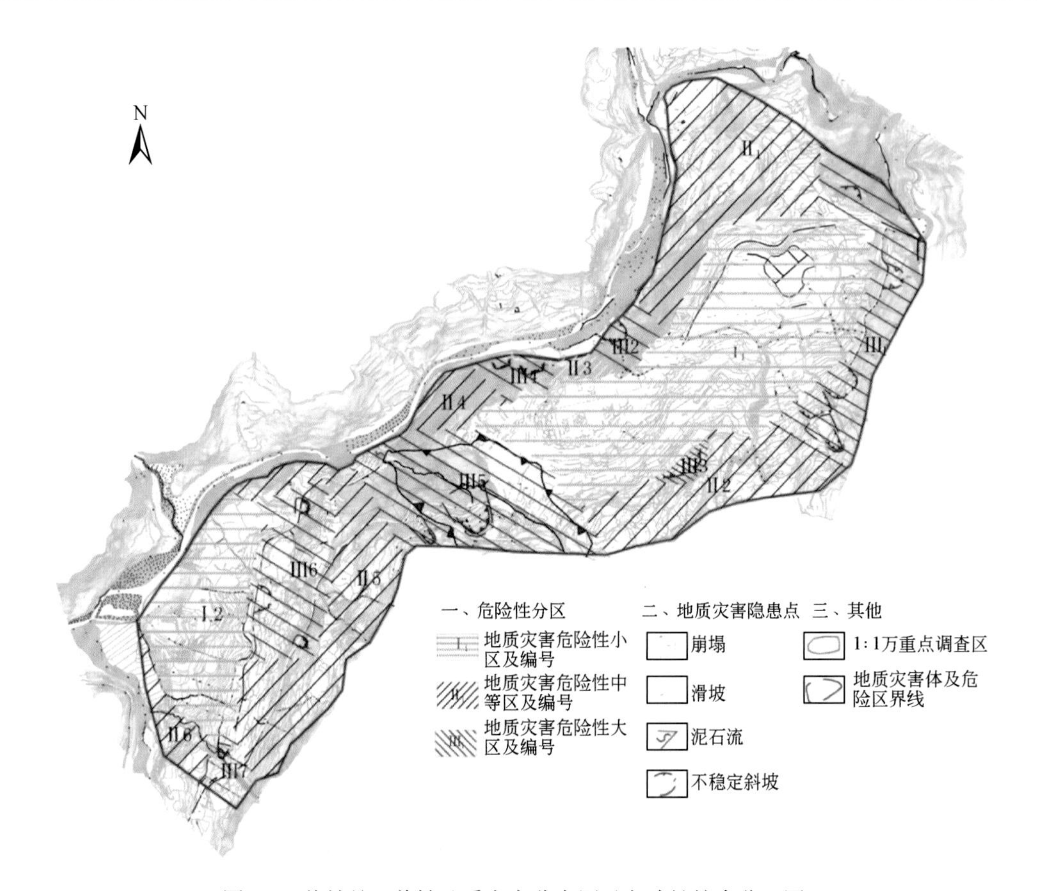

图 9.3　美姑县巴普镇地质灾害分布图及危险性综合分区图

Ⅱ $_{3\text{—}4}$ 位于巴普镇场镇北侧，临近美姑河，面积 0.18km^2，占场镇规划区的 2.9%，该区域公路沿线发育高陡边坡，高差近 200m，岩性以三叠系东川组石灰岩为主，由于该区岩体较稳定，所以为危险性中区。Ⅱ $_{5\text{—}6}$ 位于巴普镇西南侧下俄普村，临近美姑河，地势平坦，面积 0.62km^2，占场镇规划区的 10%，该区域极少有地质灾害发生，为危险性中区。

3）危险性高区

地质灾害危险性高区包括：Ⅲ $_1$ 位于巴普镇场镇南侧环城公路沿线，面积 0.82km^2，占场镇规划区的 13.2%，该处斜坡发育，坡度在 20° ～ 40°，表层为第四系松散堆积物，以碎石土为主，下伏基岩为白果湾组砂泥岩，易发生滑坡崩塌等地质灾害。Ⅲ $_{2\text{—}4}$ 位于巴普镇场镇北侧，临近美姑河，面积 0.16km^2，占场镇规划区的 2.4%，该区域公路沿线发育高陡边坡，高差近 200m，岩性以三叠系东川组石灰岩为主，岩性较为破碎，易发生滑坡崩塌地质灾害。Ⅲ $_5$ 位于场镇城南沟附近，面积 0.73km^2，占场镇规划区的 11.93%，该区域表层为第四系松散堆积物，以碎石土为主，下伏为三叠系东川组石灰岩，该区发育地质灾害有俄普村 3 组泥石流、城南滑坡、畜科所滑坡，对巴普镇形成巨大威胁。Ⅲ $_{6\text{—}7}$ 位于下俄普区，该处位于斜坡体上，坡度在 20° ～ 30°，面积 0.48km^2，占场镇规划区的 7.74%，该区域发育有俄普村 1 组滑坡、俄普村 3 组滑坡，应划分为地质灾害危险性高区。

9.3　建设场地适宜性分区评估

根据评估技术要求，工程建设适宜性定性分级表见表9.5。巴普镇建设场地适宜性采取定性为主、半定量为辅的评估方法（表9.6），依据地质灾害危险性、防治难度和防治效益，对建设场地的适宜性做出评估。评估主要指标为与地质灾害危险区的关系（A）、地质灾害治理可行性（B）、地质环境中发生潜在地质灾害的可能性（C）3个。对受现状地质灾害影响的规划建设区域的适宜性级别划分应同时满足A、B两个指标的要求，对现状未发现地质灾害，但从规划区所处地质环境分析，可能遭受潜在地质灾害影响的按照C指标进行评估。

表9.5　工程建设适宜性定性评估表

级别	分级说明
适宜	地质环境复杂程度简单，工程建设遭受地质灾害的可能性小，引发、加剧地质灾害的可能性小，危险性小，易于处理
基本适宜	不良地质现象较发育，地质构造、地层岩性变化较大，工程建设遭受地质灾害危害的可能性中等，引发、加剧地质灾害的可能性中等，危险性中等，但可采取措施予以处理
适宜性差	地质灾害发育剧烈，地质构造复杂，软弱结构层发育区，工程建设遭受地质灾害危害的可能性大，引发、加剧地质灾害的可能性大，危险性大，防治难度大

表9.6　规划区工程建设适宜性分级评估指标表

级别	与地质灾害危险区的关系（A）	地质灾害治理可行性（B）	地质环境中发生潜在地质灾害的可能性（C）
适宜区	处于地质灾害危险区以外的区域		地形平缓，远离高陡斜坡或泥石流沟道，遭受新发生地质灾害的可能性小
基本适宜区	处于地质灾害危险区以内的区域	技术上可以通过工程治理消除地质灾害的危害，治理费用基本合理	临近高陡斜坡或泥石流沟道，但斜坡稳定性好、泥石流沟已得到有效治理，遭受新发生地质灾害的可能性中等
适宜性差区	处于地质灾害危险区以内的区域	技术上通过工程治理消除地质灾害的危害难度较大或投入的治理费用与保护的土地及工程的价值比例不尽合理	临近高陡斜坡或泥石流沟道，但斜坡稳定性差、泥石流沟未已得到有效治理，遭受新发生地质灾害的可能性大

根据巴普镇总体规划图与已经建成城区图，经评估其适宜区面积为2.6km^2，占总面积41.93%；基本适宜区面积为2.1km^2，占总面积的33.8%，适应区差面积为1.5km^2，占总面积24.2%。

适宜区范围可直接进行规划和城市恢复重建。基本适宜区因受地质灾害的威胁或影响，必须对地质灾害进行勘察以确定是否需要治理，对确需治理的地质灾害要纳入场镇恢复重建同时规划、同步治理，适宜性差区无法进行规划（图9.4）。

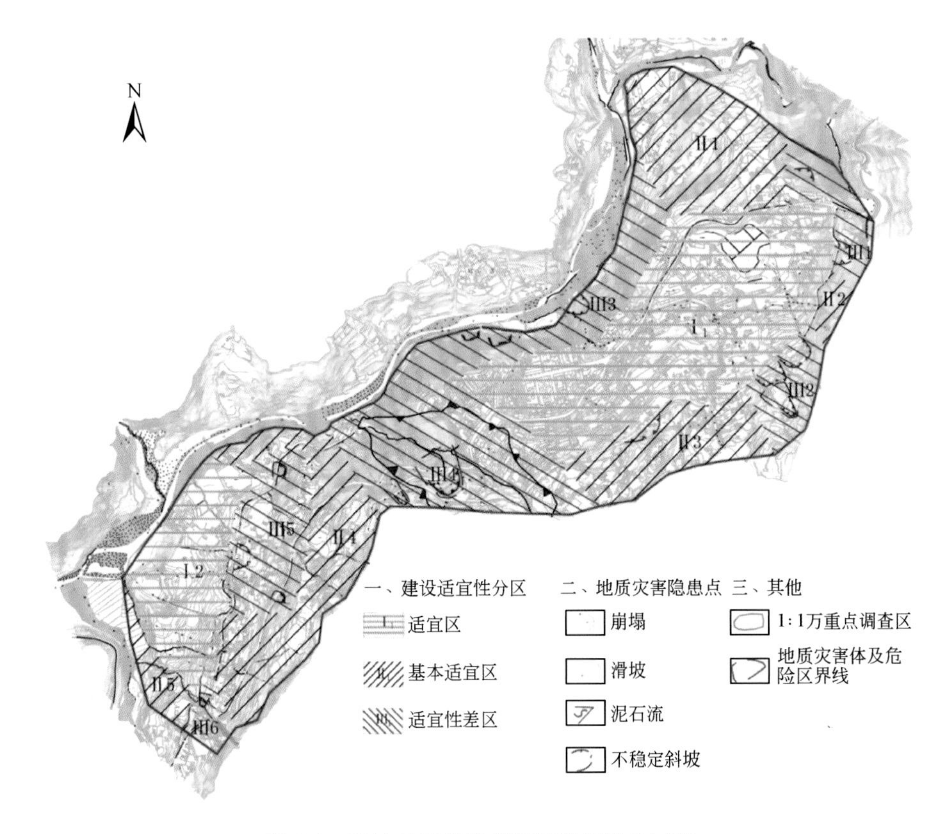

图 9.4　美姑县巴普镇规划区适宜性分区图

1）适宜区

适宜区主要包括：Ⅰ$_1$美姑县巴普镇政府所在地，位于巴普镇场镇中心，是巴普镇政治、经济、文化最发达的地区。该区面积 1.8km^2，占场镇规划区的 29.3%，该区域微地貌为缓坡平台，整体坡度约 10°，基本不受地质灾害的威胁；Ⅰ$_2$下俄普村美姑河阶地区域，该区域地势平坦，目前未遭受地质灾害威胁，面积 0.8km^2，占场镇规划区的 12.9%，引发新生地质灾害的较小，因此划为适宜区。

2）基本适宜区

基本适宜区主要包括：Ⅱ$_1$位于巴普镇场镇最北侧，临近美姑河，面积 0.81km^2，占场镇规划区的 13.06%，该区域地势较为平缓，斜坡较少，受地质灾害威胁较小。Ⅱ$_{2-3}$位于巴普镇场镇南侧环城公路沿线，面积 0.41km^2，占场镇规划区的 6.6%，该处斜坡发育，坡度在 20° ～ 40°，表层为第四系松散堆积物，以碎石土为主，下优基岩为白果湾组砂泥岩，虽然该区域地势高陡，地质灾害较发育，但该区域极少有人居住，所以为基本适宜区。Ⅱ$_{4-5}$位于巴普镇西南侧下俄普村，临近美姑河，地势平坦，面积 0.62km^2，占场镇规划区的 10%，该区域极少有地质灾害发生，为基本适宜区。

3）适宜性差区

适宜性差区主要包括：Ⅲ$_1$适宜性差区主要位于城南沟泥石流汇水面积内的区域，该规划区受城南沟泥石流、蓄科所滑坡、城南滑坡等地质灾害危胁较大，在余震或强降雨下，可能发生大规模的地质灾害，整体危险性较大。因此将该片区划为适宜性差区。该区面积为 1.5km^2，占总面积的 24.2%。

9.4　巴普镇地质灾害防治规划

根据巴普镇场镇地质环境条件、人口及工程设施分布、地质灾害发育分布现状及危险性、地质灾害易发程度分区结果等进行地质灾害防治分区，划分为重点防治区、次重点防治区。分区突出以人为本、轻重缓急的指导思想，尽可能地减少地质灾害造成人员伤亡和财产损失，并结合地方经济发展现状及规划进行。把受地质灾害威胁较严重的城镇、人口集中区、大型工程区、主要交通干线、工矿企业等地区作为地质灾害重点防治区，多属地质灾害高易发区，部分中易发区；把地质灾害发育少、危险性较小、公共设施分布较少的地区作为地质灾害次重点防治区，多属地质灾害中易发区；对于无人区或少人区、工程活动少、海拔高的，地质灾害少发，危险性小的地区划为一般防治区，多属地质灾害低易发区。

巴普镇重点场镇地质灾害防治分区划分为重点防治区、次重点防治区两个区共 7 个亚区（图 9.5，表 9.7）。

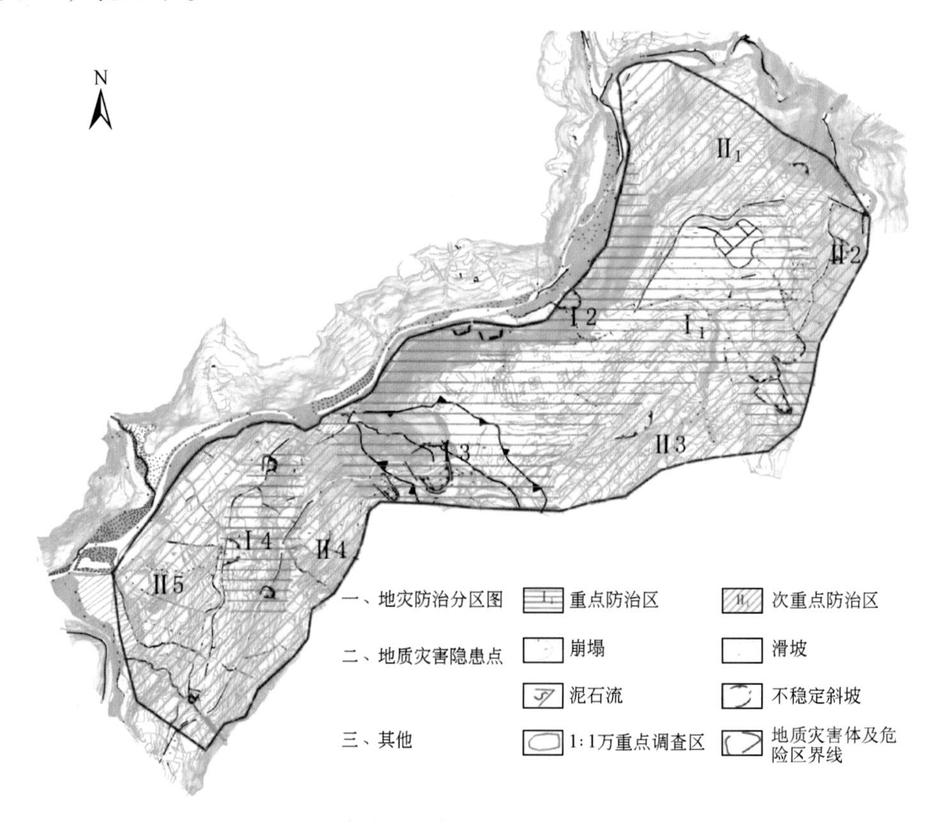

图 9.5　美姑县巴普镇地质灾害防治分区图

表 9.7 巴普镇重点场镇地质灾害防治区划说明表

防治区		分区说明
重点防治区Ⅰ	巴普镇政府驻地重点防治区I_{1}	位于巴普镇场镇中心，是巴普镇政治、经济、文化最发达的地区。该区面积1.8km^2，占场镇规划区的29.3%，该区域微地貌为缓坡平台，整体坡度约10°，因此区内人类工程活动强烈，多为修路间房，场镇建设中对地质环境条件改变较大，在建设过程中遭受地质灾害威胁的可能性较大，应作为地质灾害重点防治对象
	巴普镇场镇北侧省道103沿线重点防治区I_{2}	位于巴普镇场镇北侧，临近美姑河，面积0.61km^2，占场镇规划区的9.83%，该区域公路沿线发育高陡边坡，高差近200m，岩性以三叠系东川组石灰岩为主，近年由于省道103的扩建导致沿线的岩体卸荷裂隙发育，在后期风化作用下变得十分破碎，对沿线的行人、车辆造成巨大威胁，并且对下方的美姑河也形成巨大威胁，应作为地质灾害重点防治对象
	巴普镇城南重点防治区I_{3}	位于场镇城南沟附近，面积0.74km^2，占场镇规划区的11.93%，该区域表层为第四系松散堆积物，以碎石土为主，下覆为三叠系东川组石灰岩，该区发育地质灾害有俄普村3组泥石流、城南滑坡、畜科所滑坡，对巴普镇形成巨大威胁，应作为地质灾害重点防治对象
	巴普镇下俄普重点防治区I_{4}	位于巴普镇俄普村1组，该处位于斜坡体上，坡度在20°～30°，面积0.48km^2，占场镇规划区的7.74%，该区域发育有俄普村1组滑坡、俄普村3组滑坡，应作为地质灾害重点防治对象
次重点防治区Ⅱ	巴普镇场镇北侧次重点防治区II_{1}	位于巴普镇重点场镇北侧，临近美姑河，面积0.51km^2，占场镇规划区的8.21%，该区域地势较为平缓，斜坡较少，受地质灾害威胁较小
	巴普镇环城公路沿线次重点防治区II_{2-3}	位于巴普镇场镇南侧环城公路沿线，面积0.62km^2，占场镇规划区的10%，该处斜坡发育，坡度在20°～40°，表层为第四系松散堆积物，以碎石土为主，下覆基岩为白果湾组砂泥岩，虽然该区域地势高陡，地质灾害较发育，但该区域极少有人居住，所以为次重点放置区
	巴普镇城南次重点防治区防治区II_{4}	位于巴普镇城南沟以西，面积0.72km^2，占场镇规划区的11.61%，该处斜坡较发育，斜坡变成植被覆盖率高，地质灾害较少发育，受地质灾害威胁较小
	巴普镇下俄普次重点防治区II_{5}	位于巴普镇西南侧下俄普村，临近美姑河，地势平坦，面积0.62km^2，占场镇规划区的10%，该区域极少有地质灾害发生，为次重点防治区

第 10 章　美姑河流域斜坡稳定性评价

美姑河流域区内的崩塌、滑坡等地质灾害主要分布在美姑河、连渣洛河、井叶特西河和洛高依达河的河谷两岸，这些区域受美姑河断裂、美姑－洪溪断裂、三河断裂、尼普莫断裂等断裂影响较大，且人口相对集中，人类工程活动频繁。因此，开展全流域及上述河段斜坡稳定性评价可以为工程建设、公路规划、水利水电开发及防灾减灾提供可靠的地质依据。

10.1　斜坡结构类型划分

斜坡结构类型综合体现了变形体受控制的软弱结构面上的产出状况，组合形式以及临空条件，在很大程度上决定斜坡的变形方式和强度。一般斜坡结构类型划分可分为两级：第一级根据岩土体工程地质类型分类；第二级可根据物质组成和基岩层面倾向与地形坡向组和分类。研究区内斜坡结构有：土质斜坡与岩质斜坡结构，其中岩质斜坡结构可分为以粉砂岩、砂岩、峨眉山玄武岩等硬质岩石为主的硬质斜坡，以泥岩、页岩、煤层及各类互层等软质岩石为主的软质斜坡和软质、硬质岩石相间构成的软硬质相间斜坡。

10.1.1　根据岩土体工程地质分类

按照组成斜坡的岩土体工程地质性质，可将斜坡划分为四大类：

（1）土质斜坡：岩性以第四系松散堆积物为主，强度较低；研究区沟谷两岸斜坡高差普遍在300m左右，其表层大多为第四系残坡土，岩性主要为碎石土，含少量块石、黏土，一般厚度为 2 ～ 10m，多被开垦为农耕地。在斜坡较陡地区，则主要为牧草地或荒地。

（2）岩质斜坡：主要由碎屑岩、岩浆岩组成，岩性主要为：较软的泥岩、页岩、砂质泥岩、泥灰岩、泥岩页岩互层等；较坚硬的砂岩、粉砂岩、泥质砂岩等；坚硬的玄武岩、白云质灰岩等。

（3）崩、滑堆积体斜坡：斜坡主要为土质、岩质滑坡堆积物，或岩土混合体组成，为已经发生的崩塌、滑坡等地质灾害堆积而成，岩性多为碎、块石土。

（4）岩土复合斜坡：即下部为基岩，上覆松散堆积物的二元结构，堆积物厚度小于2m，以碎石土为主。

10.1.2　根据岩层倾向与坡向关系分类

岩质斜坡及岩土复合型斜坡，可根据基岩层面倾向与地形坡向组合关系可主要划分为以下 4 个亚类：

（1）顺向斜坡：岩层倾向与坡向夹角小于 60° 的斜坡类型。研究区北部沿美姑河和比尔河分别发育美姑河向斜和碧鸡山向斜，所以河谷两岸地层倾向均向河谷方向，表现为顺向斜坡，坡度约 25° ～ 40°，为该地区的主要斜坡结构类型（图 10.1），斜坡稳定相对较差。

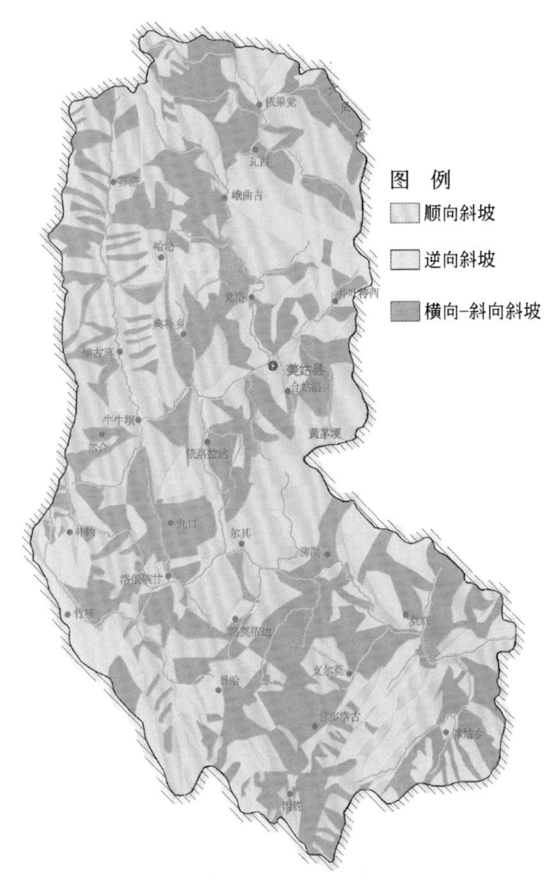

图 10.1　美姑河流域主要斜坡结构类型分布图

（2）横向斜坡：岩层倾向与坡向交角为于 60° ～ 120° 的斜坡类型。则普河发育有则普背斜，河谷右岸岩层倾向一般为 250° ～ 315°，倾角为 35° ～ 60°，河谷左岸岩层倾向为 10° ～ 90°，倾角为 10° ～ 37°，所以，河谷两岸均为横向斜坡，斜坡结构较稳定，地质灾害少发。

（3）逆向斜坡：岩层倾向与坡向交角大于 120° 的斜坡类型。比尔河右岸南部，由于地层构造活动强烈，褶皱发育，且岩层有明显倒转特征，斜坡主要表现为逆向斜坡，稳定良好，地质灾害发育很少。

（4）块状岩体斜坡：没有明显的层理构造，主要受节理控制的岩石斜坡类型。研究区南部和中部，地层多为二叠系下统玄武岩岩组，岩性为巨块状结构，岩质坚硬，抗风化作用较强，斜坡稳定性较强。但局部地区，如则普公路开挖段，玄武岩节理裂隙发育明显，受下挖临空面影响易发生崩塌等地质灾害。

美姑河、井叶特西河河、洛高依达河是境内 3 条主要河流，通过调查配合遥感解译成果，将上述河流的斜坡共划分为 53 段。其中，1 ～ 10 段、21 ～ 44 段分布于美姑河两岸，11 ～ 20 段分布于井叶特西河两岸，45 ～ 53 段分布于依洛拉达河两岸（表 10.1），流域斜坡结构类型所占比例及地层岩性见表 10.2。

表 10.1　美姑河及其主要支流斜坡分类表

主要斜坡类型及代号			斜坡段编号					
			美姑河		井叶特西河		依洛拉达	
			左岸	右岸	左岸	右岸	左岸	右岸
岩质岸坡 I	平缓层状（I-1）	倾内（I-1-1）	1					
		倾外（I-1-2）						
	顺向层状（I-2）	缓倾（I-2-1）	7、8、9、10					
		中倾（I-2-2）				20	52、53	48
		变角（I-2-3）	4					47
		陡倾（I-2-4）	3、40					49
	逆向层状（I-3）	缓倾（I-3-1）		21、22	14	17		
		中倾（I-3-2）		31、32、33、34、35			50	45、46
		陡倾（I-3-3）			11、12、13	18、19		
	斜向层状（I-4）	倾内（I-4-1）		23、24、25、26、27、29、36、37				
		倾外（I-4-2）	2、6、38、44					
	横向层状（I-5）		5、39、41	28				
土质岸坡 II	冲洪积（II-1）		43					
	崩坡积（II-2）			30		16		
	残坡积（II-3）		42		15		51	

表 10.2　美姑河流域斜坡结构类型所占比例及地层岩性

斜坡结构类型		所占比例 /%	主要地层及岩性
层状岩体	顺向斜坡	12.29	Pl、Py、Px、Td、Tt、Tj、Tl、Tb、Jy、Jx、Jn 砂岩、粉砂岩、泥岩、石灰岩、白云岩、黏土岩等。
	逆向斜坡	6.80	
	横向斜坡	22.69	
	斜向斜坡（同向）	19.06	
	斜向斜坡（逆向）	13.26	
块状岩体		22.17	（Pem）峨眉山玄武岩
松散土体斜坡		3.74	冲洪积、坡残积、崩坡积块石土、碎石土、角砾土、含角砾粉质黏土、漂卵石土、泥砾卵石等。

通过河谷区的剖面研究发现，美姑河上游和下游河流的切割深度和河谷形态有明显差别，上游为“U”型宽谷（坡度缓），下游为“V”型深谷（陡峭峡谷区），上下游的河谷区两侧主要为顺向坡，河谷区为向斜河谷，河谷与褶皱横剖面的地层弯曲方向相同，属于典型的顺构造地貌区（coincident tectonic landform），其指示地貌形成的初级阶段（即青壮年期）（Davis，1973），与地貌发育晚期的逆构造地貌（向斜成山，背斜成谷）明显不同（田明中等，2009）。在顺构造地貌控制下，南北向褶皱、断裂控制形成了南北向的深切沟谷，而近 EW 向主要为短沟谷和张裂隙。

整个流域北段的深切河谷为西侧的连渣洛河和中部的美姑河，从剖面上看，美姑河河谷区为托木向斜区，连渣洛河河谷区为美姑河向斜位置；东侧的美姑河至大风顶一带的山区为斯依阿莫倒转背斜分布区；美姑河与连渣洛河之间的山区为苏堡背斜、石干普背斜以及其中部的三河向斜，但该向斜被尔马洛西断层破坏；连渣洛河西侧的山脉则受火足门热口断裂的逆冲控制。平面上西侧的连渣洛河和美姑河牛牛坝—美姑大桥段基本与美姑河向斜及美姑河断裂一致，表明了美姑河向斜控制了连渣洛河和美姑河中段的发育；美姑河上游别拖依打至美姑县城段，美姑河河床基本与洪溪 - 美姑断裂重合，显示了断裂控制了河谷的发育；洪溪附近的挖依觉断层与美姑河上游部分河段吻合度较高，县城附近的三河断裂南西段与美姑河河床近于一致，北东段与左岸支流天喜拉打吻合度极高，均体现了断裂对河流的控制作用（图 10.2 ～图 10.6）。

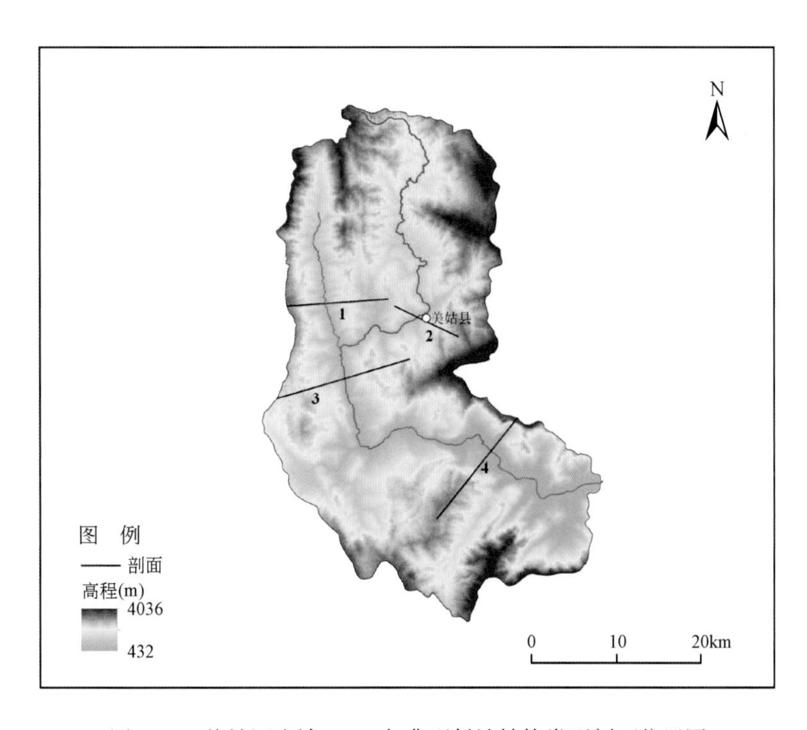

图 10.2　美姑河流域 DEM 与典型斜坡结构类型剖面位置图

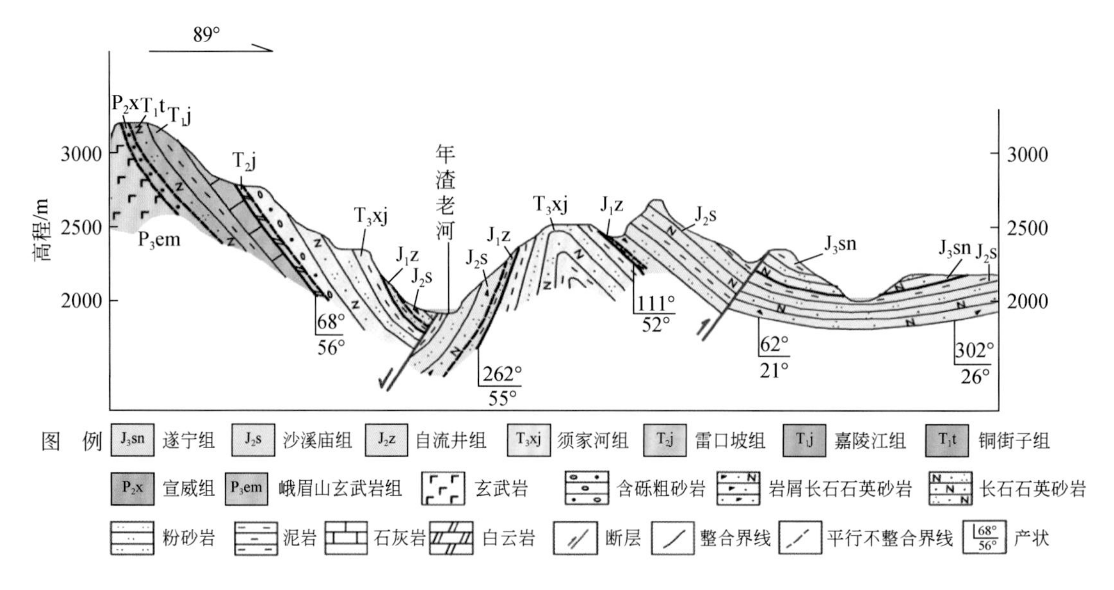

图 10.3　美姑河支流连渣洛河河谷区顺向坡

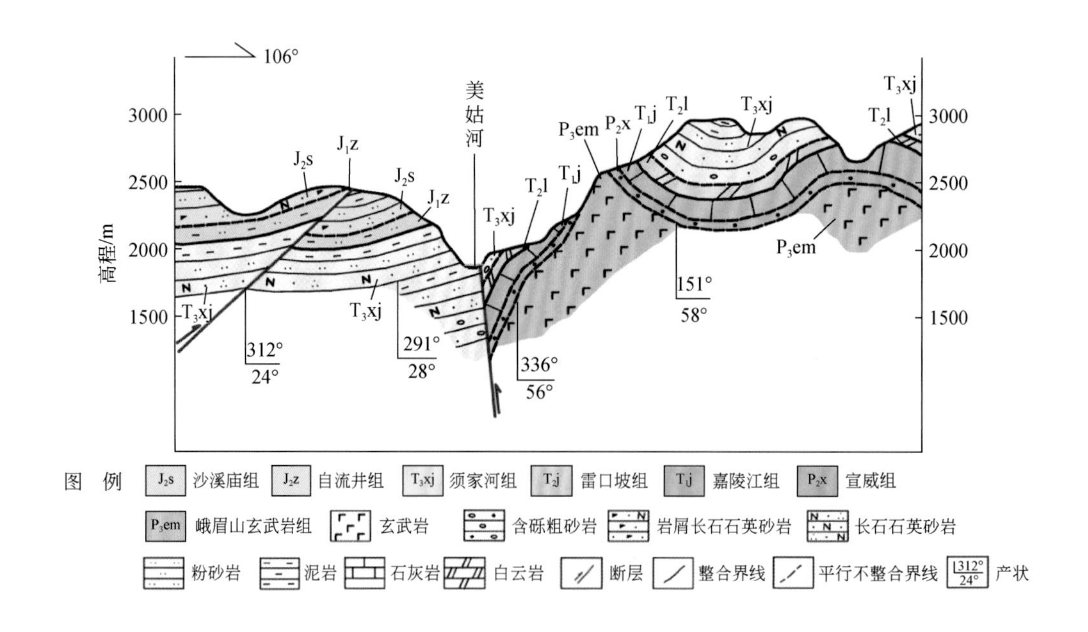

图 10.4　美姑河上游巴普镇段顺向坡

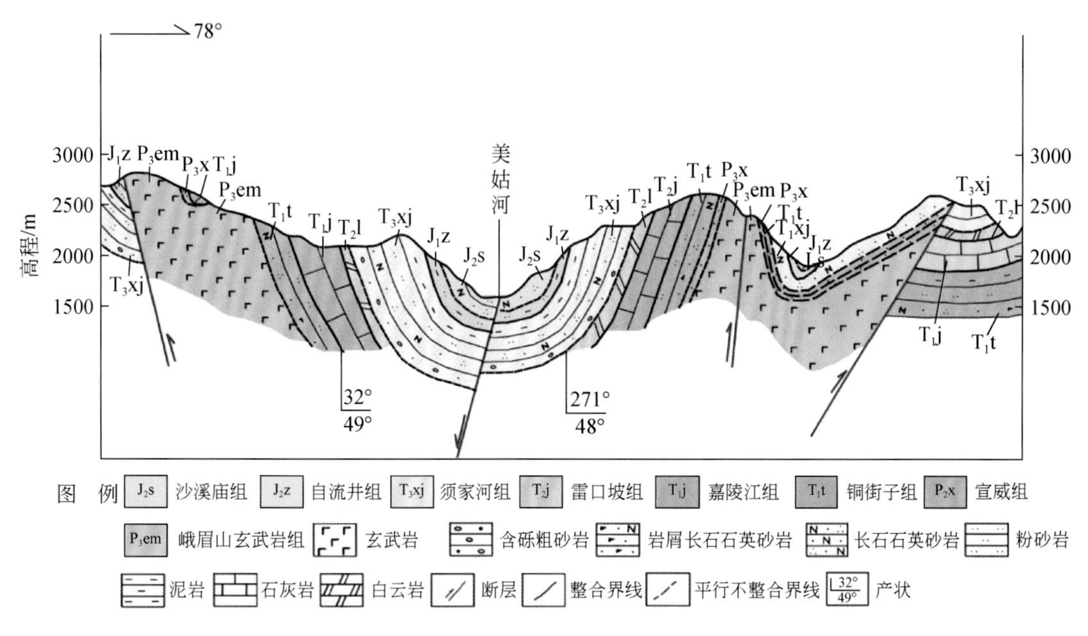

图 10.5　美姑河干流中游段顺向坡

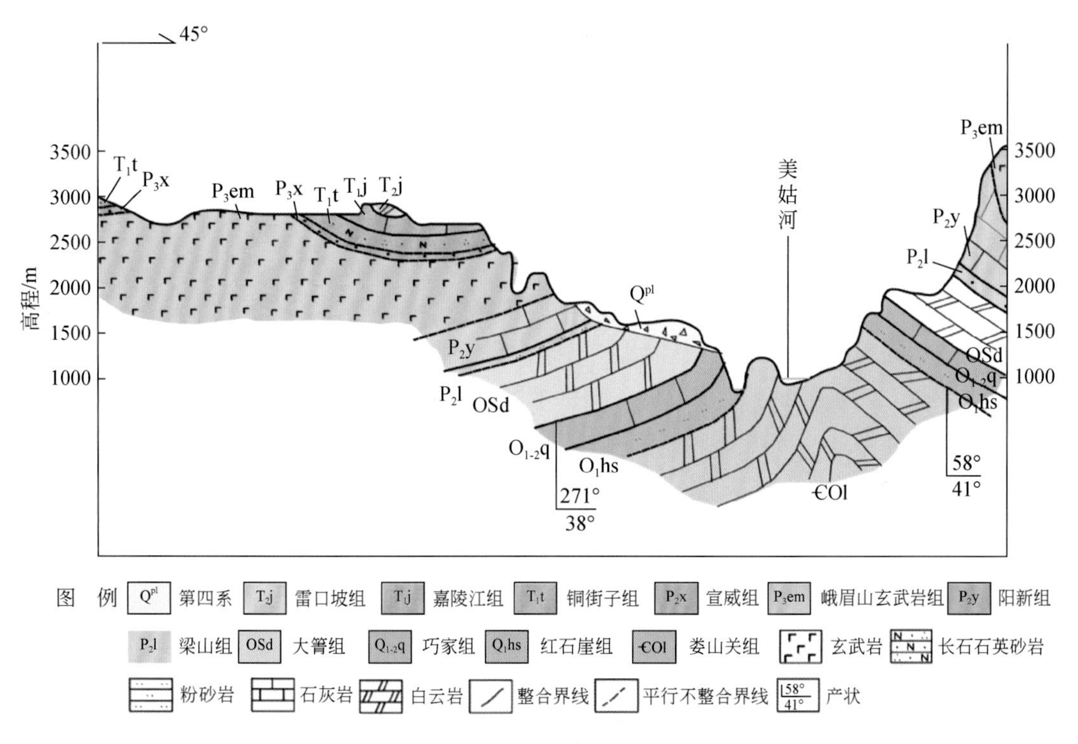

图 10.6　美姑河干流下游段河谷区反向坡

10.2 斜坡稳定性评价

10.2.1 斜坡稳定性分级

根据斜坡类型，崩塌、滑坡的形成条件、诱发因素以及稳定状态和发展趋势，建立斜坡稳定性的评价模式，对斜坡稳定性进行评价，区内斜坡稳定性按稳定性好、稳定性较好、稳定性较差、稳定性差 4 个级别来划分。

1）稳定性好

库岸稳定性良好，不具备产生较大崩塌、滑坡的岩土类结构条件，已有的变形破坏现象很少，而且规模极小，变形破坏程度轻微，没有近期发生的变形破坏迹象。现状和未来也不易产生明显有危害的斜坡破坏事件。

2）稳定性较好

已有的变形破坏程度中等，现无明显的变形破坏迹象，斜坡总体是稳定的，仅局部可具备产生崩塌、滑坡的岩土类结构条件，但不会产生较大危害的斜坡变形破坏事件。

3）稳定性较差

具备形成规模较小的崩塌、滑坡之岩土类结构条件，目前局部有明显的变形破坏迹象，一定条件下斜坡有可能发生具有较大危害的变形破坏事件。

4）稳定性差

普遍具有产生较大崩塌、滑坡的岩土类结构条件，已有变形破坏程度强烈，目前也有显著的变形破坏。

不同类型的斜坡可以是同一稳定性级别，同一类型的不同岸段，由于变形破坏典型程度不同，稳定性也可略有差异。岩质斜坡主要从岩性、斜坡结构类型、地形坡度、地质构造、新构造运动与地震、人类工程活动、降雨量、斜坡变形破坏情况等方面进行评价。土质斜坡主要从土体密实度、土体厚度、地形坡度、斜坡结构类型、新构造运动与地震、人类工程活动、降雨量、斜坡变形破坏情况等方面进行评价。

10.2.2 斜坡稳定性分区评价

本次评价美姑河及支流（井叶特西河、洛高依达河）53 段 110.74km，受美姑 - 洪溪断裂、尼普莫断裂、三河断裂及拖木向斜影响，美姑河（美姑县城—峨曲古段）左岸、洛高依达河中山游、井叶特西河上游边坡稳定性差，美姑河（美姑县城—峨曲古段）右岸、美姑河（县城—牛牛坝段）、井叶特西河中下游两侧斜坡整体稳定性相对较好（表 10.3，图 10.7）。

表 10.3　美姑河上游段斜坡稳定性评价结果统计表

岸坡		稳定性				
		好	较好	较差	差	小计
美姑河	数量 / 段	6	9	7	12	34
	长度 /km	13.69	20.22	12.11	25.12	71.14
井叶特西河	数量 / 段	2	4	1	3	10
	长度 /km	4.49	9.31	2.42	7.09	23.31
依洛拉达河	数量 / 段	1	1	4	3	9
	长度 /km	1.61	1.83	6.97	5.88	16.29
合计	数量 / 段	9	14	12	18	53
	长度 /km	19.79	31.36	21.5	38.09	110.74

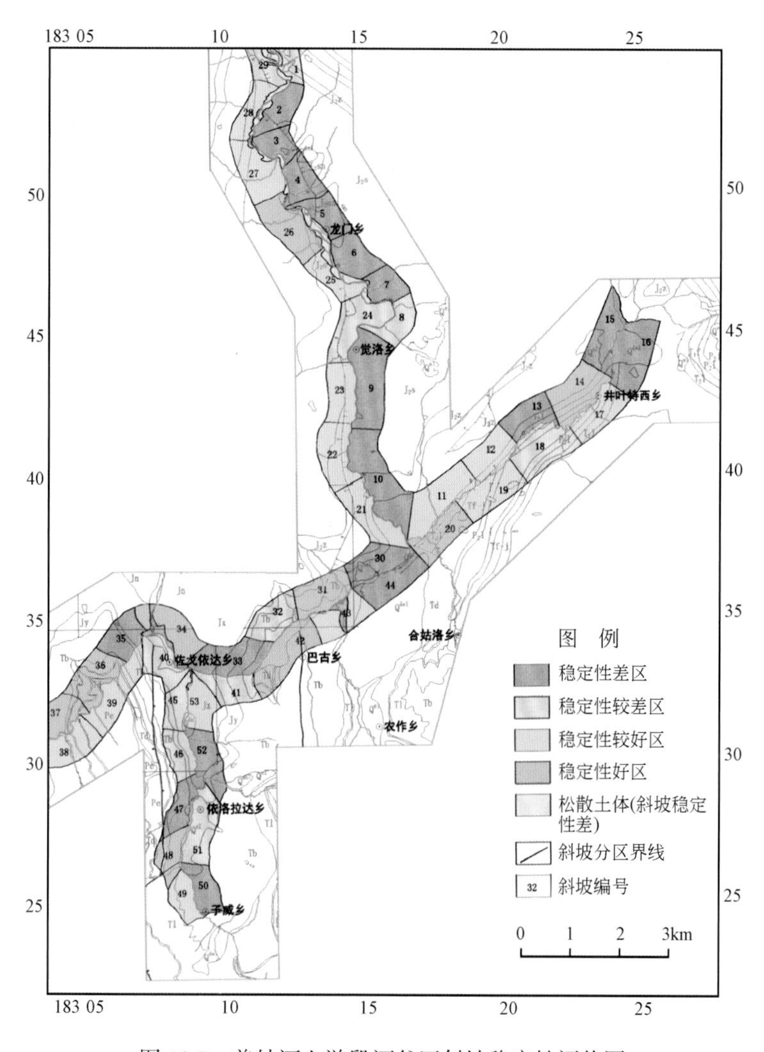

图 10.7　美姑河上游段河谷区斜坡稳定性评价图

第 11 章　无人机倾斜摄影测量与地质灾害三维建模新技术示范

11.1　无人飞行器应用现状

11.1.1　国内外应用现状

无人飞行器近年来应用已逐渐广泛，上到军事行动，下到物流快递，各式各类的无人飞行器使用已涉及了各个行业的各种应用层面。

目前，国外无人飞行器的应用已在城市监控、农业生产、市政、土地管理及勘探等方面，通过无人飞行器使用可采集现场实时音视频或测绘绘制高精度 3D 图像以便于监管和使用者对相应区域情况的掌控，比如用于消防营救指挥居高临下的无人飞行器可以观察周边大片地区，协助实时指挥消防车辆和救护车辆避开交通堵塞，及时进出火场；在市政和土地管理方面，无人飞行器测绘可以用于绘制高精度 3D 地图或监控土地使用许可，确保没有越界使用土地，或者建筑超高及其他不按城市规划的违规使用土地现象。这样的高精度 3D 地图更可以用于电子导航；在勘探和采矿方面无人飞行器可以用于多种地形的航测航探，从多光谱到探地雷达，从磁场异常探测到重力异常探测，可以发现多种矿藏和其他资源，开采时用无人飞行器测绘矿场矿坑的 3D 地图，指导开采作业，对于正在作业矿山来说，尤其是露天矿坑，无人飞行器还可以用于随时监测矿坑壁面和坡道的地质稳定情况，及时提醒维修和加强，在可能出危险的时候，及时预警，无人飞行器可以在短时间里覆盖大片区域，尤其是人迹难至的遥远区域，不仅可以大片地区做一般监测，也可以对可疑地区重点监测。除了这些常规领域的应用，无人飞行器在新闻、影视、娱乐方面也应用广泛。国内近几年无人飞行器应用也逐渐广泛，通过技术的不断研发和升级，无人飞行器的性能也在不断提高，由于无人飞行器的经济性、安全性、易操作性，现阶段很多领域也已经开始广泛应用小型无人飞行器，比如防灾减灾、搜索营救、交通监管、资源勘探、国土资源监测、地质灾害应急、气象探测、农作物估产、管道巡检等。但我国无人飞行器起步比较晚，技术上与美欧还存在差距“这是客观事实”近期发展无人飞行器必须学习、借鉴先进国家的成功经验，在学习借鉴的基础上，进行融合和创新。

11.1.2　正摄和倾斜摄影技术对比

正摄和倾斜摄影技术对比，最重要区别搭载摄影测量平台不一样。正摄采用的是单台高分辨率相机，可生产高分辨率的正射影像、构建数字高程模型（DEM）等基础数据，通过后期处理，可进行包括灾害体面积、体积、坡度等参数量测，同时可配合激光雷达（LiDAR）、高精度合成孔径雷达干涉测量（InSAR）等手段，已广泛用于地质灾害防治领域。而倾斜摄影采用了 5 台高分辨率相机，能够改变以往正射影像只能从垂直角度拍摄的局限，通过在同一飞行平台上搭载多台传感器，同时从 1 个垂直、4 个倾斜 5 个不同的角度采集影像（图 11.1）。

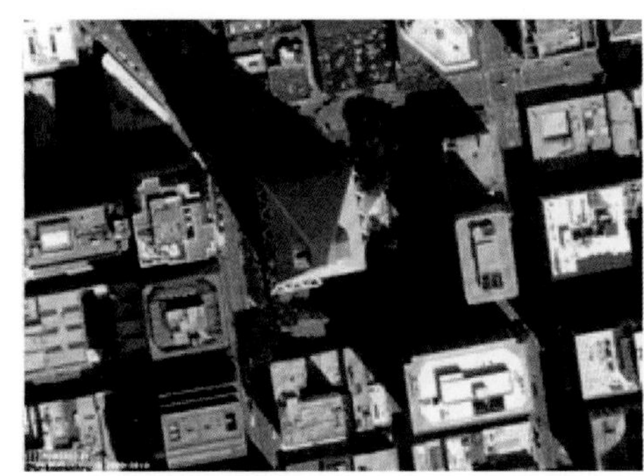

图 11.1　正射影像（左）与倾斜影像（右）对比示意图

相对于正射摄影测量，倾斜摄影能让用户从多个角度观察地物，通过三维建模，更加直观、真实地反映灾害体的实际情况。正摄摄影测量平台更适用于小区域大比例尺三维地理信息的快速获取，在旋翼飞行器巡航时间、飞行稳定性、数据处理时间及测量精度具有优势。

倾斜摄影测量平台生产的数据与现实世界相似度高，更适用于灾害体的三维建模展示与空间分析，有助于快速掌握灾害体及影响范围内的翔实信息，在地质灾害应急指挥及辅助决策方面更具优势，但倾斜摄影测量平台在旋翼飞行器巡航时间、大数据量测量数据处理、传输、发布、单体化，以及二、三维一体化等方面面临技术难点。

11.2　无人机倾斜摄影测量关键技术

11.2.1　倾斜摄影测量基本原理

倾斜摄影测量颠覆了以往正射影像只能从垂直角度拍摄的局限，通常由同一飞行平台上搭载多台传感器（目前常用的是五镜头相机、双镜头摆动式相机），同时从垂直、倾斜等不同角度采集影像，以获取地面物体更为完整准确的信息。垂直地面角度拍摄获取的是垂直向下的1组影像，称为正片，镜头朝向与地面成一定夹角拍摄获取的4组影像分别指向东南西北，称为斜片，如图11.2所示。通过无人机搭载的倾斜摄影装置摄取范围如图11.2所示，同时记录的还有航高、航速、航向重叠、旁向重叠、坐标等参数。

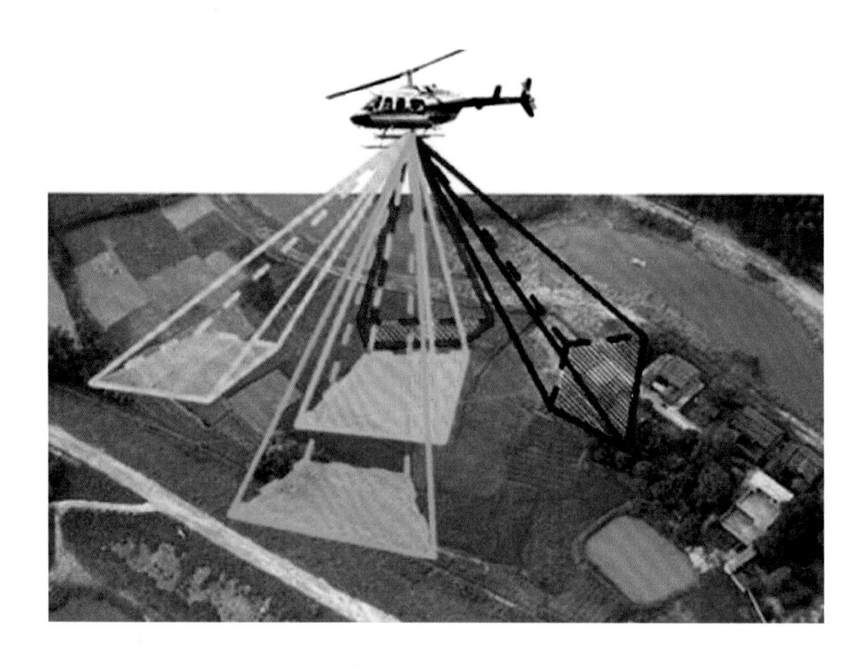

图11.2　倾斜摄影测量示意图

11.2.2　倾斜影像特点

倾斜影像是通过具有一定倾角的倾斜航摄像机获取的，具有如下特点：

（1）倾斜影像可实现单张影像量测通过配套软件的应用，可直接基于三维模型进行包括高度、长度、面积、角度、坡度等的量测，对于灾害体的辨识提供了翔实的数据支撑。

（2）可以将地物及周边真实情况反映出来，相对于正射影像，倾斜影像能让用户从多个角度观察灾害体及周边环境，直观反应实际情况，弥补了基于正射影像应用的不足。

（3）应用倾斜摄影技术获取的影像的数据量要小得多，其影像的数据格式可采用成熟的技术快速进行网络发布，运用共享手法来进行分享。通过倾斜摄影技术获取的影像，与不同拍摄角度对比能展示更多的细节，用户可以从不同的角度浏览视图，并且找到相关的细节等。

（4）根据美姑河流域地区山高坡陡的地质灾害体特征，利用航空摄影大范围成图的特点，加上从倾斜影像批量提取及贴纹理的方式，能够有效地降低地质灾害调查地表数据采集成本。

（5）地表全要素呈现，数据类型丰富，数据处理效率高。

11.2.3　倾斜摄影测量预处理关键技术

通过所获取的倾斜影像进行三维建模，在三维建模前需要对数据进行预处理，通常包括多视影像联合平差、多视影像密集匹配、数字表面模型生产、真正射影像纠正等关键技术。

（1）多视影像联合平差。多视影像不仅包含垂直摄影数据，还包括倾斜摄影数据，而部分传统空中三角测量系统无法较好地处理倾斜摄影数据，因此，多视影像联合平差需充分考虑影像间的几何变形和遮挡关系。结合 POS 系统提供的多视影像外方位元素，采取由粗到精的金字塔匹配策略，在每级影像上进行同名点自动匹配和自由网光束法平差，得到较好的同名点匹配结果。同时，建立连接点和连接线、控制点坐标、GPU/IMU 辅助数据的多视影像自检校区域网平差的误差方程，通过联合解算，确保平差结果的精度。

（2）多视影像密集匹配。影像匹配是摄影测量的基本问题之一，多视影像具有覆盖范围大，分辨率高等特点。在匹配过程中充分考虑冗余信息，快速准确获取多视影像上的同名点坐标，进而获取地物的三维信息，是多视影像匹配的关键。由于单独使用一种匹配基元或匹配策略往往难以获取建模需要的同名点，因此近年来随着计算机视觉发展起来的多基元、多视影像匹配，逐渐成为人们研究的焦点。

（3）数字表面模型生产。多视影像密集匹配能得到高精度高分辨率的数字表面模型（DSM），充分表达地形地物起伏特征，已经成为新一代空间数据基础设施的重要内容。由于多角度倾斜影像之间的尺度差异较大，加上较严重的遮挡和阴影等问题，基于倾斜影像的 DSM 自动获取存在新的难点。

可以首先根据自动空三解算出来的各影像外方位元素，分析与选择合适的影像匹配单元进行特征匹配和逐像素级的密集匹配，并引入并行算法，提高计算效率。在获取高密度 DSM 数据后，进行滤波处理，并将不同匹配单元进行融合，形成统一的 DSM。

（4）真正射影像纠正。多视影像真正射纠正涉及物方连续的数字高程模型（DEM）和大量离散分布粒度差异很大的地物对象，以及海量的像方多角度影像，具有典型的数据密集和计算密集特点。因此多视影像的真正射纠正，可分为物方和像方同时进行。在有 DSM 的基础上根据物方连续地形和离散地物对象的几何特征，通过轮廓提取、面片拟合、屋顶重建等方法提取物方语义信息，同时在多视影像上通过影像分割、边缘提取、纹理聚类等方法获取像方语义信息，再根据联合平差和密集匹配的结果建立物方和像方的同名点对应关系，继而建立全局优化采样策略和顾及几何辐射特性的联合纠正，同时进行整体匀光处理，实现多视影像的真正射纠正。

11.2.4　基于图像的三维快速建模技术

倾斜摄影获取的倾斜影像经过影像加工处理，通过专用测绘软件可以生产倾斜摄影模型，在利用倾斜摄影影像数据、POS 数据、DSM 数据及矢量图形数据的基础上采用如下的技术路线，如图 11.3 所示，运算生成基于影像的超高密度点云，点云构建 TIN 模型，并以此生成基于影像纹理的高分辨率倾斜摄影三维模型。

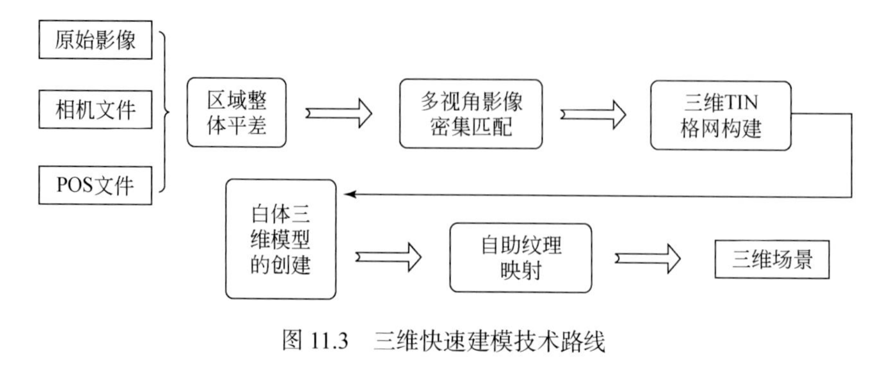

图 11.3　三维快速建模技术路线

11.3　倾斜摄影测量系统组成与作业流程

无人机飞行器航摄系统主要由 3 个部分组成，分别是飞行平台系统、地面控制系统及数据处理系统。无人机、机载电子设备和任务载荷构成飞行平台系统，地面站设备及软件组成地面站系统，数据处理设备及相关软件构成数据处理系统。

为了获得地质灾害体的高分辨率的三维倾斜影像，本次采用红鹏 AC1100 六轴电动无人机，AP5100 五相机倾斜摄影吊舱，该款无人机机翼使用了碳纤维复合材料，红鹏 AC1100 倾斜摄影测量无人机技术指标见表 11.1。

表 11.1　红鹏 AC1100 倾斜摄影测量无人机技术指标表

飞行升限	1500m
控制半径	2000m
作业高度	100 ～ 300m
续航时间	载重 2.2kg 超过 30min
最大升降速度	6m/s
巡航速度	10m/s
悬停精度	垂直方向 +1m，水平方向 +2m
作业效率	0.5km^2/ 架次（0.1m 分辨率）

相机选用索尼 DSC-QX100 数码相机作为任务载荷，集成到无人机系统中，形成无人机遥感平台。数码相机通过自动控制系统实现定点、定时、等间距曝光。飞控系统自动采集每张遥感影像曝光时刻的位置、姿态、方向数据，在获取影像同时获取其定位信息，为遥感影像数据的快速处理提供初始值。

在获取无人机影像后，采用了 SMART3D 数据处理系统对获取的影像进行快速处理与拼接（图 11.4）。

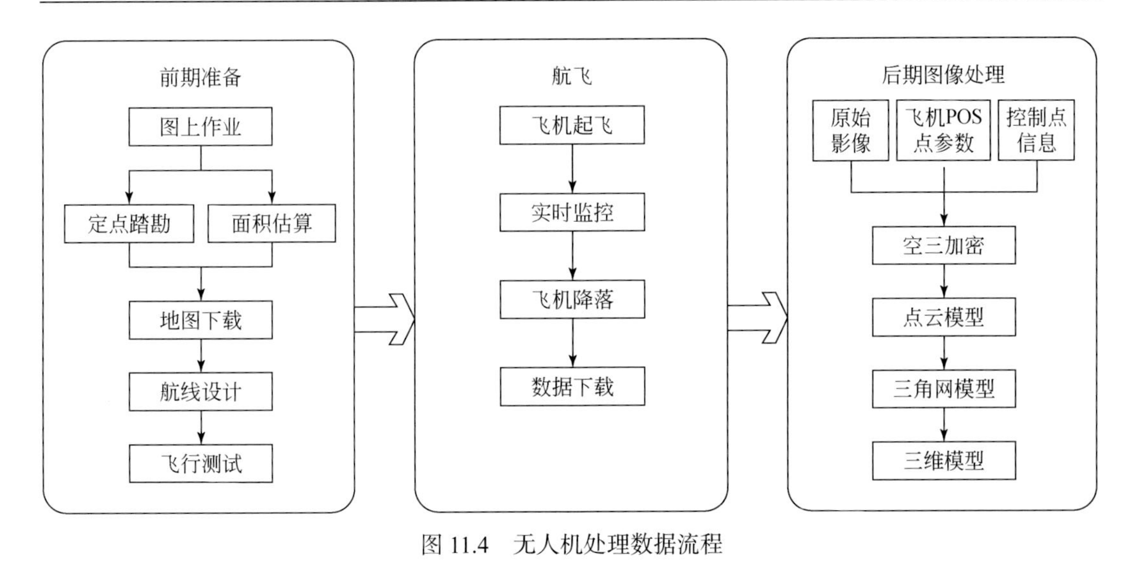

图 11.4　无人机处理数据流程

11.4　倾斜摄影测量在滑坡泥石流灾害调查示范

为了辅助美姑河流域灾害地质调查获得更高分辨率的遥感影像，开展典型滑坡体的大比例尺地面测绘，快速建立灾害体的三维地质模型，本次将最新的倾斜摄影测量技术应用到灾害体调查中，以期快速获取人很难到达区域的灾害体（危岩带）三维影像，辨识高陡危岩带拉裂缝、高位泥石流的物源等特征，这是倾斜摄影测量技术首次应用于开展流域内1 ： 5 万图幅类地质灾害调查评价工作。

本次共利用倾斜摄影测量技术获取了 6 处灾害体的三维遥感影像（图 11.5），分辨率

图 11.5　美姑河流域典型灾害体无人机测绘区域

1. 侯古莫乡场镇后山滑坡区；2. 普各洛泥石流流域；3. 牛牛坝场镇后山滑坡区；4. 约无乐泥石流流域区；5. 四俄千滑坡泥石流灾害链；6. 四阿亲滑坡泥石流灾害链

达到1：1000。研究区属于大凉山中山地貌区，山高、坡陡、谷深，地质条件极为复杂，美姑河和连渣洛河河谷两岸雾大且多有雷雨，对飞行技术要求很高。本次作业共飞行12架次，获得照片3950张，累计图像面积4.46km^2，无人机测绘的任务目标见表11.2。

表11.2　美姑河流域无人机测绘的任务目标

地点	牛牛坝场镇后山滑坡区	约无乐泥石流流域区	普各洛泥石流流域	侯古莫乡场镇后山滑坡区	四阿亲滑坡泥石流灾害链	四俄千滑坡泥石流灾害链
任务目标	评价斜坡的稳定性	查清泥石流物源	查清泥石流物源	斜坡体的稳定性	泥石流沟研究，查清泥石流物源泥石流的发生可能导致堰塞湖	滑坡为泥石流提供物源，滑坡范围界定，泥石流沟分区
附近厂矿	—	—	—	—	—	距炸药厂近
路况	差	很差	较好	一般	一般	很差

三维影像数据采集、处理、建模的流程主要分为前期踏勘收集地质灾害点的基本地质信息、三维数据采集、三维数据处理3个步骤。

11.4.1　前期踏勘及控制点选择

1）前期踏勘

前期在欲飞行的地质灾害点进行实地踏勘，了解该区基本情况，包括路况、天气、山体高差、飞行范围、坡度等基本情况的了解，便于飞行方案的设计。

2）飞行方案设计

通常情况下航线应按EW向或SN向直线飞行；特定条件下亦可根据地形走向与专业测绘的需要，按SN向或沿线路、河流、海岸、境界等任意方向飞行。平行于摄区边界线的首末航线一般敷设在摄区边界线上或者边界外；旁向覆盖超出摄区边界线，一般不少于像幅的30%，确保目标摄区完全覆盖。行高依据灾害点山体的高度而定，当山底距离山头高差较大时，半山腰起飞为最佳选择。

3）影像控制点选择

（1）相片控制点的判刺精度为0.1mm，点位选在影像清晰的明显地物点，一般选在交角良好的细小线状地物交点、影像小于0.2mm的点状地物中心，地物拐角点或固定的点状地物上。弧形地物、阴影、交角小于30°的线状地物交叉不得作为刺点目标。

（2）相片控制点应选用高程变化小的目标，相片控制点在各张相邻的及具有同名点的相片上均应清晰可见，选择最清晰的一张相片作为刺点片。

（3）相片控制点采用统一编号，平高相片控制点冠以“P”，流水编号同一测区不得重号。

（4）每一个控制点刺点位置情况都附加注点位简要说明，刺孔影像、实地、略图说明要一致，并注明点号，选刺者、检查者签名。

为了获取影像坐标，在飞行前需要获取控制点坐标，本次分别在普各洛泥石流飞行区和四阿亲泥石流飞行区获取了飞行控制坐标。

11.4.2　三维数据采集

参照《1 ： 500、1 ： 1000、1 ： 2000 地形图航空摄影规范》（GB/T 15661—2008）对测区航线进行合理设计，通常情况下航线应按 EW 向或 SN 向直线飞行；特定条件下亦可根据地形走向与专业测绘的需要，按 SN 向或沿线路、河流、海岸、境界等任意方向飞行。平行于摄区边界线的首末航线一般敷设在摄区边界线上或者边界外；旁向覆盖超出摄区边界线，一般不少于像幅的 30%，确保目标摄区完全覆盖。行高依据灾害点山体的高度而定，当山底距离山头高差较大时，半山腰起飞为最佳选择，并记录航飞基本情况（表 11.3）。后期如果照片存在质量问题，对因各种原因获取的不合格航片（航摄漏洞）要及时补飞，漏洞补摄按原设计航迹进行。

表 11.3　美姑河流域地质灾害点数据采集统计表

项目	牛牛坝斜坡	牛牛坝变电站泥石流	马里尔库泥石流流域	侯古莫乡场镇斜坡	四阿亲滑坡泥石流	四米洛滑坡
完成时间	10.13 ～ 14	10.16 ～ 17	10.15	10.15	10.16	10.17
天气情况	晴	中雨 / 雷	晴	晴	晴	晴
架次	5	2	2	1	1	1
飞行高度 /m	250	250	200	250	250	200
重叠率 /%	75	75	75	50	75	75
面积 / km^2	1.5	2.5×0.6	1.5×0.5	0.5×0.5	0.3×1	0.4×0.4
高差 /m	500	900	＞ 500	200	400	200
照片 / 张	2065	515	515	220	370	265

11.4.3　三维数据处理

无人机倾斜摄影后期是应用 Smart 3D 软件对采集的数据进行三维建模。倾斜摄影建模采用高精度、高效率、一体化的自动建模技术，建立测区三维模型。该技术集倾斜摄影、空中精密定位和基于密集匹配的自动建模技术于一体，首先，利用倾斜航空摄影平台进行数据采集，再进行野外相片控制点的量测，然后采用自动建模软件进行数据处理，生成测区的三维模型，技术流程见图 11.6，影像处理过程见图 11.7。

1）影像预处理

倾斜摄影完成后，需要对获取的测区影像进行质量检查，确定影像没有变形、扭曲等现象，影像质量不符合要求的进行修复，对影像进行统一编号。

2）控制点加密

在自动建模软件上加载测区影像，人工给定一定数量的控制点，软件采用光束法区域网整体平差，以一张相片组成的一束光线作为一个平差单元，以中心投影的共线方程作为平差单元的基础方程，通过各光线束在空间的旋转和平移，使模型之间的公共光线实现最佳交会，将整体区域最佳地加入到控制点坐标系中，从而得到加密点成果，即从已知特征点推算出未知特征点，并自动抽取所有特征点，构成整个目标地区的特征点云，如图 11.8 所示。

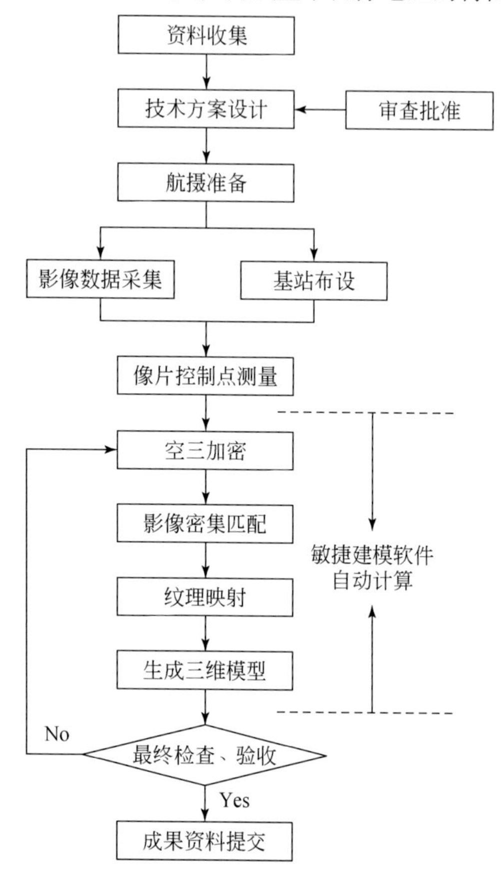

图 11.6　三维影像数据采集处理流程

图 11.7　无人机飞行到 DEM 数据获取及处理全过程

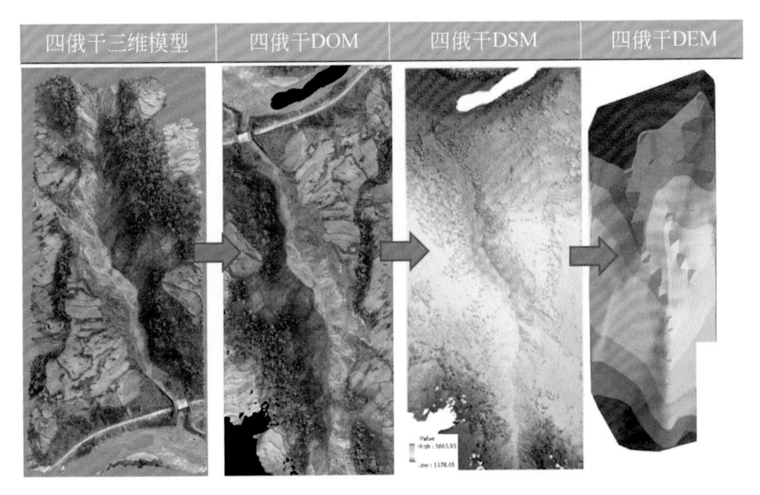

图 11.7　无人机飞行到 DEM 数据获取及处理全过程（续）

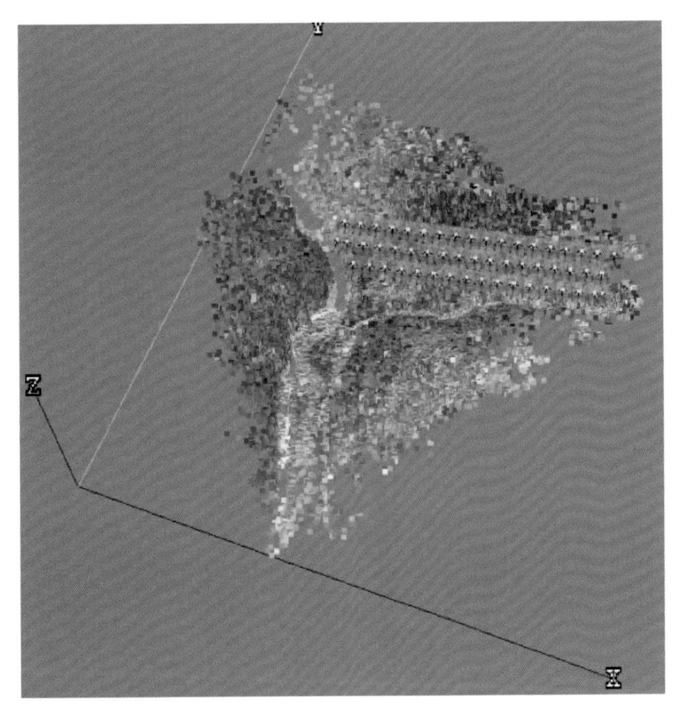

图 11.8　侯古莫乡后山斜坡控制点加密结果图

3）影像特征点匹配

软件根据高精度的影像匹配算法，自动匹配出所有影像中的同名点，并从影像中抽取更多的特征点，从而更精确地表达地物的细节，如图 11.9 所示。

4）纹理映射

由空三建立的影像之间的三角关系构成 TIN，再由 TIN 构成白模，如图 11.10 所示，软件从影像中计算对应的纹理，并自动将纹理映射到对应的白模上，最终形成真实三维场景。

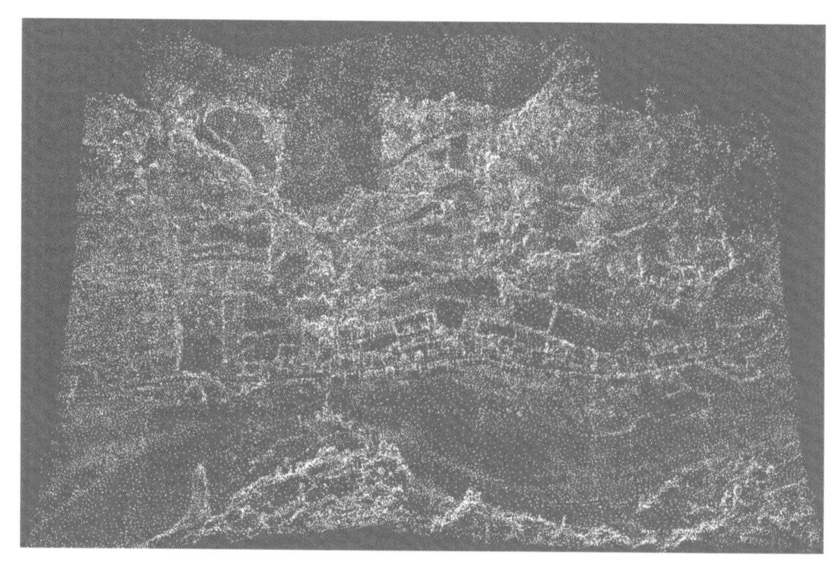

图 11.9　影像特征点云匹配示意图

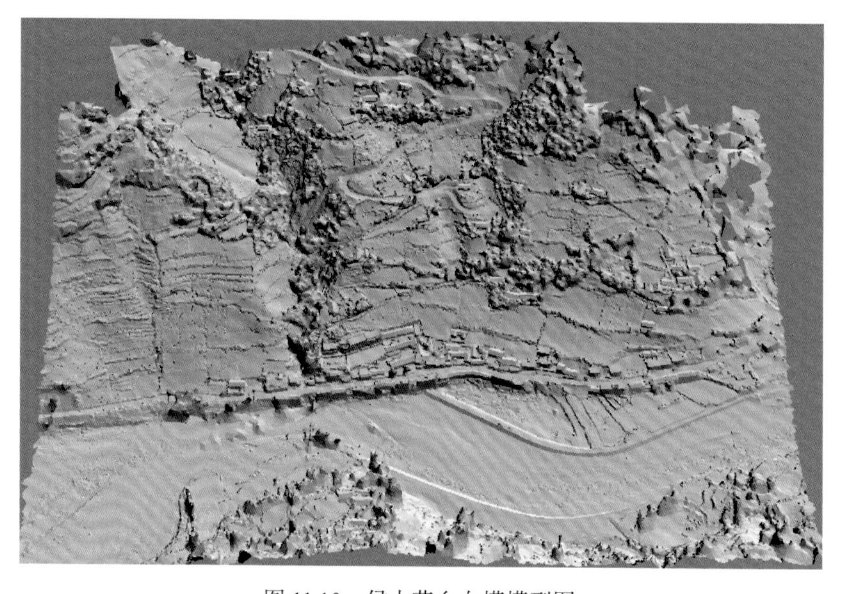

图 11.10　侯古莫乡白模模型图

5）OSG 表达

整个测区的模型一般分块计算输出，可根据需要设置输出模型分块的大小。模型分块的大小不同，模型密集匹配计算所需的时间长短也不相同，一般情况下，分块越大，需要的计算时间则越长。相同大小的模型块，密集匹配计算时间长短也会有所差别，甚至差别较大；因为地物的种类和数量的不同，导致点云的密集程度差别很大，相应的计算时间长短则差别较大。一般情况下，点云越密集，计算时间则越长。“3D Modeling factory”快速建模技术，不仅模型生产效率高，而且模型精度也很高，可以精细地表达地物的真实细节，如图 11.11 所示。在模型的基础上，可出正摄影像图，如图 11.12 所示。

图 11.11　侯古莫乡斜坡三维模型

图 11.12　侯古莫乡斜坡正摄图

6）DEM 制图

利用软件实现已建模型的打点工作，在误差偏小的情况下，点一般打在地面无高度的点位上，点位越密集，输出的图更加准，打点结束，输出 .dat 文件，在 cass 软件中，生成等高线图，生成的等高线图在 ArcGIS 软件中输出 DEM 图，DEM 图可以清晰呈现坡度变化等地灾点的基本信息。

通过现场测试和后期解译，认为该项技术能够在短时间内获取灾害体的真三维信息，在现场建立灾害体三维模型，通过模型可完成灾害体的基础测量、DEM（DOM、DSM）建模、等高线提取、体积推算等地质灾害调查的精细化调查，借助三维模型能够确定滑坡的后缘、边界，泥石流范围及物源，测算危岩体体积等，旋翼飞行器三维倾斜摄影测量技术为大型滑坡精细化调查和建模提供了强有力工具，后期调查过程中可采用。

11.5　无人机倾斜摄影测量优劣势

11.5.1　无人机倾斜摄影测量的优势

此次调查首次将无人机快速三维建模技术应用于区域地质灾害调查工作，针对研究区内泥石流、滑坡、不稳定斜坡、危岩带等典型地质灾害点开展倾斜摄影测量与三维可视化调查。美姑河地区地形复杂多变，山体高差大，对无人机技术而言，是一次重大的挑战。

对于选取的美姑河流域马里尔库泥石流流域、牛牛坝变电站泥石流、四米洛滑坡、牛牛坝场镇斜坡、侯古莫场镇斜坡、四阿亲滑坡泥石流的数据采集及处理结果来看，无人机倾斜摄影与三维建模技术可以快速获取高精度灾害体三维模型以及数字正射影像图（DOM）、数字高程模型（DEM）、数字表面模型（DSM）等数据，能够非常清晰地展现灾害点的全貌，实现灾害体边界判读与量算，同时可以辅助开展物探、槽探等地质灾害勘探工作，有效降低了调查人员的劳动强度和作业风险，提高区域地质灾害调查工作效率。通过调查示范，认为无人机倾斜摄影测量技术能运用于地质灾害调查；能用于确定滑坡的后缘、边界，物源；能用于确定泥石流物源供给，泥石流沟的范围；能用于测算危岩体体积。其在获取人无法到达区、高陡危岩带、高位泥石流等具有明显优势，具体表现在：

1）能够快速获取灾害体的高分三维影像

无人机倾斜摄影可以拍摄到人员无法攀爬地区不可视地区的地形地貌。获取的灾害体三维高清影像数据匹配数字正射影像图（DOM）、数字高程模型（DEM）和数字表面模型（DSM）等数据，能够在 2 ～ 3 个小时内完成三维建模，生成地形等高线，成图精度为 1 ： 2000 ～ 1 ： 1000，能够有效提高灾害体大比例尺测绘的精度和效率。

2）能够直观展示灾害体的详细信息

美姑河流域区古滑坡和老滑坡范围较大，山体高差较大，一般在 200 ～ 500m，尤其在牛牛坝对面的泥石流沟高差在 900m 以上，调查人员很难到达滑坡后缘查看裂缝情况，无人机倾斜摄影测量可以迅速获取滑坡、崩塌、泥石流、高陡危岩带等灾害体的全貌和三维特征，圈定边界范围，估算灾害体厚度和方量，为调查人员地面调查和实物工作量部署提供直观依据。

3）成图精度高

倾斜摄影测量无人机的飞行高度可以达到 400m，重叠度为 75%，调查精度能够满足 1 ： 1000 比例尺的成图要求，为灾害体测绘提供技术支撑。

11.5.2　无人机倾斜摄影测量的劣势

同时在应用中也出现了飞行安全、定位精度、网络通信、天气等多方面问题。

1）高山峡谷区无人机飞行安全问题

此次调查的美姑河流域灾害点普遍存在山高坡陡的情况，GPS 信号差，无人机飞手视线受阻，起飞地点不好选择，给无人机安全飞行带来很多不利影响。例如，在四阿亲滑坡泥石流的数据采集中，泥石流后缘航飞采集数据少，导致不能获得后缘物源供给及地形地貌等的相关信息。此类情况的出现，是因为四阿亲地区山体高差大，在目击范围内不能冒险扩大航飞面积，使后缘信息缺失。

2）定位精度问题

山区无人机 GPS 信号差，通常达不到起飞要求，在无法选择更优的起飞点时，通常需要飞手手动起飞到一定高度，GPS 接收信号变好时再进入规划航线进行数据采集，同时山区 GPS 定位精度也导致后期三维建模绝对精度受影响，此时根据需求可进行地面载波相位差分技术（Real-Time Kinematic，RTK）校正。

3）网络通信问题

无人机航线控制软件需要网络加载地图，辅助规划航线，山区网络连接信号差，造成到达调查点时无法工作，需要对调查点进行预定位，在网络通畅时进行无人机航线控制软件地图预加载。

4）天气问题

无人机目前不适用于大雾、下雨及大风天气，此次飞行的地质灾害点频繁出现雨天，一定程度上造成任务延缓。

同时还有无人机镜头问题（在地面尘土较严重的地区，无人机起飞后会有扬尘，落在镜头上影响拍摄照片质量）、电池续航时间短（拍摄区域＞0.5km^{2}时，需要多架次完成作业）、平板电脑屏幕问题（在强光直射下，平板电脑屏幕反光，导致操作人员看不清屏幕）、电池托运问题（无人机电池无法飞机托运，建议在地质灾害频发的省建立无人机电池的存储点，便于紧急情况下的设备能够快速到位）等。

总之，此次工作是无人机快速三维建模技术在区域地质灾害调查工作中的首次应用，理清了区域地质灾害调查无人机倾斜摄影工作流程，利用无人机倾斜摄影与快速三维建模技术初步实现了对于区域地质灾害调查的精细化调查，总结了数据采集、传输与处理过程中存在的问题，对于无人机倾斜摄影与快速三维建模技术在区域地质灾害调查工作的应用积累了宝贵经验。

第 12 章　地质灾害防灾减灾研究

12.1　避险搬迁安置选址

地质灾害搬迁选址调查主要包括交通条件、土地资源、水源条件、生产生活环境和地基稳定性等。

（1）交通条件：是否临近公路或码头、有无机耕道与人行便道、是否需新开便道、距场镇和市区路程。

（2）土地资源：异地安置村落、农户可利用土地资源状况调查。包括可供耕地、宅基地的土地类型、适宜农作和经济作物类型、耕地离居住地远近、交通情况。

（3）水源条件：分散安置户生活用水水源类型、用水安全与方便等方面；集中安置场址应提出水源地及供水方案建议。

（4）生产生活环境：电力燃料供应、医疗卫生及学校、生活资料采购与农副产品销售便捷等。

（5）新址安全：拟建新址必须选择在地质灾害危险区外的安全区，避免搬迁对象再次遭受地质灾害的危害。集中迁建场址，调查范围应以满足地质灾害安全性评价需要，确保新址安全。在河谷、沟谷内选址，分散安置点应按 20 年一遇、集中安置区按 50 年一遇洪水位校核是否安全。

（6）地基稳定性：分散农户安置点应选择在地形坡度小于 15°、地基土较均匀的区域，应注意填方基础和挖方边坡的稳定性；岩溶塌陷区则应注意覆盖层厚度、地下水对地基稳定性的影响。集中安置区除完成上述调查内容外，宜提出选址场地工程地质勘查工作建议。

（7）搬迁安置场址适宜性评价：

按下述方法进行综合评定：

根据场地的安全性、生产生活条件、地基稳定性和农户（村、社）认同度影响选址的四项单因素因子的适宜性，采用综合评判的方法进行适宜性评价。

①不适宜：其中有一项为不适宜时，所选地址为不适宜，应重新选址或采取监测避让措施；

②基本适宜：如果安全性为基本适宜，其他三项为适宜或基本适宜，则场地为基本适宜；若安全性为适宜，其他三项为基本适宜，则场地为基本适宜；

③适宜：若安全性为适宜，其他三项无不适宜且至少有一项为适宜，则场地为适宜。

在美姑河流域，根据农户意愿，仅拉木阿觉乡哥勒阿木村滑坡威胁的 17 户农户愿意就近安置，其他 11 处地质灾害点威胁的农户选择自主安置的方式，因此，本次工作对就近安置的进行了选址工作。

拉木阿觉乡哥勒阿木村滑坡安置点：

新址位于拉马阿觉乡哥勒阿木村 1 组所在地周边，地理位置 E103° 08′40″，N29° 05′29″，位于斜坡缓坡平台，中心点高程 2140m。该安置区场地宽 400m，长 260m，地形较平缓，地形坡度 5° ～ 15°，场地后侧斜坡坡度 25° ～ 40°，相对高差约 50m。场地内上覆第四系残坡积黏土夹碎石、角砾，厚度大于 2m，中密。下伏侏罗系沙溪庙组（Js）砂岩、泥岩，产状 108°∠21°，坡向 112°，斜坡为顺向坡（图 12.1）。地基土为中密的残坡积层，地基土承载力较高，场地工程地质条件较好。选址远离地质灾害危险区，后侧斜坡边坡目前较稳定，进行场址建设时，应对后侧斜坡进行护坡处理，场地安全性较好。安置区交通条件较好，水质水量能够保证农户生产、生活用水，距离农户原有耕地 1 ～ 2km，农户愿意搬迁。新址适宜性综合评价为基本适宜。

该安置点拟安置拉木阿觉乡哥勒阿木村滑坡威胁的 17 户农户。

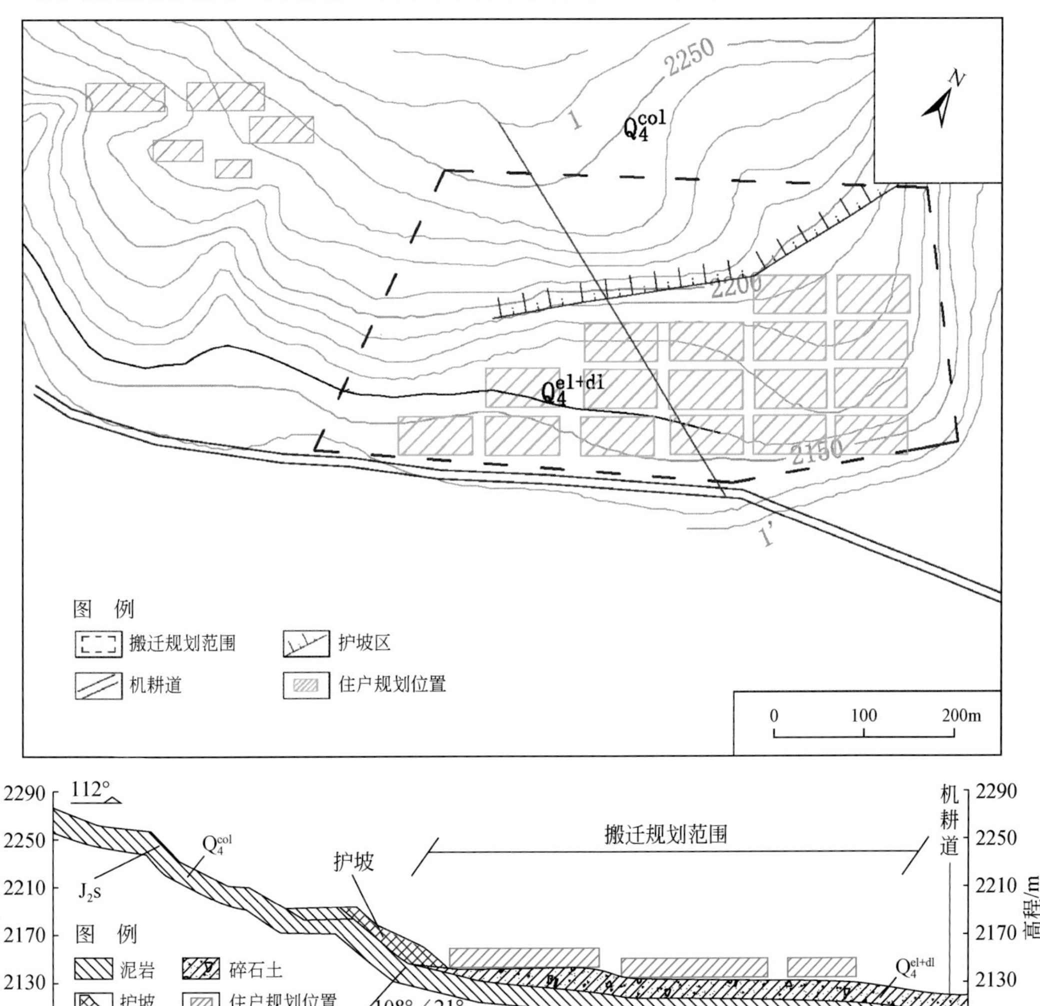

图 12.1　拉木阿觉乡哥勒阿木村 3 组新址平剖面图

12.2　滑坡土地开发利用

美姑河流域共发育地质灾害共计 252 处，灾害类型包括滑坡、崩塌和泥石流，其中：滑坡 161 处、崩塌 16 处、泥石流 75 处，共威胁 3214 户 15837 人的生命和 42948 万元的财产安全（其中，又以流域内的美姑县面临的灾情最为严重，共发育地质灾害 208 处，灾害类型包括滑坡、崩塌和泥石流，其中：滑坡 137 处、崩塌 5 处、泥石流 66 处，共威胁 2634 户 13420 人的生命和 34561 万元的财产安全）。同时，据调查，受地质灾害威胁的居民多为贫困人口（户），其居住的生存环境通常较为恶劣（多居住在山区、饮用水水质水量也较差）、基础设施较差（大多不通公路）、受教育程度较低（多为小学文化甚至文盲）、生存和发展技能较缺乏（多数人只会耕种和家庭式自给自足的养殖）、乡土观念较浓（故土难离，家族式聚居，较大一部分为少数民族）、生产和生活资料来源较单一（多为居住地周边的土地产出物）。

美姑河流域地质灾害防治工作如何开展，美姑河流域地质灾害防治工作与流域内的精准扶贫工作如何精准结合、与流域内因灾受威胁居民的实际情况和意愿如何结合、“因灾致贫、因灾返贫”现象如何解决，这是本节研究内容要解决的主要问题，其对地质灾害防治工作、精准扶贫工作均有着非常现实的指导意义和推广意义。

美姑河流域沟谷众多，地形切割深，除完整的夷平面外，其他不利于大面积开发为建设用地和农业用地，但当滑坡发生后，由于坡度降低、地形比较平坦宽阔，水利灌溉条件改善，有利于人们在其上居住和农业种植，对区域土地利用结构产生许多正面影响。

这里选取流域内的 58 处巨型、特大型和大型滑坡为研究对象来统计古滑坡的土地利用方式，统计发现 58 处滑坡土地的总面积为 233.5km^2，占流域土地面积的 7.2%，主要分布在上游的龙门乡至佐戈依打乡沿河地带、中游的牛牛坝至九口河谷左岸及下游的拉马 - 莫红一带的河谷区两岸。滑坡土地利用方式上，农业和林地用地为 75.0km^2，占 32.1%；建设用地为 10.6km^2，占 4.5%；未利用地为 147.9km^2，占 63.4%（图 12.2）。流域内滑坡堆积体面积最大的为下游的亲木地滑坡，其堆积体面积 96.2km^2，目前被开发为建设用地（乡政府和居民区）为 2.2km^2、农业（耕地）和林地用地为 30.5km^2 以及未利用地为 63.5km^2（图 12.3）。

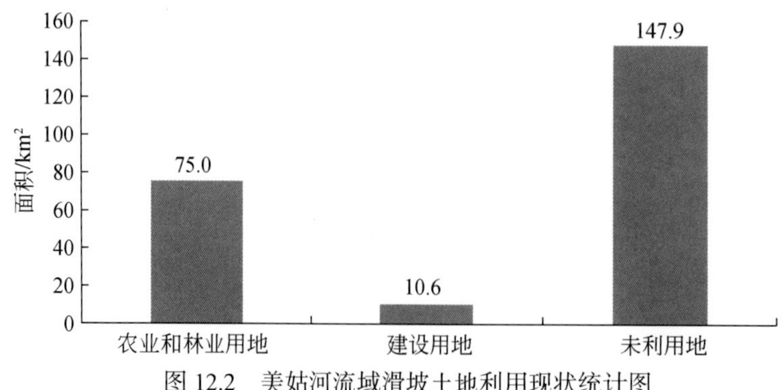

图 12.2　美姑河流域滑坡土地利用现状统计图

从流域滑坡土地开发利用现状分布图（图 12.3）可以看出，拉马滑坡、亲木地滑坡、柳洪滑坡等绝大部分古滑坡堆积体均已被改造和利用，利用方式主要为大规模农业种植；由于滑坡堆积体地形相对平缓，建设用地比例较高，个别地方已经被建设为县城、乡镇和居民集中分布区，如拉马乡、尔其乡、柳洪乡等均利用了滑坡土地，尤其是上游的美姑县城，其建设用地全部为古滑坡体。

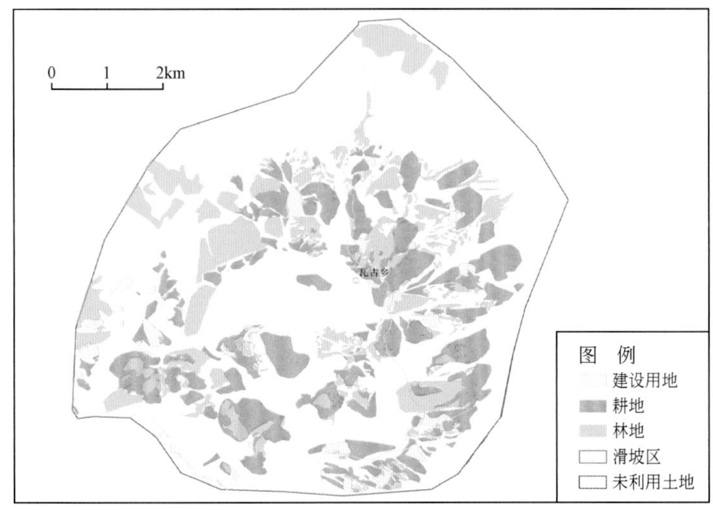

图 12.3　美姑河流域滑坡土地开发利用现状

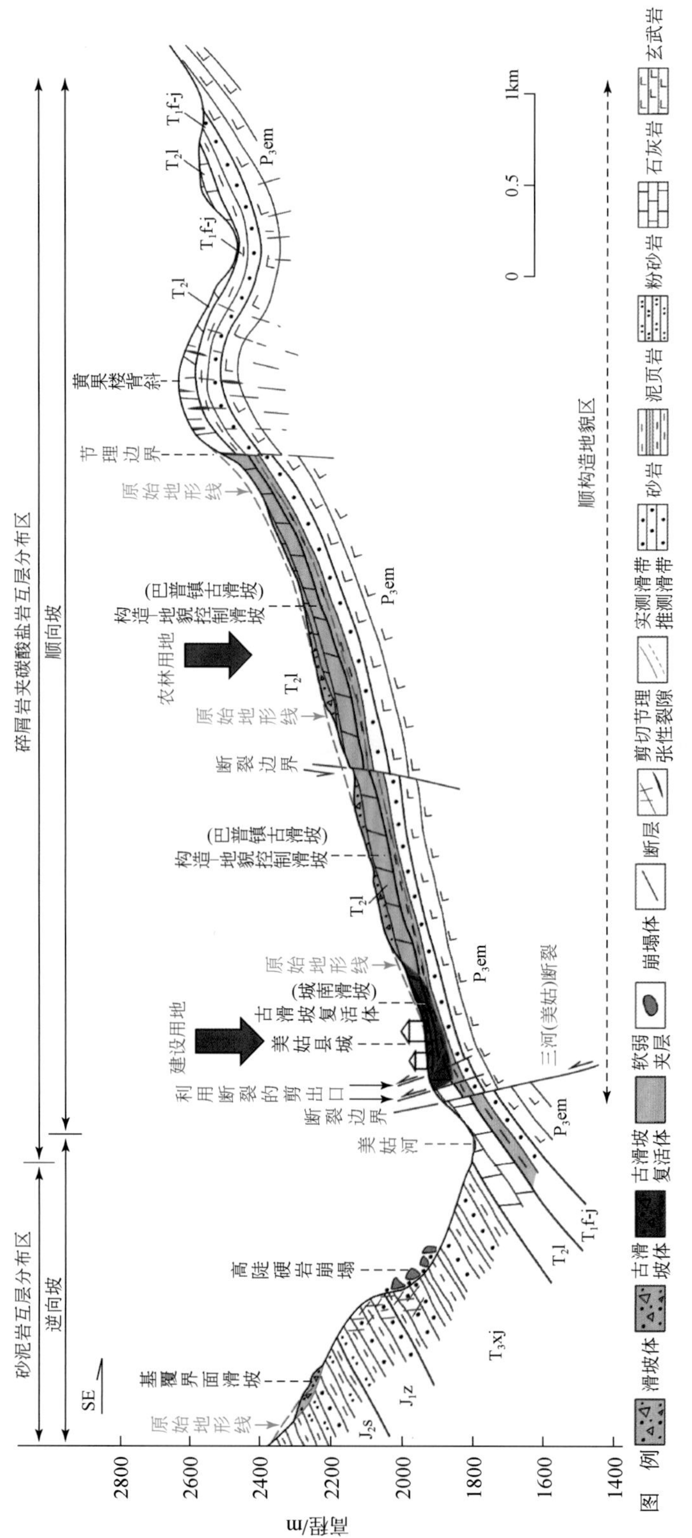

图12.4　根据滑坡成灾模式确定滑坡土地开发利用类型

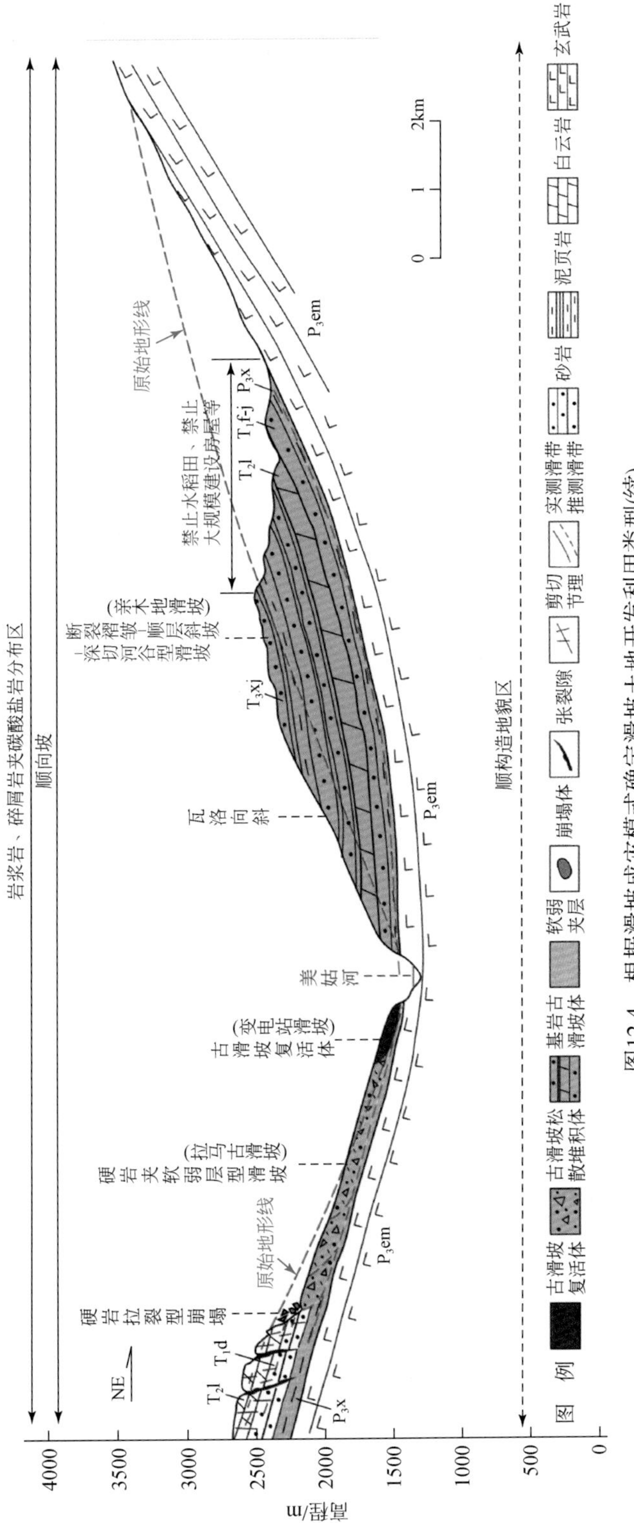

图12.4　根据滑坡成灾模式确定滑坡土地开发利用类型(续)

从地质灾害防治的角度，认为美姑河流域古滑坡土地开发利用过程中应关注：一是大型滑坡堆积体开发利用要根据其成灾模式、微地貌形态分区利用（图 12.4），滑坡堆积体后部禁止开发为水稻田和大规模建设用地，可作为林地使用，保持水土；中前部可开发为建设用地或农田。二是地质灾害治理工程应统筹考虑后期的滑坡灾毁土地开发利用，充分发挥灾毁土地的经济效益。三是滑坡堆积体作为耕地，应选择合适的灌溉方式，如喷灌、滴管等，避免大水漫灌给土地耕种和房屋建设带来影响。

12.3　服务流域未来重大交通工程建设

美姑河流域近期规划了乐（乐山）西（西昌）高速和宜（宜宾）西（西昌）铁路，在流域地质灾害研究的基础上，对易滑工程地质岩组、斜坡结构类型、已有地质灾害成灾模式等进行了综合分析，从地质安全的角度提出了乐西高速和宜西铁路在美姑河流域具体的选线（左右岸）和修建形式（隧道、明挖等方案）等建议（图 12.5）。

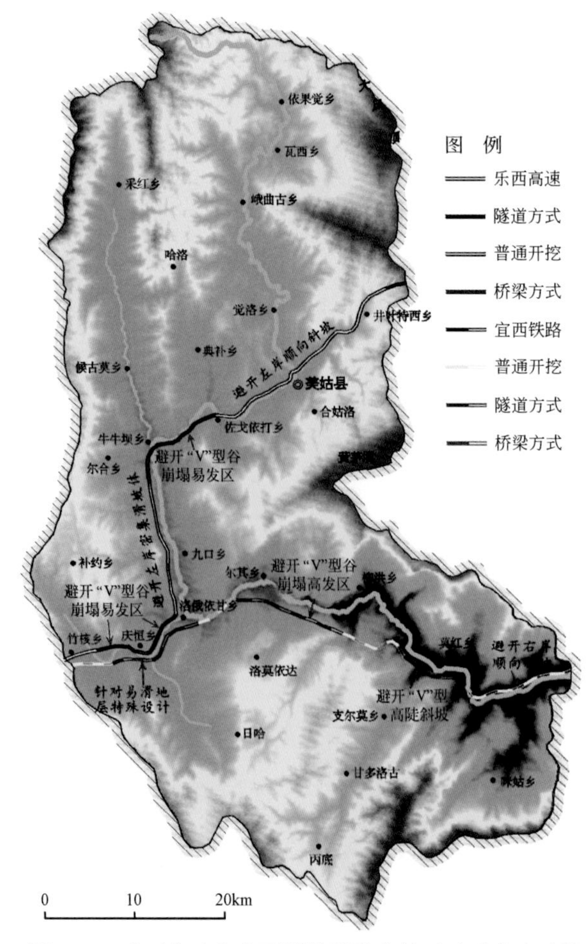

图 12.5　乐西高速和宜西铁路线路穿越区地质安全建议

12.3.1　乐西高速

乐（乐山）西（西昌）高速是连接凉山州北部三县的重要扶贫攻坚工程，线路经雷波县谷堆乡进入美姑河流域，之后沿井叶特西河（美姑河支流）河谷、美姑河河谷，经大桥后转为南西沿竹核河河谷区，并出美姑河流域达昭觉县。

乐西高速经大风顶隧道从雷波县进入美姑河流域后，基本沿着井叶特西河及美姑河河谷区呈 NE-SW 向延伸，经牛牛坝后转为 SN 走向，经洛俄依甘乡转向南西沿竹核河延伸。

井叶特西—佐戈依打段：该段地层主要为三叠系和侏罗系砂泥岩互层，地层总体倾向北西，受控于河流切割，在河谷区左岸形成了典型的顺向坡斜坡（局部倾角小于坡角）结构，加之受俄支背斜、三河断裂的影响，各类节理裂隙发育，将相对坚硬岩石切割成块状，尤其是受三叠系下统的软弱夹层（易滑层）影响，可能孕育或已经孕育并产生了大量的滑坡灾害（如基伟村滑坡、巴普镇古滑坡等），这些灾害对重大交通工程造成潜在影响；而河流右岸斜坡倾向南东，地层倾向北西，虽地层为易滑的上三叠统至侏罗系，但斜坡结构为逆向斜坡结构，相对于左岸的顺向坡斜坡结构稳定性稍好，因此建议在井叶特西乡至佐戈依打乡之间应尽量选择沿河谷右岸的相对稳定逆向斜坡作为路基更为适宜。

佐戈依打—牛牛坝段：在佐戈依打乡至牛牛坝乡之间，河谷切割深，地形坡度极陡，为典型的砂泥岩互层的横向斜坡结构，该段受节理构造及地形坡度的控制，是崩塌地质灾害易发区，建议高速在此段应结合地形，尽量采用隧洞穿越的方式避免地质灾害的影响。

牛牛坝—大桥段：该段在尔库以上河流两岸均为典型的砂泥岩互层顺向斜坡结构，大多数区域岩层倾角大于坡角，局部反之；在尔库以下段，地层逐渐变老，以三叠系和二叠系半坚硬 - 坚硬为主，斜坡结构为横向 - 斜向斜坡居多，稳定性稍好。本次研究表明，该段河谷左岸发育数个中 - 大型滑坡及古滑坡，包括牛牛坝滑坡、托度滑坡、尔解卡尔古滑坡等，整体上稳定性稍差，河流右岸自尔库以下的低海拔区基本为玄武岩分布区，稳定性较左岸稍好。因此牛牛坝乡至大桥段的美姑河中游段建议选择河流右岸为宜，在穿越个别稳定性稍差的地段时，尽量以隧洞穿越，且加大埋深避免地质灾害影响。

美姑大桥—竹核段：沿竹核河河谷区，整段的斜坡结构以横向 - 斜向斜坡居多，整体稳定性稍好，但在地形坡度较陡段需注意崩塌的影响。在庆恒乡一带地层以上三叠统须家河组（T_3xj）易发中小型崩滑体灾害的砂泥岩互层为主，建议选择深基桥梁为宜。整段在高陡边坡区选择隧洞穿越的形式为宜。

12.3.2　宜西铁路

宜西铁路是规划的加强凉山、攀西与成渝间的联系，促进两大区域经济的协调发展，促进沿线国土资源开发、完善铁路网布局的重要铁路，是打通SN走向的大凉山，是使得凉山、攀西走向四川盆地，并与成渝经济带接轨的重要交通线，也是支撑地方经济发展，扶贫攻坚重要交通工程。规划中的宜西铁路沿金沙江北岸向西，经屏山、新市镇进入凉山，经马湖、黄琅、雷波、上田坝后进入美姑河流域，沿美姑河逆流而上，经大桥后转为南西沿竹核河河谷区，并出美姑河流域后经昭觉穿越螺髻山隧道，在西昌南与成昆线接轨。初步规划显示铁路经过的美姑河区域主要为美姑河下游河谷区及支流竹核河河谷区。

美姑河入河口到大桥段：美姑河下游河谷区是大型、巨型古滑坡、现代滑坡以及中型顺层崩塌的密集分布区（包括拉马古滑坡、火洛古滑坡、亲木地古滑坡、柳洪古滑坡、莫红崩塌危岩、坪头滑坡等），这些灾害将对工程产生重大影响。对比两岸的地质灾害发育情况，受NE向、NW向叠加构造（断裂、褶皱）的影响，河流左岸地质灾害发育程度明显高于右岸，但在火洛至拉马一带两岸地质灾害受顺向斜坡结构的影响均较为发育，因此在美姑河下游段铁路工程建议尽量选择右岸为宜，其次在经过高陡斜坡区及顺向斜坡区时，尽量采用隧洞穿越以避开地质灾害的影响。

美姑大桥—竹核段：与高速公路类似，这段主要是受高陡边坡的崩塌影响，其次需注意庆恒乡一带的须家河组（T_3xj）砂泥岩互层易滑地层。因此在选线时，首先是尽量选择相对平缓的地形区，避开高陡斜坡，或者与之保持一定的距离；在两岸均为高陡斜坡时，可考虑隧洞穿越方式；在经过易滑地层时，可考虑采用桥梁，其基础尽量穿过易滑地层（软弱夹层）并达到之下稳定层一定深度为宜。

12.4　流域目前主要公路地质安全评价

美姑河流域内没有国道，大部分为县乡道路，道路状况普遍较差。在对区域内斜坡稳定性和区域地质环境综合分析的基础上，结合地质灾害现状，预测分析了流域内S103、S307和牛牛坝乡到苏洛乡目前主要公路的地质安全性，为区内山区公路规划建设及安全运营提供地质参考依据。在定性和定量计算的基础上，按安全、基本安全、不安全3个级别对区域内公路地质安全评价分级（图12.6）。

地质安全评价结果显示：美姑河下游的S307入河口到洛俄依甘乡段大部分为不安全区，只有少部分为隧道和乡镇区为安全区，因该地段处于美姑河下游的峡谷区，公路在峡谷中穿行，两侧崩塌和滑坡发育，地质灾害隐患大。中游的洛俄依甘乡到俄曲古乡大部分为基本安全区，宽谷和窄谷相间，乡镇和县城位于该地段；上游为大风顶自然保护区，植被发育，地质灾害数量少，为安全区。

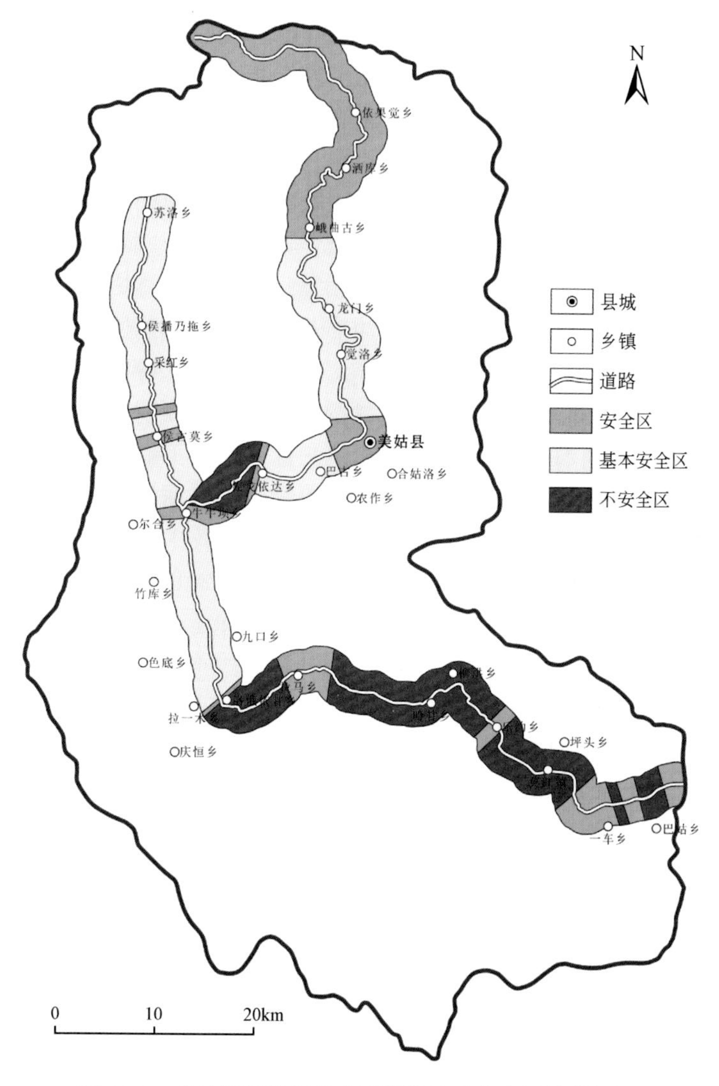

图 12.6　美姑河流域目前主要道路地质安全评价分级图

12.5　未来地质灾害防治重点

在美姑河流域地质环境条件系统研究的基础上，认为流域未来地质灾害防范的重点主要有以下 5 个方面：

（1）顺层砂泥岩组合的 T_3xj、J_2sn、$T_{1\text{-}2}d$ 为防治重点；

（2）强降雨和人类工程活动是未来引发地质灾害的主要因素；

（3）顺构造地貌控制的河谷区为未来地质灾害重点防范区；

（4）美姑河下游崩塌、高位泥石流数量多，对交通危害大，切实加强防范；

（5）美姑河下游位于溪洛渡库区，应防范库岸再造引发岸坡失稳。

第 13 章　创新性认识及研究展望

13.1　创新性认识

在收集美姑河流域 5 个 1 ：50000 标准图幅调查资料和美姑县、昭觉县、金阳县和雷波县地质灾害详细调查资料的基础上，以川西南地区的美姑河流域地质灾害为研究对象，通过野外调查、勘查测试、新技术新方法示范、风险制图等手段，查明了流域地质灾害的数量、类型等特征，查清了地质灾害的孕灾背景、成灾模式和成因类型，研究了滑坡泥石流的主控因素，提出了美姑河流域地质灾害综合防治对策建议，取得了重要成果。

1）查明了美姑河流域地质灾害的数量、类型和规模等特征

美姑河流域共发育地质灾害及隐患点 252 处，威胁居民 3214 户，威胁人数 15837 人，威胁财产 4.295 亿元。滑坡是区内最主要的地质灾害类型，规模以小型为主，多发于 20° ～ 40° 的斜坡地带。空间上：美姑县境内地质灾害数量最多，达到 208 处，占流域地质灾害总数的 82.54%。时间上：晚更新世以来，滑坡集中发育期主要有 5 次，即中更新世中晚期、晚更新世、200a B.P.，19 世纪 80 ～ 90 年代和现代滑坡。

2）查清了美姑河流域地质灾害的孕灾背景

（1）美姑河流域的地质环境条件可概况为：上游“U”型谷，下游“V”型谷，地貌发育年代新；砂岩、粉砂岩、泥岩互层（含煤屑）松散破碎；断裂、褶皱发育，未见全新世活动断层；水系较多，地下水类型主要为碎屑岩裂隙水；温度逐步升高，降雨量大；修路、采矿、电站、居民区等规模大，强度高。

（2）美姑河流域的主要斜坡结构类型为顺向坡和斜向坡，地层主要为 J_2s 的紫红色、灰白色砂岩、粉砂岩、泥岩互层和 T_3xj 的灰白色长石石英砂岩、深灰色粉砂岩、泥岩及黑色碳质页岩或煤线构成的沉积旋回，成为区内主要的易滑地层，广泛分布的软 - 半坚硬砂泥岩岩组（T_3xj 和 J_2s）和半坚硬砂岩岩组（$T_{1-2}d$ 和 J_2x）地层为研究区内的易滑工程岩组。

（3）美姑河中游的连渣洛河及美姑河河谷区牛牛坝—大桥段河谷两岸主要表现为 NS 向斜河谷、背斜山脊的顺构造地貌特征（coincident tectonic landform），指示地貌演化的初级阶段；同时，该地区的第四系残坡积、崩坡积地层发育，松散碎屑物多，在未来地貌不断演变进程中，该地区的地质灾害及滑坡泥石流灾害链将处于高发态势。

（4）提出顺构造地貌区砂泥岩互层为滑坡易发部位。深切峡谷区为地质灾害孕灾提供了临空基础，软硬相间互层砂泥岩及其风化壳为地质灾害发育提供了物质基础，顺向坡

为主的斜坡结构类型为地质灾害发生提供了有利条件，强烈的褶皱变形为地质灾害发生提供了内动力地质作用，断裂几何学和变形学为地质灾害发育提供了结构条件。

（5）研究了美姑河流域断裂的几何学、运动学、变形学特征。美姑河流域内共发育具有一定规模的断裂构造 18 条，按其走向可分为近 SN 向、NE-NNE 向、NW-NNW 向 3 组，3 组断裂的构造变形时间略有差别，相互影响，对区域地质构造的发展演化和地貌的形成起着控制性作用。断裂的活动最晚时间多为更新世，基本无全新世活动断裂。与地质灾害密切相关的主要为美姑河断裂、尔马洛西断裂、洪溪－美姑断裂、三河（美姑）断裂等。

3）总结了美姑河流域地质灾害的主控因素，认为构造控制了美姑河流域地质灾害的空间展布

流域内地质灾害多“沿河流”、“沿断裂带”和“向斜核部”密集分布，滑坡泥石流灾害链效应显著。顺构造地貌控制了流域内地质灾害的空间展布，断裂、褶皱是控制地质灾害的主要因素。同时，流域内人类工程活动较强烈，主要为城镇建设、道路改扩建等，人类工程活动诱发形成的地质灾害现象突出。

4）首次研究了上、中、下游滑坡、崩塌、泥石流的综合成灾模式，并结合典型案例的综合成灾模式，绘制了流域地质灾害成灾模式分布图

（1）流域内滑坡的成灾模式主要有基覆界面土质滑坡型、深厚堆积体浅部滑坡型、顺层基岩岩质滑坡型、切层基岩和堆积层复合滑坡型四类；崩塌的成灾模式可分为块状崩塌型和浅层堆积物崩塌型两类；泥石流的成灾模式可划分为“滑坡－碎屑流－泥石流型”、“支沟群发汇集型”和“人工堆积与崩滑复合－侵蚀揭底型泥石流”三类模式。

（2）流域内地质灾害根据孕灾－成灾的基本条件中的主控因素及表现形式，将成灾模式划分为 10 类，15 小类。其中滑坡分为四类，包括构造－地貌型、地貌－建造型、基覆界面型和古滑坡局部复活型；崩塌分为逆向斜坡高陡危岩崩塌型、顺构造地貌崩塌型和浅层堆积物崩塌型；泥石流分为崩滑－碎屑流－泥石流灾害链型、支沟群发汇集型、侵蚀基底型。

5）建立了符合美姑河流域的泥石流危险范围预测函数模型

系统研究了流域内主要的 90 条泥石流沟，认为坡面型泥石流 5 条、单沟型泥石流 66 条、多支沟型泥石流 19 条，划分了泥石流的 3 种类型：前期降雨积累型、多日降雨持续型、暴雨型泥石流。选取流域高差、物源量两个影响因子，对前人建立的模拟预测函数进行改进，形成了美姑河流域泥石流危险范围预测函数模型：

$$L_f=0.3592 \cdot H^{1.6365}+1.2435 \cdot V^{0.1366}-0.9703$$

$$B_f=0.4425 \cdot H^{1.03901}+0.0707 \cdot V^{0.4956}-0.1992$$

6）开展了重点场镇和小流域灾害地质调查评价和编图示范

以巴普镇和洛高依达小流域为例，探讨了大比例尺地质灾害调查评价的思路和方法，提出了美姑河流域地质灾害综合防治对策建议，指出顺构造控制的 T_3xj，J_2sn，$T_{1-2}d$ 为未来地质灾害重点防范区，强降雨和人类工程活动是未来引发地质灾害的主要因素。

7）完成了新技术新方法在地质灾害调查中示范应用，在地质灾害精细化调查和建模

方面具有重要的借鉴意义和推广前景。

首次将旋翼倾斜摄影测量技术应用到地质灾害常规调查，快速获取了大比例尺的地形测绘数据。

8）提出了流域巨型滑坡堆积体开发利用应注意的主要问题

认为美姑河上游龙门—巴普段、中游牛牛坝—九口乡段和下游的拉马—莫红段，尤其是美姑河主河道左岸的多处大型古滑坡堆积体存在明显的复活迹象，有些已经复活，造成了巨大危害（巴普镇古滑坡前缘的城南滑坡、拉马古滑坡前缘的现代滑坡、则租古滑坡前缘的则租滑坡泥石流等），这些堆积体目前是县城、乡镇和乡村的聚集地，因此，建议对这些古滑坡堆积体开发利用应加强评估。

13.2 研究展望

美姑河流域作为乌蒙山区的重点扶贫攻坚区、“一带一路”辐射区和长江经济带的上游地区，随着乡村振兴战略、交通工程和山区城镇化的快速发展，山区滑坡灾害日趋增多，古滑坡复活问题日益突出，成为制约流域新型城镇化和乡村振兴规划的重大隐患。虽然前人在该地区已开展了包括活动断裂（褶皱）和滑坡灾害的空间展布调查、成因机制分析及危险性评估等研究工作，也取得了较大认识。但由于滑坡研究的复杂性，加上横断山区地貌演化的特殊性，在新生顺构造地貌对大型滑坡的约束与控制机理方面仍然存在如下有待突破的关键学术问题：

1）美姑河流域活动断裂与褶皱对大型滑坡的主动约束和被动控制机理尚未厘清

美姑河流域活动断裂、褶皱与大型滑坡的空间展布位置基本查清，但仅停留在数量统计和制图阶段，尚未研究区域性大滑坡集中分布的原因以及识别滑坡事件的发生与地质构造时间之间的联系，更未开展活动断裂与褶皱对大型滑坡的主动约束和被动控制机理研究，如何厘清新生顺构造地貌演化与大型滑坡形成之间的关系以及运用隆升 - 侵蚀 - 滑坡揭示滑坡地貌过程既需要第四纪地质学、构造地质学和工程地质学等多学科交叉手段，也需要与高新技术进行有机融合。

2）顺构造地貌不同发育阶段，滑坡控滑结构面及结构面组合的抗剪强度变化与滑坡演化的控制关系有待进一步研究

美姑河流域新生顺构造地貌的性质、类型、阶段以及对滑坡的控制和影响，顺构造地貌的发育强度与滑坡发育模式的制约关系等未开展过深入的研究工作。不同顺构造地貌发育阶段、大型结构控制面与滑坡的关系是什么？控滑结构面的抗剪强度的演变及其与滑坡演化的关系如何？顺构造地貌对高原隆升及河流下切的响应关系以及顺构造地貌与易滑地层组合如何影响滑坡的发生发展？如何通过多种手段获取滑坡演化的多元信息，进而预测滑坡可能的发生概率及危害范围，是进行灾害有效防范的重要前提。

3）构造隆升区大型滑坡对新生顺构造地貌的响应过程与成灾模式迫切需要攻关

目前美姑河流域内滑坡年代学研究几乎是一片空白，大型滑坡发生过程是否响应断层

（褶皱）活动尚不清楚，因此通过年代学研究不仅能够揭示滑坡发生的主控因素，也是对国际滑坡界古滑坡年龄数据的极大贡献；同时，不同构造尺度上断层、褶皱对大型滑坡的控制模式是什么？地貌变化过程中顺向河谷区河岸斜坡如何演化？构造隆升区大型滑坡的孕灾模式尚未建立，如何开展这一特殊地貌类型下滑坡的早期识别并预测未来滑坡的发生部位及演化趋势等都是值得深入研究的关键问题。

参考文献

安艳芬，韩竹军，万景林 . 2008. 川南马边地区新生代抬升过程的裂变径迹年代学研究 . 中国科学（D 辑）：地球科学，（5）：555 ～ 563

常鸣，唐川等 . 2012. 雅鲁藏布江米林段泥石流堆积扇危险范围预测模型 . 工程地质学报，20（6）：971 ～ 978

陈远川，陈洪凯 . 2012. 山区沿河公路路基洪水毁损过程及机理研究 . 公路，（11）：95 ～ 103

陈洪凯，唐红梅，鲜学福 . 2009. 美姑河流域牛牛坝公路泥石流灾害防治 . 兰州大学学报，45（3）：18 ～ 22

陈晓利，惠红军，赵永红 . 2014. 断裂性质与滑坡分布的关系——以汶川地震中的大型滑坡为例 . 地震地质，36（2）：358 ～ 367

程建武，郭桂红，岳志军 . 2010. 安宁河断裂带晚第四纪活动的基本特征及强震危险性分析 . 地震研究，33（3）：265 ～ 272

崔杰 . 2009. 美姑河坪头电站岸坡特殊地质现象与地下工程 . 成都理工大学博士研究生学位论文

崔鹏，钟敦伦 . 1997. 四川省美姑县则租滑坡泥石流 . 山地学报，15（4）：282 ～ 287

丁国瑜 . 1986. 对我国现代板内运动状况的初步探讨 . 科学通报，31（18）：1412

丁国瑜 . 1990. 全新世断层活动的不均匀性 . 中国地震，（1）：1 ～ 9

杜国云，王竹华，李晓燕 . 2002. 构造地貌分析体系及相关的构造地貌标志 . 烟台师范学院学报（自然科学版），18（2）：105 ～ 112

费祥俊，舒安平 . 2004. 泥石流运动机理与灾害防治 . 北京：清华大学出版社 . 56 ～ 103

符文熹，聂德新等 . 1997. 中国泥石流发育分布特征研究 . 中国地质灾害预防治学报，8（4）：39 ～ 43

符文熹，聂德新等 . 1998. 川西泥石流分布特征与防治原则研究 . 中国地质灾害预防治学报，1（9）：41 ～ 45

付碧宏，时丕龙，王萍等 . 2009. 2008 年汶川地震断层北川段的几何学与运动学特征及地震地质灾害效应 . 地球物理学报，52（2）：485 ～ 495

葛兆帅，刘庆友，胥勤勉等 . 2006. 金沙江下段河槽地貌特征与地貌过程 . 第四纪研究，26（3）：421 ～ 428

耿佳弟 . 2010. 甘洛县矿区乐日沟泥石流危险性评价 . 西南交通大学硕士研究生学位论文

苟印祥 . 2012. 泥石流动力特性的数值模拟研究 . 重庆大学硕士研究生学位论文

郭长宝，杜宇本，张永双等 . 2015. 川西鲜水河断裂带地质灾害发育特征与典型滑坡形成机理 . 地质通报，2015（1）：121 ～ 134

郭进京，韩文峰，李雪峰 . 2009. 西秦岭断裂构造格架和活动特征对地质灾害的控制作用分析 . 地质调查

与研究，32（4）：241 ～ 248
郝明 . 2012. 基于精密水准数据的青藏高原东缘现今地壳垂直运动与典型地震同震及震后垂直形变研究 . 中国地震局地质研究所，37 ～ 70
何宏林，池田安隆，何玉林等 . 2008. 新生的大凉山断裂带——鲜水河 - 小江断裂系中段的裁弯取直 . 中国科学（D 辑）：地球科学，（5）：564 ～ 574
胡正涛 . 2009. 美姑河坪头水电站尔古沟 - 万波沟古滑坡稳定性研究 . 成都理工大学硕士研究生学位论文，43 ～ 50
胡卸文，刁仁辉，梁敬轩等 . 2016. 基于 CFX 的江口沟泥石流危险区范围预测模拟 . 岩土力学，37（6）：1689 ～ 1696
黄达，唐川，黄润秋等 . 2006. 美姑河尔马洛西沟泥石流特征及危险性研究 . 成都理工大学学报，33（2）：162 ～ 167
黄润秋 . 2007. 20 世纪以来中国的大型滑坡及其发生机制 . 岩石力学与工程学报，26（3）：433 ～ 454
黄润秋 . 2009. 汶川 8. 0 级地震触发崩滑灾害机制及其地质力学模式 . 岩石力学与工程学报，28（6）：1239 ～ 1249
黄润秋，李为乐 . 2008. “5 • 12”汶川大地震触发地质灾害的发育分布规律研究 . 岩石力学与工程学报，27（12）：2585 ～ 2592
黄忠恕，余应中 . 1998. 长江上游陇南地区泥石流分布发育特征 . 人民长江，29（7）：42 ～ 44
姜本鸿 . 1991. 地貌演化与地质灾害 . 自然边坡稳定性分析暨华蓥山边坡变形趋势研讨，103 ～ 111
蒋复初，吴锡浩 . 1998. 青藏高原东南部地貌边界带晚新生代构造运动 . 成都理工学院学报，8（2）：162 ～ 168
蒋复初，吴锡浩 . 1999. 泸定昔格达组时代与川西高原隆升 . 第四纪研究，19（2）：190
琚宜文，卫明明，李清光等 . 2014. 盆地滑脱构造及其页岩气赋存研究进展 . 中国地球科学联合学术年会
来庆洲，丁林，王宏伟等 . 2006. 青藏高原东部边界扩展过程的磷灰石裂变径迹热历史制约 . 中国科学（D 辑）：地球科学，36（9）：785 ～ 796
李阔，唐川 . 2006. 泥石流危险范围预测模型及在昆明东川城区的应用 . 地球科学与环境学报，28（4）：69 ～ 72
李江，许强，王森等 . 2016. 川东红层地区降雨入渗模式与岩质滑坡成因机制研究 . 岩石力学与工程学报，2016（s2）：4053 ～ 4062
李守定，李晓，张年学等 . 2004. 三峡库区侏罗系易滑地层沉积特征及其对岩石物理力学性质的影响 . 工程地质学报，12（4）：385 ～ 389
李铁锋，潘懋，刘瑞 . 2002. 基岩斜坡变形与破坏的岩体结构模式分析 . 北京大学学报（自然科学版），38（2）：239 ～ 244
李晓，李守定，陈剑等 . 2008. 地质灾害形成的内外动力耦合作用机制 . 岩石力学与工程学报，27（9）：1792 ～ 1807
李勇，Densmore A L，周荣军等 . 2005. 青藏高原东缘龙门山晚新生代剥蚀厚度与弹性挠曲模拟 . 地质学报，79（5）：608 ～ 615
梁大兰，李培基 . 1982. 泥石流容重及其计算 . 泥沙研究，（3）：75 ～ 83

梁烈 . 2012. 临合高速公路工程区泥石流分布规律与特征浅析 . 甘肃科技，28（17）：131 ～ 133
刘希林 . 1990. 泥石流堆积扇危险范围雏议 . 灾害学，（3）：86 ～ 89
刘希林，唐川，陈明等 . 1993. 泥石流危险范围的模型实验预测法 . 自然灾害学报，2（3）：67 ～ 73
刘希林，唐川，朱静等 . 1992. 泥石流危险范围的流域背景预测法 . 自然灾害学报，1（3）：56 ～ 67
刘希林，赵源，李秀珍等 . 2006. 四川德昌县典型泥石流灾害风险评价 . 自然灾害学报，15（1）：11 ～ 16
龙建辉，赵邦强，李坤 . 2016. 顺层岩质边坡多级滑动模式及成因机理分析 . 中国矿业大学学报，45（6）：1156 ～ 1163
吕江宁等 . 2003. 川滇地区现代地壳运动速度场和活动块体模型研究 . 地震地质 . 25（4）：543 ～ 554
马宗源 . 2006. 泥石流流场三维数值模拟研究 . 长安大学硕士研究生学位论文
裴向军，黄润秋，崔圣华等 . 2015. 大光包滑坡岩体碎裂特征及其工程地质意义 . 岩石力学与工程学报，34（s1）：3106 ～ 3115
乔学军，王琪，杜瑞林 . 2004. 川滇地区活动地块现今地壳形变特征 . 国际地震动态，47（z1）：805 ～ 811
任非凡，谌文武 . 2008. G212 线陇南段泥石流发育成因及其时空分布特征分析 . 岩石力学与工程学报，27（1）：3237 ～ 3243
宋亚伟，王卫，赵德庆 . 2008. 拉马古滑坡前部局部复活变形特征及成因分析 . 山西建筑，34（31）：14 ～ 15
苏琦，梁明剑，袁道阳等 . 2016. 白龙江流域构造地貌特征及其对滑坡泥石流灾害的控制作用 . 地球科学：中国地质大学学报，41（10）：1758 ～ 1770
孙东，王道永 . 2008. 四川省美姑地区叠加褶皱构造特征 . 四川地震，1：43 ～ 47
孙东，王道永，吴德超等 . 2007. 美姑河断裂活动性研究及对水电工程影响评价 . 水文地质工程地质，34（4）：13 ～ 17
索书田，侯光久 . 2009. 鄂东黄石地区三叠纪岩层中发育的重力滑动构造——重力不稳定性在控制构造变形和地质灾害过程中的作用 . 地质科技情报，28（6）：1 ～ 9
唐川，黄达，张伟峰 . 2006a. 美姑河牛牛坝水电站库区泥石流基本特征 . 防灾减灾工程学报，26（5）：129 ～ 135
唐川，黄润秋，黄达等 . 2006b. 金沙江美姑河牛牛坝水电站库区泥石流对工程影响分析 . 工程地质学报，14（2）：145 ～ 151
唐川，张军，周春花等 . 2005. 城市泥石流易损性评价 . 灾害学，20（2）：11 ～ 17
唐川，朱静，段金凡等 . 1991. 云南小江流域泥石流堆积扇研究 . 山地研究，9（3）：179 ～ 184
唐红梅，陈洪凯，金发均等 . 2005. 美姑河流域公路泥石流物源成因 . 山地学报，23（6）：714 ～ 718
田连权 . 1991. 滇东北蒋家沟黏性泥石流堆积地貌 . 山地研究，9（3）：185 ～ 192
田明中，程捷 . 2009. 第四纪地质学与地貌学 . 北京：地质出版社 . 34，35
田述军，孔纪名，阿发友等 . 2010. 地质构造对汶川大地震山地灾害发育的影响 . 水土保持通报，30（6）：52 ～ 55
涂美义，李德果 . 2012. 湖北省地质灾害与地质构造耦合关系研究 . 人民长江，（s2）：1 ～ 3

汪一鹏，沈军，王琪等 . 2003. 川滇块体的侧向挤出问题 . 地学前缘，10（u08）：188 ～ 192
王金鹏 . 2016. 美姑县拉木阿觉滑坡成因机制及运动特征研究 . 成都理工大学硕士研究生学位论文
王夫运，段永红，杨卓欣等 . 2008. 川西盐源 – 马边地震带上地壳速度结构和活动断裂研究——高分辨率地震折射实验结果 . 中国科学（D 辑）：地球科学，（5）：611 ～ 621
王辉，曹建玲，张怀等 . 2007. 川滇地区下地壳流动对上地壳运动变形影响的数值模拟 . 地震学报，29（6）：581 ～ 591
王庆良，崔笃信，王文萍等 . 2008. 川西地区现今垂直地壳运动研究 . 中国科学（D 辑）：地球科学，38（5）：598 ～ 610
王昕洲，王欣宝等 . 2000. 河北省太行山区泥石流灾害发育分布特征及防治 . 中国地质灾害预防治学报，11（3）：58 ～ 61
王阎昭，王恩宁，沈正康等 . 2008. 基于 GPS 资料约束反演川滇地区主要断裂现今活动速率 . 中国科学（D 辑）：地球科学，38（5）：582 ～ 597
闻学泽，黄圣睦，江在雄 . 1985. 甘孜 – 玉树断裂带的新构造特征与地震危险性估计 . 地震地质，7（3）：23 ～ 32
闻学泽，徐锡伟，郑荣章等 . 2003. 甘孜 – 玉树断裂的平均滑动速率与近代大地震破裂 . 中国科学（D 辑）：地球科学，33（增刊）：199 ～ 208
吴俊峰，王运生，张桥等 . 2011. 大渡河加郡—得妥河段大型滑坡地质灾害遥感调查 . 水土保持通报，31（3）：113 ～ 116
鲜杰良 . 2014. 砂泥岩互层顺层岩质滑坡成因机制及开挖响应研究 . 成都理工大学硕士研究生学位论文
胥勤勉，杨达源，葛兆帅等 . 2006. 金沙江三堆子—乌东德河段阶地研究 . 地理科学，26（5）：609 ～ 615
徐江 . 2014. 泥石流流动特性数值模拟及综合治理模式研究 . 兰州理工大学硕士研究生学位论文
徐锡伟，程国良，于贵华等 . 2003. 川滇菱形块体顺时针转动的构造学与古地磁学证据 . 地震地质，25（1）：61 ～ 70
许声夫 . 2016. 美姑河火洛古地震滑坡的动力学特征研究 . 成都理工大学硕士研究生学位论文
许刘兵，周尚哲 . 2007. 川西硕曲河流阶地及其对山地抬升和气候变化的响应 . 冰川冻土，29（4）：603 ～ 612
许强，李为乐 . 2010. 汶川地震诱发大型滑坡分布规律研究 . 工程地质学报，18（6）：818 ～ 826
许冲，徐锡伟，吴熙彦等 . 2013. 2008 年汶川地震滑坡详细编目及其空间分布规律分析 . 工程地质学报，21（1）：25 ～ 44
杨达源，韩志勇，葛兆帅等 . 2008. 金沙江石鼓—宜宾河段的贯通与深切地貌过程的研究 . 第四纪研究，28（4）：564 ～ 568
杨军，刘兴荣，冯乐涛等 . 2009. 洛门镇响河沟泥石流危险性评价与危险范围预测 . 防灾科技学院学报，11（2）：83 ～ 86
殷志强，秦小光，赵无忌等 . 2016. 黄河上游滑坡泥石流时空演化及触发机制 . 北京：科学出版社
殷志强，孙东，魏昌利等 . 2007. 美姑河流域地质灾害与防灾减灾研究报告
张加桂，陈庆宣，蔡秀华 . 2003. 三峡地区泥灰质岩石中几种表生构造及其与地质灾害的关系 . 中国地质，

30（3）：320 ～ 324
张培震 . 2008. 青藏高原东缘川西地区的现今构造变形、应变分配与深部动力过程 . 中国科学（D 辑）：地球科学，38（9）：1041 ～ 1056
张培震，沈正康，王敏等 . 2004. 青藏高原及周边现今构造变形的运动学 . 地震地质，26（3）：367 ～ 377
张伟锋，黄润秋，唐川等 . 2007. 四川美姑河牛牛坝水电站库区泥石流成因分析 . 中国地质灾害与防治学报，18（1）：18 ～ 22
张莹，苏生瑞，李鹏 . 2015. 断裂控制的滑坡机理研究——以柳家坡滑坡为例 . 工程地质学报，23（6）：1127 ～ 1137
张永双，苏生瑞，吴树仁等 . 2011. 强震区断裂活动与大型滑坡关系研究 . 岩石力学与工程学报，2011（s2）：3503 ～ 3513
张岳桥，杨农，孟晖等 . 2004. 四川攀西地区晚新生代构造变形历史与隆升过程初步研究 . 中国地质，31（1）：23 ～ 33
赵晓彦，胡厚田 . 2015. 汶川大型地震滑坡的类型及启程剧动机理研究 . 工程地质学报，23（1）：78 ～ 84
中国地震局地质研究所 . 2004. 美姑河牛牛坝水电站工程场地地震安全性评价和水库诱发地震评价报告
朱静，常鸣等 . 2012. 汶川震区暴雨泥石流危险范围预测研究 . 工程地质学报，20（1）：7 ～ 14
朱永莉 . 2005. 四川美姑城南滑坡稳定性及防沾方案研究 . 西南交通大学硕士研究生学位论文，10 ～ 66
邹宗兴 . 2014. 顺层岩质滑坡演化动力学研究 . 中国地质大学（武汉）硕士研究生学位论文
邹小虎，沈军辉等 . 2007. 鲜水河下游泥石流发育分布特征研究 . 地质灾害与环境保护，18（1）：33 ～ 37
邹祖银，康浩，李林 . 2010. 节理化岩石高陡边坡滑坡分析与治理技术研究 . 中国水土保持，（6）：39 ～ 41
Ramsay G，Hbuber M. 1991. 现代构造地质学方法第二卷：褶皱和断裂 . 徐树桐译 . 北京：地质出版社 . 234 ～ 338
Adam B，Prochaska P M，Santi J D，Higgins S H C. 2008. Debris-flow run out predictions based on the average channel slope（ACS）. Engineering Geology，98：29 ～ 40
Beller E，Downs P，Grossinger R，*et al.* 2016. From past patterns to future potential：using historical ecology to inform river restoration on an intermittent California River. Landscape Ecology，31（3）：581 ～ 600
Berti M，Simoni A. 2007. Prediction of debris flow inundation areas using empirical mobility relationships. Geomorphology，90：144 ～ 161
Bertolini G，Pellegrini M. 2001. The landslides of Emilia Apennines（northern Italy） with reference to those which resumed activity in the 1994–1999 period and required Civil Protection interventions. Quaderni di Geologia Applicata，8：27 ～ 74
Bertolini G，Guida M，Pizziolo M. 2005. Landslides in Emilia-Romagna region（Italy）：strategies for hazard assessment and risk management. Landslides，2：302 ～ 312

Cannon S H, Savage W Z. 1988. A mass-change model for the estimation of debris-flow run out. Journal of Geology, 96: 221 ~ 227

Carlini M, Clemenzi L, Artoni A, *et al.* 2012. Late orogenic thrust-related antiforms in the western portion of Northern Apennines (Parma Province, Italy): geometries and late Miocene to Recent activity constrained by structural, the rmochronological and geomorphologic data. Rendiconti Online Societa Geologica Italiana, 22: 36 ~ 39

Clark M K, Royden L H. 2000. Topographic ooze: building the eastern margin of Tibet by lower crustal flow. Geology, 28 (8): 703 ~ 706

Clark M K, House M A, Royden L H, *et al.* 2005. Late Cenozoic uplift of southeastern Tibet. Geology, 33(6): 525

Crosta G, Clague J. 2006. Large landslides: dating, triggering, modeling and hazard assessment. Engineer Geology, 83: 1 ~ 3

Crozier M. 2010. Landslide geomorphology: an argument for recognition, with examples from New Zealand. Geomorphology, 120: 9 ~ 15

Davis W. 1973. The geographical cycle. Geographical Journal, 14 (5): 481 ~ 504

Dill H, Hahne K, Shaqour F. 2012. Anatomy of landslides along the Dead Sea Transform Fault System in NW Jordan. Geomorphology, 141-142 (3): 134 ~ 149

Douglas W, Burbank, Robert S, *et al.* 2012. Tectonic Geomorphology. Chichester: John Wiley & Sons. 71 ~ 116

Ferid D, Ramdhane B, Abdelkader M, *et al.* 2016. Structural and geomorphological controls of the present-day landslide in the Moulares phosphate mines (western-central Tunisia). Bull Eng Geol Environ, 75: 1459 ~ 1468

Francesco B, Michele S, Mauro C, *et al.* 2016. Landslide distribution and size in response to Quaternary fault activity: the Peloritani Range, NE Sicily, Italy. Earth Surf Process Landforms, 41: 711 ~ 720

Gan W, Zhang P, Shen Z K, *et al.* 2007. Present-day crustal motion within the Tibetan Plateau inferred from GPS measurements. Journal of Geophysical Research Solid Earth, 112

Godard V, Pik R, Lavé J, *et al.* 2009. Late Cenozoic evolution of the central Longmen Shan, eastern Tibet: Insight from (U-Th)/He thermochronometry. Tectonics, 28 (5)

Han J, Wu S, Wang H. 2007. Preliminary Study on Geological Hazard Chains. Earth Science Frontiers, 14(6): 11 ~ 23

Huang C, Byrne T, Ouimet W, *et al.* 2016. Tectonic foliations and the distribution of landslides in the southern Central Range, Taiwan. Tectonophysics, 692

Hungr O, Morgan G C, Kellerhals R. 1984. Quantitative analysis of debris torrent hazard for design of remedial measures. Canadian Geotechnical Journal, 21 (4): 663 ~ 677

Ikeya H. 1989. Debris flow and its countermeasures in Japan. Bulletin of the International Association of Engineering Geology-Bulletin de l'Association Internationale de Géologie de l'Ingénieur, 40 (1): 15 ~ 33

Jaboyedoff M，Crosta G，Stead D. 2011. Slope tectonics：a short introduction. In：Jaboyedoff M（ed）. Slope Tectonics. Geological Society，London，Special Publications. 1 ～ 10

Lorente A，Beguerua S，Garcia-Ruiz J M. 2003. Debris flow characteristics and relationships in the central Spanish Pyrenees. Natural Hazards and Earth System Sciences，3（6）：683 ～ 692

Mirko C，Alessandro C，Paolo V，*et al.* 2016. Tectonic control on the development and distribution of large landslides in the Northern Apennines（Italy）. Geomorphology，253：425 ～ 437

Moeyersons J，Tréfois P，Lavreau J，*et al.* 2004. A geomorphological assessment of landslide origin at Bukavu，Democratic Republic of the Congo. Engineering Geology，72（1）：73 ～ 87

Molnar P，Tapponnier P. 1975. Cenozoic tectonics of asia：effects of a continental collision：features of recent continental tectonics in Asia can be interpreted as results of the India-Eurasia collision. Science，189（4201）：419 ～ 426

Oglesby D，Day S. 2001. Fault geometry and the dynamics of the 1999 Chi-Chi（Taiwan） Earthquake. Bulletin of the Seismological Society of America，91（5）：1099 ～ 1111

Peng J，Fan Z，Wu D，*et al.* 2015. Heavy rainfall triggered loess-mudstone landslide and subsequent debris flow in Tianshui，China. Engineering Geology，186：79 ～ 90

Rickenmann D. 1999. Empirical relationships for debris flows. Natural Hazards，19（1）：47 ～ 77

Rickenmann D. 2005. Debris-flow hazards and related phenomena，Praxis，Chichester，UK. Run-out prediction methods. In：Jakob M，Hungr O（eds）. Debris-Flow Hazards and Related Phenomena. 305 ～ 324

Sanchez G，Rolland Y，Corsini M，*et al.* 2010. Relationships between tectonics，slope instability and climate change：Cosmic ray exposure dating of active faults，landslides and glacial surfaces in the SW Alps. Geomorphology，117：1 ～ 13

Satoru K，Hidehisa N，Seiichi Y，*et al.* 2015. Large deep-seated landslides controlled by geologic structures：prehistoric and modern examples in a Jurassic subduction–accretion complex on the Kii Peninsula，central Japan. Engineering Geology，186：44 ～ 56

Searle M，Law R，Jessup M. 2006. Crustal structure，restoration and evolution of the Greater Himalaya in Nepal-South Tibet：implications for channel flow and ductile extrusion of the middle crust. Geological Society London Special Publications，147：1 ～ 23

Sewell R，Parry S，Millis S W，*et al.* 2015. Dating of debris flow fan complexes from Lantau Island，Hong Kong，China：the potential relationship between landslide activity and climate change. Geomorphology，248：205 ～ 227

Shen Z，Lü J，Wang M，*et al.* 2005. Contemporary crustal deformation around the southeast borderland of the Tibetan Plateau. Journal of Geophysical Research Solid Earth，110，B11409

Takahashi T. 1981. Estimation of potential debris flows and their hazardous zones; soft counter measures for a disaster. Journal of Natural Disaster Science，3：57 ～ 89

Tapponnier P，Peltzer G，Dain A Y L，*et al.* 1982. Propagating extrusion tectonics in Asia：New insights from simple experiments with plasticine. Geology，10（10）：611

Tapponnier P，Zhiqin X，Roger F，*et al*. 2001. Oblique stepwise rise and growth of the Tibet Plateau. Science，294（5547）：1671 ～ 1677

Yin Z，Qin X，Yin Y，*et al*. 2014. Landslide Developmental Characteristics and Response to Climate Change since the Last Glacial in the upper reaches of the Yellow River，NE Tibetan Plateau. Acta Geologica Sinica，88（2）：635 ～ 646